概率论与数理统计

张崇岐　刘　勇　李光辉　李俊鹏　张　蕊　编

西安交通大学出版社

内容简介

本书先后介绍了概率的概念与性质、随机变量的分布与数字特征、大数定律与中心极限定理、描述统计与抽样分布、参数估计、假设检验、回归分析及试验设计等核心内容。同时，书中列举了大量的实例，并借助 R 语言对这些实例进行分析，实现了理论与实践的融合。

本书可作为高等学校理工类、经管类本科生学习概率论与数理统计课程的教材，也可作为相关领域研究人员和爱好者的参考书籍。

图书在版编目（CIP）数据

概率论与数理统计 / 张崇岐等编. -- 西安：西安交通大学出版社，2024.10. -- ISBN 978-7-5693-3847-8

I. O21

中国国家版本馆 CIP 数据核字第 2024Z0W57 号

书　　名	概率论与数理统计 GAILÜLUN YU SHULI TONGJI
编　者	张崇岐　刘　勇　李光辉　李俊鹏　张　蕊
责任编辑	李　颖
责任校对	邓　瑞
封面设计	任加盟
出版发行	西安交通大学出版社 （西安市兴庆南路 1 号　邮政编码　710048）
网　　址	http://www.xjtupress.com
电　　话	(029)82668357　82667874(市场营销中心) (029)82668315 (总编办)
传　　真	(029)82668280
印　　刷	西安五星印刷有限公司
开　　本	787 mm×1092 mm　1/16　　印　张　22.125　　字　数　555 千字
版次印次	2024 年 10 月第 1 版　2024 年 10 月第 1 次印刷
书　　号	ISBN 978-7-5693-3847-8
定　　价	69.00 元

如发现印装质量问题，请与本社市场营销中心联系。
订购热线：(029) 82665248　(029) 82667874
投稿热线：(029) 82665397
读者信箱：banquan1809@126.com

版权所有　侵权必究

前　言

著名的统计学家卡利安普迪·拉达克里希纳·拉奥（Calyampudi Radhakrishna Rao）曾经说过："在终极的分析中，一切知识都是历史；在抽象的意义下，一切科学都是数学；在理性的基础上，所有的判断都是统计学."随着科学技术的不断发展，越来越多的研究领域与生产实践都依赖统计分析，"概率论与数理统计"作为高等院校多个专业都开设的一门专业基础课，其重要性不言而喻."概率论与数理统计"课程具有概念多、理论强、计算量大等特点，学生在初学时不仅需要系统地学习相关理论，还应该熟悉统计软件能够进行计算.

为适应高等院校非数学专业概率论与数理统计课程的教学需要，使广大学生掌握概率与统计的基本思想、理论背景、方法思路和发展前景，提高其统计分析能力和解决社会实际经济问题的能力，我们组织编写了本教材.借鉴国内外优秀教材与文献，本教材在内容和结构上做了一定的调整，力求内容更全面，结构更紧凑，系统性更强.本书共有10章，前5章为概率论，后5章为数理统计，包含了概率论与数理统计的基础知识与外延内容，教师可根据专业需要酌情选讲.

第1章：随机事件及其运算，是本课程的基础知识，主要介绍了随机现象、随机试验、概率的性质、随机事件的独立性等.

第2章：离散型随机变量，主要介绍一维和二维的离散型随机变量，包括离散型随机变量的分布律、分布函数、常见的离散分布、条件分布律等概念及其应用.

第3章：连续型随机变量，本章由频率直方图引入连续型随机变量密度函数的概念，详细描述了一维和二维密度函数的概念与性质，介绍了常见连续型分布及其对应的各种密度函数的计算、条件密度、独立的连续型随机变量等概念.

第4章：随机变量的数字特征，主要介绍了几个常见的数字特征——数学期望、方差、协方差与相关系数，并讨论了它们的性质.

第5章：大数定律与中心极限定理，首先介绍了重要的不等式——切比雪夫不等式，并使用这一不等式证明了常见的几个大数定律，最后讨论中心极限定理及其应用.

第6章：描述统计与抽样分布，本章开始进入数理统计部分的学习，首先介绍了描述统计的基本流程，然后介绍统计量及其性质，进一步给出正态总体下的抽样分布、三大抽样分布.

第7章：参数估计，主要介绍了矩估计和最大似然估计，给出了评价一个点估计优劣的标准，还有区间估计的概念与应用.

第8章：假设检验，假设检验的理论丰富，应用广泛，并且延伸出很多统计中的重要概念与方法，是统计学中的重要基础.本章主要介绍了假设检验的基本思想和术语、在正态总体下的假设检验问题、方差分析、列联表检验和非参数检验等.

第9章：相关分析与回归分析，本章主要介绍了计算相关系数矩阵、一元线性回归、多元线性回归等内容.关于非参数回归的内容理论比较丰富，本章只做简要介绍.

第10章：试验设计简介，包括区组设计、正交设计和混料设计.本章只给出常见试验设计的方法，而没有对试验数据的分析进行讨论.

附录部分提供了常见重要分布的分布函数表，并且给出了相关的生成程序，方便读者查阅.除第4章外，本书每章的最后一节都附上了R语言的应用程序.一方面，本书是以基础理论概念为主、R应用程序为辅，在学习过程中略过程序计算的部分也不会影响理论的学习；另一方面，学有余力的读者可以根据对应章节R语言的计算程序验证教材中的问题，例如常见分布的计算问题、假设检验、相关分析与回归分析、试验设计等相关问题.

由于编者水平有限，书中难免有疏漏欠妥之处，热忱希望使用本书的读者批评指正.

编 者
2024 年8月

目 录

第1章	随机事件及其运算	1
1.1	样本空间与随机事件	1
	1.1.1 随机试验	1
	1.1.2 随机事件	2
	1.1.3 随机变量	3
	1.1.4 事件间的关系	4
	1.1.5 随机事件的运算规律	6
1.2	频率与概率	8
	1.2.1 用频率估计概率	8
	1.2.2 概率的公理化定义及性质	9
1.3	等可能概型	11
	1.3.1 基本计数原理	11
	1.3.2 排列组合公式	12
	1.3.3 古典概型	13
	1.3.4 几何概型	18
	1.3.5 贝特朗奇论	21
1.4	条件概率及相关公式	22
	1.4.1 条件概率	22
	1.4.2 乘法公式	23
	1.4.3 全概率公式	24
	1.4.4 贝叶斯公式	25
1.5	独立性	27
	1.5.1 两个事件的独立性	28
	1.5.2 有限个事件的独立性	29
	1.5.3 伯努利概型	31
1.6	R语言计算概率的应用	32
	1.6.1 排列组合的计算	32
	1.6.2 古典概型的计算	33
	1.6.3 蒲丰投针问题的随机模拟	33
习题 1		34
第2章	离散型随机变量	40
2.1	一维离散型随机变量	40
	2.1.1 离散型随机变量的分布律	40
	2.1.2 离散型随机变量的分布函数	42
2.2	常见的离散分布	44
	2.2.1 二项分布	44
	2.2.2 超几何分布	46
	2.2.3 泊松分布	49
	2.2.4 几何分布	52
	2.2.5 负二项分布	53
2.3	多维离散型随机变量	54
	2.3.1 联合分布律与边缘分布律	54
	2.3.2 联合分布函数	55
	2.3.3 多项分布	57
	2.3.4 多维超几何分布	57
2.4	条件分布律与独立性	58
	2.4.1 离散型随机变量的条件分布律	58
	2.4.2 离散型随机变量的独立性	59
2.5	离散型随机变量函数的分布	61
	2.5.1 一维离散型随机变量函数的分布	61
	2.5.2 二维离散型随机变量函数的分布	62
	2.5.3 常见离散型随机变量的可加性	63
2.6	R语言计算离散型随机变量分布	65
习题 2		68
第3章	连续型随机变量	73
3.1	一维连续型随机变量	73
	3.1.1 频率直方图	73
	3.1.2 概率密度函数	75
	3.1.3 p分位数	77
	3.1.4 必然事件与不可能事件	78
3.2	常用连续分布	80
	3.2.1 正态分布	80
	3.2.2 均匀分布	84
	3.2.3 指数分布	85
	3.2.4 伽马（Gamma）分布	86
	3.2.5 贝塔（Beta）分布	87
3.3	多维连续型随机变量	88
	3.3.1 联合密度函数	88
	3.3.2 边缘密度	90

	3.3.3 多维均匀分布 …… 92	5.4	R语言在二项分布正态近似中的应用 …… 149
	3.3.4 二元正态分布 …… 93		
3.4	条件密度与独立性 …… 94	习题5 …… 149	
	3.4.1 条件密度 …… 95	**第6章 描述统计与抽样分布** …… **153**	
	3.4.2 连续型随机变量的独立性 …… 96	6.1	数据的收集与整理 …… 153
3.5	连续型随机变量函数的分布 ……		6.1.1 统计数据的分类 …… 153
	3.5.1 一维连续型随机变量函数的分布 …… 98		6.1.2 总体与抽样调查 …… 154
			6.1.3 频率分布与直方图 …… 157
	3.5.2 二维连续型随机变量函数的分布 …… 100		6.1.4 统计图 …… 159
		6.2	统计量及其性质 …… 163
	3.5.3 最值分布 …… 103		6.2.1 样本的性质 …… 163
3.6	正态分布在R语言中的计算 …… 105		6.2.2 统计量 …… 166
			6.2.3 样本的数字特征 …… 168
习题3 …… 107		6.3	常用抽样分布 …… 174
第4章 随机变量的数字特征 …… **113**			6.3.1 χ^2（卡方）分布 …… 175
4.1	数学期望 …… 113		6.3.2 t分布 …… 177
	4.1.1 数学期望的概念 …… 113		6.3.3 F分布 …… 178
	4.1.2 随机变量函数的期望 …… 118		6.3.4 正态总体下的抽样分布 …… 180
	4.1.3 期望的性质 …… 119	6.4	R语言在描述统计分析中的应用 …… 182
4.2	方差 …… 121	习题6 …… 187	
	4.2.1 方差的概念 …… 121	**第7章 参数估计** …… **192**	
	4.2.2 方差的性质 …… 122	7.1	点估计 …… 192
	4.2.3 常用分布的方差 …… 123		7.1.1 矩估计 …… 192
4.3	协方差与相关系数 …… 126		7.1.2 最大似然估计 …… 195
	4.3.1 协方差 …… 126	7.2	点估计的评价标准 …… 199
	4.3.2 相关系数 …… 129		7.2.1 无偏性 …… 199
	4.3.3 协方差矩阵 …… 132		7.2.2 有效性 …… 201
习题4 …… 132			7.2.3 相合性 …… 202
第5章 大数定律与中心极限定理 …… **138**		7.3	正态总体的区间估计 …… 203
5.1	切比雪夫不等式 …… 138		7.3.1 枢轴量 …… 203
5.2	大数定律 …… 140		7.3.2 单个正态总体均值和方差的区间估计 …… 204
	5.2.1 随机变量序列及其收敛性 …… 140		
	5.2.2 伯努利大数定律 …… 141		7.3.3 两个正态总体均值差与方差比的区间估计 …… 208
	5.2.3 切比雪夫大数定律 …… 141		
	5.2.4 马尔可夫大数定律 …… 143	7.4	R语言在计算单样本置信区间中的应用 …… 210
	5.2.5 辛钦大数定律 …… 143		
5.3	中心极限定理 …… 143	习题7 …… 212	
	5.3.1 独立同分布下的中心极限定理 …… 144	**第8章 假设检验** …… **219**	
		8.1	假设检验基础 …… 219
	5.3.2 二项分布的正态近似计算 …… 146		

- 8.1.1 假设检验的基本思想 ···· 219
- 8.1.2 拒绝域 ················ 220
- 8.1.3 两类错误 ············· 221
- 8.2 单个正态总体参数的假设检验 ··· 222
  - 8.2.1 参数 μ 的检验 ········· 222
  - 8.2.2 参数 σ^2 的检验 ········ 227
- 8.3 两个正态总体参数的假设检验 ··· 229
  - 8.3.1 两个正态总体均值差的假设检验 ············· 229
  - 8.3.2 两个正态总体方差比的假设检验 ············· 230
  - 8.3.3 配对样本的 t 检验 ····· 231
- 8.4 方差分析 ················· 234
  - 8.4.1 单因子方差分析 ······· 234
  - 8.4.2 两因子方差分析 ······· 237
  - 8.4.3 均值的多重比较 ······· 240
- 8.5 列联表检验 ··············· 241
  - 8.5.1 分类数据的整理与显示 ·· 241
  - 8.5.2 列联表的独立性检验 ··· 242
  - 8.5.3 辛普森悖论 ·········· 245
- 8.6 非参数检验简介 ··········· 247
  - 8.6.1 秩统计量 ············ 247
  - 8.6.2 符号检验 ············ 248
  - 8.6.3 威尔科克森符号秩检验 ·· 251
- 8.7 R 语言在假设检验中的应用 ··· 255
- 习题 8 ························· 263

第 9 章 相关分析与回归分析 ········ 270
- 9.1 相关分析 ················· 270
  - 9.1.1 相关分析的基本概念 ··· 270
  - 9.1.2 相关系数 ············ 271
  - 9.1.3 相关系数矩阵 ········ 273
- 9.2 一元线性回归 ············· 276
  - 9.2.1 一元线性回归模型的参数估计 ················ 276
  - 9.2.2 一元线性回归模型的统计检验 ················ 278
  - 9.2.3 一元线性回归模型的预测 282
- 9.3 多元线性回归 ············· 283
  - 9.3.1 多元线性回归模型 ······ 283
- 9.3.2 参数的最小二乘估计及其性质 ················ 283
- 9.3.3 回归方程的显著性检验 ·· 285
- 9.4 非参数回归简介 ············ 287
  - 9.4.1 非参数回归模型 ······· 287
  - 9.4.2 核估计方法 ·········· 288
- 9.5 R 语言在回归分析与相关分析中的应用 ················· 290
- 习题 9 ························· 295

第 10 章 试验设计简介 ············ 301
- 10.1 试验设计的基本概念 ········ 301
  - 10.1.1 离散型设计 ········· 301
  - 10.1.2 连续型设计 ········· 303
  - 10.1.3 统计试验的程序 ····· 305
  - 10.1.4 试验设计的基本原则 ·· 307
- 10.2 区组设计 ················ 308
  - 10.2.1 随机完全区组设计 ···· 308
  - 10.2.2 拉丁方设计 ········· 309
  - 10.2.3 正交拉丁方设计 ····· 310
- 10.3 正交设计 ················ 312
  - 10.3.1 正交表 ············· 312
  - 10.3.2 极差分析 ··········· 314
- 10.4 混料设计 ················ 317
  - 10.4.1 一般混料问题 ······· 317
  - 10.4.2 单纯形–中心设计 ···· 321
  - 10.4.3 考克斯设计与轴设计 ·· 322
- 10.5 正交拉丁方构造的 R 语言实现 ·· 323
- 习题 10 ······················· 324

附录 A R 语言功能简介 ············ 328
附录 B 常用分布表 ··············· 338
- 表 B.1 标准正态分布表 ········· 338
- 表 B.2 χ^2 分布表 ············· 339
- 表 B.3 t 分布表 ··············· 340
- 表 B.4 F 分布表 ··············· 341

参考文献 ······················· 346

第1章 随机事件及其运算

概率论是研究随机现象及其统计规律的数学学科，理论严谨，应用广泛，并且具有独特的概念和方法，同时与其他数学分支有着密切的联系，是近代数学的重要组成部分. 本章将主要介绍概率论的基本概念及应用，这些知识是后续学习的基础.

1.1 样本空间与随机事件

人们在研究随机现象时，为了探索其中的规律，抽象出了随机试验这一概念. 通过研究随机试验的样本空间、随机事件等内容，并结合集合论的概念，进而可以用数学的理论去描述和解决问题.

1.1.1 随机试验

在自然界和人的实践活动中经常会遇到各种各样的现象，这些现象大体可分为两类.

1. 确定现象

(1) 在一个标准大气压下，纯水加热到100 ℃时必然沸腾；
(2) 向上抛一块石头必然下落；
(3) 同性电荷相斥，异性电荷相吸.

在一定条件下必然会发生（不发生）的现象，称为**确定现象**，也称必然现象.

2. 随机现象

(1) 抛一枚硬币，可能出现正面，也可能出现反面；
(2) 投一颗骰子，可能出现1点到6点之间的某一个；
(3) 一天内进入超市的顾客数；
(4) 某一地区次日昼夜最大温差；
(5) 一顾客在超市排队等候付款的时间；
(6) 同一门大炮对同一目标进行多次射击（同一型号的炮弹），各次弹着点的位置；
(7) 某地区的年降雨量；
(8) 一年全省的经济总量.

以上所列举的现象都具有**随机性**，即在一定条件下可能会出现不同的结果，而且在每次试验之前都无法预言会出现哪一个结果，这种现象称为**随机现象**. 在客观世界中，随机现象是极为普遍的.

概率论与数理统计就是研究随机现象统计规律性的一门学科. 为了研究随机现象，发现其中的规律，就需要对随机现象进行观测. 我们把具有以下属性的随机现象称为随机试验，即一个随机试验如果满足下述条件：

(1) **可重复性**：试验可以在相同的条件下重复进行；

(2) **可观察性**：试验结果可观察，所有可能的结果是明确的；

(3) **随机性（不确定性）**：每次试验出现的结果事先不能准确预知，但可以肯定会出现所有可能结果中的一个.

我们称满足以上条件的随机现象是一个**随机试验**. 为方便起见，简称为试验，本书后续讨论的试验都是指随机试验.

1.1.2 随机事件

对于随机试验来说，我们感兴趣的往往是其所有可能的结果. 例如掷一枚硬币，我们关心的是出现正面还是出现反面这两个可能的结果. 为了研究随机试验，必须事先知道随机试验的所有可能结果.

1. 基本事件

通常，根据我们研究的目的，将随机试验的每一个可能的结果称为**基本事件(或样本点)**，记作 ω. 因为随机事件的所有可能结果是明确的，从而所有的基本事件也是明确的. 例如在抛掷硬币的试验中，$\omega_1 = \{$出现正面$\}$，$\omega_2 = \{$出现反面$\}$，是两个基本事件；又如在掷骰子试验中，$\omega_1 = \{$出现1点$\}$，$\omega_2 = \{$出现2点$\}$，$\cdots$，$\omega_6 = \{$出现6点$\}$，这些都是基本事件.

2. 样本空间

由全体样本点组成的集合称为这个随机试验的样本空间，记为 Ω（或 S），即

$$\Omega = \{\omega_1, \omega_2, \cdots, \omega_n, \cdots\}$$

也就是试验得到的所有可能结果的全体是样本空间. 在具体问题中，给定样本空间是研究随机现象的第一步.

考虑下列随机试验 E_i，$i = 1, 2, \cdots, 6$ 的样本空间.

(1) E_1：投掷一枚硬币，观察其正面 H 和反面 T 出现的情况，则样本空间为 $\Omega_1 = \{H, T\}$；

(2) E_2：将一枚硬币连抛两次，观察正面 H 和反面 T 出现的情况，则样本空间为 $\Omega_2 = \{HH, HT, TH, TT\}$；

(3) E_3：将一枚硬币连抛两次，观察正面出现的次数，则样本空间为 $\Omega_3 = \{0, 1, 2\}$；

(4) E_4：记录某电话台在一分钟内接到的呼叫次数，则样本空间为 $\Omega_4 = \{0, 1, 2, \cdots\}$；

(5) E_5：测量某物体的长度，已知测量误差在10与20之间（单位：mm），则误差的样本空间为 $\Omega_5 = \{l: 10 \leqslant l \leqslant 20\}$；

(6) E_6：在一大批灯泡中任取一只，测试其使用寿命，则样本空间为 $\Omega_6 = \{t: t \geqslant 0\}$.

在以上的样本空间中，样本空间的元素是由试验的目的所确定的，如在 E_2 和 E_3 中都是将一枚硬币连抛两次，由于试验的目的不一样，其样本空间也不一样. 在 E_4 中，虽然一分钟内接到电话的呼叫次数是有限的，不会非常大，但一般说来，人们从理论上很难给出一个次数的上限，为了方便，视上限为 ∞，这种处理方法在理论研究中经常被采用. Ω_1、Ω_2、Ω_3 中只有有限个样本点，将这类样本空间称为**有限样本空间**；Ω_4、Ω_5、Ω_6 中含有无穷个样本点，但 Ω_4 中的样本点可以依照某种规则排列起来时，称之为**可数的样本空间**；Ω_5、Ω_6 中含有无限个样本点，并且充满一个区间，称之为不可数的**无穷样本空间**.

从上述讨论可以看出，由于每个问题的研究目的不同，因此有的样本空间可以相当简单，有的比较复杂. 在今后的讨论中，都认为样本空间是预先给定的. 当然，对于一个实际问题或一

个随机现象，考虑问题的角度不同，样本空间也可能不同.

3. 随机事件的定义

我们称试验E的样本空间Ω的子集为**随机事件**，简称事件. 在一次试验中，随机事件可能出现也可能不出现，而在大量重复试验中具有某种规律性. 一般用大写字母$A, B, C, \cdots$表示事件.

设A为一个事件，仅当在一次试验中出现的样本点$\omega \in A$时，称事件A在该次试验中发生.

在上述样本空间的试验E_1中，"正面向上"是一个随机事件，可用$A=$ "正面向上"，或$A = \{H\}$表示. 在试验E_4中，"一分钟内接到的呼叫次数不超过5次"是一个随机事件，可用$B = \{0,1,2,3,4,5\}$来表示. 例如掷一颗骰子"出现偶数点"是一个随机事件，试验结果为2、4或6点，可用$C = \{2, 4, 6\}$表示.

要判断一个事件是否在一次试验中发生，只有当该次试验有了结果以后才能知道. 随机事件有3类特殊的情形.

(1) **基本事件**：仅含一个样本点的随机事件称为基本事件. 如抛掷一颗骰子，观察出现的点数，那么"出现1点""出现2点"$\cdots$ "出现6点"为该试验的基本事件.

(2) **必然事件**：样本空间Ω本身也是Ω的子集，它包含Ω的所有样本点，在每次试验中必然发生，称之为必然事件，即必然发生的事件. 如"抛掷一颗骰子，出现的点数不超过6"为必然事件.

(3) **不可能事件**：在每次试验中都不可能发生的事件，它不包含任何样本点. 从集合论的观点来看，空集$\varnothing$也是Ω的子集，它不包含任何元素，通常用$\varnothing$来表示不可能事件. 如"抛掷一颗骰子，出现的点数大于6"是不可能事件.

1.1.3 随机变量

为全面研究随机试验的结果，揭示随机现象的统计规律，需要将随机试验的结果数量化，即把随机试验的结果与实数对应起来. 在有些随机试验中，试验的结果本身就由数量来表示.

定义 1.1 设随机试验的样本空间为Ω，对每个$\omega \in \Omega$，都有一个实数$X(\omega)$与之对应，则称$X(\omega)$为随机变量，简记为X.

随机变量通常用英文大写字母X、Y、Z或希腊字母ξ、η等表示. 随机变量的取值一般用小写字母x、y、z等表示. 随机变量具有以下几点特征：

(1) 它是一个变量，它的取值由试验结果决定；

(2) 随机变量在某一范围内的取值表示一个随机事件.

随机变量$X = X(\omega)$在本质上是定义域为Ω上的一个映射，它的自变量ω是Ω中的样本点，而映射值是一个实数. 这里把随机事件数量化，更有利于用数学工具进行分析.

例 1.1 考虑以下随机事件与随机变量的表示：

(1) 在一装有红球、白球的袋中任取一个球，观察取出球的颜色；

(2) 抛掷一颗骰子，观察出现的点数；

(3) 在有两个孩子的家庭中，由孩子性别的可能性构成的样本空间；

(4) 设盒中有5个球（2白3黑），从中任抽3个，考虑取到白球数的不同情况；

(5) 设某射手朝目标射击了30次，则$X = $ "击中的次数"是一个随机变量；

(6) 某公共汽车站每隔5 min有一辆汽车停靠，考虑某位乘客等车的时间；

(7) 为了了解一种灯管的使用寿命，随机抽取1只进行试验，观测其使用寿命；

(8) 为测量某款炮弹的性能，朝一指定区域发射，观察弹着点的位置.

解 (1) 这里的样本空间为 $\Omega = \{\omega_1, \omega_2\}$，$\omega_1$ 表示"取到红色球"，ω_2 表示"取到白色球"，我们可以用事件 A 表示取到的球为红色，也可以用随机变量 $X(\omega)$ 表示取出球的颜色，即

$$X(\omega) = \begin{cases} 1, & \text{取到红色球} \\ 0, & \text{取到白色球} \end{cases}$$

(2) 这里样本空间为 $\Omega = \{1, 2, 3, 4, 5, 6\}$，样本点本身就是数量（不需要数量转化），用随机变量 $X = X(\omega)$ 表示抛掷骰子所出现的点数. 因此，可以用事件 A 表示掷出的点数不超过3点，也可以用随机变量表示为 $\{X \leqslant 3\}$.

(3) 样本空间共有 4 个样本点：

$$\omega_1 = (B, B),\ \omega_2 = (B, G),\ \omega_3 = (G, B),\ \omega_4 = (G, G)$$

其中，B 表示男孩；G 表示女孩. 若用 X 表示家中的女孩数，则 $X(\omega_1) = 0$，$X(\omega_2) = 1$，$X(\omega_3) = 1$，$X(\omega_4) = 2$，即

$$X(\omega) = \begin{cases} 0, & \omega = \omega_1 \\ 1, & \omega = \omega_2,\ \omega = \omega_3 \\ 2, & \omega = \omega_4 \end{cases}$$

(4) 令 $X(\omega) =$ "抽到的白球数"是一个随机变量，$X = X(\omega)$ 的可能取值为 $0, 1, 2$. 如果用事件 A 表示抽到的白球数至少1个，则事件 A 与 $\{X \geqslant 1\}$ 是等价的，即可以表示为 $A = \{X \geqslant 1\}$.

(5) $X = X(\omega)$ 的可能取值为 $0, 1, 2, \cdots, 30$. 如果用事件 B 表示30次射击都没有击中目标，则 $B = \{X = 0\}$.

(6) 如果某人到达该车站的时刻是随机的，则 $X =$ "乘客等待的时间"是一个随机变量. X 的可能取值为 $[0, 5)$. 该随机变量取值点有无穷多个，且是充满整个区间的. 若事件 C 表示乘客等待不超过2 min，则 $C = \{X \leqslant 2\}$.

(7) 令 $X =$ "灯管的使用寿命"是一个随机变量，则 X 的可能取值为 $[0, +\infty)$.

(8) 令 (X, Y) 表示在这一区域上的弹着点的坐标，则 (X, Y) 是一个二维随机变量.

以下我们归纳关于随机事件与随机变量的表述方法.

(1) 描述表示. 如在例1.1中，可以用语句"用事件 A 表示取到的球为红色"，或者"用 X 表示家中的女孩数"来描述随机事件. 这类描述可以很清晰地解释随机事件或随机变量的具体特征及含义等内容.

(2) 集合表示. 随机事件和随机变量都可以接等号，后接描述的语句，注意描述类语句要用花括号（或双引号）括起来. 如在例1.1(4)中，事件 A 可以记作：$A =$ "抽到的白球数至少为1个"或 $A = \{$抽到的白球数至少为1个$\}$.

(3) 随机事件与随机变量的混合表示. 如在例1.1(6)中，先设了随机变量，后用类似于"$C = \{X \leqslant 2\}$"的记号来表示随机事件.

随机变量因其取值方式不同，通常分为离散型和连续型两类.

(1) 离散型：随机变量的所有取值是有限个或可列个（如例1.1中的(1)~(5)）.

(2) 连续型：随机变量的取值充满某个区间或某个区域（如例1.1中的(6)~(8)）.

1.1.4 事件间的关系

从集合论的观点看，由于随机事件可视作样本空间的子集，因此事件的关系与运算和集合的关系与运算相似.

1. 包含关系

若事件A发生，则事件B必然发生，那么事件A称为事件B的子事件，即为包含关系，用$A \subset B$来表示.

特别地，若事件A发生必然导致事件B发生，且若事件B发生必然导致事件A发生，即$B \supset A$，$A \supset B$，则称$A = B$，事件A与B等价，可得事件A与事件B含有相同的样本点.

2. 和事件（并事件）

在集合论中，定义两个集合的并集为$A \cup B = \{x : x \in A \text{或} x \in B\}$.

在概率论中，事件$A \cup B$是事件A与事件B的并事件，通常也记作$A + B$. 事件$A \cup B$发生等价于事件A发生或事件B发生，也等价于事件A与事件B至少有一个发生. 若$A \subset B$，则$A \cup B = B$.

$\bigcup_{k=1}^{n} A_k$为n个事件$A_1, A_2, \cdots, A_n$的和事件，表示$A_1, A_2, \cdots, A_n$中至少有一个事件发生；$\bigcup_{k=1}^{+\infty} A_k$为可列个事件$A_1, A_2, \cdots, A_n, \cdots$的和事件，表示$A_1, A_2, \cdots, A_n, \cdots$中至少有一个事件发生.

3. 积事件（交事件）

在集合论中，定义两个集合的交集为$A \cap B = \{x : x \in A \text{且} x \in B\}$.

在概率论中，事件$A \cap B$是事件A与事件B的积事件，通常也记作AB. 事件$A \cap B$发生等价于事件A发生且事件B发生，也等价于事件A与事件B同时发生. 若$A \subset B$，则$A \cap B = A$.

$\bigcap_{k=1}^{n} A_k$为n个事件$A_1, A_2, \cdots, A_n$的积事件，表示$A_1, A_2, \cdots, A_n$全部都发生；$\bigcap_{k=1}^{+\infty} A_k$为可列个事件$A_1, A_2, \cdots, A_n, \cdots$的积事件，表示$A_1, A_2, \cdots, A_n, \cdots$全部都发生.

4. 事件的差

在集合论中，定义两个集合之差为$A - B = \{x : x \in A, x \notin B\}$.

在概率论中，$A - B$是事件A与事件B的差事件. 事件$A - B$发生等价于事件A发生且事件B不发生. 差事件也可以表示为$A - B = A \cap \overline{B} = A - A \cap B, A \cup B = A \cup (B - A)$.

5. 互斥（互不相容）

事件$A \cap B = \varnothing$，即事件A和事件B不能同时发生，称事件A与B互不相容（互斥）.

设事件$A_1, A_2, \cdots, A_n$满足$A_i A_j = \varnothing$，$i, j = 1, 2, \cdots, n$，$i \neq j$，则称事件$A_1, A_2, \cdots, A_n$是两两互不相容的. 任一个随机试验E的基本事件都是两两互不相容的.

6. 对立事件（互逆事件）

若一次试验中，事件A和事件B中有且仅有一个发生，即$A \cup B = \Omega$，$AB = \varnothing$，则事件A和事件B为互逆事件或对立事件. 记A的对立事件为$\overline{A}$，则

$$A \cap \overline{A} = \varnothing, \quad A \cup \overline{A} = \Omega$$

事件$\overline{A}$发生等价于事件A不发生. 故在每次试验中，$\overline{A}$与A必有，且仅有一个发生. $\overline{A}$与A称为对立事件，也称为互逆事件，表示为$\overline{A} = \Omega - A$.

需注意的是，互逆事件必为互斥事件，反之，互斥事件未必为互逆事件. 事件的关系与运算可用维恩图来直观地表示，见图1.1.

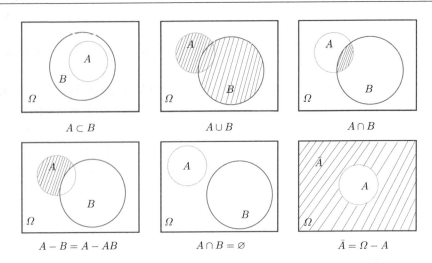

图 1.1 事件的关系与运算的维恩图

7. 完备事件组

设 $A_1, A_2, \cdots, A_n, \cdots$ 是有限（或可列）个事件，若其满足：

(1) $A_i \cap A_j = \varnothing, i \neq j, i, j = 1, 2, \cdots$；

(2) $A_1 \cup A_2 \cup \cdots \cup A_n \cup \cdots = \Omega$.

则称 $A_1, A_2, \cdots, A_n, \cdots$ 是样本空间的一个完备事件组（或划分）.

注意 A 与 $\overline{A}$ 构成一个完备事件组. 事件与集合的关系见表1.1.

表 1.1 事件与集合的关系

记号	概率论	集合论
Ω	样本空间，必然事件	全集
$\varnothing$	不可能事件	空集
ω	基本事件	元素
A	事件	子集
$\overline{A}$	对立事件	A的余集
$A \subset B$	事件A导致事件B发生	A是B的子集
$A = B$	事件A与事件B相等	A与B相等
$A \cup B$	事件A与事件B至少有一个发生	A与B的并集
AB	事件A与事件B同时发生	A与B的交集
$A - B$	事件A发生而事件B不发生	A与B的差集
$AB = \varnothing$	事件A和事件B互不相容	A与B没有共同元素

1.1.5 随机事件的运算规律

(1) 幂等律：$A \cup A = A, A \cap A = A$;

(2) 交换律：$A \cup B = B \cup A, A \cap B = B \cap A$;

(3) 结合律：$(A \cup B) \cup C = A \cup (B \cup C)$，$(A \cap B) \cap C = A \cap (B \cap C)$;

(4) 分配律：$A \cap (B \cup C) = (A \cap B) \cup (A \cap C)$，$A \cup (B \cap C) = (A \cup B) \cap (A \cup C)$;

(5) 德摩根（De Morgan）律：$\overline{A \cup B} = \overline{A} \cap \overline{B}, \overline{A \cap B} = \overline{A} \cup \overline{B}$.

对于多个事件有以下结论：

$$\overline{\bigcup_{i=1}^{+\infty} A_i} = \bigcap_{i=1}^{+\infty} \overline{A_i}, \quad \overline{\bigcap_{i=1}^{+\infty} A_i} = \bigcup_{i=1}^{+\infty} \overline{A_i}$$

在理解了对立事件与德摩根律的基础上，需要注意和事件的对立事件. 例如，"随机抽查两件产品，两件产品都合格"的对立事件并不是"两件产品都不合格"，而是"至少有一件产品不合格".

例 1.2 一名射手连续向某个目标射击三次，事件 A_i 表示该射手第 i 次射击时击中目标，试用 $A_i, i=1,2,3$ 表示下列各事件.

(1) 前两次射击中，至少有一次击中目标；
(2) 第一次击中目标而第二次未击中目标；
(3) 三次射击中，只有第三次未击中目标；
(4) 三次射击中，恰好有一次击中目标；
(5) 三次射击中，至少有一次未击中目标；
(6) 三次射击都未击中目标；
(7) 三次射击中，至少有两次击中目标；
(8) 三次射击中，至多有一次击中目标.

解 用 $D_i, i=1,2,\cdots,8$ 分别表示 (1),(2),$\cdots$,(8) 中所给出的事件.

(1) $D_1 = A_1 \cup A_2$;
(2) $D_2 = A_1 \overline{A_2}$ 或 $D_2 = A_1 - A_2$;
(3) $D_3 = A_1 A_2 \overline{A_3}$;
(4) $D_4 = A_1 \overline{A_2} \overline{A_3} \cup \overline{A_1} A_2 \overline{A_3} \cup \overline{A_1} \overline{A_2} A_3$;
(5) $D_5 = \overline{A_1} \cup \overline{A_2} \cup \overline{A_3}$ 或 $\overline{A_1 A_2 A_3}$;
(6) $D_6 = \overline{A_1} \overline{A_2} \overline{A_3}$;
(7) $D_7 = A_1 A_2 \cup A_2 A_3 \cup A_1 A_3$;
(8) $D_8 = A_1 \overline{A_2} \overline{A_3} \cup \overline{A_1} A_2 \overline{A_3} \cup \overline{A_1} \overline{A_2} A_3 \cup \overline{A_1} \overline{A_2} \overline{A_3}$.

用事件的运算来表示一个事件，方法往往并不唯一，特别在解决具体问题时，经常要根据需要选择一种恰当的表示方法.

例 1.3 在图 1.2 所示的电路中，事件 $A=$ "灯亮"，事件 B_1、B_2、B_3 分别表示"开关 I、II、III 闭合". 试分析事件 A、B_1、B_2、B_3 之间的关系.

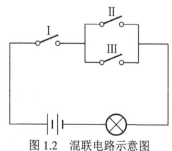

图 1.2 混联电路示意图

解 由于 $B_1 B_2 \subset A$, $B_1 B_3 \subset A$, 所以 $B_1 B_2 \cup B_1 B_3 = A$. 这是因为，如果 $B_1 B_2$ 发生，即开关 I、II 同时闭合，则整个电路接通. 于是灯亮，即 A 发生，所以 $B_1 B_2 \subset A$, 同理

有 $B_1B_3 \subset A$.

如果 $B_1B_2 \cup B_1B_3$ 发生,即 B_1B_2 或 B_1B_3 中至少一个发生,则整个电路接通. 于是灯亮,即 A 发生,所以 $B_1B_2 \cup B_1B_3 \subset A$. 反之, 如果 A 发生,即灯亮,则 B_1B_2 或 B_1B_3 中至少有一个发生,所以 $B_1B_2 \cup B_1B_3 \supset A$, 由事件相等的定义,有 $B_1B_2 \cup B_1B_3 = A$.

1.2 频率与概率

随机事件 A 在一次随机试验中是否会发生事先是不能确定的,但我们希望知道它发生可能性的大小. 这里先引入频率的概念,进而引出随机事件在一次试验中发生的可能性大小的数字度量——概率.

1.2.1 用频率估计概率

定义 1.2 在相同条件下重复进行了 n 次试验,如果事件 A 在这 n 次试验中发生了 n_A 次,则称 n_A 与 n 的比值

$$f_n(A) = \frac{n_A}{n} \tag{1.1}$$

为事件 A 发生的频率.

它具有下述性质:

(1) 非负性: $0 \leqslant f_n(A) \leqslant 1$;

(2) 规范性: $f_n(\Omega) = 1$;

(3) 有限可加性: $A_1, A_2, \cdots, A_k$ 是两两互不相容的事件,则

$$f_n(A_1 \cup A_2 \cup \cdots \cup A_k) = f_n(A_1) + f_n(A_2) + \cdots + f_n(A_k)$$

频率 $f_n(A)$ 的大小表示了在 n 次试验中事件 A 发生的频繁程度. 频率越大说明事件 A 发生得越频繁,在一次试验中事件 A 发生的可能性就越大,反之则发生的可能性越小. 因此,直观的想法是用频率来描述在一次试验中事件 A 发生的可能性的大小.

频率的稳定性: 在相同条件下重复多次试验,事件 A 发生的频率在一个固定的数值 p 附近波动,并且会随着试验次数的增加更加明显地稳定在数值 p, 说明了数值 p 可以用来刻画事件 A 发生的可能性大小. 以下给出的是**概率的统计定义**.

定义 1.3 对任意事件 A, 在相同的条件下重复进行 n 次试验,事件 A 发生 k 次,从而事件 A 发生的频率为 $\frac{k}{n}$. 随着试验次数 n 的增大,频率稳定在某个常数 p 附近,那么称 p 为事件 A 的概率,记作 $P(A)$.

历史上有人做过抛掷硬币的试验,以 n_A 表示 n 次抛掷硬币中出现正面的次数, $f_n(A)$ 表示正面出现的频率,所得到的试验结果如表 1.2 所示.

在实际应用中,往往可用试验次数足够大时的频率来估计概率的大小,且随着试验次数的增加,估计的精度会越来越高. 而上述概率的统计定义是基于实践经验给出的,在数学上是不严谨的. 首先,定义中的"随着试验次数 n 的增大而稳定在某个常数 p 值附近",那这里的 p 值到底等于多少? 其次, n 要增大到何种程度才算"稳定"? 所以理解试验次数较大时频率趋于

稳定的这一规律，要结合具体情境掌握如何用频率估计概率. 需要注意的是：随着试验次数的增大频率**趋于****稳定**，而不是**趋于****定值**，概率是理论性的结果，频率是实践性的结果，频率可以用于估计概率，但不能等价于概率.

表 1.2　抛掷硬币试验

试验者	n	n_A	$f_n(A)$
德摩根(De Morgan)	2048	1061	0.5181
蒲丰(Buffon)	4040	2048	0.5069
费勒(Feller)	10000	4979	0.4979
皮尔逊(Pearson)	24000	12012	0.5005
罗曼诺夫斯基(Romanovsky)	80640	39699	0.4923

1.2.2　概率的公理化定义及性质

在实际中，我们不可能对每一个事件都做大量的试验，然后求得事件发生的频率用以表示事件发生的概率. 此外，概率的频率定义在数学上也是不严谨的. 柯尔莫哥洛夫（Kolmogorov）于1933年给出了概率的公理化定义.

定义 1.4　设随机试验E的样本空间为Ω，对E的任一个事件A赋予一个实数记为$P(A)$，若$P(A)$满足下列三个条件：

(1) **非负性**：对每一个事件A，有$P(A) \geqslant 0$；

(2) **规范性**：对于必然事件Ω，有$P(\Omega) = 1$；

(3) **可列可加性**：设$A_1, A_2, \cdots$是两两互不相容的事件，有

$$P\left(\bigcup_{i=1}^{+\infty} A_i\right) = \sum_{i=1}^{+\infty} P(A_i)$$

则称$P(A)$为事件A发生的概率.

由概率的公理化定义可以得到以下常用的概率性质.

性质 1.1　不可能事件的概率为0，即$P(\varnothing) = 0$.

注意，在定义1.4中规定了"必然事件的概率为1"，由此可以推导出"不可能事件的概率为0"，即性质1.1. 那么关于这两个命题的逆命题是否成立? 这里直接给出结论："概率为1的事件一定是必然事件"和"概率为0的事件一定是不可能事件"这两个结论是错误的. 这一结论在第3章中会学习.

性质 1.2　有限可加性：设$A_1, A_2, \cdots, A_n$是两两互不相容的事件，则有

$$P(A_1 \cup A_2 \cup \cdots \cup A_n) = P(A_1) + P(A_2) + \cdots + P(A_n)$$

即若$A_i A_j = \varnothing, 1 \leqslant i < j \leqslant n$，则

$$P\left(\bigcup_{i=1}^{n} A_i\right) = \sum_{i=1}^{n} P(A_i)$$

性质 1.3　对任一随机事件A，有$P(\overline{A}) = 1 - P(A)$.

证明　由于A与$\overline{A}$是完备事件组，所以有

$$P(\Omega) = P(A \cup \overline{A}) = P(A) + P(\overline{A}) = 1$$

上式移项后可得结论.

性质 1.4 设 A、B 是两个随机事件，若 $A \subset B$，则 $P(B-A) = P(B) - P(A)$，且 $P(B) \geqslant P(A)$.

证明 因为 $A \subset B$，从而有 $B = A \cup (B-A)$，且 $A \cap (B-A) = \varnothing$.

由此得 $P(B) = P(A) + P(B-A)$，所以 $P(B-A) = P(B) - P(A)$. 由于 $P(B-A) \geqslant 0$，因此 $P(B) \geqslant P(A)$.

性质 1.5 对任意事件 A，有 $0 \leqslant P(A) \leqslant 1$.

性质 1.6 对事件 A、B，有 $P(B-A) = P(B) - P(AB)$.

证明 由于 $B - A = B - AB$，而 $AB \subset B$，由性质1.4可得
$$P(B-A) = P(B-AB) = P(B) - P(AB)$$

性质 1.7 对任意两个事件 A、B，有 $P(A \cup B) = P(A) + P(B) - P(AB)$.

证明 因为 $A \cup B = A \cup (B-AB)$ 且 $A \cap (B-AB) = \varnothing$，$AB \subset B$，所以
$$P(A \cup B) = P(A) + P(B-AB) = P(A) + P(B) - P(AB)$$

性质1.6称为两个事件的**减法公式**，性质1.7称为两个事件的**加法公式**，可推广至关于3个及3个以上事件的加法公式：
$$P(A \cup B \cup C) = P(A) + P(B) + P(C) - P(AB) - P(BC) - P(AC) + P(ABC)$$

一般地，设 $A_1, A_2, \cdots, A_n$ 为 n 个随机事件，则有
$$P(\bigcup_{i=1}^{n} A_i) = \sum_{i=1}^{n} P(A_i) - \sum_{1 \leqslant i < j \leqslant n} P(A_i A_j) + \sum_{1 \leqslant i < j < k \leqslant n} P(A_i A_j A_k) - \cdots + (-1)^{n-1} P(A_1 A_2 \cdots A_n)$$

例 1.4 设 $P(A) = 0.4$，$P(B) = 0.25$，$P(A-B) = 0.25$，求：

(1) $P(AB)$；(2) $P(A \cup B)$；(3) $P(B-A)$；(4) $P(\overline{A} \cap \overline{B})$.

解 (1) $P(AB) = P(A) - P(A-B) = 0.4 - 0.25 = 0.15$；

(2) $P(A \cup B) = P(A) + P(B) - P(AB) = 0.4 + 0.25 - 0.15 = 0.5$；

(3) $P(B-A) = P(B) - P(AB) = 0.25 - 0.15 = 0.1$；

(4) $P(\overline{A} \cap \overline{B}) = P(\overline{A \cup B}) = 1 - P(A \cup B) = 1 - 0.5 = 0.5$.

例 1.5 设 $P(A) = P(B) = P(C) = \dfrac{1}{4}$，$P(AC) = P(BC) = \dfrac{1}{16}$，$P(AB) = 0$，求事件 A、B、C 全不发生的概率.

解 根据德摩根律有

$$\begin{aligned}
& P(\overline{A} \cap \overline{B} \cap \overline{C}) \\
= & P(\overline{A \cup B \cup C}) \\
= & 1 - P(A \cup B \cup C) \\
= & 1 - [P(A) + P(B) + P(C) - P(AB) - P(BC) - P(AC) + P(ABC)] \\
= & 1 - \left(\frac{1}{4} + \frac{1}{4} + \frac{1}{4} - 0 - \frac{1}{16} - \frac{1}{16} + 0\right) \\
= & \frac{3}{8}
\end{aligned}$$

其中,$P(ABC) = 0$ 是因为 $ABC \subset AB$,所以 $P(ABC) \leqslant P(AB) = 0$.

1.3 等可能概型

等可能概型是概率论中最直观的模型, 在这个模型下, 随机试验所有可能的结果出现的概率都是相等的, 等可能概型在实际中具有广泛的应用. 本节在计算一些概率时用到了R语言, 读者可以参阅本书附录及1.6节部分内容学习R语言的基本操作.

1.3.1 基本计数原理

1. 分类计数原理

完成一件事有 m 种方式, 若第一种方式有 n_1 种方法, 第二种方式有 n_2 种方法, ……, 第 m 种方式有 n_m 种方法, 无论通过哪种方法都可以完成这件事, 则完成这件事的方法总数为 $n_1 + n_2 + \cdots + n_m$. 这种计数方式称为分类计数原理, 也称为加法原理.

加法原理的使用关键是分类, 分类必须明确标准, 要求每一种方法必须属于某一类方法, 不同类的任意两种方法是不同的方法, 这是分类问题中所要求的 "不重复" "不遗漏". 完成一件事的 m 类方法是相互独立的. 可通过图1.3所示的并联电路示意图理解加法原理.

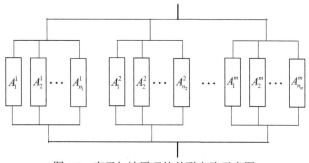

图 1.3 表示加法原理的并联电路示意图

2. 分步计数原理

已知完成一件事需要 m 个步骤, 其中完成第一个步骤有 n_1 种方法, 完成第二个步骤有 n_2 种方法, ……, 完成第 m 个步骤有 n_m 种方法. 若完成这件事必须经过每一个步骤才算完成, 则完成这件事的方法总数为 $n_1 \times n_2 \times \cdots \times n_m$. 这种计数方式称为分步计数原理，也称为乘法原理.

需要注意的是，在乘法原理中，完成一件事需要分成若干个步骤，只有每个步骤都完成了，才算完成这件事，缺少哪一步，这件事都不可能完成. 此外，各步之间必须连续，只有按照步骤依次去做，才能完成这件事，各步之间既不能重复也不能遗漏. 可通过图1.4所示的串并联电路示意图理解乘法原理.

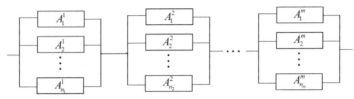

图 1.4 表示乘法原理的串并联电路示意图

分类计数原理与分步计数原理体现了解决问题时将其分解的两种常用思路，即分类解决或分步解决，是推导排列数与组合数计算公式的依据. 需要注意"类"间互相独立，"步"间互相联系.

1.3.2 排列组合公式

1. 排列公式

排列（permutation）是指从 n 个元素中取出 k 个来进行排列，这时既要考虑取出的元素也要顾及元素取出的顺序. 这种排列又分为两类：第一类是有放回抽样，这时每次选取都是在全体元素中进行的，同一元素可被重复选中；第二类是不放回抽样，这时一个元素被选中取出后便立刻将其从总体中除去，因此每个元素至多被选中一次，这种情形下必须满足 ($k \leqslant n$)：

(1) 在有放回抽样中，从 n 个元素中取出 k 个进行排列，这种排列称为有重复排列，其总数共有 n^k 种.

(2) 在不放回抽样中，从 n 个元素中取出 k 个进行排列，其总数为

$$P_n^k = n(n-1)(n-2)\cdots(n-k+1) = \frac{n!}{(n-k)!}$$

特别地，$P_n^n = n(n-1)(n-2)\cdots 2 \cdot 1 = n!$ 叫作 n 的阶乘，规定 $0! = 1$.

2. 组合公式

组合（combination）是指从 n 个不同元素中任取 k 个元素，不考虑其顺序，则生成的不同的组合总数为

$$C_n^k = \frac{P_n^k}{k!} = \frac{n!}{(n-k)!k!}$$

组合与排列的相同点是"从 n 个不同元素中任意取出 k 个不同元素"；不同点是组合"不管元素的顺序而合并成一组"，而排列要求元素"按照一定的顺序排成一列"，因此区分某一问题是组合还是排列，关键是看取出的元素有无顺序.

读者可以利用二项式展开定理证明以下组合公式.

(1) $C_n^k = C_n^{n-k}$；

(2) $C_n^k = C_{n-1}^{k-1} + C_{n-1}^k$；

(3) $C_n^0 + C_n^1 + C_n^2 + \cdots + C_n^n = 2^n$;
(4) $C_n^1 + 2C_n^2 + 3C_n^3 + \cdots + nC_n^n = n2^{n-1}$;
(5) $C_a^0 C_b^n + C_a^1 C_b^{n-1} + C_a^2 C_b^{n-2} + \cdots + C_a^n C_b^0 = C_{a+b}^n$, $n = \min\{a, b\}$;
(6) $\left(C_n^0\right)^2 + \left(C_n^1\right)^2 + \left(C_n^2\right)^2 + \cdots + \left(C_n^n\right)^2 = C_{2n}^n$;
(7) $C_m^m + C_{m+1}^m + C_{m+2}^m + \cdots + C_{m+n}^m = C_{m+n+1}^{m+1}$.

3. 分类组合公式

若把n个不同的元素分成k部分, 第一部分有r_1个, 第二部分有r_2个, $\cdots\cdots$, 第k部分有r_k个, 则不同的分法总数为

$$C_n^{r_1} C_{n-r_1}^{r_2} \cdots C_{n-r_1-r_2-\cdots-r_{k-1}}^{r_k} = \frac{n!}{r_1! r_2! \cdots r_k!}$$

1.3.3 古典概型

在研究概率的计算过程中, 最初是从研究古典概型开始的. 我们称具有下列两个性质的随机试验模型为古典概型:

(1) 随机试验只有有限个可能的结果;
(2) 每一个结果发生的可能性大小相同.

设试验E是古典概型, 样本空间为$\Omega = \{\omega_1, \omega_2, \cdots, \omega_n\}$, 基本事件$\{\omega_1\}, \{\omega_2\}, \cdots, \{\omega_n\}$两两互不相容. 由于$P(\Omega) = 1$及$P(\omega_1) = P(\omega_2) = \cdots = P(\omega_n)$, 因此

$$P(\omega_1) = P(\omega_2) = \cdots = P(\omega_n) = \frac{1}{n}$$

若事件A包含k个基本事件, 即$A = \{\omega_{i_1}\} \cup \{\omega_{i_2}\} \cup \cdots \cup \{\omega_{i_k}\}$, 其中$i_1, i_2, \cdots, i_k$是$1, 2, \cdots, n$中某$k$个不同的数, 则有

$$P(A) = P(\omega_{i_1}) + P(\omega_{i_2}) + \cdots + P(\omega_{i_k}) = \frac{k}{n}$$

即

$$P(A) = \frac{A\text{中包含基本事件数}}{\Omega\text{中基本事件总数}} = \frac{k}{n}$$

利用列表法、树状图法和列举法等方法, 可以将基本事件一一列出, 确定事件A包含的基本事件数与总事件数, 进而可以进行简单的概率计算.

1. 古典概型的基本计算

例 1.6 同时掷两颗质地均匀的骰子, 如图1.5所示, 得到对应的样本空间, 计算下列事件的概率.

(1) 两颗骰子的点数相同;
(2) 两颗骰子的点数和是9;
(3) 至少有一颗骰子的点数为2.

解 同时投掷两颗骰子, 可能出现的结果有36个, 它们出现的可能性相等.

(1) 设$A =$ "两颗骰子点数相同", 满足条件的结果有6个, 所以

$$P(A) = \frac{6}{36} = \frac{1}{6}$$

(2) 设$B =$ "两颗骰子点数和为9", 满足条件的结果有4个, 所以

$$P(B) = \frac{4}{36} = \frac{1}{9}$$

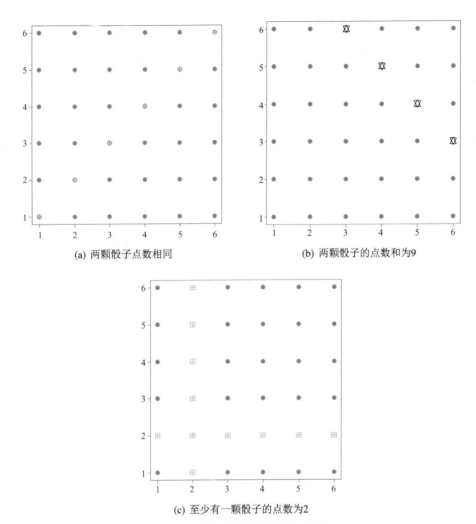

(a) 两颗骰子点数相同

(b) 两颗骰子的点数和为9

(c) 至少有一颗骰子的点数为2

图 1.5 掷出两颗骰子的样本空间

(3)设$C=$"至少有一颗骰子的点数为2",满足条件的结果有11个,所以
$$P(C)=\frac{11}{36}$$

注意：如果把例1.6中的"同时掷两颗骰子"改为"把一颗骰子掷两次",所得的结果是没有变化的. 类似的情况还有很多,例如把一枚硬币抛掷n次和把n枚硬币抛掷出去,分别记录正面出现的次数,这两种做法对应的古典概型是一样的.

例 1.7 将一枚硬币抛掷三次,观察正面H、反面T出现的情况.

(1) 设事件$A_1=$"恰有一次出现正面",求$P(A_1)$;

(2) 设事件$A_2=$"第一次出现正面",求$P(A_2)$;

(3) 设事件$A_3=$"至少有一次出现正面",求$P(A_3)$.

解 Ω中包含有限个元素,且每个基本事件发生的可能性相同,属于古典概型. 样本空间$\Omega=\{HHH,HHT,HTH,THH,HTT,THT,TTH,TTT\}$,$n=8$.

(1) $A_1 = \{HTT, THT, TTH\}$, $k_1 = 3$, 所以
$$P(A_1) = \frac{k_1}{n} = \frac{3}{8}$$

(2) $A_2 = \{HHH, HHT, HTH, HTT\}$, $k_2 = 4$, 所以
$$P(A_2) = \frac{k_2}{n} = \frac{4}{8} = \frac{1}{2}$$

(3) $A_3 = \{HHH, HHT, HTH, THH, HTT, THT, TTH\}$, $\overline{A_3} = \{TTT\}$, 所以
$$P(A_3) = 1 - P(\overline{A_3}) = 1 - \frac{1}{8} = \frac{7}{8}$$

许多古典概型问题,计算相当困难且富有技巧,计算的要点是计算样本空间中样本点的总数及随机事件A所包含的样本点数. 为此,需要灵活地应用排列组合公式进行计算.

例 1.8 有一套书由5册组成,随机地放到书架上,求各册书自左至右恰好成1、2、3、4、5的顺序的概率.

解 将5册书按顺序排列共有5!种不同的排法,所以基本事件总数为5!. A= "书自左至右恰好成1、2、3、4、5的顺序",包含的基本事件数为1,所以
$$P(A) = \frac{1}{5!} = \frac{1}{120}$$

2. 摸球问题（有放回与无放回）

在计算古典概型时,通常可以将实际问题抽象为摸球模型,因为古典概型中的大部分问题都能形象化地用摸球模型来描述. 若把黑球看作废品,白球看作正品,则这个模型就可以描述产品的抽样检查问题. 假如产品分为更多等级,例如一等品、二等品、三等品等,则可以用更多有多种颜色球的摸球模型来描述.

例 1.9 一口袋装有6个球,其中4个白球、2个红球,从袋中取球两次,每次随机地取1个. 试分别就有放回抽样和无放回抽样两种情况求:

(1) 取到的两个球都是白球的概率;

(2) 取到的两个球颜色相同的概率;

(3) 取到的两个球中至少有一个是白球的概率.

解 设 A = "取到的两个球都是白球", B = "取到的两个球都是红球", C = "取到的两个球中至少有一个是白球".

先考虑有放回的情形. 取两次球所有的取球方式共有 $n = 6 \times 6 = 36$ 种, 令 n_A、n_B、n_C 分别表示事件A、B、C包含的基本事件数. 依古典概型的概率计算公式有:

(1) $P(A) = \dfrac{n_A}{n} = \dfrac{4 \times 4}{6 \times 6} = \dfrac{4}{9}$;

(2) 因为 $P(B) = \dfrac{n_B}{n} = \dfrac{2 \times 2}{6 \times 6} = \dfrac{1}{9}$. 又由于"取到的两个球颜色相同" $= A \cup B$, 且 $AB = \varnothing$. 从而
$$P(A \cup B) = P(A) + P(B) = \frac{4}{9} + \frac{1}{9} = \frac{5}{9}$$

(3) 因为"取到的两个球中至少有一个是白球"的对立事件是"取到的两个球中没有一个是

白球"，所以有 $C = \overline{B}$，从而
$$P(C) = P(\overline{B}) = 1 - P(B) = \frac{8}{9}$$

不放回的情形与上述计算类似，其结果为

(1) $P(A) = \dfrac{n_A}{n} = \dfrac{4 \times 3}{6 \times 5} = \dfrac{2}{5}$;

(2) $P(B) = \dfrac{n_B}{n} = \dfrac{2 \times 1}{6 \times 5} = \dfrac{1}{15}$，$P(A \cup B) = P(A) + P(B) = \dfrac{2}{5} + \dfrac{1}{15} = \dfrac{7}{15}$;

(3) $P(C) = P(\overline{B}) = 1 - P(B) = \dfrac{14}{15}$.

例 1.10 设有 r 个球，随机投放在 n 个盒子中（$r \leqslant n$），试求下列各事件的概率.

(1) 每个盒子中至多有一个球；

(2) 某指定的 r 个盒子中各有一个球；

(3) 恰有 r 个盒中各有一球.

解 r 个球随机投放在 n 个盒子里的方法共有 n^r 种，即为基本事件总数.

(1) 设 $A =$ "每个盒子中至多有一个球". 因为每个盒子中至多放一个球，共有 $n(n-1)\cdots[n-(r-1)] = \mathrm{P}_n^r$ 种不同的放法，即 A 中包含的基本事件数为 P_n^r. 所以
$$P(A) = \frac{\mathrm{P}_n^r}{n^r}$$

(2) 设 $B =$ "某指定的 r 个盒子中各有一个球". 由于 r 个球在指定的 r 个盒中各放一个，共有 $r!$ 种放法，故 B 中包含的基本事件数为 $r!$. 所以
$$P(B) = \frac{r!}{n^r}$$

(3) 设 $C =$ "恰有 r 个盒中各有一个球". 因为在 n 个盒中选取 r 个盒子的选法有 C_n^r 种，而对于每一种选法选出的 r 个盒，其中各放一个球的放法有 $r!$ 种. 所以 C 包含的基本事件数为 $\mathrm{C}_n^r \cdot r!$，因此
$$P(C) = \frac{\mathrm{C}_n^r \cdot r!}{n^r} = \frac{\mathrm{P}_n^r}{n^r}$$

3. 分房问题

分房问题中是将人员逐个往房间里分配，处理实际问题时要分清什么是"人"、什么是"房间"，一般不可颠倒. 常遇到的分房问题有：n 个人相同生日问题，n 封信装入 n 个信封的问题（配对问题），掷骰子问题等. 分房问题也称为球在盒子中的分布问题.

例 1.11 假设每个人的生日在一年（365天）中的任一天是等可能的，则随机选取 r（$r \leqslant 365$）个人，求他们中至少有两人生日相同的概率.

解 每个人的生日在一年（365天）中的任一天是等可能的，即都等于 $1/365$. 于是 r 个人生日不相同等价于例 1.10 中的第 (1) 问，把 r 个人看成是 r 个不同的小球，放入到不同的盒子中，其概率为
$$p_r = \frac{365 \times 364 \times \cdots \times (365 - r + 1)}{365^r} = \frac{\mathrm{P}_{365}^r}{365^r}$$

因此，r 个人中至少有两人生日相同的概率为
$$p_r = 1 - \frac{\mathrm{P}_{365}^r}{365^r}$$

如果$r=50$，可算出$p_{50}=0.970$，即在一个50人的班级里，$A_r=$ "r个人中至少有两个人的生日相同"这一事件发生的概率$P(A_r)$与1差别很小.

这个例子是历史上有名的"生日问题"，在1.6节的例1.36中给出对此问题应用R语言进行计算的程序，并得到相应的$P(A_r)$，可记为

r	10	20	23	30	40	50	60
$P(A_r)$	0.1169	0.4114	0.5073	0.7063	0.8912	0.9704	0.9941

上述列出的答案足以引起大家的惊奇，因为"一个班级中至少有两个人生日相同"这个事件发生的概率并不像大多数人想象的那样小，而是足够大. 从表中可以看出，当一个班级的人数达到23人时，就有约50%的可能发生这件事情，而当班级人数达到50人时，竟有约97%的可能会出现至少两人生日相同. 这个例子告诉我们"直觉"有时候并不可靠，从而更有力地说明了研究随机现象统计规律的重要性.

例1.12 在电话号码簿中任取一个号码（电话号码由7个数字组成），求取到的号码是由完全不同的数字组成的概率.

解 此时将$0 \sim 9$这10个数字看成"房间"，电话号码看成"人"，这就可以归结为"分房问题". 令$A=$ "取到的号码由完全不同的数字组成"，则

$$P(A)=\frac{P_{10}^7}{10^7}$$

当然这个问题也可以看成摸球问题，将这10个数字看成10个球，从中有放回地取7次，要求7次取得的号码都不相同.

从上述几个例子可以看出，求解古典概型问题的关键是确定基本事件总数和有利事件数，当正面求较困难时，可以转化为求它的对立面，同时要运用一些技巧.

4. 随机取数问题

例1.13 从一个装有编号为1、2、3、4、5的小球的袋子中，有放回地连续抽取三次（每次取一个小球），求下列事件的概率.

$A=$ "3个数字完全不相同"；
$B=$ "3个数字中不含1和5"；
$C=$ "3个数字中5恰好出现了两次"；
$D=$ "3个数字中至少有一次出现5".

解 基本事件数为$n=5^3$，A中包含的基本事件数为P_5^3，故

$$P(A)=\frac{P_5^3}{5^3}=0.48$$

B中包含的基本事件数为3^3（3个数只能出现2、3、4），故

$$P(B)=\frac{3^3}{5^3}=0.216$$

3个数字中5恰好出现两次，可以是三次中的任意两次，出现的方式为C_3^2种，剩下的一个数只能从1、2、3、4中任意选一个数字，有4种选法，故事件C中包含的基本事件数为$4C_3^2$，故

$$P(C)=\frac{4C_3^2}{5^3}=\frac{12}{125}$$

事件D包含5出现了一次、5出现两次、5出现三次3种情况，D中包含的基本事件数

为$4^2C_3^1 + 4C_3^2 + C_3^3$, 故

$$P(D) = \frac{4^2C_3^1 + 4C_3^2 + C_3^3}{5^3} = 0.488$$

或可以转化为求D的对立事件$\overline{D}$的概率, $\overline{D}$ = "3个数字中5一次也不出现", 说明三次抽取都是在1、2、3、4中任取一个数字, 故含有4^3个基本事件, 可得

$$P(D) = 1 - P(\overline{D}) = 1 - \frac{4^3}{5^3} = 0.488$$

例 1.14 从$1,2,\cdots,100$的100个整数中任取一个, 试求取到的整数既不能被6整除, 又不能被8整除的概率.

解 设A = "取到的数能被6整除", B = "取到的数能被8整除", C = "取到的数既不能被6整除, 也不能被8整除", 则$C = \overline{A} \cap \overline{B}$.

$$P(C) = P(\overline{A} \cap \overline{B}) = P(\overline{A \cup B}) = 1 - P(A \cup B) = 1 - [P(A) + P(B) - P(AB)]$$

对事件A来说, 设100个整数中有x个能被6整除, 且$6x \leqslant 100$, 所以$x = 16$, 即A中有16个基本事件, $P(A) = \dfrac{16}{100}$; 同理, B中含有12个基本事件, 且$P(B) = \dfrac{12}{100}$.

设既能被6整除又能被8整除即能被24整除的数为y个, 则$24y \leqslant 100$, 所以$y = 4$. 可得AB中含有4个基本事件, 则$P(AB) = \dfrac{4}{100}$, 故

$$P(C) = 1 - [P(A) + P(B) - P(AB)] = 1 - \left(\frac{16}{100} + \frac{12}{100} - \frac{4}{100}\right) = \frac{76}{100}$$

1.3.4 几何概型

几何概型是一种概率模型, 在这种模型下, 样本空间是一个可度量的几何区域, 且每个样本点的发生具有等可能性. 这里的等可能性与古典概型中的是一致的. 将古典概型中的有限性推广到无限性, 而保留等可能性就得到几何概型. 设在区域Ω中有一个任意的小区域A, 如果其面积为$S(A)$, 则点落入A中的可能性大小与$S(A)$成正比, 而与A的位置及形状无关, 如图1.6所示.

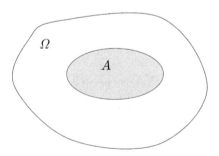

图 1.6 几何概型的示意图

几何概型的定义: 如果一个随机试验相当于从直线、平面或空间的某一区域Ω任取一点, 而所取的点落在Ω中任意两个度量（长度、面积、体积）相等的子区域内的可能性是一样的, 则称此试验模型为几何概型. 对于任意有度量的子区域, 如$A \subset \Omega$, 定义事件"任取一点落在

区域A内"发生的概率为

$$P(A) = \frac{A\text{的几何度量}}{\Omega\text{的几何度量}} = \frac{L(A)}{L(\Omega)}$$

这里几何度量的函数$L(\cdot)$是指被测对象的长度、面积、体积等.

例 1.15 某路公共汽车每5 min发出一辆车，求乘客到达站点后，等待时间不超过3 min的概率.

解 事件$A = \{2 \leqslant t \leqslant 5\}$表示"等待时间不超过3 min"，而样本空间$\Omega = \{0 \leqslant t \leqslant 5\}$，乘客到达站点的时刻$t$可视为向时间段$[0,5]$投掷一随机点. 这里所投掷的点落在线段上任一点的可能性是一样的或者说具有等可能性. 我们理解这种等可能性的含义，就是点落在时间段内的可能性与该线段的长度成正比，与该线段的位置无关. 因此，事件A的概率取决于线段$[2,5]$与$[0,5]$的长度比, 即

$$P(A) = \frac{L(A)}{L(\Omega)} = \frac{3}{5}$$

例 1.16 甲、乙二人相互约定$7:00 \sim 8:00$在预定地点会面，先到的人需要等候另一人20 min后方可离开，假定他们在指定的1 h内的任意时刻到达. 求二人能会面的概率.

解 设甲、乙二人到达预定地点的时间分别为x、y（单位：min），则两人到达时间的一切可能结果对应边长为60 min的正方形里所有点的样本空间$\Omega = \{(x,y) : 0 \leqslant x \leqslant 60, 0 \leqslant y \leqslant 60\}$.

$A =$ "两人会面" 就等价于$A = \{(x,y) : |x - y| < 20\}$. 如图1.7(a)所示，用阴影部分的面积比$\Omega$的面积，即有

$$P(A) = \frac{L(A)}{L(\Omega)} = \frac{5}{9}$$

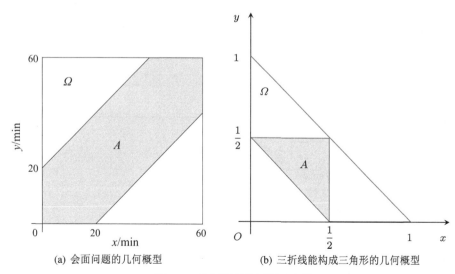

(a) 会面问题的几何概型　　(b) 三折线能构成三角形的几何概型

图 1.7　几何概型的例题示意图

例 1.17 在线段AD上任意取两个点B、C，在B、C处折断此线段可得三折线，求此三折线能构成三角形的概率.

解 设$A =$ "三折线能构成三角形"，$AD = 1$，$AB = x$，$BC = y$，$CD = 1 - x - y$，则

样本空间
$$\Omega = \{(x,y): x \geqslant 0, y \geqslant 0, x+y < 1\}$$

$A =$ "两边之和大于第三边" $= \{(x,y): 0 < x < 1/2, \ 0 < y < 1/2, \ x+y > 1/2\}$，如图1.7(b)所示，所以有

$$L(\Omega) = \frac{1}{2}, \quad L(A) = \frac{1}{2} \times \frac{1}{2} \times \frac{1}{2} = \frac{1}{8}$$

$$P(A) = \frac{L(A)}{L(\Omega)} = \frac{1/8}{1/2} = \frac{1}{4}$$

例 1.18 蒲丰（Buffon）投针问题. 平面上画有等距离的平行线，每两条平行线之间的距离为a，向平面任意投掷一枚长为l（$l<a$）的针，试求针与平行线相交的概率.

解 设针投掷到平面上的位置可以用一组参数(ϕ, x)来描述，x为针的中心与其最近的一条平行线的距离，ϕ为针与平行线正方向的夹角，如图1.8(a)所示. 则该试验的样本空间为$\Omega = [0, \pi] \times [0, a]$. 设平行线与针相交为事件$A$，因为针与平行线相交的充要条件是$x \leqslant \frac{l}{2}\sin\phi$，即

$$A = \left\{ x \leqslant \frac{l}{2}\sin\phi, 0 \leqslant \phi \leqslant \pi \right\}$$

如图1.8(a)所示. 因为

$$L(A) = \int_0^\pi \frac{l}{2}\sin\phi \, \mathrm{d}\phi = l, \quad L(\Omega) = \frac{\pi a}{2}$$

所以

$$P(A) = \frac{L(A)}{L(\Omega)} = \frac{2l}{a\pi}$$

例1.18中讨论的蒲丰投针问题，历史上也有一些学者亲自做过同类的投针试验，其试验结果（把a折算为单位长）如表1.3所示.

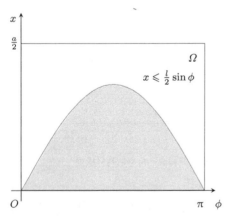

(a) 与平行线相交的情形

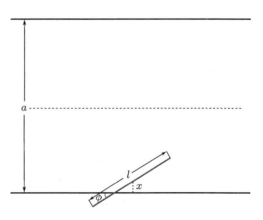

(b) 样本空间及A的区域

图1.8 蒲丰投针问题的几何概型

表 1.3　历史上的投针试验

试验者	年份	投针次数	π的试验值
沃尔夫（Wolf）	1850	5000	3.1596
福克斯（Fox）	1884	1130	3.1595
拉扎里尼（Lazzarini）	1901	3408	3.1415
雷纳（Reina）	1925	2520	3.1795

这是一个颇为奇妙的方法：只要设计一个随机试验，使一个事件的概率与某一未知数有关，然后通过重复试验，以频率近似概率，即可求得未知数的近似解. 现在随着电子计算机的发展，人们便利用计算机来模拟所设计的随机试验，使得这种方法得到了迅速的发展和广泛的应用. 此种计算方法称为随机模拟法，或蒙特卡罗（Monte-Carlo）法.

1.3.5 贝特朗奇论

几何概率是19世纪末新发展起来的一门学科，使很多概率问题的解决变得简单而不需运用微积分的知识. 然而，1899 年，法国学者贝特朗提出了所谓的"贝特朗奇论"（亦称"贝特朗怪论"），矛头直指几何概率概念本身.

例 1.19　设在一给定圆内所有的弦中任选一条弦，试求该弦长度大于圆的内接正三角形边长的概率.

解　该问题如图1.9所示，有三种解决方法.

解法1： 如图1.9(a)所示，在垂直于三角形任意一边的直径上随机取一个点，并通过该点做一条垂直于该直径的弦. 由圆内接正三角形的性质可得，在该点位于半径中点的时候弦长等于三角形的边长，当点离圆心的距离小于 $\frac{r}{2}$ 时，弦长大于三角形的边长. 所以概率 $p = \frac{1}{2}$.

解法2： 如图1.9(b)所示，通过三角形任意一个顶点做圆的切线，因为等边三角形内角为 $\frac{\pi}{3}$，所以顶角左右两边的角都是 $\frac{\pi}{3}$. 由该顶点做一条弦，弦的另一端在圆上任意一点. 由图可知，当弦与切线所成角在 $\frac{\pi}{3}$ 和 $\frac{2\pi}{3}$ 之间的时候，弦长大于三角形的边长. 所以概率 $p = \frac{1}{3}$.

解法3： 如图1.9(c)所示，当弦的中点在阴影标记的圆内时，弦长大于三角形的边长，而大圆的弦中点一定在圆内，大圆的面积是 πr^2，小圆的面积是 $\pi \left(\frac{r}{2}\right)^2$. 所以概率 $p = \frac{1}{4}$.

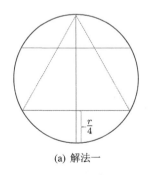

(a) 解法一　　(b) 解法二　　(c) 解法三

图 1.9　贝特朗奇论的三种解法

为什么人们第一次看到"贝特朗奇论"有三个不同的（且正确的）答案会感到奇怪？贝特朗给出的三个论证全部无误，但结果都不相同. 贝特朗奇论之所以引起人们注意，是因为三个答案是针对三个不同样本空间生成的，且它们都是正确的，因此在定义概率时要事先明确指出样本空间是什么.

因为人们在学习实践中自然而然地获得了这样的认识：一个数学问题通常只有唯一的正确答案，如果一个问题同时有多个正确答案，那么一定是哪里出问题了！所以人们感到奇怪. 为什么没有明确说明"随机地在圆上取一条弦"会导致出现多个不同的答案？事实上，几何概率建立在"等可能假设"上，而不同的"等可能假设"可以得到不同的样本空间，不同的样本空间的测度不同，所以计算得到的答案自然也不同.

1.4 条件概率及相关公式

条件概率是概率论基础知识中的一个基本概念，在此基础上延伸出的乘法公式、全概率公式和贝叶斯公式在概率论与数理统计中都具有重要的应用.

1.4.1 条件概率

所谓条件概率，是指在某事件 A 发生的条件下，另一事件 B 发生的概率，记为 $P(B|A)$，它与 $P(A)$ 是不同的两类概率，下面以一个实例进行说明.

例 1.20 两台机器加工同一种产品，共100件. 第一台机器加工的合格品数为35件，次品数为5件；第二台机器加工的合格品数为50件，次品数为10件. 若从100件产品中任取一件，已知取到的是第一台机器加工的产品，问它是合格品的概率是多少？

解 令 $A=$ "取到的产品是第一台机器加工的"，$B=$ "取到的产品为合格品"，于是所求概率是在事件 A 发生的条件下事件 B 发生的概率，所以称它为在 A 发生的条件下 B 发生的条件概率，并记作 $P(B|A)$.

$P(B|A)$ 可以用古典概型计算，因为取到的产品是第一台机器加工的，又已知第一台机器加工40件产品，其中35件是合格品，所以

$$P(B|A) = \frac{35}{40} = 0.875$$

另外，由于 AB 表示事件"取到的产品是由第一台机器加工的，并且是合格品"，而在100件产品中是由第一台机器加工的又是合格品的产品为35件，所以 $P(AB) = \frac{35}{100}$，而 $P(A) = \frac{40}{100}$，从而有

$$P(B|A) = \frac{35}{40} = \frac{35/100}{40/100} = \frac{P(AB)}{P(A)}$$

定义 1.5 设 A、B 是两个事件，且 $P(A) > 0$，在事件 A 发生的条件下，定义事件 B 发生的条件概率为

$$P(B|A) = \frac{P(AB)}{P(A)}$$

同样可以在 $P(B) > 0$ 的条件下，在事件 B 发生的条件下，定义事件 A 发生的条件概率为

$$P(A|B) = \frac{P(AB)}{P(B)}$$

条件概率$P(B|A)$满足概率公理化定义中的三个基本性质:

(1)非负性: 对于任一事件A, $P(A) > 0$, 则$0 \leqslant P(B|A) \leqslant 1$;

(2)规范性: $P(\Omega|A) = 1$;

(3)可列可加性: 设$B_1, B_2, \cdots, B_n, \cdots$两两互斥, 满足

$$P((B_1 \cup B_2 \cup \cdots)|A)) = P(B_1|A) + P(B_2|A) + \cdots$$

条件概率本身也是概率, 满足概率的所有性质.

性质 1.8 由条件概率的定义可以得到以下性质:

(1) $P(\Omega|A) = 1$, $P(A|\Omega) = P(A)$;

(2) $P(\varnothing|A) = 0$;

(3) $P(\overline{B}|A) = 1 - P(B|A)$;

(4) $P(B_1 \cup B_2|A) = P(B_1|A) + P(B_2|A) - P(B_1B_2|A)$;

(5) $P(B - A|C) = P(B|C) - P(AB|C)$.

以上性质都可以根据条件概率的定义进行验证.

例 1.21 某种动物从出生活到20岁的概率为0.8, 活到25岁的概率为0.4, 求这种动物已经活到20岁时再活到25岁的概率是多少?

解 记$A =$ "该动物活到20岁", $B =$ "该动物活到25岁", 显然$B \subset A$, 则$AB = B$. 又$P(A) = 0.8$, $P(B) = 0.4$, $P(AB) = P(B) = 0.4$. 所以

$$P(B|A) = \frac{P(AB)}{P(A)} = \frac{0.4}{0.8} = \frac{1}{2}$$

例 1.22 一袋中有10个球, 其中3个黑球、7个白球, 依次从袋中不放回地取两球.

(1) 已知第一次取出的是黑球, 求第二次取出的仍是黑球的概率;

(2) 已知第二次取出的是黑球, 求第一次取出的也是黑球的概率.

解 记$A_i =$ "第i次取到黑球", $i = 1, 2$.

(1)可以在缩减的样本空间Ω_{A_1}上计算. 因为A_1已发生, 即第一次取得的是黑球, 第二次取球时, 所有可取的球只有9个. Ω_{A_1}中所含的基本事件数为9, 其中黑球只剩下2个, 所以

$$P(A_2|A_1) = \frac{2}{9}$$

(2)由于第二次取球发生在第一次取球之后, 故缩减的样本空间Ω_{A_2}的结构并不直观, 因此可直接在Ω中用定义计算$P(A_1|A_2)$. 因为

$$P(A_1A_2) = \frac{3 \times 2}{10 \times 9} = \frac{1}{15}$$

又由$A_2 = A_1A_2 \cup \overline{A}_1A_2$且$A_1A_2$与$\overline{A}_1A_2$互不相容, 故

$$P(A_2) = P(A_1A_2) + P(\overline{A}_1A_2) = \frac{3 \times 2}{10 \times 9} + \frac{7 \times 3}{10 \times 9} = \frac{3}{10}$$

$$P(A_1|A_2) = \frac{P(A_1A_2)}{P(A_2)} = \frac{2}{9}$$

1.4.2 乘法公式

定理 1.1 设$P(A) > 0$, 则有$P(AB) = P(A)P(B|A)$. 同理, 设$P(B) > 0$, 则有$P(AB) = P(B)P(A|B)$.

定理1.1的结论被称为乘法公式. 乘法公式表明, 两个事件同时发生的概率等于其中一个事件发生的概率与另一事件在前一事件发生下的条件概率的乘积. 可以将两个事件的乘法公式推广至多个事件的乘法公式.

设 $A_1, A_2, \cdots, A_n$ 为 n 个事件, 当 $P(A_1 A_2 \cdots A_{n-1}) > 0$ 时, 有

$$P(A_1 A_2 \cdots A_n) = P(A_1) P(A_2|A_1) P(A_3|A_1 A_2) \cdots P(A_n|A_1 A_2 \cdots A_{n-1})$$

证明 因 $A_1 \supseteq A_1 A_2 \supseteq \cdots \supseteq A_1 A_2 \cdots A_{n-1}$, 故

$$P(A_1) \geqslant P(A_1 A_2) \geqslant \cdots \geqslant P(A_1 A_2 \cdots A_{n-1}) > 0$$

又由

$$P(A_1 A_2 \cdots A_n) = P(A_1) \frac{P(A_1 A_2)}{P(A_1)} \frac{P(A_1 A_2 A_3)}{P(A_1 A_2)} \cdots \frac{P(A_1 A_2 \cdots A_n)}{P(A_1 A_2 \cdots A_{n-1})}$$

所以

$$P(A_1 A_2 \cdots A_n) = P(A_1) P(A_2|A_1) P(A_3|A_1 A_2) \cdots P(A_n|A_1 A_2 \cdots A_{n-1})$$

例 1.23 袋中有 a 个白球和 b 个黑球, 随机取出1个, 然后放回, 并同时再放进与取出的球同色的1个球, 再取第2个, 这样连续取3次. 问取出的3个球中头两个是黑球, 第三个是白球的概率是多少?

解 设 A_1 = "第一次取得黑球", A_2 = "第二次取得黑球", $\overline{A}_3$ = "第三次取得白球", 可得

$$P(A_1) = \frac{b}{a+b}, \quad P(A_2|A_1) = \frac{b+1}{a+b+1}, \quad P(\overline{A}_3|A_1 A_2) = \frac{a}{a+b+2}$$

$$\begin{aligned} P(A_1 A_2 \overline{A}_3) &= P(A_1) P(A_2|A_1) P(\overline{A}_3|A_1 A_2) \\ &= \frac{ab(b+1)}{(a+b)(a+b+1)(a+b+2)} \end{aligned}$$

例 1.24 设某光学仪器厂制造的透镜, 第一次落下时打破的概率为 $\frac{1}{2}$, 若第一次落下未打破, 第二次落下时打破的概率为 $\frac{7}{10}$, 若前两次落下时均未打破, 第三次落下时打破的概率为 $\frac{9}{10}$. 求透镜落下三次而未打破的概率.

解 以 $A_i, i = 1, 2, 3$ 表示事件"透镜第 i 次落下时打破", 以 B 表示事件"透镜落下三次而未打破", 有

$$\begin{aligned} P(B) &= P(\overline{A}_1 \overline{A}_2 \overline{A}_3) = P(\overline{A}_1) P(\overline{A}_2|\overline{A}_1) P(\overline{A}_3|\overline{A}_1 \overline{A}_2) \\ &= \left(1 - \frac{1}{2}\right) \left(1 - \frac{7}{10}\right) \left(1 - \frac{9}{10}\right) = \frac{3}{200} \end{aligned}$$

1.4.3 全概率公式

全概率公式是概率论中的一个基本公式. 它可使一个针对复杂事件的概率计算问题转化为在不同情况（或不同原因或不同途径）下发生的简单事件的概率求和问题.

定理 1.2 设随机试验 E 的样本空间为 Ω, B 为任意事件, $A_1, A_2, \cdots, A_n$ 是 Ω 的一个完备事件组 (见图1.10, 是 $n = 4$ 的情况), 即 $A_1 \cup A_2 \cup \cdots \cup A_n = \Omega$, $A_1, A_2, \cdots, A_n$ 两两互不相容,

且 $P(A_i) > 0, i = 1, 2, \cdots, n$，则

$$P(B) = \sum_{i=1}^{n} P(A_i)P(B|A_i)$$

特别地，对于任意的事件 $A \subset \Omega$，有

$$P(B) = P(A)P(B|A) + P(\overline{A})P(B|\overline{A})$$

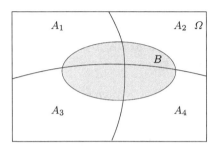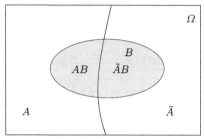

图 1.10 完备事件组示意

定理1.2的结论称为全概率公式. 全概率公式说明，在复杂情况下直接计算$P(B)$不易时，可根据具体情况构造一完备事件组$A_1, A_2, \cdots, A_n$，使事件B发生的概率等于在各事件A_i, $i = 1, 2, \cdots, n$发生的条件下引起事件B发生的概率的总和.

例 1.25 设有5个坛子，大号坛子2个，各装2个白球1个黑球；中号坛子2个，各装3个白球1个黑球；小号坛子1个，装有10个黑球. 如任选1个坛子，从中取出1球，问这球是黑球的概率是多少?

解 令$B =$"取出的是黑球"，A_1、A_2、A_3分别表示取出的球是来自大、中、小号坛子的. 显然A_1、A_2、A_3两两互不相容，且$A_1 \cup A_2 \cup A_3 = \Omega$, $P(A_i) > 0$, $i = 1, 2, 3$.

$$P(A_1) = \frac{2}{5}, \; P(A_2) = \frac{2}{5}, \; P(A_3) = \frac{1}{5}$$

$$P(B|A_1) = \frac{1}{3}, \; P(B|A_2) = \frac{1}{4}, \; P(B|A_3) = 1$$

所以根据全概率公式有

$$\begin{aligned} P(B) &= P(A_1)P(B|A_1) + P(A_2)P(B|A_2) + P(A_3)P(B|A_3) \\ &= \frac{2}{5} \times \frac{1}{3} + \frac{2}{5} \times \frac{1}{4} + \frac{1}{5} \times 1 = \frac{13}{30} \end{aligned}$$

若观察到一个事件B已经发生，但是需要研究事件发生的各种原因、情况或途径的可能性的大小，就需要使用贝叶斯公式.

1.4.4 贝叶斯公式

定理 1.3 设$A_1, A_2, \cdots, A_n$为一完备事件组，且$P(A_i) > 0$, $i = 1, 2, \cdots, n$. 则对任一事件B，$P(B) > 0$，有

$$P(A_i|B) = \frac{P(A_iB)}{P(B)} = \frac{P(A_i)P(B|A_i)}{\sum_{j=1}^{n} P(A_j)P(B|A_j)}, i = 1, 2, \cdots, n$$

特别地，有

$$P(A|B) = \frac{P(A)P(B|A)}{P(A)P(B|A) + P(\overline{A})P(B|\overline{A})}$$

$$P(\overline{A}|B) = \frac{P(\overline{A})P(B|\overline{A})}{P(A)P(B|A) + P(\overline{A})P(B|\overline{A})}$$

定理1.3的结论也称为贝叶斯公式。

例 1.26 由以往的数据分析结果表明，当机器调整得良好时，产品的合格率为90%，而当机器发生某一故障时，其合格率为30%. 每天早上机器开动时，机器调整良好的概率为75%. 已知某天早上第一件产品是合格品，试求机器调整得良好的概率是多少？

解 $A=$ "产品合格"，$B=$ "机器调整得良好"，则

$$P(B|A) = \frac{P(A|B)P(B)}{P(A|B)P(B) + P(A|\overline{B})P(\overline{B})} = \frac{0.9 \times 0.75}{0.9 \times 0.75 + 0.3 \times 0.25} = 0.9$$

例 1.27 已知自然人患有某种疾病的概率为0.005，据以往记录，某种诊断该疾病的试验具有如下效果：被诊断患有该疾病的人试验反应为阳性的概率为0.95，被诊断不患有该疾病的人试验反应为阳性的概率为0.06. 在普查中发现某人试验反应为阳性，问他确实患有该疾病的概率是多少？

解 设事件$B=$ "试验反应为阳性"，$A=$ "被诊断者患有此疾病"，则$\overline{A}=$ "被诊断者不患有此疾病".

由已知

$$P(A) = 0.005, \ P(\overline{A}) = 1 - 0.005 = 0.995, \ P(B|A) = 0.95, \ P(B|\overline{A}) = 0.06$$

由全概率公式

$$P(B) = P(A)P(B|A) + P(\overline{A})P(B|\overline{A}) = 0.005 \times 0.95 + 0.995 \times 0.06 = 0.06445$$

再由贝叶斯公式，所求概率

$$P(A|B) = \frac{P(AB)}{P(B)} = \frac{P(A)P(B|A)}{P(B)} = \frac{0.005 \times 0.95}{0.06445} = 0.0737$$

一般地，若试验分为先后两个阶段，我们将第一阶段的所有可能结果构成一个完备事件组，称为"原因". 全概率公式的关键是恰当地选取完备事件组$A_1, A_2, \cdots, A_n$，且概率$P(A_i)$，$P(B|A_i)(i=1,2,\cdots,n)$容易计算. 要求第二个阶段的某一"结果"B，通常是用全概率公式. 所以全概率公式是"由因溯果". 若"结果"B发生了，要求由原因A_k引起的概率$P(A_k|B)$，可得

$$P(A_k|B) = \frac{P(A_k)P(B|A_k)}{P(B)}$$

即贝叶斯公式. 故贝叶斯公式是"由果溯因"，所以全概率公式和贝叶斯公式是相反的两个过程. 下面的例子既使用了全概率公式求"结果"发生的概率，又使用贝叶斯公式求出了在"结果"发生的条件下，某个"原因"发生的概率.

例 1.28 玻璃杯成箱出售，每箱20只，假设各箱含0、1、2只残次品的概率相应为0.8、0.1和0.1. 一顾客欲买一箱玻璃杯，在购买时，顾客随机地查看4只，若无残次品，则买下该箱玻璃杯，否则退回. 试求：

(1) 顾客买下该箱玻璃杯的概率;
(2) 在顾客买下的一箱玻璃杯中, 确实没有残次品的概率.

解 设 $B=$ "顾客买下该箱玻璃杯", $A_i=$ "箱中恰有 i 只残次品", $i=0,1,2$. 显然, A_0、A_1、A_2 为 Ω 的完备事件组, 由题意

$$P(A_0) = 0.8, \quad P(A_1) = 0.1, \quad P(A_2) = 0.1$$

$$P(B|A_0) = 1, \quad P(B|A_1) = \frac{C_{19}^4}{C_{20}^4} = \frac{4}{5}, \quad P(B|A_2) = \frac{C_{18}^4}{C_{20}^4} = \frac{12}{19}$$

(1) 由全概率公式可得

$$P(B) = \sum_{i=0}^{2} P(A_i)P(B|A_i) = 0.8 \times 1 + 0.1 \times \frac{4}{5} + 0.1 \times \frac{12}{19} \approx 0.943$$

(2) 由贝叶斯公式可得

$$P(A_0|B) = \frac{P(A_0)P(B|A_0)}{P(B)} = \frac{0.8 \times 1}{0.943} \approx 0.848$$

例 1.29 某工厂有甲、乙、丙三台机器, 它们的产量分别占总产量的 0.25、0.35 和 0.40, 而它们的产品中的次品率分别为 0.05、0.04 和 0.02. 从所有产品中随机取一件.

(1) 求所取产品为次品的概率;
(2) 从所有产品中随机取一件, 若已知取到的是次品, 问此次品分别是由甲、乙、丙三台机器生产的概率是多少?

解 (1) 设 $B=$ "取出的产品为次品", 又设 A_1、A_2、A_3 分别表示所取产品来自甲、乙、丙三台机器. 由于 $A_1 \cup A_2 \cup A_3 = \Omega$, A_1、A_2、A_3 两两互不相容, $P(A_1) = 0.25$, $P(A_2) = 0.35$, $P(A_3) = 0.40$, $P(B|A_1) = 0.05$, $P(B|A_2) = 0.04$, $P(B|A_3) = 0.02$.

又 $B = A_1B \cup A_2B \cup A_3B$, 且 A_1B、A_2B、A_3B 也两两互不相容, 于是有

$$\begin{aligned} P(B) &= P(A_1B) + P(A_2B) + P(A_3B) \\ &= P(A_1)P(B|A_1) + P(A_2)P(B|A_2) + P(A_3)P(B|A_3) \end{aligned}$$

故所求概率 $P(B) = 0.25 \times 0.05 + 0.35 \times 0.04 + 0.40 \times 0.02 = 0.0345$.

(2) 由贝叶斯公式可得

$$P(A_1|B) = \frac{P(BA_1)}{P(B)} = \frac{P(A_1)P(B|A_1)}{P(B)} = \frac{0.05 \times 0.25}{0.0345} \approx 0.3623$$

$$P(A_2|B) = \frac{P(BA_2)}{P(B)} = \frac{P(A_2)P(B|A_2)}{P(B)} = \frac{0.04 \times 0.35}{0.0345} \approx 0.4058$$

$$P(A_3|B) = \frac{P(BA_3)}{P(B)} = \frac{P(A_3)P(B|A_3)}{P(B)} = \frac{0.02 \times 0.40}{0.0345} \approx 0.2319$$

1.5 独立性

事件相互独立就是指一个事件发生, 不会影响另一个事件的发生 (或不发生). 独立性的

应用非常广泛,很多实际问题都要转化为独立事件的概率问题来处理.

1.5.1 两个事件的独立性

定义 1.6 若两事件A、B满足$P(AB) = P(A)P(B)$,则称事件A、B相互独立,或称A、B独立.

这里需要注意:两事件互不相容与相互独立是完全不同的两个概念,它们分别从两个不同的角度表达了两事件间的某种联系. 互不相容是指在一次随机试验中两事件不能同时发生,而相互独立是指在一次随机试验中一事件是否发生与另一事件是否发生互不影响.

性质 1.9 若$P(A) > 0$, $P(B) > 0$, A、B相互独立与A、B互不相容不能同时成立. 但$\varnothing$与Ω既相互独立又互不相容.

证明 由于事件A与B相互独立,故$P(AB) = P(A)P(B) \neq 0$,所以$AB \neq \varnothing$.

反之,因为$AB = \varnothing$,所以$P(AB) = P(\varnothing) = 0$. 但是,由题设$P(A)P(B) \neq 0$,所以$P(AB) \neq P(A)P(B)$.

这表明,A、B相互独立与A、B互不相容不能同时成立.

定理 1.4 设A、B是两事件,若A、B相互独立,且$P(A) > 0$, $P(B) > 0$,则$P(A|B) = P(A)$, $P(B|A) = P(B)$. 反之,若$P(A|B) = P(A)$或$P(B|A) = P(B)$,则A、B相互独立.

证明 若A、B相互独立,则当$P(B) > 0$时,有

$$P(A|B) = \frac{P(AB)}{P(B)} = \frac{P(A)P(B)}{P(B)} = P(A)$$

同理可得$P(B|A) = P(B)$.

反之,若$P(A|B) = P(A)$,则$P(AB) = P(B|A)P(A) = P(B)P(A)$,故$A$、$B$相互独立.

在实际生活中,我们经常注意到事件之间的联系,例如:

(1) 掷两颗质地均匀的骰子,$A = $ "第一颗骰子掷出偶数点" 和$B = $ "第二颗骰子掷出1点或2点" 这两个事件是相互独立的;

(2) $A = $ "昨天晚上没休息好" 和$B = $ "今天考试成绩差" 是有联系的,我们甚至可以认为事件A会导致事件B发生的概率增大;

(3) 又如$A = $ "某人买彩票没中奖" 和$B = $ "某人听见乌鸦叫" 这两个事件,可以认为A和B是独立的,因为某人是否听见乌鸦叫并不影响他中奖的可能性;

(4) $A = $ "广州下雨" 和$B = $ "北京在同一天下雨" 这两个事件,看来是互不相关的,但它们并不一定是相互独立的事件.

"两个事件相互不影响" 抽象为数学模型就得到 "独立事件" 的数学概念,但我们还要注意两者之间的差别. 前一句话是日常用语,是不严谨的,如果用它来代替 "独立事件" 的概念就会产生错误. 判断两个事件是否相互独立,应按照定义根据条件$P(AB) = P(A)P(B)$是否成立来决定. 而在很多实际应用中,对于事件的独立性,我们往往不是根据定义来判断,而是根据实际意义来规定的.

定理 1.5 若事件A与事件B相互独立,则A与$\overline{B}$、$\overline{A}$与B及$\overline{A}$与$\overline{B}$也分别相互独立.

证明 由$P(AB) = P(A)P(B)$,故

$$\begin{aligned} P(A \cap \overline{B}) &= P(A - B) = P(A - AB) = P(A) - P(AB) \\ &= P(A) - P(A)P(B) = P(A)[1 - P(B)] \\ &= P(A)P(\overline{B}) \end{aligned}$$

故A与$\overline{B}$相互独立. 同理可证$\overline{A}$与B相互独立.

又由于

$$\begin{aligned}
P(\overline{A} \cap \overline{B}) &= P(\overline{A \cup B}) = 1 - P(A \cup B) \\
&= 1 - P(A) - P(B) + P(AB) \\
&= P(\overline{A}) - P(B) + P(A)P(B) \\
&= P(\overline{A}) - P(B)[1 - P(A)] \\
&= P(\overline{A})[1 - P(B)] \\
&= P(\overline{A})P(\overline{B})
\end{aligned}$$

所以$\overline{A}$与$\overline{B}$相互独立.

性质 1.10 不可能事件$\varnothing$与任何事件A相互独立；必然事件Ω与任何事件A相互独立.

这一性质可以根据独立性的定义来验证.

例 1.30 从一副不含大小王的扑克牌中任取一张，记$A=$"抽到K"，$B=$"抽到的牌是黑色的"，判断事件A、B是否相互独立?

解 利用定义判断，由

$$P(A) = \frac{4}{52} = \frac{1}{13}, \ P(B) = \frac{26}{52} = \frac{1}{2}, \ P(AB) = \frac{2}{52} = \frac{1}{26}$$

得到$P(AB) = P(A)P(B)$，故A、B是相互独立的.

例 1.31 甲、乙二人向同一目标射击，甲击中目标的概率为0.6，乙击中目标的概率为0.5. 试计算目标被击中的概率.

解 设A表示"甲击中目标"，B表示"乙击中目标"，从而可得$P(A) = 0.6, P(B) = 0.5$，于是有

$$P(A \cup B) = P(A) + P(B) - P(A)P(B) = 0.8$$

1.5.2 有限个事件的独立性

设A_1、A_2、A_3是三个事件，如果满足等式

$$P(A_1 A_2) = P(A_1)P(A_2), \ P(A_2 A_3) = P(A_2)P(A_3)$$

$$P(A_1 A_3) = P(A_1)P(A_3), \ P(A_1 A_2 A_3) = P(A_1)P(A_2)P(A_3)$$

则称事件A_1、A_2、A_3相互独立. 将三个事件独立性推广到n个事件的情形，就得到以下定义.

定义 1.7 设$A_1, A_2, \cdots, A_n$是n个事件，如果其中任意2个，任意3个，$\cdots$，任意n个事件之积的概率都等于各事件的概率之积，则称事件$A_1, A_2, \cdots, A_n$相互独立. 即对于$A_1, A_2, \cdots, A_n$这n个事件，如果对上述事件所有可能的组合，下列各式同时成立

$$\begin{cases}
P(A_i A_j) = P(A_i)P(A_j) \\
P(A_i A_j A_k) = P(A_i)P(A_j)P(A_k), \ 1 \leqslant i < j < k < \cdots \leqslant n \\
\cdots \cdots \\
P(A_1 A_2 \cdots A_n) = P(A_1)P(A_2) \cdots P(A_n)
\end{cases}$$

那么称$A_1, A_2, \cdots, A_n$是相互独立的.

定义 1.8 设$A_1, A_2, \cdots, A_n$是n个事件，如果其中任意两个事件均相互独立，那么称

$A_1, A_2, \cdots, A_n$ 两两相互独立.

可见 n 个事件相互独立, 可推得 n 个事件两两相互独立, 反之未必. 多个相互独立事件具有如下性质:

性质 1.11 若事件 $A_1, A_2, \cdots, A_n$ 相互独立, 则其中任意 $m(1 < m \leqslant n)$ 个事件也相互独立.

性质 1.12 若事件 $A_1, A_2, \cdots, A_n$ 相互独立, 则将 $A_1, A_2, \cdots, A_n$ 中任意 $m(1 < m \leqslant n)$ 个事件换成它们的对立事件, 所得的 n 个事件仍相互独立. 特别是, 若 $A_1, A_2, \cdots, A_n$ 相互独立, 则 $\overline{A}_1, \overline{A}_2, \cdots, \overline{A}_n$ 也相互独立.

利用多个事件的独立性, 可以简化概率的计算.

(1) 计算 n 个相互独立的事件 $A_1, A_2, \cdots, A_n$ 的积的概率, 可简化为
$$P(A_1 A_2 \cdots A_n) = P(A_1) P(A_2) \cdots P(A_n)$$

(2) 计算 n 个相互独立的事件 $A_1, A_2, \cdots, A_n$ 的和的概率, 可简化为
$$P(A_1 \cup A_2 \cup \cdots \cup A_n) = 1 - \prod_{i=1}^{n} P(\overline{A}_i)$$

证明 由德摩根律可知
$$\begin{aligned} P(A_1 \cup A_2 \cup \cdots \cup A_n) &= 1 - P(\overline{A_1 \cup A_2 \cup \cdots \cup A_n}) \\ &= 1 - P(\overline{A}_1 \overline{A}_2 \cdots \overline{A}_n) \\ &= 1 - P(\overline{A}_1) P(\overline{A}_2) \cdots P(\overline{A}_n) \\ &= 1 - \prod_{i=1}^{n} P(\overline{A}_i) \end{aligned}$$

例 1.32 一架敌机飞过上空, 地上设有几门炮向敌机射击. 假设每一门炮击中飞机的概率为 0.6, 问至少需要多少门炮, 才能保证飞机被击中的概率大于 0.95?

解 设 $A_i =$ "第 i 门炮击中飞机", $i = 1, 2, \cdots, n$. $B =$ "飞机被击中", 则
$$\begin{aligned} P(B) &= P(A_1 \cup A_2 \cup \cdots \cup A_n) \\ &= 1 - P(\overline{A_1 \cup A_2 \cup \cdots \cup A_n}) \\ &= 1 - P(\overline{A}_1 \cap \overline{A}_2 \cap \cdots \cap \overline{A}_n) \\ &= 1 - \prod_{i=1}^{n} P(\overline{A}_i) \\ &= 1 - (1 - 0.6)^n > 0.95 \end{aligned}$$

解得 $n > \log_{0.4} 0.05 \approx 3.269$. 于是至少需要 4 门炮.

例 1.33 一个人看管三台机床, 设各台机床在任一时刻正常工作的概率分别为 0.9、0.8、0.85, 求在任一时刻:

(1) 三台机床都正常工作的概率;

(2) 三台机床中至少有一台正常工作的概率.

解 三台机床工作正常与否是相互独立的, 记 $A_i =$ "第 i 台机床正常工作", $i = 1, 2, 3$, 则

(1) 所求概率为
$$P(A_1A_2A_3) = P(A_1)P(A_2)P(A_3) = 0.9 \times 0.8 \times 0.85 = 0.612$$

(2) 所求概率为
$$\begin{aligned}P(A_1 \cup A_2 \cup A_3) &= 1 - P(\overline{A_1 \cup A_2 \cup A_3}) = 1 - P(\overline{A_1}\overline{A_2}\overline{A_3}) \\ &= 1 - P(\overline{A_1})P(\overline{A_2})P(\overline{A_3}) = 1 - 0.1 \times 0.2 \times 0.15 = 0.997\end{aligned}$$

对于求独立事件的和或积事件的概率问题，当和事件不易求得时，要考虑应用独立事件或对立事件的方法来解决这类问题.

1.5.3 伯努利概型

若试验E具备以下特征：

(1) 在相同的条件下可以进行n次重复试验；
(2) 在每次试验中，事件A发生的概率都相同，即$P(A) = p$;
(3) 各次试验的结果是相互独立的.

则称这种试验为n重伯努利试验，或n重伯努利概型. 为方便起见，记

$$P(A) = p, \ P(\overline{A}) = 1 - p = q \, (0 < p < 1, p + q = 1)$$

将两个可能结果看作事件A发生或事件A不发生.

定理 1.6 设在一次试验中，事件A发生的概率为$p(0 < p < 1)$，则在n重伯努利试验中，事件A恰好发生k次的概率为

$$P_n(k) = C_n^k p^k (1-p)^{n-k}, \ k = 0, 1, \cdots, n$$

定理1.6也称为伯努利定理.

证明 在n重伯努利试验中，由于各次试验是相互独立进行的，因此事件A在指定的$k(0 \leqslant k \leqslant n)$次试验中发生，在其余的$n-k$次试验中均不发生(比如在前$k$次试验中发生，在后$n-k$次试验中均不发生)的概率为

$$P(A_1A_2\cdots A_k\overline{A}_{k+1}\cdots\overline{A}_n) = pp\cdots p q\cdots q = p^k q^{n-k}, \ k = 0, 1, 2, \cdots, n$$

即事件A在指定的k次试验中出现，且在其余的$n-k$次试验中不出现的概率为$p^k(1-p)^{n-k}$. 这样的指定方式共有C_n^k种，且它们中的任意两种互不相容. 因此，在n次试验中事件A发生k次的概率为

$$P_n(k) = C_n^k p^k (1-p)^{n-k}, \ k = 0, 1, \cdots, n$$

n次试验中恰好成功k次，一共有C_n^k种情况，每一种情况都是互斥的，而且每一种情况的概率都是相等的，例如：

(1) "抛一枚硬币三次，恰好有一次是正面"一共有多少种不同的情况？
(2) "篮球运动员投了10次三分球，恰好投进5个"一共有多少种不同的情况？
(3) "从装有5个红球和3个黑球的袋子中有放回地取3次，恰好有2次取到红球"一共有多少种不同的情况？

这些问题中，每一种情形发生的概率是多少？

总之，在介绍二项分布前，深刻地理解伯努利概型是至关重要的. n重伯努利试验是一种

很重要的数学模型，在实际问题中应用广泛，特点是事件 A 在每次试验中发生的概率均为 p，且不受其他各次试验中 A 是否发生的影响. 对于伯努利概型，主要研究 n 次试验中事件 A 发生 $k(0 \leqslant k \leqslant n)$ 次的概率.

例 1.34 一袋中装有10个球，其中3个黑球，7个白球. 每次从中随意取出一球，取后放回. 如果共取10次，求10次中恰好3次取到黑球的概率及10次中能取到黑球的概率.

解 设 $A_i=$ "第 i 次取到黑球"，则 $P(A_i)=\dfrac{3}{10}, i=1,2,\cdots,10$；设 $B=$ "10次中能取到黑球"，$B_k=$ "10次中恰好取到 k 次黑球"，$k=0,1,2,\cdots,10$. 于是，10次中恰好3次取到黑球的概率为

$$P(B_3)=P_{10}(3)=C_{10}^3\times\left(\frac{3}{10}\right)^3\times\left(\frac{7}{10}\right)^7$$

10次中能取到黑球的概率为

$$P(B)=1-P(\overline{B})=1-P(B_0)=1-C_{10}^0\times\left(\frac{3}{10}\right)^0\times\left(\frac{7}{10}\right)^{10}=1-\left(\frac{7}{10}\right)^{10}$$

1.6 R语言计算概率的应用

本节主要介绍R语言在排列组合和古典概型的计算及蒲丰投针问题的随机模拟等方面的应用. 在计算排列组合时会涉及向量的运算（参见附录A的R语言功能简介）.

1.6.1 排列组合的计算

1. 函数prod()

prod()函数用于计算向量数据的连乘积，也可以计算排列数. 例如：

```
> prod(c(1,2,3,5))  #计算向量c(1,2,3,5)中元素的乘积
[1] 30
```

如果需要计算 $n!$，可以使用函数prod()，也可以直接使用函数factorial(). 例如：

```
> prod(1:5)  #计算5!
[1] 120
> factorial(5)  #计算5!
[1] 120
```

例 1.35 计算从5个数中选取2个数的全排列数 P_5^2.

解 首先定义函数.

```
> P=function(n,k){prod(n:(n-k+1))}  # 计算从n个数中选取k个数的全排列
```

然后，在R语言中输入并运行以下命令.

```
> P(5,3)   # 计算从5个数中选取3个数的全排列
[1] 60
```

2. 函数choose()

choose(n,k)用于计算从 n 个不同元素中抽取 $k(k\leqslant n)$ 个元素的不同组合总数 C_n^k.

例如，计算从6个不同元素中抽取2个元素的不同组合总数 C_6^2.

```
> choose(6,2)
[1] 15
```

3. 函数combn()

函数combn()用于获得数组中指定长度的所有组合的情况,其使用格式为

combn(x, m)

其中,参数x为向量,或为正整数,表示抽样的总体;m为正整数,表示从x选取元素的数量.

例如,生成由$2 \sim 6$中的2个元素组成的所有组合,在R语言中输入并运行以下命令.

```
> combn(2:6,2)
     [,1] [,2] [,3] [,4] [,5] [,6] [,7] [,8] [,9] [,10]
[1,]   2    2    2    2    3    3    3    4    4    5
[2,]   3    4    5    6    4    5    6    5    6    6
```

1.6.2 古典概型的计算

例 1.36 本例就例1.11中所讨论的"生日问题",给出r取不同值时,计算事件A_r的概率的R语言实现过程.

解 首先定义函数,在R语言控制台中输入以下命令.

```
> birth=function(r){x=1:(r-1);
+ y=1-x/365
+ 1-prod(y)}
```

然后,取$r = 10, 20, \cdots, 60$,计算得到以下结果.

```
> a=0
> for(j in 1:6){a[j]=birth(j*10)}
> a
[1] 0.1169482 0.4114384 0.7063162 0.8912318 0.9703736 0.9941227
```

1.6.3 蒲丰投针问题的随机模拟

在1777年出版的《或然性算术实验》一书中,蒲丰提出的一种计算圆周率π的方法——随机投针法,这就是著名的蒲丰投针问题. 从而衍生出一类新的方法:蒙特卡罗方法. 在R语言中,我们可以编写程序进行验证,这里编写了函数buffon().

```
#d是间隔,l是针长,N是投入的针数
buffon=function(d,N,l,lwd=2){
result=list()
X=matrix(runif(2*N),,2); theta=runif(N,-pi,pi)
X1=X[,1]+l*cos(theta);X2=X[,2]+l*sin(theta)
Z=cbind(X1,X2)
p0=c(1,0,0);p1=c(0,1,0); p3=c(0,0,NA)
D=kronecker(X,p0)+kronecker(X,p3)+kronecker(Z,p1)
plot(c(0,1),c(0,1),type="n")
y=seq(0,1,d)
abline(h=y)
```

```
points(D,type="l",lwd=2,col=2)
dis=apply(abs(rep(1,N)%*%t(y)-(X2+X[,2])/2),1,min)
n=sum(1*(dis<=l/2*sin(abs(theta))))
PA=n/N;        pai=2*l*N/(d*n)
result$n=n
result$PA=PA
result$pai=pai
result
}
```

运行下面程序,取d=0.15(平行线间距离是0.15),N=5(共5根针),l=0.1(针长是0.1),得到以下结果. 其中,n表示与平行线相交的针数量,有1根; PA是相交的概率,为0.2,也就是5根针中有1根与平行线相交; pai为6.666667,也就是π的估计值是6.666667.

```
> buffon(d=0.15,N=5,l=0.1)
$n
[1] 1
$PA
[1] 0.2
$pai
[1] 6.666667
```

再运行以下程序,针长与平行线间距离固定,再取100根、500根、5000根和50000根针,得到π的估计值越来越接近3.14, 如表1.4所示. 图1.11给出了$N=5$、$N=100$、$N=500$及$N=5000$时,不同投针数的模拟图.

```
buffon(d=0.15,N=100,l=0.1)
buffon(d=0.15,N=500,l=0.1)
buffon(d=0.15,N=5000,l=0.1)
buffon(d=0.15,N=50000,l=0.1,lwd=0.1)
```

表 1.4   试验的模拟结果

投针数N	n	$P(A)$	π的估计
5	1	0.2000	6.6667
100	45	0.4500	2.9630
500	184	0.3680	3.6232
5000	2052	0.4104	3.2489
50000	20942	0.4188	3.1834

习题 1

1. 写出下列随机试验的样本空间.

   (1) 一次掷两颗骰子,观察两颗骰子出现的点数之和;

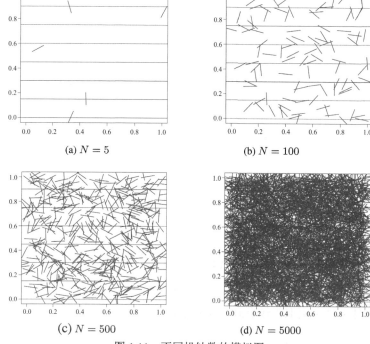

(a) $N = 5$ (b) $N = 100$ (c) $N = 500$ (d) $N = 5000$

图 1.11　不同投针数的模拟图

(2) 某公司一天内接到的投诉电话数；

(3) 连续投篮，直到投进一个球为止；

(4) 在单位圆内任取一点，记录它的坐标；

(5) 抛两枚硬币所有的可能结果.

2. 设 A、B、C 为 3 个事件，试用 A、B、C 的运算关系式表示下列事件.

(1) A、B 都发生，C 不发生；

(2) 三个事件中至少有一个发生；

(3) 不多于一个事件发生；

(4) 只有 B 不发生；

(5) 三个事件中至少有两个发生；

(6) 所有三个事件都发生.

3. 指出下列各小题中哪些成立? 哪些不成立?

(1) $(A \cup B) - B = A$;　(2) $A \cup B = A\overline{B} \cup B$;

(3) $\overline{AB} = \overline{A} \cup \overline{B}$;　(4) 若 $AB = \varnothing$, $C \subset A$, 则 $BC = \varnothing$;

(5) $(AB) \cap (A\overline{B}) = \varnothing$;　(6) 若 $B \subset A$, 则 $AB = B$, $A \cup B = A$.

4. 证明下列事件的运算公式.

   (1) $A = AB \cup A\bar{B}$; (2) $A \cup B = A \cup \bar{A}B$.

5. 已知 $P(A) = 0.7$, $P(A - B) = 0.4$, 试求 $P(\overline{A \cap B})$.

6. 设事件 A 和 B 互不相容, 且 $P(A) = 0.4$, $P(B) = 0.6$, 求以下事件的概率.

   (1) A 与 B 至少有一个发生; (2) A 和 B 都发生; (3) A 发生但 B 不发生.

7. 已知事件 $P(A) = P(B) = P(C) = \dfrac{1}{3}$, $P(A \cap B) = P(B \cap C) = \dfrac{1}{9}$, $P(A \cap C) = 0$, 试求下面事件的概率.

   (1) A、B、C 全不发生;

   (2) A、B、C 恰好有一个发生;

   (3) A、B、C 至少有一个发生.

8. 设 A、B 是两事件, 且 $P(A) = 0.6$, $P(B) = 0.7$, 问:

   (1) 在什么条件下 $P(AB)$ 取得最大值, 最大值是多少?

   (2) 在什么条件下 $P(AB)$ 取得最小值, 最小值是多少?

9. 设 A、B、C 两两独立, 且 $ABC = \varnothing$.

   (1) 如果 $P(A) = P(B) = P(C) = x$, 试求 x 的最大值;

   (2) 如果 $P(A) = P(B) = P(C) < \dfrac{1}{2}$, 且 $P(A \cup B \cup C) = \dfrac{9}{16}$, 求 $P(A)$.

10. 5 件产品中有两件是不合格品, 分别按 (1) 每次不放回抽取; (2) 每次有放回抽取两种方式, 随机抽取 3 件产品. 试写出这两个随机试验的样本空间.

11. 一个盒子中有 10 个完全相同的球, 分别标上记号 $1 \sim 10$, 现从中任取两个球, 试表示下列事件.

    (1) 两个球中至少有一个记号为奇数;

    (2) 两个球的记号都是偶数;

    (3) 两个球的记号都不超过 7.

12. 从一副 52 张的扑克牌(取出大、小王)中任取 4 张, 求下列事件的概率.

    (1) 全是黑桃; (2) 同一花色; (3) 没有两张同一花色.

13. 甲口袋有 5 个白球、3 个黑球, 乙口袋有 4 个白球、6 个黑球. 从两个口袋中任取一个球, 求取到两个球颜色相同的概率.

14. 设 9 件产品中有两件不合格品, 从中不返回地任取 2 件, 求取出的两件中全是合格品、仅有一件合格品和没有合格品的概率是多少?

15. 设一元二次方程 $x^2 + Bx + C = 0$, 其中 B、C 分别表示将一颗骰子连续掷两次先后出现的点数, 求该方程有实根的概率和有重根的概率.

16. 从0,1,2,$\cdots$,9等10个数字中任意选出3个不同的数字，试求下列事件的概率.

   (1) A_1 = "3个数字中不含0和5";

   (2) A_2 = "3个数字中不含0或5";

   (3) A_3 = "3个数字中含0，但不含5".

17. 在某城市中共发行3种报纸：甲、乙、丙. 在这个城市的居民中，订甲报的有45%，订乙报的有35%，订丙报的有30%，同时订甲、乙两报的有10%，同时订甲、丙两报的有8%，同时订乙、丙两报的有5%，同时订3种报的有3%，求下列事件的概率.

   (1) 只订一种报纸的； (2) 正好订两种报纸的；

   (3) 至少订一种报纸的；(4) 不订任何报纸的.

18. 有3个人，每个人都以同样的概率 $\frac{1}{5}$ 被分配到5个房间中的任一间中，试求：

   (1) 3个人都分配到同一个房间的概率；

   (2) 3个人分配到不同房间的概率.

19. 在区间 [0,1] 中随机抽取两个数 x 和 y，求下列事件的概率.

   (1) $x+y < \frac{3}{5}$； (2) $xy < \frac{1}{4}$.

20. 设一质点一定落在 xOy 平面内由 x 轴、y 轴及直线 $x+y=1$ 围成的三角形内，且落在此三角形内各点处的可能性相等，求这个质点落在直线 $x=\frac{1}{3}$ 的左边的概率.

21. 甲、乙两人约好上午10点至11点在某地见面，事先约好甲若先到，则等乙20 min就可离去，若乙先到，则等甲10 min就可离去. 假设这1个小时内两个人在任意时刻到达都是等可能的，试求两人能见面的概率.

22. 甲、乙两艘轮船驶向一个不能同时停泊两艘轮船的码头，它们在一昼夜内到达的时间是等可能的. 如果甲船的停泊时间是1 h，乙船的停泊时间是2 h，求它们中任何一艘都不需要等候码头空出的概率是多少？

23. 已知 $P(A) = \frac{1}{3}$，$P(B|A) = \frac{1}{4}$，$P(A|B) = \frac{1}{6}$，求 $P(A \cup B)$.

24. 设 A、B 为两事件，$P(A) = P(B) = \frac{1}{3}$，$P(B|A) = \frac{1}{6}$，求 $P(\overline{A}|\overline{B})$.

25. 设一批产品中一、二、三等品各占60%、35%、5%，从中任意取出一件，结果不是三等品，求取到的是一等品的概率.

26. 钥匙掉了，掉在宿舍里、掉在教室里、掉在路上的概率分别是50%、30%和20%，而掉在上述三处地方被找到的概率分别是0.8、0.3和0.1，试求找到钥匙的概率.

27. 甲、乙、丙三人同时射击一个物体. 已知甲、乙、丙三人射中物体的概率分别是0.6、0.7、0.8，并且知道射中物体一次被损坏的概率是0.2，射中两次被损坏的概率是0.6，射中三次被损坏的概率是0.9，没有射中就不会被损坏. 求物体被损坏的概率.

28. 两台车床加工同样的零件. 第一台出现不合格品的概率是0.03，第二台出现不合格品的概率是0.06，加工出来的零件放在一起，并且已知第一车床台加工的零件比第二台加工的零件多一倍.

    (1) 求任意一个零件是合格品的概率；

    (2) 如果取出的零件是不合格品，求它是由第二台车床加工的概率.

29. 已知男人中有5%是色盲患者，女人中有0.25%是色盲患者，今从男女比例为22:21的人群中随机挑选一人，发现恰好是色盲患者，问此人是男性的概率是多少？

30. 甲、乙两人独立地对同一目标射击一次，其命中率分别为0.8和0.7，现已知目标被击中，求它是由甲射中的概率.

31. 一学生连续参加同一课程的两次考试，第一次及格的概率为p，若第一次及格则第二次及格的概率也为p，若第一次不及格，则第二次及格的概率为$\frac{p}{2}$.

    (1) 若至少有一次及格则他能取得某种资格，求他取得该资格的概率；

    (2) 若已知他第二次已经及格，求他第一次及格的概率.

32. 口袋中有a个白球、b个黑球和n个红球，现从中一个一个不返回地取球，试证：白球比黑球出现的早的概率为$\frac{a}{a+b}$，与n无关.

33. 设一枚深水炸弹击沉潜艇的概率为$\frac{1}{3}$，将其击伤的概率为$\frac{1}{2}$，击不中的概率为$\frac{1}{6}$，并假设击伤两次也会导致潜水艇下沉，求释放4枚深水炸弹，能击沉潜水艇的概率（提示:先求出击不沉的概率）.

34. 设$0 < P(A) < 1$，$0 < P(B) < 1$，$P(A|B) + P(\overline{A}|\overline{B}) = 1$，问$A$与$B$是否独立？

35. 若每个人的呼吸道中带有感冒病毒的概率为0.002，求在可容纳1500人看电影的电影院中存在感冒病毒的概率.

36. 在一小时内甲、乙、丙三台机床需维修的概率分别是0.9、0.8和0.85，求一小时内:

    (1) 没有一台机床需要维修的概率；

    (2) 至少有一台机床不需要维修的概率；

    (3) 至多只有一台机床需要维修的概率.

37. 每次试验中事件A成功的概率是0.4，当成功不少于4次时，信号灯就会发出信号.

    (1) 进行5次重复独立试验，求信号灯发出信号的概率；

    (2) 进行8次重复独立试验，求信号灯发出信号的概率.

38. 一射手的命中率为0.7，现向指定目标射击，要使得命中目标的概率不少于0.5，至少应射击多少次？

39. 某血库急需AB型血，要从身体合格的献血者中获得. 根据经验，每百名身体合格的献血者中，只有两名是AB型血.

    (1)求在20名身体合格的献血者中，至少有一人是AB型血的概率；

    (2)若要以95%的把握至少能获得一份AB型血，需要多少位身体合格的献血者?

40. 甲、乙两人比赛投3分球，已知甲、乙每次投中3分球的概率分别为0.8、0.6,两人各投3次，谁投中的次数多则谁获胜， 求:

    (1) 甲获胜的概率；

    (2) 甲、乙两人打成平局的概率；

    (3) 乙获胜的概率.

第2章 离散型随机变量

很多情形下,我们都需要将随机试验的结果数量化,以此更为直观地反映随机现象的规律性. 使用随机变量能使随机事件在表达形式上简洁许多,并且可以使用数学工具来对其进行研究. 本章主要介绍离散型随机变量,包括常见的一维离散型随机变量、多维离散型随机变量及离散型随机变量函数的分布.

2.1 一维离散型随机变量

随机变量将随机试验的结果与实数一一对应起来,它和普通函数本质一样,都是一个映射,只是随机变量是定义在样本空间上的函数. 本节主要介绍一维离散型随机变量及其性质.

2.1.1 离散型随机变量的分布律

取值为有限个或者无穷可列个的随机变量称为**离散型随机变量**.

对于离散型随机变量,我们不仅需要知道该随机变量取哪些值,还需要知道取这些值所对应的概率.

例 2.1 求以下两个随机变量取不同值时的概率.

(1) 投一颗骰子,用 X 表示"出现的点数";

(2) 抛一枚硬币一次,以 Y 表示"出现正面的次数".

解 (1) 根据古典概型容易知道,X 取这些值的概率都是 $\dfrac{1}{6}$,可表示为

X	1	2	3	4	5	6
P	$\dfrac{1}{6}$	$\dfrac{1}{6}$	$\dfrac{1}{6}$	$\dfrac{1}{6}$	$\dfrac{1}{6}$	$\dfrac{1}{6}$

也可以用数学式来表示 $P(X=i)=\dfrac{1}{6}$,$i=1,2,\cdots,6$.

(2) Y 的取值只能为 0 或 1,并且取 0 和 1 的概率都等于 $\dfrac{1}{2}$,可表示为

Y	0	1
P	$\dfrac{1}{2}$	$\dfrac{1}{2}$

或记为 $P(Y=i)=\dfrac{1}{2}$,$i=0,1$.

像上述这种将表示离散型随机变量取各个值的概率一一列出的形式和相应的数学式,统称为离散型随机变量的**概率分布**或**分布律**(分布列).

定义 2.1 设离散型随机变量X的所有可能取值为$x_1, x_2, \cdots, x_n, \cdots$，$X$取各个可能值的概率，即事件$\{X = x_i\}$的概率为

$$P(X = x_i) = p_i, \ i = 1, 2, \cdots$$

则称其为离散型随机变量X的概率分布或分布律. 常用以下形式来表示X的概率分布.

X	x_1	x_2	$\cdots$	x_n	$\cdots$
P	p_1	p_2	$\cdots$	p_n	$\cdots$

离散型随机变量的分布律满足以下两条性质：

(1) **非负性**：$P(X = x_k) = p_k \geqslant 0$；

(2) **规范性**：$\sum\limits_{k=1}^{\infty} P(X = x_k) = \sum\limits_{k=1}^{\infty} p_k = 1$.

利用离散型随机变量的两条性质，可以判断某个分布是否为离散型随机变量的分布律.

例 2.2 设离散型随机变量X的概率分布为

X	-1	0	1	2
P	$0.1c$	0.25	0.15	0.4

求常数c的值.

解 根据离散型随机变量分布律的性质，可得

$$0.1c + 0.25 + 0.15 + 0.4 = 1$$

则$c = 2$.

例 2.3 汽车沿街道行驶，需要通过3个均设有红绿信号灯的路口，每个信号灯为红或绿与其他信号灯为红或绿相互独立，且红绿两种信号灯时长相等. 以X表示该汽车首次遇到红灯前已通过的路口数，求X的概率分布.

解 设$A_i = $ "汽车在第i个路口遇到红灯"，$i = 1,2,3$，X的可能取值有0、1、2、3. 所以X的概率分布为

$$P(X = 0) = P(A_1) = \frac{1}{2}, \quad P(X = 1) = P(\overline{A}_1 A_2) = \frac{1}{2^2}$$

$$P(X = 2) = P(\overline{A}_1 \overline{A}_2 A_3) = \frac{1}{2^3} = \frac{1}{8}, \quad P(X = 3) = P(\overline{A}_1 \overline{A}_2 \overline{A}_3) = \frac{1}{2^3} = \frac{1}{8}$$

所以，X的概率分布为

X	0	1	2	3
P	$\frac{1}{2}$	$\frac{1}{4}$	$\frac{1}{8}$	$\frac{1}{8}$

离散型随机变量可完全由其分布律来刻画，且对于任意的$i \neq j$，有

$$\{X = x_i\} \cap \{X = x_j\} = \varnothing$$

即离散型随机变量取不同值的事件是互不相容的，由此可得

$$P\left(\bigcup_{i=m}^{n} \{X = x_i\}\right) = \sum_{i=m}^{n} P(X = x_i) \tag{2.1}$$

很多情形下，需要根据离散型随机变量的分布律求解随机变量在某一范围内的概率.

例 2.4 某一射手射击所得的环数 X 的概率分布如下：

X	4	5	6	7	8	9	10
P	0.02	0.04	0.04	0.1	0.2	0.3	0.3

求以下事件的概率：(1) $P(X \geqslant 7)$；(2) $P(X < 9)$；(3) $P(5 \leqslant X \leqslant 8)$.

解 (1) 所求概率需要将满足条件"$X \geqslant 7$"的所有情况对应的概率全部相加，即

$$\begin{aligned} P(X \geqslant 7) &= P\left(\bigcup_{i=7}^{10}\{X=i\}\right) \\ &= P(X=7) + P(X=8) + P(X=9) + P(X=10) \\ &= 0.1 + 0.2 + 0.3 + 0.3 \\ &= 0.9 \end{aligned}$$

(2) 这里"$X < 9$"包含的情况较多，可以考虑求对立事件的概率.

$$\begin{aligned} P(X < 9) &= 1 - P(X \geqslant 9) \\ &= 1 - [P(X=9) + P(X=10)] \\ &= 1 - 0.3 - 0.3 \\ &= 0.4 \end{aligned}$$

(3) $\begin{aligned}[t] P(5 \leqslant X \leqslant 8) &= \sum_{i=5}^{8} P(X=i) \\ &= 0.04 + 0.04 + 0.1 + 0.2 \\ &= 0.38 \end{aligned}$

2.1.2 离散型随机变量的分布函数

定义 2.2 离散型随机变量的分布函数可定义为

$$F(x) = P(X \leqslant x) = \sum_{x_i \leqslant x} P(X = x_i)$$

如果一个随机变量 X 的分布函数为 $F(x)$，则可以记作 $X \sim F(x)$，这种记号表示 X 是服从分布函数为 $F(x)$ 的随机变量. 随机变量的分布函数满足以下三条性质：

(1) **单调性**：若 $x_1 < x_2$，则 $F(x_1) \leqslant F(x_2)$；

(2) **有界性**：$0 \leqslant F(x) \leqslant 1$，且 $F(-\infty) = 0$，$F(+\infty) = 1$；

(3) **右连续性**：$F(x_0) = P(X \leqslant x_0) = \lim\limits_{x \to x_0^+} F(x) = F(x_0 + 0)$.

以上性质读者可以自行证明. 对于任意的实数 $a < b$，由 $P(X \leqslant b) = F(b)$，可得

$$P(X > b) = 1 - F(b)$$

$$P(X < b) = F(b) - P(X = b) = F(b - 0)$$

根据分布函数的定义可得到分布函数在计算概率时的性质.

性质 2.1 分布函数具有以下性质：

(1) $P(a < X \leqslant b) = F(b) - F(a)$；

(2) $P(X = a) = F(a) - F(a - 0)$；

(3) $P(X \geqslant b) = 1 - F(b-0)$;

(4) $P(a < X < b) = F(b-0) - F(a)$;

(5) $P(a \leqslant X \leqslant b) = F(b) - F(a-0)$;

(6) $P(a \leqslant X < b) = F(b-0) - F(a-0)$.

注意：以上关于分布函数的定义及性质不仅对于离散型随机变量是成立的，而且对所有的随机变量都成立.

例 2.5 设离散型随机变量X的概率分布为

X	-1	0	1	2
P	0.2	0.25	0.15	0.4

求该随机变量的分布函数.

解 X的分布函数是一个分段函数，可以表示为

$$F(x) = \begin{cases} 0, & x < -1 \\ 0.2, & -1 \leqslant x < 0 \\ 0.45, & 0 \leqslant x < 1 \\ 0.6, & 1 \leqslant x < 2 \\ 1, & x \geqslant 2 \end{cases}$$

绘制出$F(x)$的图像如图2.1所示.

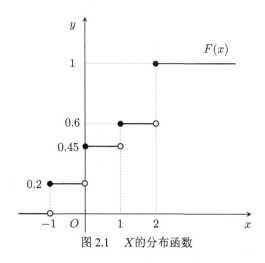

图 2.1 X的分布函数

有时需要根据随机变量的分布函数来求解它的分布律.

例 2.6 设随机变量X的分布函数为

$$F(x) = \begin{cases} 0, & x < -1 \\ 0.3, & -1 \leqslant x < 0 \\ 0.7, & 0 \leqslant x < 1 \\ 1, & x \geqslant 1 \end{cases}$$

求X的分布律.

解 根据分布函数的性质,离散型随机变量的取值恰好是分布函数的间断点,如

$$F(-1) = P(X \leqslant -1) = 0.3, \quad F(-1-0) = P(X < -1) = 0$$

所以$P(X = -1) = F(-1) - F(-1-0) = 0.3$,同理可得

$$P(X = 0) = F(0) - F(0-0) = 0.7 - 0.3 = 0.4$$
$$P(X = 1) = F(1) - F(1-0) = 1 - 0.7 = 0.3$$

即得到X的分布律为

X	-1	0	1
P	0.3	0.4	0.3

2.2 常见的离散分布

本节主要介绍几种常见的离散分布,其他很多分布都是基于这几类分布推广和衍生出来的,熟悉这些常用的分布对认识其他分布会很有启发.

2.2.1 二项分布

1. 二项分布的分布律

对于n重伯努利试验,假设每次试验中事件A发生的概率$p = P(A)$都相等,记n次独立试验中事件A发生的次数为X,X的分布律为

$$P(X = k) = C_n^k p^k (1-p)^{n-k}, \quad k = 0, 1, \cdots, n$$

则称随机变量X服从参数为(n, p)的二项分布,记为$X \sim B(n, p)$.

显然,二项分布的分布律满足

(1) $P(X = k) \geqslant 0$, $k = 0, 1, 2 \cdots, n$;

(2) $\sum_{k=0}^{n} P(X = k) = \sum_{k=0}^{n} C_n^k p^k (1-p)^{n-k} = (p + 1 - p)^n = 1$.

特别地,当$n = 1$时,$X \sim B(1, p)$,此时称X服从**两点分布**.

在两点分布中,如果$p = 1$,此时随机变量X取一定值的概率为1,即

$$P(X = a) = 1 \tag{2.2}$$

其中,a为确定的常数. 称形如式(2.2)的分布为**退化分布**.

例 2.7 射手射击一枪命中的概率是$\dfrac{3}{4}$,求射手射击6枪,恰好命中k枪的概率,$k = 0, 1, 2, \cdots, 6$.

解 射手独立射击6枪相当于做6重伯努利试验,且每次命中的概率相同. 记X为6次射击命中的次数,则X是一个服从二项分布的随机变量,即$X \sim B\left(6, \dfrac{3}{4}\right)$, 因此

$$P(X = k) = C_6^k \left(\dfrac{3}{4}\right)^k \left(\dfrac{1}{4}\right)^{6-k}, \quad k = 0, 1, \cdots, 6$$

经计算,得X的分布律为

X	0	1	2	3	4	5	6
P	0.000244	0.004394	0.032959	0.131836	0.296631	0.355957	0.177979

例 2.8 一张考卷上有5道选择题,每道题列出4个可能答案,其中只有一个答案是正确的. 某学生靠猜测至少能答对4道题的概率是多少?

解 设X表示学生靠猜测能答对的题数,则$X \sim B\left(5, \dfrac{1}{4}\right)$

$$\begin{aligned} P(\text{至少能答对4道题}) &= P(X \geqslant 4) = P(X=4) + P(X=5) \\ &= C_5^4 \left(\dfrac{1}{4}\right)^4 \dfrac{3}{4} + \left(\dfrac{1}{4}\right)^5 = \dfrac{1}{64} \end{aligned}$$

在一些关于二项分布的计算问题中,试验次数n会很大,此时不借助计算机是无法计算相关概率的,在2.6节的例2.30中讨论了当n很大情形下的二项分布计算问题.

2. 二项分布的最值

有时候对于给定的二项分布的随机变量$X \sim B(n,p)$,还需要求解X等于多少时概率最大的问题. 因为

$$\dfrac{P(X=k)}{P(X=k-1)} = \dfrac{C_n^k p^k (1-p)^{n-k}}{C_n^{k-1} p^{k-1} (1-p)^{n-k+1}} = 1 + \dfrac{(n+1)p - k}{k(1-p)}$$

当$k < (n+1)p$时,$\dfrac{P(X=k)}{P(X=k-1)} > 1$;

当$k = (n+1)p$时,$\dfrac{P(X=k)}{P(X=k-1)} = 1$;

当$k > (n+1)p$时,$\dfrac{P(X=k)}{P(X=k-1)} < 1$.

所以,当k增大时,概率$P(X=k)$先是随之增加直至达到最大值,随后单调减少. 若$(n+1)p$不是整数,在$X = \lfloor (n+1)p \rfloor$时概率最大,其中"$\lfloor x \rfloor$"表示向下取整,即不超过$x$的最大整数. 若$(n+1)p$是整数,则在$X = (n+1)p - 1$时概率最大. 例如,考虑二项分布的随机变量$X \sim B(30, 0.3)$,观察其在各点处的概率值, 如图2.2所示,可见,在$X = \lfloor (30+1) \times 0.3 \rfloor = 9$时概率达到最大.

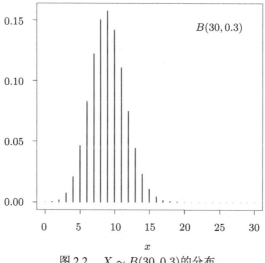

图2.2 $X \sim B(30, 0.3)$的分布

2.2.2 超几何分布

超几何分布是一种重要的离散型概率分布,它描述了不放回抽样情形下的概率分布. 不放回抽样即每次从总体中抽取一个单位, 经调查记录后不再将其放回总体中. 因此,每抽一个单位,总体单位数就减少一个,每个单位被抽中的概率不同.

1. 超几何分布的分布律

以从一个口袋中取球为例:

(1)每次随机地取一个,每次取一个球后放回袋中,搅匀后再取一球,这种取球方式为**有放回抽样**. 对于有放回抽样的每次取样过程,每个小球被抽到的概率是相等的.

(2)每次取一个球后不放回袋中,下一次从剩余的球中再取一球,这种取球方式为**不放回抽样**. 在不放回抽样每次取样的过程中,小球被抽到的概率是变化的.

(3)从袋中一次取出若干个球,这种方式为**一次性抽样**.

实际上所谓一次性抽样本质上就是逐个不放回抽样的过程. 显然, "不放回地逐个抽样" 更直观地体现每一步抽样的概率变化. 本节所讨论的超几何分布, 对于不放回抽样与一次性抽样本质上是一样的.

超几何分布描述了从有限的 N 个物品(其中包含 M 个指定种类的物品)中抽出 n 个物品, 若成功抽出该指定种类的物品的次数为 X(不放回), 则称 X 服从超几何分布.

在超几何分布的问题中, 我们将其中的 "物品" 视为 N 件产品, 其中有 M 件正品和 $N-M$ 件次品. 现一次性从中抽取 n 件(或不放回地抽取 n 次), 以随机变量 X 表示 n 件产品中正品的个数, 则恰好有 k 件产品是正品的概率为

$$P(X=k) = \frac{C_M^k C_{N-M}^{n-k}}{C_N^n}, \quad k = 0, 1, 2, \cdots, r$$

其中, $r = \min\{M, n\}$, $M \leqslant N$, $n \leqslant N$, M、N、n 均为正整数, 并记为 $X \sim H(N, n, M)$. 1.3节中介绍的组合公式 $\sum_{k=0}^{r} C_M^k C_{N-M}^{n-k} = C_N^n$ 可以验证超几何分布随机变量的规范性.

在计算取样的概率问题时, 需要注意区别有放回情况与不放回情况.

例 2.9 一个袋子中共装有 N 个球, 其中 M 个黑球和 $N-M$ 个白球. 按照有放回和不放回两种抽样方式从中抽取 n 次, 则抽到的 n 个球中黑球的个数 X 服从的分布律是什么?

解 在有放回抽样的情况下, 每次抽到黑球的概率是不变的. 记 A_i 表示第 i 次取到黑球, 则有 $p = P(A_i) = \dfrac{M}{N}$, $i = 1, 2, \cdots n$ 次抽样, 每一次的结果都是相互独立的, 并且每次抽到黑球的概率不变, 所以抽到黑球的个数 X 就服从二项分布 $X \sim B(n, p)$, 即

$$P(X=k) = C_n^k \left(\frac{M}{N}\right)^k \left(1 - \frac{M}{N}\right)^{n-k}, \quad k = 0, 1, 2, \cdots, n$$

在不放回抽样的情况下, 抽到黑球的个数服从超几何分布 $X \sim H(N, n, M)$, 所以

$$P(X=k) = \frac{C_M^k C_{N-M}^{n-k}}{C_N^n}, \quad k = 0, 1, 2, \cdots, r$$

其中, $r = \min\{M, n\}$.

很多情况下, 有放回抽样与不放回抽样各自的分布也体现在二项分布与超几何分布的区别上. 学习这部分知识时往往会混淆抽样事件数, 对此可以借助一张 "抽样表" 来解决这类问题, 分清楚这类古典概型问题的 "分子" "分母" 分别是什么. 超几何分布主要用于描述一次性取

样(或不放回抽样)的概率分布，如图2.3 所示.

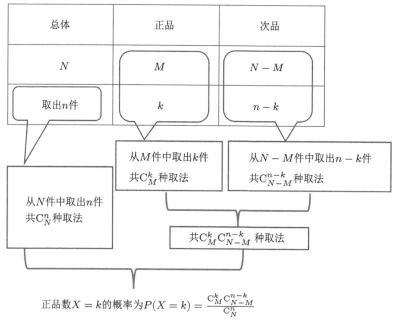

图 2.3　超几何分布抽样示意图

例 2.10　已知100件产品中有5件次品，现从中不放回地抽取3次，每次任取1件. 求所取的3件中恰有2件次品的概率.

解　设X为3件产品中的次品数，于是在不放回抽样的情形下，$X \sim H(100, 3, 5)$，所以有

$$P(X=2) = \frac{C_5^2 C_{95}^1}{C_{100}^3} = \frac{95 \times 10 \times 3!}{100 \times 99 \times 98} \approx 0.00588$$

例 2.11　中国福利彩票"双色球"由中福彩中心发行和组织销售，每注彩票2元. 开奖号码在1~33共33个红色号码中选择6个，在1~16共16个蓝色号码中选择1个. 设奖如下：

表 2.1　"双色球"彩票中奖规则

中奖等级	红色号码		蓝色号码	
	中奖号码数	未中奖号码数	中奖号码数	未中奖号码数
	6	27	1	15
一等奖	6	0	1	0
二等奖	6	0	0	1
三等奖	5	1	1	0
四等奖	5	1	0	1
	4	2	1	0

试使用超几何分布分别计算得一、二、三、四等奖的概率.

解　根据各等奖的规则，列出便于使用超几何分布计算的表，如表2.1所示.

一等奖：6个红色号码及1个蓝色号码全选对；

二等奖：6个红色号码全选对，但蓝色号码未选对；

三等奖：6个红色号码选对5个，且蓝色号码选对；

四等奖：6个红色号码选对4个，且蓝色号码也选对，或者6个红色号码选对5个，但蓝色号码未选对。

设 $A_i=$ "获得i等奖"，$i=1,2,3,4$. 并令X表示取到的红色中奖号码的个数，Y表示取到的蓝色中奖号码的个数，计算可得

$$P(A_1) = P(X=6)P(Y=1) = \frac{C_6^6 C_{27}^0}{C_{33}^6} \times \frac{C_1^1 C_{15}^0}{C_{16}^1} \approx 5.64 \times 10^{-8}$$

$$P(A_2) = P(X=6)P(Y=0) = \frac{C_6^6 C_{27}^0}{C_{33}^6} \times \frac{C_1^0 C_{15}^1}{C_{16}^1} \approx 8.46 \times 10^{-7}$$

$$P(A_3) = P(X=5)P(Y=1) = \frac{C_6^5 C_{27}^1}{C_{33}^6} \times \frac{C_1^1 C_{15}^0}{C_{16}^1} \approx 9.14 \times 10^{-6}$$

$$P(A_4) = P(X=5)P(Y=0) + P(X=4)P(Y=1)$$
$$= \frac{C_6^5 C_{27}^1}{C_{33}^6} \times \frac{C_1^0 C_{15}^1}{C_{16}^1} + \frac{C_6^4 C_{27}^2}{C_{33}^6} \times \frac{C_1^1 C_{15}^0}{C_{16}^1} \approx 4.34 \times 10^{-4}$$

在2.6节的例2.31中，对以上超几何分布的概率计算进行了讨论.

2. 超几何分布的近似分布

在实际应用中，当抽样的总体很大时，采用不放回抽样得到的样本也可以近似看作是简单随机样本. 此时，超几何分布具有与二项分布近似的分布律.

定理 2.1 设随机变量X服从超几何分布，其分布律为

$$P(X=k) = \frac{C_M^k C_{N-M}^{n-k}}{C_N^n}, \; k=0,1,2,\cdots,n$$

其中$n \leqslant N$，$M \leqslant N$，$\lim\limits_{N \to \infty} \dfrac{M}{N} = p > 0$. 则

$$\lim_{N \to \infty} P(X=k) = \lim_{N \to \infty} \frac{C_M^k C_{N-M}^{n-k}}{C_N^n} = C_n^k p^k (1-p)^{n-k} \tag{2.3}$$

证明 当$k > 0$时，有

$$C_M^k = \frac{M(M-1)\cdots(M-k+1)}{k!} = \frac{N^k}{k!} \frac{M}{N}\left(\frac{M}{N} - \frac{1}{N}\right) \cdots \left(\frac{M}{N} - \frac{k-1}{N}\right)$$

同样地，当$k < n$时，有

$$C_N^n = \frac{N(N-1)\cdots(N-n+1)}{n!} = \frac{N^n}{n!} \frac{N(N-1)\cdots(N-n+1)}{N^n}$$
$$= \frac{N^n}{n!}\left[1 \cdot \left(1 - \frac{1}{N}\right) \cdots \left(1 - \frac{n-1}{N}\right)\right]$$

$$C_{N-M}^{n-k} = \frac{(N-M)(N-M-1)\cdots(N-M-n+k+1)}{(n-k)!}$$
$$= \frac{N^{n-k}}{(n-k)!} \frac{(N-M)(N-M-1)\cdots(N-M-n+k+1)}{N^{n-k}}$$

$$\begin{aligned}
&= \frac{N^{n-k}}{(n-k)!}\left(\frac{N-M}{N}\right)\left(\frac{N-M}{N}-\frac{1}{N}\right)\cdots\left(\frac{N-M}{N}-\frac{n-k-1}{N}\right)\\
&= \frac{N^{n-k}}{(n-k)!}\left(1-\frac{M}{N}\right)\left(1-\frac{M}{N}-\frac{1}{N}\right)\cdots\left(1-\frac{M}{N}-\frac{n-k-1}{N}\right)
\end{aligned}$$

于是，当 $N \to \infty$ 时，

$$\begin{aligned}
\lim_{N\to\infty}\frac{C_M^k C_{N-M}^{n-k}}{C_N^n} &= \frac{n!}{k!(n-k)!}\lim_{N\to\infty}\frac{N^k\prod_{i=0}^{k-1}\left(\frac{M}{N}-\frac{i}{N}\right)N^{n-k}\prod_{j=0}^{n-k-1}\left(1-\frac{M}{N}-\frac{j}{N}\right)}{N^n\cdot 1\cdot\left(1-\frac{1}{N}\right)\cdots\left(1-\frac{n-1}{N}\right)}\\
&= \frac{n!}{k!(n-k)!}\lim_{N\to\infty}\frac{\prod_{i=0}^{k-1}\left(\frac{M}{N}-\frac{i}{N}\right)\prod_{j=0}^{n-k-1}\left(1-\frac{M}{N}-\frac{j}{N}\right)}{\left(1-\frac{1}{N}\right)\cdots\left(1-\frac{n-1}{N}\right)}\\
&= \frac{n!}{k!(n-k)!}p^k(1-p)^{n-k}
\end{aligned}$$

当 $k=0$ 时，$C_M^k = C_M^0 = 1$，$P(X=k) \to (1-p)^n$.

当 $k=n$ 时，$C_{N-M}^{n-k} = C_{N-M}^0 = 1$，$P(X=k) \to p^n$.

因此，定理成立，即超几何分布的极限分布是二项分布.

$$P(X=k) = \frac{C_M^k C_{N-M}^{n-k}}{C_N^n} \approx C_n^k p^k (1-p)^{n-k}$$

其中，$p = \dfrac{M}{N}$.

注意到，当 N 很大，n 较小时，例如，取 $N=3000$, $M=2000$, $n=50$，可得 $p=\dfrac{M}{N}=\dfrac{2}{3}$. 则对于 $X \sim H(3000, 50, 2000)$ 与 $Y \sim B(50, \dfrac{2}{3})$ 的近似程度是很明显的. 如图2.4所示，两条曲线几乎重合，这说明当 N 很大时，超几何分布与二项分布的分布律近似相等.

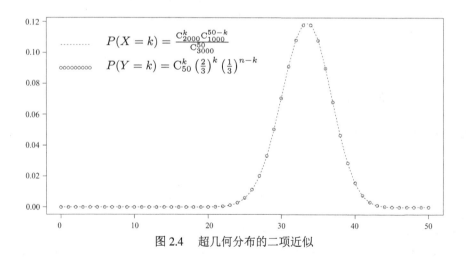

图 2.4 超几何分布的二项近似

2.2.3 泊松分布

泊松分布是概率论中常用的分布之一，在很多领域都具有重要的应用. 历史上泊松分布作

为二项分布的近似, 是于1837年由法国数学家泊松 (Poisson) 提出的.

1. 泊松分布的分布律

泊松分布主要用于估计某事件在特定时间段或空间中发生的次数. 现实中许多随机现象服从泊松分布, 例如:

(1) 在一天内, 来到某商场的顾客数;

(2) 单位时间内, 某电路受到外界电磁波冲击的次数;

(3) $1\,\mathrm{m}^2$ 内, 玻璃上的气泡数;

(4) 1个铸件上的砂眼数;

(5) 电话总机在某一时间间隔内收到的呼叫次数.

因此, 在运筹学及管理科学中泊松分布具有突出的地位. 并且在物理科学领域, 在显微镜下观察得到的白血球或微生物数目、放射性物质分裂的粒子数等都服从泊松分布.

对泊松分布的深入研究揭示了其具有许多特殊性质和作用, 下面我们给出泊松分布的定义.

定义 2.3 如果随机变量 X 的分布律为

$$P(X=k) = \frac{\lambda^k}{k!}\mathrm{e}^{-\lambda}, \ k=0,1,2,\cdots$$

其中, $\lambda > 0$ 为常数. 则称随机变量 X 服从参数为 λ 的泊松分布, 记为 $X \sim P(\lambda)$.

显然 $P(X=k) > 0$, $k = 0, 1, 2\cdots$, 并且由泰勒公式可以计算得到

$$\sum_{k=0}^{\infty} P(X=k) = \sum_{k=0}^{\infty}\frac{\lambda^k}{k!}\mathrm{e}^{-\lambda} = \mathrm{e}^{-\lambda}\sum_{k=0}^{\infty}\frac{\lambda^k}{k!} = \mathrm{e}^{-\lambda}\mathrm{e}^{\lambda} = 1$$

例 2.12 1个铸件的砂眼数服从参数为 $\lambda = 0.5$ 的泊松分布, 求某铸件至多有1个砂眼的概率与至少有2个砂眼的概率.

解 设铸件的砂眼数为 X, 且 $X \sim P(0.5)$, 则铸件至多有1个砂眼的概率为

$$\begin{aligned} P(X \leqslant 1) &= P(X=0) + P(X=1) \\ &= \frac{0.5^0}{0!}\mathrm{e}^{-0.5} + \frac{0.5^1}{1!}\mathrm{e}^{-0.5} \\ &\approx 0.91 \end{aligned}$$

至少有2个砂眼的概率为 $P(X \geqslant 2) = 1 - P(X \leqslant 1) = 0.09$. 关于本例的计算过程可以参见2.6节中的例2.32.

例 2.13 某商品月销售量服从参数为8的泊松分布, 试问需进货多少才能以90%的概率满足顾客需求.

解 设销售量为 X, 则 $X \sim P(8)$. 设最小进货量为 n, 则 $P(X \leqslant n) \geqslant 0.90$, 而

$$P(X \leqslant 11) \geqslant 0.888,\ P(X \leqslant 12) \geqslant 0.936$$

故月初进货量应该是12件. 关于本例的计算过程可以参见2.6节中的例2.32.

2. 二项分布的泊松近似

定理 2.2 在 n 重伯努利试验中, 事件 A 在每次试验中发生的概率为 p_n (注意这与试验的次数 n 有关). 令 $\mathrm{C}_n^k p_n^k(1-p_n)^{n-k}$, 如果 $n \to \infty$ 时, $np_n \to \lambda$ ($\lambda > 0$ 为常数), 则对任意给定的 k, 有

$$\lim_{n\to\infty}\mathrm{C}_n^k p_n^k(1-p_n)^{n-k} = \frac{\lambda^k}{k!}\mathrm{e}^{-\lambda}$$

证明 令 $np_n = \lambda_n$，由于

$$\begin{aligned}
\mathrm{C}_n^k p_n^k (1-p_n)^{n-k} &= \frac{n(n-1)(n-2)\cdots(n-k+1)}{k!}\left(\frac{\lambda_n}{n}\right)^k \left(1-\frac{\lambda_n}{n}\right)^{n-k} \\
&= \frac{\lambda_n^k}{k!}\left(1-\frac{1}{n}\right)\left(1-\frac{2}{n}\right)\cdots\left(1-\frac{k-1}{n}\right)\left(1-\frac{\lambda_n}{n}\right)^{n-k}
\end{aligned}$$

对于固定的 k，由 $\lim\limits_{n\to\infty}\lambda_n = \lim\limits_{n\to\infty} np_n = \lambda$ 得 $\lim\limits_{n\to\infty}\lambda_n^k = \lambda^k$，则

$$\lim_{n\to\infty}\left(1-\frac{\lambda_n}{n}\right)^{n-k} = \lim_{n\to\infty}\left[\left(1-\frac{\lambda_n}{n}\right)^{-\frac{n}{\lambda_n}}\right]^{-\frac{n-k}{n}\cdot\lambda_n} = \mathrm{e}^{-\lambda}$$

因此有

$$\begin{aligned}
&\lim_{n\to\infty} \mathrm{C}_n^k p_n^k(1-p_n)^{n-k} \\
&= \lim_{n\to\infty} \frac{\lambda_n^k}{k!}\left(1-\frac{1}{n}\right)\left(1-\frac{2}{n}\right)\cdots\left(1-\frac{k-1}{n}\right)\left(1-\frac{\lambda_n}{n}\right)^{n-k} \\
&= \frac{1}{k!}\lim_{n\to\infty}\lambda_n^k \cdot \lim_{n\to\infty}\left(1-\frac{1}{n}\right)\left(1-\frac{2}{n}\right)\cdots\left(1-\frac{k-1}{n}\right)\cdot \lim_{n\to\infty}\left(1-\frac{\lambda_n}{n}\right)^{n-k} \\
&= \frac{\lambda^k}{k!}\mathrm{e}^{-\lambda}
\end{aligned}$$

定理2.2称为泊松定理，该定理描述了随机变量 $X \sim B(n,p)$，当 n 比较大、p 比较小时，令 $\lambda = np$，则有

$$P(X=k) = \mathrm{C}_n^k p^k(1-p)^{n-k} \approx \frac{\lambda^k}{k!}\mathrm{e}^{-\lambda}$$

当 $n \geqslant 100$，$p \leqslant 0.05$ 时，近似效果较好.

例 2.14 为保证设备正常工作，需要配备一些维修工，假设各台设备发生故障是相互独立的，且每台设备发生故障的概率都是0.01. 试在以下各种情况下，求设备发生故障而不能及时维修的概率.

(1) 1名维修工负责20台设备；
(2) 3名维修工负责90台设备.

解 (1)以 X 表示20台设备中同时发生故障的台数，则 $X \sim B(20,0.01)$，对二项分布做近似计算，以 $\lambda = np = 20 \times 0.01 = 0.2$ 为参数的泊松分布做近似计算，得

$$P(X>1) = 1 - P(X \leqslant 1) = 1 - \sum_{k=0}^{1}\frac{0.2^k \mathrm{e}^{-0.2}}{k!} \approx 0.0175$$

(2)以 Y 表示90台设备中同时发生故障的台数，则 $Y \sim B(90,0.01)$. 以参数 $\lambda = np = 90 \times 0.01 = 0.9$ 的泊松分布做近似计算，得所求概率为

$$P(Y>3) = 1 - P(Y \leqslant 3) = 1 - \sum_{k=0}^{3}\frac{0.9^k \mathrm{e}^{-0.9}}{k!} \approx 0.0135$$

可见，若干维修工共同负责大量设备的维修效率更高. 关于本例的计算过程可以参见2.6节中的例2.32.

例 2.15 有10000人参加人寿保险，每个人的保费为200元. 若投保人意外死亡，受益人可

以获得100000元赔偿,若人群的意外死亡率为0.001,试求保险公司:(1)亏本的概率;(2)至少获利500000元的概率.

解 设X为死亡的人数,则$X \sim B(10000, 0.001)$,由于n很大,所以利用泊松分布处理,$\lambda = np = 10000 \times 0.001 = 10$.

(1)当$100000X > 200 \times 10000$,即$X > 20$时,保险公司亏损.

$$\begin{aligned} P(X > 20) &= 1 - P(X \leqslant 20) = 1 - \sum_{k=0}^{20} \frac{10^k}{k!} e^{-10} \\ &\approx 1 - 0.998 = 0.002 \end{aligned}$$

(2)当$200 \times 10000 - 100000X \geqslant 500000$,即$X \leqslant 15$时,保险公司收益至少有500000元.

$$P(X \leqslant 15) = \sum_{k=0}^{15} \frac{10^k}{k!} e^{-10} \approx 0.951$$

2.2.4 几何分布

独立重复进行伯努利试验,假设事件首次成功出现在第k次试验,即前$k-1$次试验都出现$\overline{A}$,而第k次试验出现A. 若用A_i表示第i次出现A,W_k表示首次成功出现在第k次试验这一事件,则

$$W_k = \overline{A}_1 \overline{A}_2 \cdots \overline{A}_{k-1} A_k$$

根据试验的独立性,其概率为

$$P(W_k) = P(\overline{A}_1)P(\overline{A}_2) \cdots P(\overline{A}_{k-1})P(A_k) = q^{k-1}p$$

其中,$q = 1 - p$,于是有以下定理.

定理 2.3 设在一次试验中,事件A发生的概率为$p(0 < p < 1)$,则在伯努利试验序列中,"事件A在第k次试验中才首次发生"等价于"事件A在前$k-1$次试验中均不发生而在第k次试验中发生",以随机变量X表示A首次发生时经过的试验次数,故所求的概率

$$P(X = k) = pq^{k-1}, \quad k = 1, 2, \cdots, \quad q = 1 - p$$

称随机变量X服从几何分布,记为$X \sim Ge(p)$.

可以验证:

$$\sum_{k=1}^{\infty} q^{k-1}p = p(1 + q + q^2 + \cdots) = \frac{p}{1-q} = 1$$

性质 2.2 几何分布具有无记忆性,即

$$P(X > m + n | X > m) = P(X > n), \quad m, n = 1, 2, \cdots \tag{2.4}$$

证明 因为

$$P(X > n) = \sum_{k=n+1}^{\infty} (1-p)^{k-1} p = \frac{p(1-p)^n}{1-(1-p)} = (1-p)^n$$

所以对于任意的正整数m、n,条件概率

$$P(X > m + n | X > m) = \frac{P(X > m + n)}{P(X > m)} = \frac{(1-p)^{m+n}}{(1-p)^m} = (1-p)^n = P(X > n)$$

几何分布的无记忆性描述了伯努利试验序列中，若X服从几何分布，则事件$\{X>m\}$表示前m次试验中A没有出现. 如果后续的n次试验中A仍未发生，这个事件记为$\{X>m+n\}$. 这说明在前m次试验中A没有发生的条件下，在接下去的n次试验中也不发生的概率只与n有关，而与前m次试验无关. 无记忆性是指几何分布在计算时会遗忘过去的m次失败信息，无记忆性是几何分布的一个特性.

例 2.16 一个人要开门，他共有n把钥匙，其中仅有一把是能开这扇门的. 他随机地选取一把钥匙开门，即在每次试开时每一把钥匙都以概率$\frac{1}{n}$被使用，这人在第s次试开时才首次成功的概率是多少？

解 这是一个伯努利试验，$p=\frac{1}{n}$，根据几何分布的概率公式，可得

$$P(X=s) = \left(\frac{n-1}{n}\right)^{s-1}\frac{1}{n}$$

例 2.17 $X \sim Ge(0.3)$，求$P(X=3)$，$P(X>3)$，$P(X\leqslant 5)$分别是多少？

解 根据几何分布的分布律计算得

$$P(X=3) = 0.3 \times 0.7^2 = 0.147$$

$$P(X>3) = 1 - \sum_{i=1}^{3} P(X=i) = 1 - \sum_{i=1}^{3} 0.3 \times 0.7^{i-1} = 0.343$$

$$P(X\leqslant 5) = \sum_{i=1}^{5} P(X=i) = \sum_{i=1}^{5} 0.3 \times 0.7^{i-1} = 0.83193$$

关于上述结果的计算过程，可参见2.6节中的例2.33.

2.2.5 负二项分布

独立重复进行伯努利试验，每次试验成功的概率都是p，用X来表示第r次成功时一共经历的试验次数，则称X服从参数为(r,p)的负二项分布，记作$X \sim NB(r,p)$.

因为$\{X=k\}$表示的是到第k次试验时恰好成功了r次，而前面的$k-1$次试验中恰好成功了$r-1$次所对应的概率为$C_{k-1}^{r-1}p^{r-1}(1-p)^{(k-1)-(r-1)}$，再由"第$k$次成功"，可得到$X$的概率分布为

$$\begin{aligned}P(X=k) &= C_{k-1}^{r-1}p^{r-1}q^{(k-1)-(r-1)}p \\ &= C_{k-1}^{r-1}p^r q^{k-r}, \quad k=r, r+1, r+2, \cdots\end{aligned}$$

例 2.18 某射击运动员每枪击中靶心的概率为p，求该运动员共射击了k发子弹才击中r次靶心的概率.

解 当第r次击中靶心的时候，总共射出了k发子弹的概率为

$$P(X=k) = C_{k-1}^{r-1}p^r(1-p)^{k-r}$$

例如，假设每次命中靶心的概率为$p=0.3$，计算第3次击中靶心的时候，共射出4发子弹的概率为

$$P(X=4) = C_3^2 0.3^3(1-0.3) \approx 0.0972405$$

计算射手射击10次以内就能命中3次的概率是

$$P(X \leqslant 10) = \sum_{k=3}^{10} C_{k-1}^2 0.3^3 (1-0.3)^{k-3} \approx 0.7975217$$

关于上述结果的计算过程，可参见2.6节中的例2.34.

2.3 多维离散型随机变量

很多时候，仅用一个随机变量去描述随机现象是不够的. 例如，研究人体的健康情况时，需要结合身体的各项指标进行分析. 仅研究分析人体的血压X或血脂Y都是片面的，因此有必要把X和Y作为一个整体来考虑，研究两者同时变化的统计规律. 这就需要将一维随机变量推广到多元情形.

2.3.1 联合分布律与边缘分布律

我们首先给出多维随机变量的定义.

定义 2.4 设$X_1(\omega), X_2(\omega), \cdots, X_n(\omega)$是定义在同一样本空间$\Omega$上的$n$个随机变量，称

$$\boldsymbol{X}(\omega) = (X_1(\omega), X_2(\omega), \cdots, X_n(\omega))$$

为**n维随机变量**（或**随机向量**），简记为$\boldsymbol{X} = (X_1, X_2, \cdots, X_n)$.

本节主要讨论二维离散型随机变量的分布律及其性质.

定义 2.5 若二维离散型随机变量(X, Y)所有可能的取值为(x_i, y_j), $i, j = 1, 2, \cdots$，则称

$$P(X = x_i, Y = y_j) = p_{ij}, \quad i, j = 1, 2, \cdots$$

为二维离散型随机变量(X, Y)的**联合分布律**（**分布列**），有时也将联合分布律用表格形式来表示，并称为**联合概率分布表**，详见表2.2.

二维离散型随机变量的联合分布律的性质：

(1) 非负性：对任意的(i, j), $i, j = 1, 2, \cdots$，有$p_{ij} = P(X = x_i, Y = y_j) \geqslant 0$;

(2) 规范性：$\sum\limits_{j=1}^{\infty} \sum\limits_{i=1}^{\infty} p_{ij} = 1$.

表 2.2 二维随机变量的联合分布律

X	y_1	y_2	$\cdots$	y_m	$\cdots$
x_1	p_{11}	p_{12}	$\cdots$	p_{1m}	$\cdots$
x_2	p_{21}	p_{22}	$\cdots$	p_{2m}	$\cdots$
$\vdots$	$\vdots$	$\vdots$		$\vdots$	
x_n	p_{n1}	p_{n2}	$\cdots$	p_{nm}	$\cdots$
$\vdots$	$\vdots$	$\vdots$		$\vdots$	

计算表2.2中的"行和"与"列和"，就得到边缘分布.

定义 2.6 设(X, Y)的联合分布律为$P(X = x_i, Y = y_j) = p_{ij}$, $i, j = 1, 2, \cdots$, X与Y的边

缘概率分布分别为

$$P(X = x_i) = p_i. = \sum_{j=1}^{\infty} p_{ij}, \ i = 1, 2, \cdots \tag{2.5}$$

$$P(Y = y_j) = p_{.j} = \sum_{i=1}^{\infty} p_{ij}, \ j = 1, 2, \cdots \tag{2.6}$$

边缘分布律的计算公式事实上可以根据以下的推导得到.

$$\begin{aligned} P(X = x_i) &= P(\{X = x_i\} \cap \Omega) = P(\{X = x_i\} \cap \{\bigcup_{j=1}^{\infty} \{Y = y_j\}\}) \\ &= P\left(\bigcup_{j=1}^{\infty} \{\{X = x_i\} \cap \{Y = y_j\}\}\right) \\ &= \sum_{j=1}^{\infty} P(X = x_i, Y = y_j) \\ &= \sum_{j=1}^{\infty} p_{ij} \end{aligned}$$

已知联合分布律, 我们可以直接求出X和Y的边缘分布, 但仅仅知道X与Y的分布律, 不一定能得到(X, Y)的联合分布律.

2.3.2 联合分布函数

定义 2.7 对于任意的$x_1, x_2, \cdots, x_n \in \mathbb{R}$, 称

$$F(x_1, x_2, \cdots, x_n) = P(X_1 \leqslant x_1, X_2 \leqslant x_2, \cdots, X_n \leqslant x_n)$$

为n维随机变量$(X_1, X_2, \cdots, X_n)$的联合分布函数.

以二维离散型随机变量(X, Y)为例, 其联合分布函数可以定义为

$$\begin{aligned} F(x, y) &= P(X \leqslant x, Y \leqslant y) \\ &= P(\bigcup_{x_i \leqslant x, y_j \leqslant y} \{X = x_i, Y = y_j\}) \\ &= \sum_{x_i \leqslant x} \sum_{y_j \leqslant y} P(X = x_i, Y = y_j) \\ &= \sum_{x_i \leqslant x} \sum_{y_j \leqslant y} p_{ij} \end{aligned}$$

将(X, Y)满足"$X \leqslant x, Y \leqslant y$"的所有取值对应的概率相加, 从而得到$(X, Y)$的联合分布函数, 如图2.5所示.

二维分布函数具有以下性质:

(1) **单调性**: 当$x_1 < x_2$时, 有$F(x_1, y) \leqslant F(x_2, y)$; 当$y_1 < y_2$时, 有$F(x, y_1) \leqslant F(x, y_2)$.

(2) **有界性**: $0 \leqslant F(x, y) \leqslant 1$, 且有

$$\begin{aligned} F(-\infty, y) &= \lim_{x \to -\infty} F(x, y) = 0 \\ F(x, -\infty) &= \lim_{y \to -\infty} F(x, y) = 0 \\ F(+\infty, +\infty) &= \lim_{x \to +\infty} \lim_{y \to +\infty} F(x, y) = 1 \end{aligned}$$

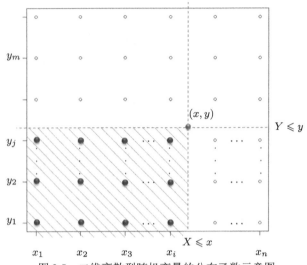

图 2.5 二维离散型随机变量的分布函数示意图

(3) 右连续性： $F(x+0,y) = F(x,y)$, $F(x,y+0) = F(x,y)$.

(4) 非负性：

$$P(a < X \leqslant b, c < X \leqslant d) = F(b,d) - F(a,d) - F(b,c) + F(a,c) \geqslant 0$$

对离散型随机变量而言，联合概率分布不仅比联合分布函数更加直观，而且能够更加方便地确定 (X,Y) 取值于任何区域 D 上的概率，即

$$P((X,Y) \in D) = \sum_{(x_i,y_j) \in D} p_{ij}$$

例 2.19 设二维随机变量的联合分布律为

X	Y		
	−2	0	1
−1	0.3	0.1	0.1
1	0.05	0.2	0
2	0.2	0	0.05

求：(1) $P(X \leqslant 1, Y \geqslant 0)$；(2) $F(0,0)$；(3) X 的边缘分布律.

解 (1) 根据离散型随机变量的联合分布律计算可得

$$\begin{aligned}
P(X \leqslant 1, Y \geqslant 0) &= P(X=-1,Y=0) + P(X=-1,Y=1) + \\
&\quad P(X=1,Y=0) + P(X=1,Y=1) \\
&= 0.1 + 0.1 + 0.2 + 0 \\
&= 0.4
\end{aligned}$$

(2) 由分布函数的定义可得

$$F(0,0) = P(X=-1,Y=-2) + P(X=-1,Y=0) = 0.3 + 0.1 = 0.4$$

(3) 由边缘分布律的定义计算可得

$$P(X=-1) = P(X=-1,Y=-2) + P(X=-1,Y=0) + P(X=-1,Y=1)$$

$$P(X=1) = P(X=1,Y=-2)+P(X=1,Y=0)+P(X=1,Y=1)$$
$$= 0.3+0.1+0.1 = 0.5$$
$$= 0.05+0.2+0 = 0.25$$
$$P(X=2) = P(X=2,Y=-2)+P(X=2,Y=0)+P(X=2,Y=1)$$
$$= 0.2+0+0.05 = 0.25$$

2.3.3 多项分布

多项分布是二项分布的推广.

定义 2.8 若在伯努利试验中，每次试验有m个不同的事件$A_1,A_2,\cdots,A_m$中的一个发生. 记$P(A_i)=p_i>0, i=1,2,\cdots,m$，且有$\sum_{i=1}^{m}p_i=1$. 以$X_1,X_2,\cdots,X_m$分别表示$n$次伯努利试验中$A_1,A_2,\cdots,A_m$发生的次数，则该随机向量服从多项分布，记$(X_1,\cdots,X_m) \sim M(n,p_1,\cdots,p_m)$，其分布律（见表2.3）为

$$P(X_1=x_1,\cdots,X_m=x_m) = \frac{n!}{x_1!x_2!\cdots x_m!}p_1^{x_1}p_2^{x_2}\cdots p_m^{x_m}$$

其中，$x_i \geqslant 0, \sum_{i=1}^{m}x_i=n$. 特别地，当$m=2$时，退化为二项分布.

表 2.3 多项分布的分布律

事件	发生概率	发生次数	实际发生次数
A_1	p_1	X_1	x_1
A_2	p_2	X_2	x_2
$\vdots$	$\vdots$	$\vdots$	$\vdots$
A_m	p_m	X_m	x_m

例 2.20 甲、乙两人下棋，假设每局结果相互独立，且每次甲胜的概率为0.6，负的概率为0.3，两人平局的概率为0.1. 现在两人下了10盘棋，求甲赢7场平1场的概率是多少？

解 设X、Y、Z分别表示10局棋中甲胜、负、平的次数，由题意知

$$P(X=7,Y=2,Z=1) = \frac{10!}{7!2!} \times 0.6^7 \times 0.3^2 \times 0.1 \approx 0.09069926$$

以上计算可参见2.6中的例2.35.

2.3.4 多维超几何分布

多维超几何分布是超几何分布的推广，其分布可以描述为这样的事件：一个袋子中装有N个球，其中i号球有N_i个，$i=1,2,\cdots,r$，从袋子中不放回地取出n个球（或一次性取出n个球）. 若记X_i表示取出的n个球中i号球的个数，$i=1,2,\cdots,r$，则$(X_1,X_2,\cdots,X_r)$服从多维超几何分布，记为$(X_1,X_2,\cdots,X_r) \sim H(\boldsymbol{N},n)$，这里$\boldsymbol{N}=(N_1,N_2,\cdots,N_r)$，且

$$P(X_1=n_1,X_2=n_2,\cdots,X_r=n_r) = \frac{C_{N_1}^{n_1}C_{N_2}^{n_2}\cdots C_{N_r}^{n_r}}{C_{\boldsymbol{N}}^{n}}$$

其中，$n_1+n_2+\cdots+n_r=n$.

例 2.21 从52张扑克牌（已取出大、小王）中取出13张牌，计算有5张黑桃、3张红心、3张方块、2张草花的概率是多少？

解 基本事件数为C_{52}^{13}，以X_1、X_2、X_3、X_4分别表示取出的13张牌中黑桃、红心、方块、草花的张数，则(X_1, X_2, X_3, X_4)服从多维超几何分布. 可得13张牌中有5张黑桃、3张红心、3张方块、2张草花的概率为

$$P(X_1 = 5, X_2 = 3, X_3 = 3, X_4 = 2) = \frac{C_{13}^5 C_{13}^3 C_{13}^3 C_{13}^2}{C_{52}^{13}} \approx 0.01293$$

2.4 条件分布律与独立性

根据随机事件的条件概率，可以得到离散型随机变量的条件分布律，推导出联合分布律的乘法公式，并可以由此判断随机变量的独立性.

2.4.1 离散型随机变量的条件分布律

下面根据条件概率的定义，给出条件概率分布与条件分布函数的定义.

定义 2.9 若$p_{\cdot j} > 0$，由条件概率公式可得

$$P(X = x_i | Y = y_j) = \frac{P(X = x_i, Y = y_j)}{P(Y = y_j)} = \frac{p_{ij}}{p_{\cdot j}}, \quad i = 1, 2, \cdots \quad (2.7)$$

称上式为在$Y = y_j$的条件下X的条件概率分布，称

$$F_{X|Y}(x|y_j) = P(X \leqslant x | Y = y_j) = \sum_{x_i \leqslant x} P(X = x_i | Y = y_j)$$

为$Y = y_j$的条件下X的条件分布函数.

同样地，若$p_{i \cdot} > 0$，称

$$P(Y = y_j | X = x_i) = \frac{P(X = x_i, Y = y_j)}{P(X = x_i)} = \frac{p_{ij}}{p_{i \cdot}}, \quad j = 1, 2, \cdots \quad (2.8)$$

为$X = x_i$下随机变量Y的条件概率分布，称

$$F_{Y|X}(y|x_i) = P(Y \leqslant y | X = x_i) = \sum_{y_j \leqslant y} P(Y = y_j | X = x_i)$$

为$X = x_i$的条件下Y的条件分布函数.

由式(2.7)和式(2.8)，可以推导出离散型随机变量的乘法公式.

$$\begin{aligned} P(X = x_i, Y = y_j) &= P(X = x_i) P(Y = y_j | X = x_i) \\ &= P(Y = y_j) P(X = x_i | Y = y_j) \end{aligned}$$

例 2.22 设随机变量X在1、2、3、4四个数中等可能地取值，另一个随机变量Y在1到X中等可能地取一整数值，求(X, Y)的联合分布律.

解 由题意可得到(X, Y)的联合分布律为

$$P(X = i, Y = j) = P(X = i) P(Y = j | X = i) = \frac{1}{4} \times \frac{1}{i}, \quad i = 1, 2, 3, 4, \; j \leqslant i$$

经过计算整理得到 (X,Y) 的联合分布律，如下所示：

X	Y			
	1	2	3	4
1	$\frac{1}{4}$	0	0	0
2	$\frac{1}{8}$	$\frac{1}{8}$	0	0
3	$\frac{1}{12}$	$\frac{1}{12}$	$\frac{1}{12}$	0
4	$\frac{1}{16}$	$\frac{1}{16}$	$\frac{1}{16}$	$\frac{1}{16}$

进一步计算可得边缘分布为
$$p_{i1} = \frac{25}{48}, \quad p_{i2} = \frac{13}{48}, \quad p_{i3} = \frac{7}{48}, \quad p_{i4} = \frac{3}{48}, \quad p_{1j} = p_{2j} = p_{3j} = p_{4j} = \frac{1}{4}$$

例 2.23 从一个装有3个黑球和2个白球的口袋中取球两次，每次不放回地任取1个，令
$$X = \begin{cases} 0, & \text{第一次取出白球} \\ 1, & \text{第一次取出黑球} \end{cases}, \quad Y = \begin{cases} 0, & \text{第二次取出白球} \\ 1, & \text{第二次取出黑球} \end{cases}$$

求 (X,Y) 的联合分布律.

解 (X,Y) 的所有可能取值为 $(0,0),(0,1),(1,0),(1,1)$，经过计算得

$$\begin{aligned}
P(X=0, Y=0) &= P(X=0)P(Y=0|X=0) = \frac{2}{5} \times \frac{1}{4} = \frac{1}{10} \\
P(X=0, Y=1) &= P(X=0)P(Y=1|X=0) = \frac{2}{5} \times \frac{3}{4} = \frac{3}{10} \\
P(X=1, Y=0) &= P(X=1)P(Y=0|X=1) = \frac{3}{5} \times \frac{2}{4} = \frac{3}{10} \\
P(X=1, Y=1) &= P(X=1)P(Y=1|X=1) = \frac{3}{5} \times \frac{2}{4} = \frac{3}{10}
\end{aligned}$$

2.4.2 离散型随机变量的独立性

定义 2.10 对任意的 (i,j)，$i,j = 1,2\cdots$，如果二维离散型随机变量 (X,Y) 的联合分布律可以表示为
$$p_{ij} = P(X=x_i, Y=y_j) = P(X=x_i)P(Y=y_j) = p_{i.}p_{.j}$$
则称随机变量 X 与 Y 是独立的.

由条件分布的定义可知，若 X 与 Y 相互独立，则 $p_{ij} = p_{i.}p_{.j}$，与之等价的条件是
$$P(X=x_i|Y=y_j) = \frac{p_{ij}}{p_{.j}} = p_{i.}, \quad P(Y=y_j|X=x_i) = \frac{p_{ij}}{p_{i.}} = p_{.j}$$

随机变量的独立性还可以推广至 n 维随机向量的情形. 具体地，若 n 维离散型随机向量 $(X_1, X_2, \cdots, X_n)$ 的联合分布律可以分解成各分量的边缘分布律的乘积形式，即对于任意的 $i_1, i_2, \cdots, i_n = 1,2,\cdots$，有
$$P(X_1 = x_{i_1}, X_2 = x_{i_2}, \cdots, X_n = x_{i_n}) = \prod_{j=1}^{n} P(X_j = x_{i_j})$$

都成立，则称这n个随机变量$X_1, X_2, \cdots, X_n$是相互独立的.

例 2.24 掷一枚硬币与一颗骰子，以X表示硬币出现正面的次数，以Y表示骰子出现的点数，求(X,Y)的联合分布律.

解 (X,Y)的联合分布律为$P(X=i, Y=j) = \dfrac{1}{12}$，$i=0,1$，$j=1,2,3,4,5,6$.

又因为$P(X=i) = \dfrac{1}{2}$，$i=0,1$，$P(Y=j) = \dfrac{1}{6}$，$j=1,2,3,4,5,6$. 对于一切的i、j，$i=0,1$，$j=1,2,3,4,5,6$，有

$$P(X=i, Y=j) = \frac{1}{12} = \frac{1}{2} \times \frac{1}{6} = P(X=i)P(Y=j)$$

所以X与Y是相互独立的.

事实上，掷硬币与掷骰子是两个独立的试验，各次试验的结果相互不影响. 对于独立的随机变量，我们可以比较容易地由它的边缘分布得到联合分布律.

例 2.25 设(X,Y)的联合概率分布律为

X	Y		
	-1	0	2
0	0.1	0.2	0
1	0.3	0.05	0.1
2	0.15	0	0.1

(1) 求关于X的边缘概率分布.
(2) 求$Y=0$时，X的条件概率分布；$X=0$时，Y的条件概率分布.
(3) 判断X与Y是否相互独立.

解 (1)由X与Y的联合概率分布得(X,Y)关于X的边缘概率分布为

$$P(X=0) = 0.1 + 0.2 = 0.3, \quad P(X=1) = 0.3 + 0.05 + 0.1 = 0.45$$
$$P(X=2) = 0.15 + 0.1 = 0.25$$

(2)由于$P(Y=0) = 0.2 + 0.05 + 0 = 0.25$，在$Y=0$时，$X$的条件概率分布为

$$P(X=0|Y=0) = \frac{P(X=0, Y=0)}{P(Y=0)} = \frac{0.2}{0.25} = 0.8$$

$$P(X=1|Y=0) = \frac{P(X=1, Y=0)}{P(Y=0)} = \frac{0.05}{0.25} = 0.2$$

$$P(X=2|Y=0) = \frac{P(X=2, Y=0)}{P(Y=0)} = \frac{0}{0.25} = 0$$

又因为$P(X=0) = 0.1 + 0.2 + 0 = 0.3$，故在$X=0$时，可类似求得$Y$的条件概率分布为

$$P(Y=-1|X=0) = \frac{0.1}{0.3} = \frac{1}{3}$$

$$P(Y=0|X=0) = \frac{0.2}{0.3} = \frac{2}{3}$$

$$P(Y=2|X=0) = 0$$

(3)因$P(X=0) = 0.3, P(Y=-1) = 0.1 + 0.3 + 0.15 = 0.55$，而$P(X=0, Y=-1) = 0.1$，

$$P(X=0, Y=-1) \neq P(X=0)P(Y=-1)$$

所以，X与Y不独立.

2.5 离散型随机变量函数的分布

很多时候除了需要知道随机变量的分布外，还需要推导出关于随机变量的函数的分布.

2.5.1 一维离散型随机变量函数的分布

设$y = g(x)$是一个函数，关于随机变量的函数$Y = g(X)$也是一个随机变量. 一般地，当X为离散型随机变量时，Y也是离散型随机变量，此时，我们关心的是Y的分布律. 设离散型随机变量X的分布律为

$$P(X = x_k) = p_k, \quad k = 1, 2, \cdots$$

则随机变量$Y = g(X)$的分布律可以根据以下步骤进行计算.

(1)计算出Y的全部可能取值：$g(x_1), g(x_2), \cdots$，此时应有

$$P(X = x_k) = P(g(X) = g(x_k)) = p_k, \ k = 1, 2, \cdots$$

即

$Y = g(X)$	$g(x_1)$	$g(x_2)$	$\cdots$
P	p_1	p_2	$\cdots$

将$g(x_1), g(x_2), \cdots$从小到大排列，记为$y_1, y_2, \cdots$.

(2)计算Y取各值$y_1, y_2, \cdots$的概率：若有$g(x_{i_1}) = g(x_{i_2}) = \cdots = g(x_{i_k}) = y_i$，则将相同取值对应的概率求和，得

$$P(Y = y_i) = \sum_{j=1}^{k} P(g(X) = g(x_{i_j}))$$

例 2.26 设X的分布律为

X	-2	-1	0	1
P	$\frac{1}{6}$	$\frac{1}{3}$	$\frac{1}{6}$	$\frac{1}{3}$

求$Y = 2X - 3$，$Z = X^2 + 1$的概率分布.

解 经过计算可得

X	-2	-1	0	1
P	$\frac{1}{6}$	$\frac{1}{3}$	$\frac{1}{6}$	$\frac{1}{3}$
$Y = 2X - 3$	-7	-5	-3	-1
$Z = X^2 + 1$	5	2	1	2

经过整理，可得Y和Z的分布律分别为

$Y = 2X - 3$	-7	-5	-3	-1
P	$\frac{1}{6}$	$\frac{1}{3}$	$\frac{1}{6}$	$\frac{1}{3}$

$Z = X^2 + 1$	1	2	5
P	$\frac{1}{6}$	$\frac{2}{3}$	$\frac{1}{6}$

2.5.2 二维离散型随机变量函数的分布

在解决实际问题时,有些随机变量往往是关于两个或两个以上随机变量的函数. 例如,已知Z与X、Y有函数关系式$Z = g(X,Y)$,我们希望通过(X,Y)的分布来确定Z的分布.

设(X,Y)是二维离散型随机变量,其概率分布为

$$P(X = x_i, Y = y_j) = p_{ij}, \quad i,j = 1,2,\cdots$$

而$g(x,y)$是一个二元函数,则$Z = g(X,Y)$是一个一维离散型随机变量. 设$Z = g(X,Y)$的所有可能取值为z_k,$k = 1,2,\cdots$,则Z的概率分布为

$$P(Z = z_k) = P(g(X,Y) = z_k) = \sum_{g(x_i,y_j) = z_k} p_{ij}, \quad k = 1,2,\cdots$$

其中,$\sum_{g(x_i,y_j) = z_k} p_{ij}$是指若有一些$(x_i, y_j)$都使$g(x_i, y_j) = z_k$,则将这些$(x_i, y_j)$对应的概率相加.

例 2.27 设随机变量(X,Y)的概率分布如下表所示:

X	Y			
	-1	0	1	2
-1	0.2	0.15	0.1	0.3
2	0.1	0	0.1	0.05

求: (1) $Z_1 = X + Y$的概率分布; (2) $Z_2 = XY$的概率分布; (3) $Z_3 = \min\{X, Y\}$的概率分布.

解 由(X,Y)的概率分布可得

(X,Y)	$(-1,-1)$	$(-1,0)$	$(-1,1)$	$(-1,2)$	$(2,-1)$	$(2,0)$	$(2,1)$	$(2,2)$
$Z_1 = X + Y$	-2	-1	0	1	1	2	3	4
$Z_2 = XY$	1	0	-1	-2	-2	0	2	4
$Z_3 = \min\{X,Y\}$	-1	-1	-1	-1	-1	0	1	2
P	0.2	0.15	0.1	0.3	0.1	0	0.1	0.05

把Z_i,$i = 1,2,3$值相同的项对应的概率值合并,得到它们的分布律如下所示:

$Z_1 = X + Y$	-2	-1	0	1	2	3	4
P	0.2	0.15	0.1	0.4	0	0.1	0.05

$Z_2 = XY$	-2	-1	0	1	2	4
P	0.4	0.1	0.15	0.2	0.1	0.05

$Z_3 = \min\{X,Y\}$	-1	0	1	2
P	0.85	0	0.1	0.05

2.5.3 常见离散型随机变量的可加性

例 2.28 若随机变量X、Y都服从泊松分布,其中$X \sim P(\lambda_1)$,$Y \sim P(\lambda_2)$,且X与Y相互独立. 求$Z = X + Y$的分布律.

解 因为X、Y所有可能取值为$0, 1, 2, \cdots$,所以事件$\{Z = n\} = \{X + Y = n\}$可以写成互不相容的事件$\{X = k, Y = n - k\}$,$k = 0, 1, 2, \cdots, n$之和,又因为$X$、$Y$相互独立,所以有

$$
\begin{aligned}
P(Z = n) &= P(X + Y = n) = \sum_{k=0}^{n} P(X = k, Y = n - k) \\
&= \sum_{k=0}^{n} P(X = k) P(Y = n - k) = \sum_{k=0}^{n} \frac{\lambda_1^k}{k!} e^{-\lambda_1} \cdot \frac{\lambda_2^{n-k}}{(n-k)!} e^{-\lambda_2} \\
&= e^{-(\lambda_1 + \lambda_2)} \sum_{k=0}^{n} \frac{1}{k!\,(n-k)!} \lambda_1^k \cdot \lambda_2^{n-k} \\
&= \frac{e^{-(\lambda_1 + \lambda_2)}}{n!} \sum_{k=0}^{n} \frac{n!}{k!\,(n-k)!} \lambda_1^k \cdot \lambda_2^{n-k} \\
&= \frac{e^{-(\lambda_1 + \lambda_2)}}{n!} \sum_{k=0}^{n} C_n^k \cdot \lambda_1^k \cdot \lambda_2^{n-k} \\
&= \frac{e^{-(\lambda_1 + \lambda_2)}}{n!} (\lambda_1 + \lambda_2)^n, \quad n = 0, 1, 2, \cdots
\end{aligned}
$$

这表明$Z = X + Y$服从参数为$\lambda_1 + \lambda_2$的泊松分布. 例2.8的结论称为泊松分布的可加性.

例 2.29 若X和Y相互独立,且$X \sim B(n_1, p)$,$Y \sim B(n_2, p)$,证明$X + Y \sim B(n_1 + n_2, p)$.

证明 已知$P(X = k) = C_{n_1}^k p^k (1-p)^{n_1 - k}$,$P(Y = k) = C_{n_2}^k p^k (1-p)^{n_2 - k}$,而

$$
\begin{aligned}
P(X + Y = k) &= \sum_{m=0}^{k} P(X = m, Y = k - m) \\
&= \sum_{m=0}^{k} P(X = m) P(Y = k - m) \\
&= \sum_{m=0}^{k} \left[C_{n_1}^m p^m (1-p)^{n_1 - m} \right] \left[C_{n_2}^{k-m} p^{k-m} (1-p)^{n_2 - (k-m)} \right] \\
&= \left(\sum_{m=0}^{k} C_{n_1}^m C_{n_2}^{k-m} \right) p^k (1-p)^{n_1 + n_2 - k} \\
&= C_{n_1 + n_2}^k p^k (1-p)^{n_1 + n_2 - k}
\end{aligned}
$$

因为以上证明中用到了公式$\sum\limits_{m=0}^{k} C_{n_1}^m C_{n_2}^{k-m} = C_{n_1 + n_2}^k$,所以有$X + Y \sim B(n_1 + n_2, p)$.

例2.29的结论称为二项分布的可加性,特别地,对于有多个独立的两点分布随机变量相加的情况,有以下定理.

定理 2.4 设$X_i \sim B(1, p)$,$i = 1, 2, \cdots, n$,且$X_1, X_2, \cdots, X_n$相互独立,则有

$$X = X_1 + X_2 + \cdots + X_n \sim B(n, p)$$

成立.

以上定理其实是二项分布可加性的一个特例.

定理 2.5 设 $X_1, X_2, \cdots, X_n$ 相互独立, 且都服从参数为 p 的几何分布, 则

$$X_1 + X_2 + \cdots + X_r \sim NB(r, p)$$

证明 由于 $X_i \sim Ge(p)$, $i = 1, 2, \cdots, r$, 令 $q = 1 - p$, 则有

$$P(X_i = k) = pq^{k-1}, \ k = 1, 2, \cdots$$

首先, 我们证明 $X_1 + X_2 \sim NB(2, p)$. 因为

$$\begin{aligned}
P(X_1 + X_2 = k) &= \sum_{m=1}^{k-1} P(X_1 = m, X_2 = k - m) \\
&= \sum_{m=1}^{k-1} P(X_1 = m) P(X_2 = k - m) \\
&= \sum_{m=1}^{k-1} pq^{m-1} pq^{k-m-1} \\
&= \sum_{m=1}^{k-1} p^2 q^{k-2} \\
&= (k-1) p^2 q^{k-2} \\
&= C_{k-1}^{2-1} p^2 q^{k-2}
\end{aligned}$$

这正是 $NB(2, p)$ 的分布律, 即有 $X_1 + X_2 \sim NB(2, p)$.

进一步, 设有一随机变量 $Y \sim NB(r, p)$, 且 Y 与 $X_1, X_2, \cdots, X_n$ 都独立, 现证明 $X_1 + Y \sim NB(r+1, p)$. 因为对正整数 $k \geqslant r + 1$, 有

$$\begin{aligned}
P(X_1 + Y = k) &= \sum_{m=1}^{k-r} P(X_1 = m, Y = k - m) \\
&= \sum_{m=1}^{k-r} P(X_1 = m) P(Y = k - m) \\
&= \sum_{m=1}^{k-r} pq^{m-1} C_{k-m-1}^{r-1} p^r q^{k-m-r} \\
&= p^{r+1} q^{k-r-1} \sum_{m=1}^{k-r} C_{k-m-1}^{r-1} \\
&= C_{k-1}^{r} p^{r+1} q^{k-r-1}
\end{aligned}$$

这说明 $X_1 + Y \sim NB(r+1, p)$, 注意以上计算需用到公式

$$C_{r-1}^{r-1} + C_r^{r-1} + C_{r+1}^{r-1} + \cdots + C_{k-2}^{r-1} = C_{k-1}^r$$

于是由以上讨论可知, $X_1 + X_2 + X_3 \sim NB(3, p)$. 依此类推, 可得

$$X_1 + X_2 + \cdots + X_r \sim NB(r, p)$$

2.6 R语言计算离散型随机变量分布

本节主要以常见的离散型随机变量分布为例,运用R语言对随机变量分布进行计算. 附录部分列出了关键常见分布和使用方法, 读者可参考本节对其他离散型随机变量的分布进行计算.

1. 二项分布在R语言中的计算

在R语言中二项分布的函数为binom(size,prob), size表示试验次数, prob表示每次成功的概率. 对于 $X \sim B(n,p)$, 函数binom()加前缀d表示计算随机变量X取某值的概率, 加前缀p表示计算随机变量X的分布函数在某值处的函数值.

- 计算$P(X = k)$等价于运行dbinom(k,n,p);

- 计算$P(X \leqslant x)$等价于运行pbinom(x,n,p).

在R语言中计算二项分布的随机变量在某个范围内取值的概率可以使用以下公式:

$$P(a < X \leqslant b) = \text{pbinom(b,n,p)} - \text{pbinom(a,n,p)}$$

例 2.30 已知某种疾病在一般人群中的发病率为0.001. 某单位共有5000人, 问该单位患有这种疾病的人数超过5的概率是多少?

解 设该单位患有这种疾病的人数为X, 则$X \sim B(5000, 0.001)$, 可得

$$\begin{aligned} P(X > 5) &= \sum_{k=6}^{5000} P(X=k) = 1 - \sum_{k=0}^{5} P(X=k) \\ &= 1 - \sum_{k=0}^{5} C_{5000}^{k} 0.001^{k} 0.999^{5000-k} \end{aligned}$$

本例不使用计算机显然是无法计算的. 在R语言中$P(X \leqslant 5) = \sum_{k=0}^{5} P(X=k)$ 可表示为pbinom(5, 5000, 0.001), 运行程序

```
>p5=pbinom(5,5000,0.001)
>1-p5
[1]0.3840393
```
由此可得到结果$P(X > 5) \approx 0.3840393$.

2. 超几何分布在R语言中的计算

在R语言中可以使用函数dhyper(x, m, n, k)来计算超几何分布的概率, 其中x表示抽到正品的次数, m表示正品数, n表示次品数, k表示抽取的次数, 其等价于

$$P(X=k) = \frac{C_M^k C_{N-M}^{n-k}}{C_N^n} = \text{dhyper(x}=k, \text{m}=M, \text{n}=N-M, \text{k}=n)$$

例 2.31 本例主要讨论两个问题: (1) 就例2.11中的"双色球"问题, 给出R语言计算的具体过程; (2) 给出超几何分布与二项分布的近似关系的R语言计算方法.

解 (1) 根据例2.11, 可以在R语言中输入并运行命令:

```
> dhyper(x=6,m=6,n=27,k=6)*dhyper(x=1,m=1,n=15,k=1)
[1] 5.642994e-08
```

可得一等奖的概率 $P(A_1) \approx 5.64 \times 10^{-8}$.

类似地,可以分别运行如下命令:
```
> dhyper(x=6,m=6,n=27,k=6)*dhyper(x=0,m=1,n=15,k=1)
[1] 8.464492e-07
> dhyper(x=5,m=6,n=27,k=6)*dhyper(x=1,m=1,n=15,k=1)
[1] 9.141651e-06
>   dhyper(x=5,m=6,n=27,k=6)*dhyper(x=0,m=1,n=15,k=1)+
+   dhyper(x=4,m=6,n=27,k=6)*dhyper(x=1,m=1,n=15,k=1)
[1] 0.0004342284
```
可得二、三和四等奖的概率分别为 $P(A_2) \approx 8.46 \times 10^{-7}$,$P(A_3) \approx 9.14 \times 10^{-6}$ 和 $P(A_4) \approx 4.34 \times 10^{-4}$.

(2) 考虑总产品数量 $N = 2000$,次品数 $M = 100$,不放回抽样产品数 $n = 30$,则抽取的次品数为0至50个的概率分别是多少?

设 X 表示抽取的次品数,则 $X \sim H(2000, 30, 100)$,于是在R语言中输入并运行命令:
```
> X=0:30  #生成0到30之间的整数
> p1=dhyper (x=X,m=100,n=1900,k=30)
```
由于 N 较大,n 较小,考虑按照二项分布进行计算,则 $X \sim B\left(30, \dfrac{100}{2000}\right)$,于是在R语言中输入并运行命令:
```
> p2=dbinom(X,30,100/2000)
> plot(X,p1) #绘制出二项分布与超几何分布的近似程度对比图
> points(X,p2,col=2,type="l")
```
可以看出,两者的值几乎相同.

3. 泊松分布在R语言中的计算

在R语言中,使用 pois(x, lambda) 加前缀 d 和 p 计算泊松分布的分布律和分布函数. 对于 $X \sim P(\lambda)$,

- 计算 $P(X = k)$ 等价于计算 dpois(k, lambda= λ);

- 计算 $P(X \leqslant k)$ 等价于计算 ppois(k, lambda= λ).

例 2.32 试给出例2.12、例2.13和例2.14的R语言计算过程.

解 (1) 根据例2.12,$X \sim P(0.5)$,在R语言中运行下列程序即可.
```
> 1-ppois(1, lambda=0.5)
[1] 0.09020401
```
(2) 根据例2.13,$X \sim P(8)$,在R语言中运行下列程序即可.
```
> ppois(11, lambda=8)
[1] 0.888076
> ppois(12, lambda=8)
[1] 0.9362028
```
(3) 根据例2.14,$X \sim P(0.2)$ 和 $X \sim P(0.9)$,在R语言中运行下列程序即可.

```
> 1-ppois(1,0.2)
[1] 0.0175231
> 1-ppois(3,0.9)
[1] 0.01345872
```

4. 几何分布在R语言中的计算

在R语言中计算几何分布的问题，一般使用函数geom(x,prob)加上前缀"d"或"p"进行运算. 需要注意的是在R语言中，参数x表示的是失败的次数，而定义中的k表示的是试验进行的总次数，prob表示每次成功的概率.

- 计算$P(X=k)$等价于运行程序dgeom(x=k-1,prob);

- 计算$P(X \leqslant k)$等价于运行程序pgeom(x=k-1,prob).

例 2.33 试利用R语言计算例2.17的结果.

解 根据例2.17，$X \sim Ge(0.3)$. 于是对$P(X=3)$，$P(X>3)$和$P(X \leqslant 3)$的概率计算，等价于运行以下命令：

```
> dgeom(2,0.3);1-pgeom(2,0.3);pgeom(4,0.3)
[1] 0.147
[1] 0.343
[1] 0.83193
```

5. 负二项分布在R语言中的计算

在R语言中，计算负二项分布的函数为nbinom(size, prob),其中参数size对应试验成功的次数r，prob是每次试验成功的概率p. 对于$X \sim NB(r,p)$，

- 计算$P(X=k)$等价于运行程序dnbinom(k,size=r,prob=p);

- 计算$P(X \leqslant k)$等价于运行程序pnbinom(k,size=r,prob=p).

于是求解概率
$$P(X=k) = C_{k-1}^{r-1} p^r (1-p)^{k-r}$$

等价于运行程序dnbinom(k,size=r,prob=p).

例 2.34 试利用R语言计算例2.18的结果.

解 根据例2.18，计算：

(1)$X \sim NB(4,0.3)$时，$P(X=4)$的概率；

(2)$X \sim NB(10,0.3)$时，$P(X \leqslant 10)$的概率.

求解以上问题等价于运行以下命令：

```
> dnbinom(4,size=3,prob=0.3)
[1] 0.0972405
> pnbinom(10,size=3,prob=0.3)
[1] 0.7975217
```

6. 多项分布在R语言中的计算

在R语言中多项分布的函数为multinom(). 多项分布是多维分布，如果需要求解形如$P(X_1 \leqslant x_1, \cdots, X_m \leqslant x_m)$的概率，则需要定义函数. 还需要注意，在R语言多项分布的定义中不要求一定要满足$\sum_{i=1}^{m} p_i = 1$这个条件. 在多项分布的分布律函数dmultinom(x,sum(x),p)中，x的取值及对应的概率prob都必须是向量形式，并且长度应相等，参数size应等于sum(x).

例 2.35 试利用R语言中的多项分布函数给出例2.20的计算过程.

解 根据例2.20, $(X, Y, Z) \sim M(10, 0.6, 0.3, 0.1)$, 于是求解$P(X=7, Y=2, Z=1)$的概率等价于运行如下命令:

```
> x=c(7,2,1)
> p=c(0.6,0.3,0.1)
> dmultinom(x,10,p)
[1] 0.09069926
```

习题 2

1. 设随机变量X的分布律为$P(X=k) = ak$, $k = 1, 2, \cdots, n$. 试确定常数a.

2. 设随机变量X的分布律为

X	-1	2	3
P	0.25	0.5	0.25

   (1) 试求$P(X \leqslant 0.5)$, $P(1.5 < X \leqslant 2.5)$;

   (2) 写出X的分布函数;

3. 口袋中有5个球，编号为1、2、3、4、5. 从中任取3个，以X表示取出的3个球中的最大号码.

   (1) 试求X的分布律;

   (2) 写出X的分布函数，并作图.

4. 一个口袋中有6张卡片，分别标有-3、-3、1、1、1、2这6个数字，从这个口袋中任取一张卡片，求取得的卡片上所标数字X的分布律和分布函数.

5. 把一个表面涂有红色的立方体等分成1000个小立方体.从这些小立方体中随机地取一个，它有X个面涂有红色，试求X的分布律.

6. 有3个盒子，第一个盒子装有1个白球、4个黑球；第二个盒子装有2个白球、3个黑球；第3个盒子装有3个白球、2个黑球. 现任取一个盒子，从中任取3个球，以X表示所取到的白球数.

   (1) 试求X的分布律;

   (2) 取到的白球数不少于2个的概率是多少?

7. 已知随机变量X的分布律为

X	-2	-1	0	1	2	4
P	0.2	0.1	0.3	0.1	0.2	0.1

试求关于t的一元二次方程$3t^2 + 2Xt + (X+1) = 0$有实数根的概率.

8. 甲、乙两棋手约定进行8局比赛,以赢的局数多为胜. 设在每局中甲赢的概率为0.6,乙赢的概率为0.4. 如果每局比赛是独立进行的,试问甲胜、乙胜、不分胜负的概率各为多少?

9. 据报道,有20%的人对某药有胃肠道反应. 为考察某厂生产的此药的产品质量,现任选5人服用此药. 试求:

    (1) $k(k = 0, 1, 2, 3, 4, 5)$个人有反应的概率;

    (2) 不多于2人有反应的概率;

    (3) 至少1人有反应的概率.

10. 一个完全不懂英语的人去参加英语考试. 假设此考试有5个选择题,每题有4个选择,其中只有一个正确答案,试求他能答对3题以上而及格的概率.

11. 一批产品共有100件,其中10件是不合格品. 根据验收规则,从中任取5件产品进行质量检验,假如5件中无不合格品,则这批产品被接收,否则就要重新对这批产品逐个检验.

    (1) 试求5件中不合格品数X的分布律;

    (2) 需要对这批产品进行逐个检验的概率是多少?

12. 某运动员进行射击训练,命中10环的概率为0.6,命中9环的概率为0.4,试求这名运动员射击3次所得的总环数不少于29环的概率.

13. 一批元件中有150个是由甲生产,200个是由乙生产. 如果不放回地随机抽取5个元件.

    (1) 求其中4个是由乙生产的概率;

    (2) 求至少1个是由乙生产的概率;

    (3) 求抽取的4个元件中由乙生产的元件数不少于3的概率.

14. 一个晶片上的缺陷数服从参数$\lambda = 1$的泊松分布,求这个晶片上最多有1个缺陷的概率和至少有2个缺陷的概率.

15. 某商店出售某种商品,根据历史销售记录显示,月销售量服从参数$\lambda = 9$的泊松分布. 试问在月初补货时,为了有95%的把握可以满足顾客的需求,需要补货多少?

16. 设随机变量X服从参数为λ的泊松分布,并且已知$P(X=1) = P(X=2)$,试求$P(X=4)$.

17. 某商店某种高级组合音响的月销量服从参数为9的泊松分布,试计算:

    (1) 该种组合音响的月销量在8套以上的概率;

    (2) 如果要以95%以上的把握程度保障该种组合音响不脱销,则该商店在月初至少要进此种组合音响多少套?

18. 已知某商场一天来的顾客数X服从参数为λ的泊松分布，而每个来到商场的顾客购物的概率为p，证明：此商场一天内购物的顾客数服从参数为λp的泊松分布.

19. 某急救中心在长度为t的时间间隔内收到的紧急呼救次数X服从参数为$\dfrac{t}{2}$的泊松分布，而与时间间隔的起点无关（时间以小时计）.

    (1) 求某一天中午12时～下午3时没有收到紧急呼救的概率；

    (2) 求某一天中午12时～下午5时至少收到1次紧急呼救的概率.

20. 设一个人一年内患感冒的次数服从参数$\lambda = 5$的泊松分布. 现有某种预防感冒的药物对75%的人有效（能将泊松分布的参数减少为$\lambda = 3$），对另外25%的人不起作用. 如果某人服用了此药，一年内患了两次感冒，那么该药对他（她）有效的可能性是多少？

21. 一批产品的不合格品率为0.02，现从中任取40件进行检查，若发现两件或两件以上不合格品就拒收这批产品. 分别用以下方法求拒收的概率：

    (1) 用二项分布作精确计算；

    (2) 用泊松分布作近似计算.

22. 社会上定期发行某种奖券，每券1元，中奖率为$p(0 < p < 1)$，某人每次购买1张奖券，如没中奖下次再继续购买1张，直到中奖为止，求此人购买次数X的分布律和分布函数.

23. 假设随机变量X服从几何分布，其中$p = 0.5$. 试求下面的概率.

    (1)$P(X = 1)$；(2)$P(X = 4)$；(3)$P(X = 8)$；(4)$P(X \leqslant 2)$；(5)$P(X > 2)$.

24. 在电子设备中，传感器校准符合测量系统规格的概率为0.6. 假设校准相互独立，求最多3次校准就符合测量系统规格的概率.

25. 口袋中有3个红球、2个白球，从中一个一个地任意取球，每次取出后看过颜色又立即放回，这样不停地取，直到取到一个红球为止. 设X表示取到红球为止所发生的取球次数，试计算X的概率分布及至少需要n次才能取到红球的概率.

26. 假设随机变量X服从负二项分布，其中$p = 0.5$，$r = 4$. 试求：

    (1)$P(X = 20)$；(2)$P(X = 19)$；(3)$P(X = 21)$.

27. 设有1000件产品，其中50件废品，从中取3次，每次任取1件，不放回，计算恰有1件废品的概率.

28. 盒子里装有3个黑球、2个红球、2个白球，在其中任取4个球，以X表示取到黑球的个数，以Y表示取到红球的个数，求(X, Y)的联合分布律.

29. 100件产品中有50件一等品、30件二等品、20件三等品. 从中任取5件，以X、Y分别表示取出的5件中一等品、二等品的件数，在以下情况下求(X, Y)的联合分布律.

    (1) 不放回抽取；(2) 有放回抽取.

30. 从$1, 2, \cdots, 5$中任取一数记为X，再从$1, 2, \cdots, X$中任取一数记为Y，求(X, Y)的分布律.

31. 设二维随机变量(X,Y)的分布律如下：

X	Y		
	1	2	3
1	0.1	0.05	0.2
2	0	0.1	0.1
3	0.3	0.15	0

求$P(X>1, Y \leqslant 2)$，$P(X=1)$，以及分布函数值$F(2,1.5)$.

32. 设有10件产品，其中4件是次品，从中不放回地抽取两件，分别以X、Y表示第一次和第二次取到的次品数，试求：

(1) (X,Y)的分布律和边缘分布律；

(2) X和Y独立吗？

33. 设随机变量X和Y相互独立，其联合分布律为

X	Y		
	y_1	y_2	y_3
x_1	a	$\frac{1}{9}$	c
x_2	$\frac{1}{9}$	b	$\frac{1}{3}$

试求联合分布律中的a、b、c.

34. 设随机变量X_i，$i=1,2$的分布律如下，且满足$P(X_1 X_2 = 0) = 1$，试求$P(X_1 = X_2)$.

X_i	-1	0	1
P	0.25	0.5	0.25

35. 设二维随机变量(X,Y)的联合分布律为

X	Y		
	0	1	2
0	$\frac{1}{4}$	$\frac{1}{6}$	$\frac{1}{8}$
1	$\frac{1}{4}$	$\frac{1}{8}$	$\frac{1}{12}$

求：(1) 在$X=0,1$的条件下Y的分布律；

(2) 在$Y=0,1,2$的条件下X的分布律.

36. 假设两个离散型随机变量的联合分布律为

X	1	1.5	1.5	2.5	3
Y	1	2	3	4	5
p_{ij}	$\frac{1}{4}$	$\frac{1}{8}$	$\frac{1}{4}$	$\frac{1}{4}$	$\frac{1}{8}$

(1) 求 $P(X < 2.5, Y < 3)$，$P(X < 2.5)$，$P(X > 1.7, Y > 4.5)$；

(2) 求随机变量 X 的边缘概率分布；

(3) 求给定 $X = 1.5$ 时 Y 的条件概率分布；

(4) 求给定 $Y = 2$ 时 X 的条件概率分布；

(5) X 与 Y 是否独立？

37. 某零件分别标记为高、中、低三个等级，根据以往的数据显示，5%的零件标记为高，85%的标记为中，还有10%的标记为低. 现随机抽取20个零件检验，令 X、Y 和 Z 分别表示各个等级的零件个数.

    (1) 求 X、Y、Z 的联合概率分布的取值范围；

    (2) 计算 $P(X = 1, Y = 17, Z = 3)$，$P(X \leqslant 1)$；

    (3) $P(X = 2, Z = 3 | Y = 17)$，$P(X = 2 | Y = 17)$.

38. 设盒子中装有红球和黑球共12个，其中只有2个是红球，现从盒中取球两次，每次任取一个，考虑两种情况：（1）有放回抽样；（2）无放回抽样. 现对随机变量 X、Y 作如下定义：

$$X = \begin{cases} 0, & \text{若第一次取出的是红球} \\ 1, & \text{若第一次取出的是黑球} \end{cases}, \quad Y = \begin{cases} 0, & \text{若第二次取出的是红球} \\ 1, & \text{若第二次取出的是黑球} \end{cases}$$

分别就（1）、（2）两种情况，写出 X、Y 的联合分布律、边缘分布律及条件分布律.

39. 设二维随机变量 (X, Y) 的联合分布律为

X	Y		
	-1	1	2
-1	0.25	0.1	0.3
2	0.15	0.15	0.05

试求：

(1) $Z_1 = X + Y$ 的分布律；

(2) $Z_2 = X - Y$ 的分布律；

(3) $Z_3 = \max\{X, Y\}$ 的分布律；

(4) $Z_4 = \min\{X, Y\}$ 的分布律.

40. 设随机变量 X 与 Y 独立同分布，它们都服从0-1分布 $B(1, p)$. 记随机变量

$$Z = \begin{cases} 1, & X + Y \text{为0或偶数} \\ 0, & X + Y \text{为奇数} \end{cases}$$

试求：

(1) Z 的分布律；

(2) X 与 Z 的联合分布律；

(3) 当 p 取何值时，X 与 Z 相互独立？

第3章 连续型随机变量

连续型随机变量是概率论中的一个重要概念，它指的是那些取值范围不可逐个列举，而是可以取数轴上某一区间内的任一点的随机变量. 因此，连续型随机变量的概率分布不能再用分布律的形式来表示， 其分布函数$F(x)$是连续函数，本章将介绍一些常见的连续型随机变量的性质及其应用.

3.1 一维连续型随机变量

连续型随机变量与频率直方图具有密切的关联， 因为连续型随机变量的密度函数其实就是由频率直方图演变而来的. 本节从频率直方图展开介绍，进而得到连续型随机变量的密度函数的概念， 并研究密度函数的相关性质与应用等.

3.1.1 频率直方图

在统计初期，当我们收集到数据以后，第一步工作是对数据进行整理分类，计算出这组数据的数字特征. 为了更进一步了解数据的分布特点，第二步工作就需要对数据进行分组，计算各组上的频率值，并绘制直方图.

例如，调查某一地区n名成年男性的身高（n称为样本容量），这里假设样本容量n很大. 如果我们仅将所得到的身高数据等距地分为4组， 见表3.1，则绘制出直方图如图3.1(a)所示. 这个直方图是由4个小的矩形紧靠而成， 注意到每个矩形的高为"频率/组距"，底边长为"组距"，那么每个矩形的面积就为"频率/组距× 组距 = 频率"，又因为各组的频率之和为1，即

$$\frac{n_1}{n} + \frac{n_2}{n} + \frac{n_3}{n} + \frac{n_4}{n} = 1$$

其中，$n = n_1 + n_2 + n_3 + n_4$. 所以直方图中各矩形的面积之和就是1.

表 3.1 样本分为4组的频率统计

区间	频数	频率f	累积频率
[100, 150)	n_1	$\frac{n_1}{n}$	$\frac{n_1}{n}$
[150, 200)	n_2	$\frac{n_2}{n}$	$\frac{n_1 + n_2}{n}$
[200, 250)	n_3	$\frac{n_3}{n}$	$\frac{n_1 + n_2 + n_3}{n}$
[250, 300)	n_4	$\frac{n_4}{n}$	1

进一步，如果我们将组距取为10，将这批数据分为15组，按照刚才的方式再进行统计，计

算出在每一个组的频率，可得表3.2. 然后在此基础上绘制直方图，那么直方图中的15个矩形的面积之和仍然为1，如图3.1(b)所示.

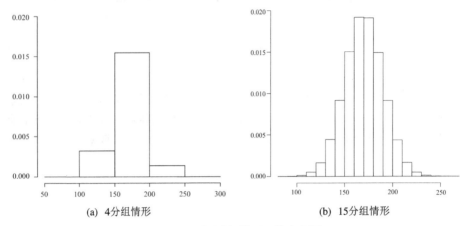

(a) 4分组情形   (b) 15分组情形

图 3.1   不同分组情形下的直方图

表 3.2   样本分为15组的频率统计

区间	频数	频率 f	累积频率
$[100, 110)$	n_1	$\dfrac{n_1}{n}$	$\dfrac{n_1}{n}$
$[110, 120)$	n_2	$\dfrac{n_2}{n}$	$\dfrac{n_1 + n_2}{n}$
$[120, 130)$	n_3	$\dfrac{n_3}{n}$	$\dfrac{n_1 + n_2 + n_3}{n}$
$[130, 140)$	n_4	$\dfrac{n_4}{n}$	$\dfrac{n_1 + \cdots + n_4}{n}$
$[140, 150)$	n_5	$\dfrac{n_5}{n}$	$\dfrac{n_1 + \cdots + n_5}{n}$
$[150, 160)$	n_6	$\dfrac{n_6}{n}$	$\dfrac{n_1 + \cdots + n_6}{n}$
$[160, 170)$	n_7	$\dfrac{n_7}{n}$	$\dfrac{n_1 + \cdots + n_7}{n}$
$[170, 180)$	n_8	$\dfrac{n_8}{n}$	$\dfrac{n_1 + \cdots + n_8}{n}$
$[180, 190)$	n_9	$\dfrac{n_9}{n}$	$\dfrac{n_1 + \cdots + n_9}{n}$
$[190, 200)$	n_{10}	$\dfrac{n_{10}}{n}$	$\dfrac{n_1 + \cdots + n_{10}}{n}$
$[200, 210)$	n_{11}	$\dfrac{n_{11}}{n}$	$\dfrac{n_1 + \cdots + n_{11}}{n}$
$[210, 220)$	n_{12}	$\dfrac{n_{12}}{n}$	$\dfrac{n_1 + \cdots + n_{12}}{n}$
$[220, 230)$	n_{13}	$\dfrac{n_{13}}{n}$	$\dfrac{n_1 + \cdots + n_{13}}{n}$
$[230, 240)$	n_{14}	$\dfrac{n_{14}}{n}$	$\dfrac{n_1 + \cdots + n_{14}}{n}$
$[240, 250]$	n_{15}	$\dfrac{n_{15}}{n}$	1

3.1.2 概率密度函数

通过前面的讨论可知，样本容量n越大，分组数越多，图3.1中的直方图表示的频率分布就越接近于总体. 设想如果样本容量n不断增大，分组的组距不断缩小，则频率分布直方图就越来越接近于总体的分布.

如果进一步将组距缩小，假设每一个区间内都有样本，那么直方图的各个矩形的面积之和为1. 我们可以在每个矩形顶边上取一个点(为方便起见就取中点)，然后连接各个点得到一条折线，称之为**频率折线**. 频率折线图的优点是它反映了数据的变化趋势，如果将样本容量取得足够大，分组的组距取得足够小，用一条非负的光滑曲线$y = f(x)$来代替这条折线，那么将这条光滑曲线称为总体**密度曲线**.

因为频率直方图的各个矩形的面积恰好对应各区间上的频率，所以所有矩形的面积之和即为1. 当区间的组距足够小，可以用函数$y = f(x)$来描绘直方图，那么函数$f(x)$与x轴所围成的面积就应该是1，即有$\int_{-\infty}^{+\infty} f(x)\mathrm{d}x = 1$. 直方图演变为密度函数的过程如图3.2所示.

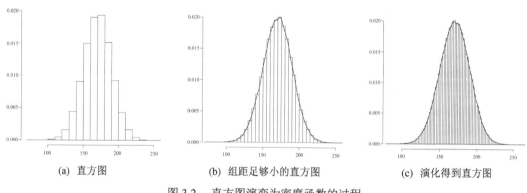

(a) 直方图　　　　　　(b) 组距足够小的直方图　　　　　　(c) 演化得到直方图

图 3.2　直方图演变为密度函数的过程

我们知道，概率总是介于0到1之间的，从表3.1和表3.2中的第4列"累积频率"来看，如果我们将获得的数据从小到大进行排列，得$x_{(1)} \leqslant x_{(2)} \leqslant \cdots \leqslant x_{(n)}$，可定义**经验分布函数**为

$$F_n(x) = \begin{cases} 0, & x < x_{(1)} \\ \dfrac{k}{n}, & x_{(k)} \leqslant x < x_{(k+1)}, \ 1 \leqslant k \leqslant n-1 \\ 1, & x \geqslant x_{(n)} \end{cases}$$

对于任意的$x_{(k)} \leqslant x < x_{(k+1)}$，假设随机地从数据中取出一个数记为$X$，则经验分布函数可以近似地视为概率$P(X \leqslant x) = \dfrac{k}{n}$.

例如，我们想知道在一定范围的人群中身高不高于170 cm的人所占的比例，就可以通过计算$F_n(170) = P(X \leqslant 170)$而得到. 然后绘制出$F_n(x)$的图像，在170 cm处的函数值$F_n(170)$就对应了直方图中$x = 170$以左$f(x)$与$x$轴所围成的面积，如图3.3所示.

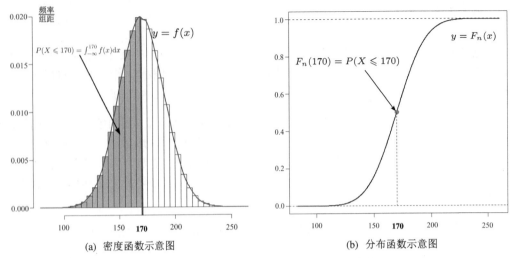

图 3.3 密度函数与分布函数之间的对应关系

将以上过程用概率论的术语进行描述,即对应分布函数与密度函数的定义.

定义 3.1 如果对随机变量 X 的分布函数 $F(x)$,存在非负连续函数 $f(x)$,使得对于任意实数 x 有

$$F(x) = P(X \leqslant x) = \int_{-\infty}^{x} f(t) dt$$

则称 X 为连续型随机变量;称 $f(x)$ 为 X 的概率密度函数,常简称为概率密度或密度函数.

概率密度 $f(x)$ 具有以下性质:

(1)非负性: $f(x) \geqslant 0$;

(2)规范性: $\int_{-\infty}^{+\infty} f(x) dx = 1$.

由连续型随机变量的定义可见,若 $f(x)$ 在 x 处可导,则 $F'(x) = f(x)$.

例 3.1 某电子元器件的寿命用随机变量 X 表示,其概率密度为

$$f(x) = \begin{cases} \dfrac{1000}{x^2}, & x > 1000 \\ 0, & \text{其他} \end{cases}$$

设各个元件的工作是独立的,问:

(1)任取一个,其寿命大于 1 500 h 的概率是多少?

(2)任取 4 个,4 个元件寿命都大于 1 500 h 的概率是多少?

(3)任取 4 个,4 个元件中至少有一个寿命大于 1 500 h 的概率是多少?

(4)若已知一个元件寿命大于 1 500 h,则该元件的寿命大于 2 000 h 的概率是多少?

解 (1)任取一个元件,其寿命大于 1 500 h 的概率是

$$P(X > 1500) = \int_{1500}^{+\infty} f(x) dx = \int_{1500}^{+\infty} \frac{1000}{x^2} dx = \frac{2}{3}$$

(2)任取 4 个元件寿命都大于 1 500 h 的概率是

$$P(X_1 > 1500, \cdots, X_4 > 1500) = [P(X_1 > 1500)]^4 = \left(\frac{2}{3}\right)^4 = \frac{16}{81}$$

(3)事件"4个元件中至少有一个寿命大于1500 h"的对立事件是"4个元件寿命全部小于1500 h",即有

$$P\left(\bigcup_{i=1}^{4}\{X_i > 1500\}\right) = 1 - P(X_1 < 1500, X_2 < 1500, X_3 < 1500, X_4 < 1500)$$
$$= 1 - [P(X_1 < 1500)]^4 = 1 - \left(\frac{1}{3}\right)^4 = \frac{80}{81}$$

(4)记$A = \{X > 1500\}$,$B = \{X > 2000\}$,则$B \subset A$,

$$P(B) = P(X > 2000) = \int_{2000}^{+\infty} f(t)\mathrm{d}t = \int_{2000}^{+\infty} \frac{1000}{t^2}\mathrm{d}t = \frac{1}{2}$$

所以
$$P(B|A) = \frac{P(AB)}{P(A)} = \frac{P(B)}{P(A)} = \frac{1/2}{2/3} = \frac{3}{4}$$

3.1.3 p分位数

定义 3.2 设连续型随机变量的密度函数为$f(x)$,分布函数为$F(x)$,对于给定的p值($0 < p < 1$),若存在一个常数x_p使得

$$F(x_p) = P(X \leqslant x_p) = \int_{-\infty}^{x_p} f(x)\mathrm{d}x = p$$

则称x_p是该分布的p分位数.

p分位数如图3.4(a)所示,并且从中可观察分位数与密度函数的关系. 根据直方图与密度函数的定义, 要计算X落在(a, b)内的概率就等价于计算图3.4(b)中阴影部分的面积,即

$$P(a \leqslant X \leqslant b) = F(b) - F(a) = \int_a^b f(x)\mathrm{d}x$$

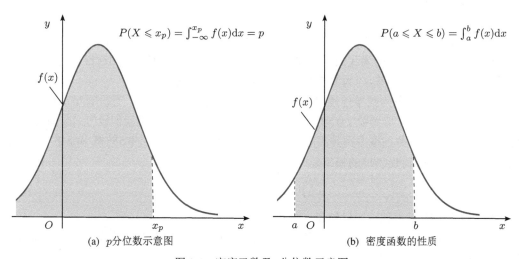

(a) p分位数示意图   (b) 密度函数的性质

图 3.4 密度函数及p分位数示意图

例 3.2 设连续型随机变量 X 的密度函数为

$$f(x) = \begin{cases} kx+1, & 0 \leqslant x \leqslant 2 \\ 0, & \text{其他} \end{cases}$$

(1) 确定常数 k；
(2) 求 X 的分布函数 $F(x)$；
(3) 求 $P\left(\dfrac{3}{2} < X \leqslant \dfrac{5}{2}\right)$；
(4) 求分位数 $x_{0.4375}$、$x_{0.75}$、$x_{0.9375}$.

解 (1) 由密度函数的性质 $\int_{-\infty}^{+\infty} f(x)\mathrm{d}x = 1$，得 $\int_0^2 (kx+1)\mathrm{d}x = 1$，解得 $k = -\dfrac{1}{2}$. 则 X 的密度函数为

$$f(x) = \begin{cases} -\dfrac{1}{2}x + 1, & 0 \leqslant x \leqslant 2 \\ 0, & \text{其他} \end{cases}$$

(2) X 的分布函数

$$F(x) = \int_{-\infty}^{x} f(t)\mathrm{d}t = \begin{cases} \int_{-\infty}^{x} 0\mathrm{d}t = 0, & x < 0 \\ \int_{-\infty}^{0} 0\mathrm{d}t + \int_0^x \left(-\dfrac{1}{2}t + 1\right)\mathrm{d}t = -\dfrac{1}{4}x^2 + x, & 0 \leqslant x \leqslant 2 \\ 1, & x > 2 \end{cases}$$

(3)

$$P\left(\dfrac{3}{2} < X \leqslant \dfrac{5}{2}\right) = F\left(\dfrac{5}{2}\right) - F\left(\dfrac{3}{2}\right) = 1 - \left[-\dfrac{1}{4} \times \left(\dfrac{3}{2}\right)^2 + \dfrac{3}{2}\right] = \dfrac{1}{16}$$

(4) 根据 $F(x_{0.4375}) = -\dfrac{1}{4}x^2 + x = 0.4375$，解得 $x_{0.4375} = 0.5$.
同理可以解得 $x_{0.75} = 1$，$x_{0.9375} = 1.5$.

3.1.4 必然事件与不可能事件

我们应该听过这样一个结论："必然事件概率为1，概率为1的不一定是必然事件.""不可能事件概率为0，概率为0的不一定是不可能事件."这是为什么呢？如果我们从有限的离散型随机变量的角度去理解那是很困难的. 在学习了连续型随机变量后，应该就能回答这一问题.

先举一个例子. 我们往大海里投一根针，叫某人下海潜水去打捞这根针，有没有可能捞得到呢？答案是有可能的，因为我们无法排除"捞不到"这种可能. 那么捞到这根针的概率是多少呢？这个问题也很容易回答，"大海捞针"捞到的可能性几乎为0.

这一问题可以抽象为数学问题. 假设在 $[0,1]$ 区间上随机取一个数，有没有可能取到0.5 呢？答案是有可能的，那么取到数字0.5 的概率是多少？答案一定是0. 如果我们设 $[0,1]$ 区间内有 N 个数，并且取到每一个数的概率都是相等的，根据古典概型，取到数字0.5 的概率就是 $\dfrac{1}{N}$，而这里的 $N \to \infty$，所以取到数字0.5 的概率是

$$p = \lim_{N \to \infty} \dfrac{1}{N} = 0$$

这里的"数字0.5"就好比大海里的那一根针.

所以我们常说的"这件事几乎不可能完成"，这里的"几乎"就蕴含着概率的思想. 在概率论中，我们通常把 $P(A) = 1$ 中的事件 A 叫作"（在样本空间中）几乎处处成立"，例

如$P(X=1)=1$读作"X几乎处处等于1",$P(Y<0)=0$读作"Y几乎处处都不小于0". 注意到取值空间的无限性,事实上,关于概率的统计定义有: 概率为零的事件不一定是不可能事件,是有可能发生的;概率为1的事件不一定是必然事件,是有可能不发生的.

因此,对于连续型随机变量X取任一指定值$x_0 \in \mathbb{R}$的概率为0,即

$$P(X=x_0)=0$$

这是因为

$$P(X=x_0)=\lim_{\Delta x \to 0^+} P(x_0 - \Delta x < X \leqslant x_0) = \lim_{\Delta x \to 0^+} \int_{x_0-\Delta x}^{x_0} f(x)\mathrm{d}x = 0$$

概率是数学世界里对事件发生可能性的一个统计意义上的定义,当面对无限取值空间时,单点概率无限小,我们认为其概率为0,这实际上是极限意义上的结果,是一种逼近而非真正等价的过程. 与此同时,对于真实世界里的概率事件,实际上并不存在一个真正意义上具有无限取值空间的连续型随机变量. 比如,现实中受到测量精度的制约,上述连续型随机变量都相当于一个有限的离散型随机变量. 像取单点这种概率世界里的零概率事件,实际上相当于我们真实世界里的一个极小概率事件,而小概率事件是有可能发生的. 只不过我们平时在处理问题的时候,把概率趋近于零的事件看作零概率事件,但不是绝对是0. 关于离散型随机变量和连续型随机变量的讨论可以参考相关文献.

例如,离散型随机变量Y的分布律为

Y	0	1	2
P	$\frac{1}{3}$	$\frac{1}{3}$	$\frac{1}{3}$

则$P(Y \leqslant 2)=1$,$P(Y<2)=\frac{2}{3}$.

离散型随机变量和连续型随机变量都是用来刻画随机试验的工具,但二者之间又具有重要的区别: 对于离散型随机变量而言,它所可能取的值是有限或至多可列个,所以我们关心的是随机变量取不同值时的概率.

而对于连续型随机变量,我们所关心的不是这个随机变量取某个特定值的概率,而是在某一范围内的概率. 例如,在测量误差的讨论中,我们感兴趣的是测量误差小于某个数的概率;在降雨问题中,我们感兴趣的是雨量在某一个量级(例如在100 mm到120 mm之间)的概率.

总之,对连续型随机变量,我们感兴趣的是变量取某个区间的概率,或取值于若干某种区间的概率. 它取个别值的概率为零,且所取的值不能一一列举出来,这是与离散型随机变量截然不同的. 因此,离散型随机变量需要"点点计较",然而若用列举连续型随机变量取某个值的概率来描述这种随机变量不但做不到,而且毫无意义.在后续学习中要注意两种随机变量的区别.

性质 3.1 对于任意连续型随机变量X,有

$$P(a \leqslant X \leqslant b) = P(a < X \leqslant b) = P(a \leqslant X < b) = P(a < X < b) = \int_a^b f(x)\mathrm{d}x$$

对于连续型随机变量,在数学里将概率为0的事件组成的集合称为"不可测集",这是测度论的范畴.

3.2 常用连续分布

本节主要介绍几种常见的连续型随机变量,其中正态分布是应用最为广泛的一种分布.

3.2.1 正态分布

正态分布是概率论中最重要的连续型分布,在19世纪前叶由高斯加以推广,故又常称为高斯分布. 正态分布被冠名为高斯分布,我们也容易认为是高斯发现了正态分布,其实不然,不过高斯对于正态分布历史地位的确立起到了决定性的作用. 正态分布曲线从被发现到逐渐被人们重视进而广泛应用,经过了几百年的发展历程.

1. 正态分布的密度函数与分布函数

正态分布(normal distribution),又名高斯分布(Gaussian distribution),最早由棣莫弗在求二项分布的渐近公式中得到,高斯在研究测量误差时从另一个角度导出了它. 正态分布在数学、物理及工程等领域都是非常重要的概率分布,特别在统计学的许多方面有着重大的影响力. 例如,产品的质量指标,某地区成年男子的身高、体重,射击目标的水平或垂直偏差,信号噪声,农作物的产量等,都可视为变量服从或近似服从正态分布.

定义 3.3 若随机变量X的密度函数为

$$f(x) = \frac{1}{\sqrt{2\pi}\sigma} e^{-\frac{(x-\mu)^2}{2\sigma^2}}, \quad -\infty < x < +\infty$$

其中,参数$-\infty < \mu < +\infty$,$\sigma > 0$,则称X服从参数为μ和σ的正态分布,记为$X \sim N(\mu, \sigma^2)$. 正态分布的分布函数为

$$F(x) = \frac{1}{\sqrt{2\pi}\sigma} \int_{-\infty}^{x} e^{-\frac{(t-\mu)^2}{2\sigma^2}} \, dt$$

正态分布的密度函数如图3.5(a)所示. 其分布函数$F(x)$的图像是一条光滑上升的S型曲线,如图3.5(b)所示.

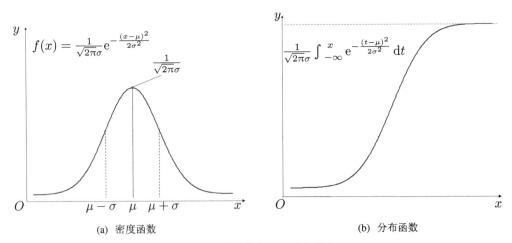

(a) 密度函数　　(b) 分布函数

图 3.5　正态分布的密度函数与分布函数

正态分布密度函数具有以下的性质:

(1) 曲线$f(x)$关于$x = \mu$对称,这表明对于任意的$\delta > 0$,有
$$P(\mu - \delta < X \leqslant \mu) = P(\mu < X \leqslant \mu + \delta)$$

(2) 当$x = \mu$时,$f(x)$取到最大值$f(\mu) = \dfrac{1}{\sqrt{2\pi}\sigma}$,$x$离$\mu$越远,$f(x)$的值越小,这表明对于同样长度的区间,当区间离$\mu$越远时,随机变量$X$落在该区间的概率就越小.

(3) 曲线$y = f(x)$在$x = \mu \pm \sigma$处有拐点,曲线$y = f(x)$以x轴为渐近线.

(4) 若σ固定,改变μ的值,则$f(x)$的图形沿x轴平行移动,但不改变形状,因此$y = f(x)$的图形位置完全由参数μ所确定. 我们也称μ为位置参数. 例如,固定$\sigma = 0.5$,取不同的μ值,观察密度函数的图像变化,如图3.6(a)所示.

(5) 若μ固定,改变σ的值,由于$f(x)$的最大值为$f(\mu) = \dfrac{1}{\sqrt{2\pi}\sigma}$. 当$\sigma$变小时,$y = f(x)$的图形越陡峭,因此$X$落在$\mu$附近的概率越大;当$\sigma$变大时,$y = f(x)$的图形越平坦,因而$X$落在$\mu$附近的概率越小. 我们也称$\sigma$为形状参数. 例如,固定$\mu = 0$,取不同的$\sigma$值,观察密度函数的图像变化,如图3.6(b)所示.

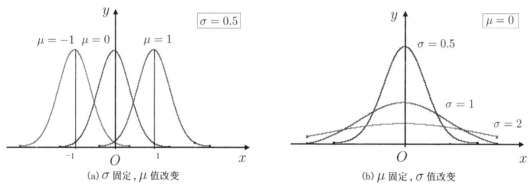

图 3.6 正态分布的密度函数随参数的变化

2. 正态随机变量的标准化

定义 3.4 若正态分布中的参数$\mu = 0$,$\sigma = 1$时,则称此分布为标准正态分布. 此时,其密度函数和分布函数常用$\varphi(x)$和$\Phi(x)$表示:

$$\varphi(x) = \frac{1}{\sqrt{2\pi}} e^{-\frac{x^2}{2}} \tag{3.1}$$

$$\Phi(x) = \frac{1}{\sqrt{2\pi}} \int_{-\infty}^{x} e^{-\frac{t^2}{2}} dt \tag{3.2}$$

标准正态分布的重要性在于,任何一个正态分布都可以通过线性变换转化为标准正态分布,下面的定理给出了上述观点的理论基础.

定理 3.1 设$X \sim N(\mu, \sigma^2)$,则$U = \dfrac{X - \mu}{\sigma} \sim N(0, 1)$.

证明 计算U的分布函数

$$F(u) = P(U \leqslant u) = P\left(\frac{X-\mu}{\sigma} \leqslant u\right) = P(X \leqslant \mu + \sigma u)$$

$$= \frac{1}{\sqrt{2\pi}\sigma} \int_{-\infty}^{\mu+\sigma u} e^{-\frac{(x-\mu)^2}{2\sigma^2}} dx$$

做变换$t = \dfrac{x-\mu}{\sigma}$，则$dt = \dfrac{dx}{\sigma}$，得

$$F(u) = \frac{1}{\sqrt{2\pi}} \int_{-\infty}^{u} e^{-\frac{t^2}{2}} dt = \Phi(u)$$

即$U = \dfrac{X-\mu}{\sigma} \sim N(0,1)$.

根据定理3.1可知，正态分布随机变量$X \sim N(\mu, \sigma^2)$的分布函数

$$F(x) = P(X \leqslant x) = P\left(\frac{X-\mu}{\sigma} \leqslant \frac{x-\mu}{\sigma}\right) = \Phi\left(\frac{x-\mu}{\sigma}\right)$$

对任意区间$(a,b]$，有

$$P(a < X \leqslant b) = P\left(\frac{a-\mu}{\sigma} < U \leqslant \frac{b-\mu}{\sigma}\right) = \Phi\left(\frac{b-\mu}{\sigma}\right) - \Phi\left(\frac{a-\mu}{\sigma}\right)$$

特别地，若$X \sim N(0,1)$，则$P(a < X \leqslant b) = \Phi(b) - \Phi(a)$.

由正态分布的对称性容易知道$\Phi(0) = 0.5$；表B.1中给出了$x > 0$时$\Phi(x)$的数值；当$x < 0$时，由公式$\Phi(-x) = 1 - \Phi(x)$可以计算相应的值.

例 3.3 设$X \sim N(1, 4)$，求：(1)$P(0 \leqslant X < 1.6)$；(2)$P(|X-1| \leqslant 2)$；(3)$P(X \geqslant 2.3)$.

解 这里$\mu = 1$，$\sigma = 2$，故

$$P(0 \leqslant X < 1.6) = \Phi\left(\frac{1.6-1}{2}\right) - \Phi\left(\frac{0-1}{2}\right) = \Phi(0.3) - \Phi(-0.5)$$

$$= 0.6179 - [1 - \Phi(0.5)] = 0.6179 - (1 - 0.6915) = 0.3094$$

$$P(|X-1| \leqslant 2) = P(-1 \leqslant X \leqslant 3) = P\left(-1 \leqslant \frac{X-1}{2} \leqslant 1\right)$$

$$= \Phi(1) - \Phi(-1) = 2\Phi(1) - 1 = 2 \times 0.8413 - 1 = 0.6826$$

$$P(X \geqslant 2.3) = 1 - P(X < 2.3) = 1 - \Phi\left(\frac{2.3-1}{2}\right)$$

$$= 1 - \Phi(0.65) = 1 - 0.7422 = 0.2587$$

例 3.4 设$X \sim N(2, \sigma^2)$，且$P(2 < X < 4) = 0.3$，求$P(X > 0)$.

解 由题设

$$P(2 < X < 4) = P\left(\frac{2-2}{\sigma} < \frac{X-2}{\sigma} < \frac{4-2}{\sigma}\right) = \Phi\left(\frac{2}{\sigma}\right) - \Phi(0) = 0.3$$

得$\Phi\left(\dfrac{2}{\sigma}\right) = \Phi(0) + 0.3 = 0.5 + 0.3 = 0.8$，故

$$P(X > 0) = 1 - P(X \leqslant 0) = 1 - \Phi\left(\frac{-2}{\sigma}\right) = \Phi\left(\frac{2}{\sigma}\right) = 0.8$$

例 3.5 随机变量X服从正态分布$X \sim N(10, 4)$，求a的取值使得$P(|X-10| < a) = 0.9$.

解 由题设

$$P(|X-10|<a) = P(-a<X-10<a) = P\left(-\frac{a}{2}<\frac{X-10}{2}<\frac{a}{2}\right)$$
$$= \Phi\left(\frac{a}{2}\right) - \Phi\left(-\frac{a}{2}\right) = 2\Phi\left(\frac{a}{2}\right) - 1 = 0.9$$

于是有$\Phi\left(\frac{a}{2}\right)=0.95$,查标准正态分布表（表**B.1**）得$\frac{a}{2}=1.645$,所以$a=3.290$.

例 3.6 设随机变量X服从正态分布$N(60,9)$,求分位点x_1、x_2,使得$(-\infty,x_1]$, (x_1,x_2), $[x_2,+\infty)$的概率之比为3:4:5.

解 由于

$$P\left(\frac{X-60}{3}<\frac{x_1-60}{3}\right) = P(X<x_1) = \frac{3}{3+4+5} = 0.25$$

即$\Phi\left(\frac{x_1-60}{3}\right)=0.25$,查标准正态分布表得$\frac{x_1-60}{3}=-0.675$,于是$x_1=57.975$. 又由于

$$P\left(\frac{X-60}{3}<\frac{x_2-60}{3}\right) = P(X<x_2) = \frac{3+4}{3+4+5} \approx 0.5833$$

即$\Phi\left(\frac{x_2-60}{3}\right)\approx 0.5833$,查表得$\frac{x_2-60}{3}=0.21$,于是$x_2=60.63$.

3. 3σ原则

设$X\sim N(\mu,\sigma^2)$,求$P(\mu-k\sigma<X<\mu+k\sigma)$, $k=1,2,3$,则有

$$P(\mu-k\sigma<X<\mu+k\sigma) = P\left(-k<\frac{X-\mu}{\sigma}<k\right) = \Phi(k)-\Phi(-k) = 2\Phi(k)-1$$

(1) $P(|X-\mu|<\sigma) = 2\Phi(1)-1 = 0.6826$;
(2) $P(|X-\mu|<2\sigma) = 2\Phi(2)-1 = 0.9545$;
(3) $P(|X-\mu|<3\sigma) = 2\Phi(3)-1 = 0.9974$.

由于$P(|X-\mu|\geqslant 3\sigma) = 1-P(|X-\mu|<3\sigma) = 0.0026<0.003$,可得$X$落在$(\mu-3\sigma, \mu+3\sigma)$以外的概率小于0.003,在实际问题中常认为它不会发生,见图3.7.

由图可见,X的取值几乎都落入以μ为中心、3σ为半径的区间内,这一特征称为3σ原则.

例 3.7 公共汽车门的高度是按成年男子与车门顶碰头的概率在0.01以下设计的,设成年男子身高X（单位：cm）服从正态分布$N(170,6^2)$,问车门高度为多少合适?

解 设公共汽车门的高度为h cm,由题设要求$P(X>h)<0.01$. 而由$P(X>h)<0.01$,可知

$$\Phi\left(\frac{h-170}{6}\right) > 0.99$$

根据表**B.1**得$\Phi(2.33)\approx 0.9902>0.99$. 故$\frac{h-170}{6}>2.33$,则$h>183.98$,故车门的高度超过183.98 cm时,男子与车门碰头的机会小于0.01.

正态分布是应用最为广泛的分布,需要重点掌握一般正态分布转换为标准正态分布的方法、正态分布的计算、给定概率求解正态分布随机变量的分位数等. 关于正态分布的计算,可以参见3.6节.

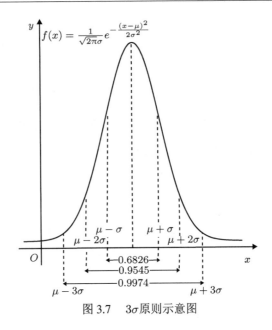

图 3.7　3σ 原则示意图

3.2.2 均匀分布

定义 3.5　若连续型随机变量 X 的密度函数与分布函数分别为

$$f(x)=\begin{cases}\dfrac{1}{b-a},&a<x<b\\0,&\text{其他}\end{cases},\quad F(x)=\begin{cases}0,&x<a\\\dfrac{x-a}{b-a},&a\leqslant x<b\\1,&b\leqslant x\end{cases}$$

则称 X 在区间 (a,b) 上服从均匀分布，记作 $X\sim U(a,b)$.

均匀分布随机变量的密度函数与分布函数的图像如图 3.8 所示.

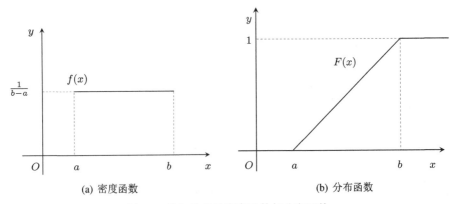

(a) 密度函数　　　　　(b) 分布函数

图 3.8　均匀分布的密度函数与分布函数

例 3.8　已知乘客在某公共汽车站等车的时间 X（单位：min）服从区间 $(0,10)$ 上的均匀分布，求乘客等车时间不超过 5 min 的概率.

解 由于$X \sim U(0,10)$，所以X的密度函数为

$$f(x) = \begin{cases} \dfrac{1}{10}, & 0 < x < 10 \\ 0, & \text{其他} \end{cases}$$

故等车时间不超过5 min的概率为

$$P(X \leqslant 5) = \int_{-\infty}^{5} f(x)\mathrm{d}x = \int_{0}^{5} \frac{1}{10}\mathrm{d}x = 0.5$$

例 3.9 设随机变量$X \sim U(0,10)$，现在对X进行4次独立观测，试求至少有3次观测值大于5的概率.

解 设Y表示观测值大于5的次数，则$Y \sim B(4,p)$. 由条件$X \sim U(0,10)$，可知

$$f(x) = \begin{cases} \dfrac{1}{10}, & 0 < x < 10 \\ 0, & \text{其他} \end{cases}$$

于是

$$p = P(X > 5) = \int_{5}^{10} \frac{1}{10}\mathrm{d}x = \frac{1}{2}$$

记$q = 1 - p$，所以有

$$\begin{aligned} P(Y \geqslant 3) &= P(Y=3) + P(Y=4) = \mathrm{C}_4^3 p^3 q + \mathrm{C}_4^4 p^4 q^0 \\ &= 4\left(\frac{1}{2}\right)^4 + \left(\frac{1}{2}\right)^4 = \frac{5}{16} \end{aligned}$$

3.2.3 指数分布

指数分布是常见而重要的寿命分布之一，在可靠性领域占有重要地位.

定义 3.6 若连续型随机变量X的密度函数与分布函数分别为

$$f(x) = \begin{cases} \lambda \mathrm{e}^{-\lambda x}, & x \geqslant 0 \\ 0, & x < 0 \end{cases}, \quad F(x) = \begin{cases} 1 - \mathrm{e}^{-\lambda x}, & x \geqslant 0 \\ 0, & x < 0 \end{cases}$$

则称X服从参数为$\lambda > 0$的指数分布，记作$X \sim Exp(\lambda)$.

指数分布随机变量的密度函数与分布函数的图像如图3.9所示.

例 3.10 某元件的寿命X服从指数分布，已知其参数$\lambda = \dfrac{1}{1000}$，试求3个这样的元件使用1000 h，至少已有1个损坏的概率.

解 由题设知，X的分布函数为

$$F(x) = \begin{cases} 1 - \mathrm{e}^{-\frac{x}{1000}}, & x \geqslant 0 \\ 0, & x < 0 \end{cases}$$

由此得到$P(X > 1000) = 1 - P(X \leqslant 1000) = 1 - F(1000) = \mathrm{e}^{-1}$.

各元件的寿命是否超过1000 h是独立的，用Y表示3个元件中使用1000 h损坏的元件数，则$Y \sim B(3, 1-\mathrm{e}^{-1})$. 所求概率为

$$P(Y \geqslant 1) = 1 - P(Y=0) = 1 - \mathrm{C}_3^0 (1-\mathrm{e}^{-1})^0 (\mathrm{e}^{-1})^3 = 1 - \mathrm{e}^{-3}$$

定理 3.2 如果某设备在$[0,t]$时间内发生故障的次数$N(t)$服从参数为λt的泊松分布，则两

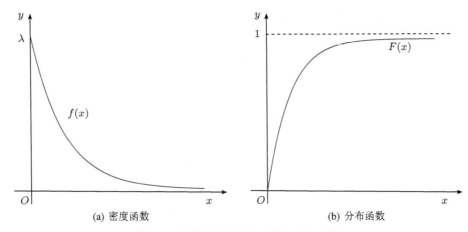

(a) 密度函数　　(b) 分布函数

图 3.9　指数分布的密度函数与分布函数

次故障的时间间隔T服从参数为λ的指数分布.

证明　由$N(t) \sim P(\lambda t)$得 $P(N(t) = k) = \dfrac{(\lambda t)^k}{k!} \mathrm{e}^{-\lambda t}$, $k = 0, 1, \cdots$.

当$t < 0$时，有$F_T(t) = P(T \leqslant t) = 0$;

当$t \geqslant 0$时，有$F_T(t) = P(T \leqslant t) = 1 - P(T > t) = 1 - P(N(t) = 0) = 1 - \mathrm{e}^{-\lambda t}$.

所以T的分布函数为

$$F_T(t) = \begin{cases} 1 - \mathrm{e}^{-\lambda t}, & t \geqslant 0 \\ 0, & t < 0 \end{cases}$$

这正是指数分布的分布函数，所以$T \sim Exp(\lambda)$.

定理 3.3　设$X \sim Exp(\lambda)$，则对于任意的$s > 0$, $t > 0$, 有

$$P(X > s+t | X > s) = P(X > t)$$

这一性质称为指数分布的无记忆性.

证明　对于任意的$x > 0$, $P(X > x) = \int_x^{+\infty} \lambda \mathrm{e}^{-\lambda t} \mathrm{d}t = \mathrm{e}^{-\lambda x}$.

因为$\{X > s+t\} \subset \{X > s\}$,所以$\{X > s+t\} \cap \{X > s\} = \{X > s+t\}$, 则

$$\begin{aligned} P(X > s+t | X > s) &= \dfrac{P(\{X > s+t\} \cap \{X > s\})}{P(X > s)} \\ &= \dfrac{P(X > s+t)}{P(X > s)} = \dfrac{\mathrm{e}^{-\lambda(s+t)}}{\mathrm{e}^{-\lambda s}} = \mathrm{e}^{-\lambda t} \\ &= P(X > t) \end{aligned}$$

服从指数分布的随机变量X通常可解释为某种产品的寿命，如果已知其寿命大于s年，则再活t年的概率与年龄s无关，亦称指数分布具有无记忆性.

3.2.4　伽马（Gamma）分布

首先给出伽马函数的定义.

定义 3.7　定义 $\Gamma(\alpha) = \int_0^{+\infty} x^{\alpha-1} \mathrm{e}^{-x} \mathrm{d}x$ 为伽马函数.

伽马函数有以下运算性质：

(1)$\Gamma(1) = 1$, $\Gamma(\dfrac{1}{2}) = \sqrt{\pi}$;

(2)$\Gamma(\alpha+1) = \alpha\Gamma(\alpha)$，特别地，若$n$为正整数，则有$\Gamma(n+1) = n!$.

定义 3.8 若随机变量X的密度函数为

$$f(x) = \begin{cases} \dfrac{\lambda^\alpha}{\Gamma(\alpha)}x^{\alpha-1}\mathrm{e}^{-\lambda x}, & x \geqslant 0 \\ 0, & x < 0 \end{cases}$$

其中，$\alpha > 0$，$\lambda > 0$均为常数，则称随机变量X服从参数为α、λ的伽马分布，记为$X \sim Ga(\alpha, \lambda)$.

伽马分布有两个重要的特例，分别是指数分布与χ^2（卡方）分布.

当$\alpha = 1$时，伽马分布就是指数分布，即$Ga(1, \lambda) = Exp(\lambda)$；

当$\alpha = \dfrac{n}{2}$，$\lambda = \dfrac{1}{2}$时，伽马分布就是自由度为n的χ^2分布，即$Ga(\dfrac{n}{2}, \dfrac{1}{2}) = \chi^2(n)$.

例 3.11 假设某工厂生产的产品的寿命服从伽马分布，其中参数$\alpha = 3$，$\lambda = \dfrac{1}{2}$，求该工厂生产的产品寿命在10到20之间的概率.

解 设X表示工厂生产的产品的寿命，则$X \sim Ga(3, \dfrac{1}{2})$，于是

$$P(10 \leqslant X \leqslant 20) = \int_{10}^{20} \dfrac{(\frac{1}{2})^3}{\Gamma(3)}x^2\mathrm{e}^{-\frac{1}{2}x}\mathrm{d}x \approx 0.12188$$

关于伽马分布在R中的计算可以参见附录中常用分布的计算.

3.2.5 贝塔（Beta）分布

首先给出贝塔函数的定义，称

$$\mathrm{B}(a, b) = \int_0^1 x^{a-1}(1-x)^{b-1}\mathrm{d}x$$

为参数a、b的贝塔函数. 由函数形式已知贝塔函数满足$\mathrm{B}(a, b) = \mathrm{B}(b, a)$，并且它与伽马函数之间存在以下关系

$$\mathrm{B}(a, b) = \dfrac{\Gamma(a)\Gamma(b)}{\Gamma(a+b)}$$

这是由于$\Gamma(a)\Gamma(b) = \int_0^\infty \int_0^\infty x^{a-1}y^{b-1}\mathrm{e}^{-(x+y)}\mathrm{d}u\mathrm{d}v$. 作变化$x = uv$，$y = u - uv$，其雅可比行列式$J = -u$，所以有

$$\begin{aligned}\Gamma(a)\Gamma(b) &= \int_0^\infty \int_0^1 (uv)^{a-1}(u-uv)^{b-1}\mathrm{e}^{-u}u\mathrm{d}u\mathrm{d}v \\ &= \int_0^\infty u^{a+b-1}\mathrm{e}^{-u}\mathrm{d}u \int_0^1 v^{a-1}(1-v)^{1-b}\mathrm{d}v \\ &= \Gamma(a+b)\mathrm{B}(a, b)\end{aligned}$$

若随机变量X具有概率密度

$$f(x) = \begin{cases} \dfrac{1}{\mathrm{B}(a, b)}x^{a-1}(1-x)^{b-1}, & 0 < x < 1 \\ 0, & 其他 \end{cases}$$

其中，$a > 0$，$b > 0$都是形状参数，则称X服从参数为a、b的贝塔分布，记为$X \sim \mathrm{B}(a, b)$.

3.3 多维连续型随机变量

与之前的讨论类似,我们首先讨论二维情形下密度曲面的概念.

3.3.1 联合密度函数

例如,统计某个地区N个成年人的身高X与体重Y(假设样本容量N很大),做出统计表如下所示:

X	Y			
	J_1	J_2	$\cdots$	J_m
I_1	n_{11}	n_{12}	$\cdots$	n_{1m}
I_2	n_{21}	n_{22}	$\cdots$	n_{2m}
$\vdots$	$\vdots$	$\vdots$		$\vdots$
I_n	n_{n1}	n_{n2}	$\cdots$	n_{nm}

其中,$I_i = [100+(i-1)\Delta, 100+i\Delta]$,$i=0,1,2,3,\cdots,n$;$J_j = [100+(j-1)\Delta, 100+j\Delta]$,$j=0,1,2,\cdots,m$ 是按身高、体重的数据划分所得的等距区间;n_{ij}表示身高在$[100+(i-1)\Delta, 100+i\Delta]$范围且体重在$[100+(j-1)\Delta, 100+j\Delta]$范围的人数. 令

$$f_{ij} = \frac{n_{ij}}{N}, \quad i=1,2,\cdots,n, \quad j=1,2,\cdots,m$$

表示在$I_i \times J_j$区域内的频率.

频率显然满足$f_{ij} \geqslant 0$,且$\sum_{i=1}^{n}\sum_{j=1}^{m} f_{ij} = 1$. 在三维直角坐标系中绘制出频率直方图,每一个长方体的高度是"频率/组面积",即f_{ij}/Δ^2. 当组面积较大时,所绘制的频率直方图如图3.10(a)所示. 由于每个长方体的体积等于

$$\frac{f_{ij}}{\Delta^2} \times \Delta^2 = f_{ij}$$

所以所有长方体的体积之和就为1. 更进一步将组面积缩小,仍按上述方法绘制频率直方图,如图3.10(b)所示. 当组面积足够小时,这些长方体的顶部足够细密,就形成了近似光滑的一张曲面,这个曲面$z = f(x,y)$就称为随机变量(X,Y)的密度曲面,如图3.10(c)所示. 并且,由该曲面形成的曲顶柱体的体积就是

$$\iint_D f(x,y)\mathrm{d}x\mathrm{d}y = 1$$

其中,D为曲面$z = f(x,y)$在xOy平面上的投影区域.

类似地,对于n维连续型随机向量$(X_1, X_2, \cdots, X_n)$,也存在一个非负的n元连续函数$f(x_1, x_2, \cdots, x_n)$,使得

$$\int_{-\infty}^{+\infty} \int_{-\infty}^{+\infty} \cdots \int_{-\infty}^{+\infty} f(x_1, x_2, \cdots, x_n)\mathrm{d}x_1\mathrm{d}x_2\cdots\mathrm{d}x_n = 1$$

定义 3.9 若$F(x,y) = \int_{-\infty}^{x}\int_{-\infty}^{y} f(u,v)\mathrm{d}u\mathrm{d}v$,则称$f(x,y)$为$(X,Y)$的联合密度函数,且

$$f(x,y) = \frac{\partial^2 F(x,y)}{\partial x \partial y}$$

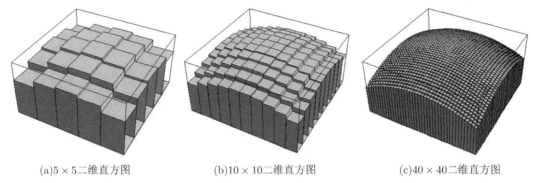

(a)5×5二维直方图　　(b)10×10二维直方图　　(c)40×40二维直方图

图 3.10　二维连续型随机变量的密度曲面的演变

联合密度函数的性质：

(1)非负性：$f(x,y) \geqslant 0$;

(2)规范性：$\int_{-\infty}^{+\infty} \int_{-\infty}^{+\infty} f(x,y) \mathrm{d}x \mathrm{d}y = 1$;

(3)设G是xOy平面上的区域，设(X,Y)落在G内的概率为

$$P((X,Y) \in G) = \iint_G f(x,y) \mathrm{d}x \mathrm{d}y$$

例 3.12　设(X,Y)的联合密度函数为

$$f(x,y) = \begin{cases} 6\mathrm{e}^{-2x-3y}, & x>0,\ y>0 \\ 0, & \text{其他} \end{cases}$$

试求：(1)$P(X<1, Y>1)$;　(2)$P(X>Y)$.

解　绘制出两个问题的积分区域，然后求解对应概率．

(1)由图3.11(a)可见，在区域D_1内对联合密度函数积分得

$$\begin{aligned} P(X<1, Y>1) &= P((X,Y) \in D_1) = \int_1^{+\infty} \int_0^1 6\mathrm{e}^{-2x-3y} \mathrm{d}x \mathrm{d}y \\ &= \int_0^1 \mathrm{e}^{-2x} \mathrm{d}(2x) \int_1^{+\infty} \mathrm{e}^{-3y} \mathrm{d}(3y) = (1-\mathrm{e}^{-2})\mathrm{e}^{-3} \\ &= 0.0430 \end{aligned}$$

(2)由图3.11(b)可见，在区域D_2内对联合密度函数积分得

$$\begin{aligned} P(X>Y) &= P((X,Y) \in D_2) = \int_0^{+\infty} \int_0^x 6\mathrm{e}^{-2x-3y} \mathrm{d}y \mathrm{d}x \\ &= \int_0^{+\infty} 2\mathrm{e}^{-2x}(1-\mathrm{e}^{-3x}) \mathrm{d}x \\ &= \left[-\mathrm{e}^{-2x} + \frac{1}{5}\mathrm{e}^{-5x}\right]_0^{+\infty} = 1 - \frac{1}{5} \\ &= \frac{4}{5} \end{aligned}$$

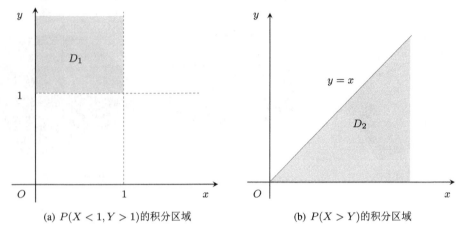

(a) $P(X<1,Y>1)$ 的积分区域   (b) $P(X>Y)$ 的积分区域

图 3.11　所求概率的积分区域 D_1 与积分区域 D_2

3.3.2　边缘密度

在已知联合分布函数的情形下，我们可以求出 X 与 Y 的边缘分布函数，定义为

$$F_X(x) = P(X\leqslant x) = P(\{X\leqslant x\}\cap\{Y<+\infty\}) = F(x,+\infty) = \lim_{y\to+\infty}F(x,y)$$
$$F_Y(y) = P(Y\leqslant y) = P(\{X<+\infty\}\cap\{Y\leqslant y\}) = F(+\infty,y) = \lim_{x\to+\infty}F(x,y)$$

例 3.13　设二维随机变量 (X,Y) 的联合分布函数为

$$F(x,y)=\begin{cases}1-\mathrm{e}^{-x}-\mathrm{e}^{-y}+\mathrm{e}^{-x-y-\lambda xy}, & x>0,\ y>0\\ 0, & \text{其他}\end{cases}$$

其中 λ 为常数，求 X、Y 的边缘密度函数.

解　X、Y 的边缘分布函数为

$$F_X(x,y)=\lim_{y\to+\infty}F(x,y)=\begin{cases}1-\mathrm{e}^{-x}, & x>0\\ 0, & \text{其他}\end{cases}$$

$$F_Y(x,y)=\lim_{x\to+\infty}F(x,y)=\begin{cases}1-\mathrm{e}^{-y}, & y>0\\ 0, & \text{其他}\end{cases}$$

由于

$$F_X(x) = F(x,+\infty) = \int_{-\infty}^{x}\left[\int_{-\infty}^{+\infty}f(u,v)\mathrm{d}v\right]\mathrm{d}u = \int_{-\infty}^{x}f_X(u)\mathrm{d}u$$
$$F_Y(y) = F(+\infty,y) = \int_{-\infty}^{y}\left[\int_{-\infty}^{+\infty}f(u,v)\mathrm{d}u\right]\mathrm{d}v = \int_{-\infty}^{y}f_Y(v)\mathrm{d}v$$

因此，定义 X、Y 的边缘密度函数分别为

$$f_X(x)=\int_{-\infty}^{+\infty}f(x,y)\mathrm{d}y,\quad f_Y(y)=\int_{-\infty}^{+\infty}f(x,y)\mathrm{d}x$$

例 3.14 设二维随机变量(X,Y)的联合密度函数为
$$f(x,y) = \begin{cases} 1, & 0 < x < 1, \ |y| < x \\ 0, & 其他 \end{cases}$$

求：(1)边缘密度函数$f_X(x)$、$f_Y(y)$；(2) $P(X < \frac{1}{2})$及$P(Y > \frac{1}{2})$.

解 绘制出联合密度函数的非零区域，如图3.12所示.

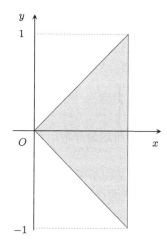

图 3.12 联合密度函数的积分区域

(1) 当$0 < x < 1$时，X的边缘密度为
$$f_X(x) = \int_{-\infty}^{+\infty} f(x,y)\mathrm{d}y = \int_{-x}^{x} \mathrm{d}y = 2x$$

当$x < 0$或$x > 1$时，$f_X(x) = 0$，所以有
$$f_X(x) = \begin{cases} 2x, & 0 < x < 1 \\ 0, & 其他 \end{cases}$$

当$y \leqslant -1$或$y \geqslant 1$时，$f_Y(y) = 0$；当$-1 < y < 0$时，
$$f_Y(y) = \int_{-\infty}^{+\infty} f(x,y)\mathrm{d}x = \int_{-y}^{1} \mathrm{d}x = 1 + y$$

当$0 < y < 1$时，
$$f_Y(y) = \int_{-\infty}^{+\infty} f(x,y)\mathrm{d}x = \int_{y}^{1} \mathrm{d}x = 1 - y$$

所以Y的边缘密度函数为
$$f_Y(y) = \begin{cases} 1+y, & -1 < y < 0 \\ 1-y, & 0 < y < 1 \\ 0, & 其他 \end{cases}$$

(2)由边缘密度函数可直接计算

$$P(X < \frac{1}{2}) = \int_{-\infty}^{\frac{1}{2}} f_X(x)\mathrm{d}x = \int_0^{\frac{1}{2}} 2x\mathrm{d}x = \frac{1}{4}$$

$$P(Y > \frac{1}{2}) = \int_{\frac{1}{2}}^{+\infty} f_Y(y)\mathrm{d}y = \int_{\frac{1}{2}}^{1}(1-y)\mathrm{d}y = \frac{1}{8}$$

3.3.3 多维均匀分布

设D为$\mathbb{R}^n$中的一个有界区域，如1.3节中介绍的几何概型，其度量（平面的为面积，空间的为体积等）为S_D，若多维随机变量$(X_1, X_2, \cdots, X_n)$的联合密度函数为

$$f(x_1, x_2, \cdots, x_n) = \begin{cases} \frac{1}{S_D}, & (x_1, x_2, \cdots, x_n) \in D \\ 0, & (x_1, x_2, \cdots, x_n) \notin D \end{cases} \tag{3.3}$$

则称$(X_1, X_2, \cdots, X_n)$服从区域D上的多维均匀分布，记为$(X_1, X_2, \cdots, X_n) \sim U(D)$.

二维均匀分布所描述的随机现象就是向平面区域D中随机投点，其中(X, Y)落在D的子区域G中的概率只与$G \cap D$的面积有关，而与G的位置无关. 由二维均匀分布来描述，即

$$P((X, Y) \in G) = \iint_{G \cap D} f(x, y)\mathrm{d}x\mathrm{d}y = \iint_{G \cap D} \frac{1}{S_D}\mathrm{d}x\mathrm{d}y = \frac{S_{G \cap D}}{S_D}$$

这正是几何概型的计算公式.

例 3.15 设D为平面上以原点为圆心、以r为半径的圆内区域，现在向该圆内随机投点，其坐标(X, Y)服从D上的二维均匀分布，求概率$P(|X| \leqslant \frac{r}{2})$.

解 由于(X, Y)的联合密度函数为

$$f(x, y) = \begin{cases} \dfrac{1}{\pi r^2}, & x^2 + y^2 \leqslant r^2 \\ 0, & x^2 + y^2 > r^2 \end{cases}$$

所求概率的积分区域如图3.13所示, 则

$$\begin{aligned}
P(|X| \leqslant \frac{r}{2}) &= \int_{-\frac{r}{2}}^{\frac{r}{2}} \int_{-\sqrt{r^2-x^2}}^{\sqrt{r^2-x^2}} \frac{1}{\pi r^2}\mathrm{d}y\mathrm{d}x = \frac{1}{\pi r^2}\int_{-\frac{r}{2}}^{\frac{r}{2}} 2\sqrt{r^2-x^2}\mathrm{d}x \\
&= \frac{2}{\pi r^2}\int_{-\frac{\pi}{6}}^{\frac{\pi}{6}} \sqrt{r^2 - r^2\sin^2 t}\,\mathrm{d}(r\sin t) \\
&= \frac{2}{\pi r^2}\int_{-\frac{\pi}{6}}^{\frac{\pi}{6}} r^2\cos^2 t\,\mathrm{d}t = \frac{4}{\pi}\int_0^{\frac{\pi}{6}} \frac{\cos 2t + 1}{2}\mathrm{d}t \\
&= \frac{4}{\pi}\int_0^{\frac{\pi}{6}} \cos 2t\,\mathrm{d}t + \frac{4}{\pi} \times \frac{1}{2} \times \frac{\pi}{6} \\
&= \frac{2}{\pi}\sin 2t\Big|_0^{\frac{\pi}{6}} + \frac{1}{3} \\
&\approx 0.609
\end{aligned}$$

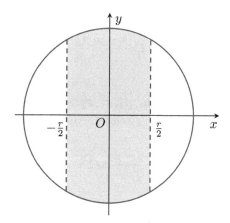

图 3.13 联合密度函数的积分区域

3.3.4 二元正态分布

如果二维随机变量(X,Y)的联合密度函数为

$$f(x,y) = \frac{1}{2\pi\sigma_1\sigma_2\sqrt{1-\rho^2}} \exp\left\{-\frac{1}{2(1-\rho^2)}\left[\frac{(x-\mu_1)^2}{\sigma_1^2} - 2\rho\frac{(x-\mu_1)(x-\mu_2)}{\sigma_1\sigma_2} + \frac{(y-\mu_2)^2}{\sigma_2^2}\right]\right\} \tag{3.4}$$

其中，$-\infty < x,y < +\infty$，5个参数的取值范围分别是$-\infty < \mu_1,\mu_2 < +\infty$，$\sigma_1,\sigma_2 > 0$，$|\rho| < 1$. 则称$(X,Y)$服从二元正态分布，记为$(X,Y) \sim N(\mu_1,\mu_2,\sigma_1^2,\sigma_2^2,\rho)$.

二元正态密度函数$f(x,y)$的图形很像一座四周无限延伸的山峰，其中心点在(μ_1,μ_2)处，它们决定了密度曲面的位置. σ_1、σ_2决定了密度曲面的形状，通常也称之为形状参数. 形状参数越小，曲面$f(x,y)$越尖峭；反之，形状参数越大，曲面$f(x,y)$越平坦. ρ决定了曲面的相关程度，在后面章节会学习到. 二元正态密度函数如图3.14所示.

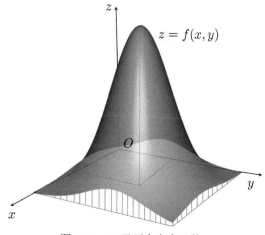

图 3.14 二元正态密度函数

例 3.16 设二维随机变量$(X,Y) \sim N(\mu_1, \mu_2, \sigma_1^2, \sigma_2^2, \rho)$,求$(X,Y)$落在区域

$$D = \left\{(x,y): \frac{(x-\mu_1)^2}{\sigma_1^2} - 2\rho\frac{(x-\mu_1)(y-\mu_2)}{\sigma_1\sigma_2} + \frac{(y-\mu_2)^2}{\sigma_2^2} \leqslant \lambda^2\right\}$$

内的概率.

解 二元正态随机变量$(X,Y) \sim N(\mu_1, \mu_2, \sigma_1^2, \sigma_2^2, \rho)$,其密度函数如式(3.4)所示. 作变换

$$\begin{cases} u = \dfrac{x-\mu_1}{\sigma_1} - \rho\dfrac{y-\mu_2}{\sigma_2} \\ v = \dfrac{y-\mu_2}{\sigma_2}\sqrt{1-\rho^2} \end{cases}$$

计算得到雅可比行列式的逆为

$$J^{-1} = \frac{\partial(u,v)}{\partial(x,y)} = \begin{vmatrix} \frac{1}{\sigma_1} & -\frac{\rho}{\sigma_2} \\ 0 & \frac{\sqrt{1-\rho^2}}{\sigma_2} \end{vmatrix} = \frac{\sqrt{1-\rho^2}}{\sigma_1\sigma_2}$$

由此得

$$f(u,v) = \frac{1}{2\pi(1-\rho^2)}\iint\limits_{u^2+v^2 \leqslant \lambda^2} \exp\left\{-\frac{u^2+v^2}{2(1-\rho^2)}\right\} \mathrm{d}u\mathrm{d}v$$

再进行极坐标变换,可得

$$\begin{cases} u = r\sin\alpha \\ v = r\cos\alpha \end{cases}$$

计算其雅可比行列式为

$$J = \frac{\partial(u,v)}{\partial(r,\alpha)} = \begin{vmatrix} \sin\alpha & r\cos\alpha \\ \cos\alpha & -r\sin\alpha \end{vmatrix} = -r(\sin^2\alpha + \cos^2\alpha) = -r$$

经过变换后的积分区域为$D' = \{(r,\alpha): 0 \leqslant r \leqslant 2\pi, 0 \leqslant \alpha \leqslant \lambda\}$. 最后得

$$\begin{aligned} P((X,Y) \in D) &= \iint\limits_{D} f(x,y)\mathrm{d}x\mathrm{d}y = \iint\limits_{D'} f(x(r,\alpha), y(r,\alpha))|J|\mathrm{d}r\mathrm{d}\alpha \\ &= \frac{1}{2\pi(1-\rho^2)} \int_0^{2\pi} \mathrm{d}\alpha \int_0^\lambda r\exp\left\{-\frac{r^2}{2(1-\rho^2)}\right\}\mathrm{d}r \\ &= \int_0^\lambda r\exp\left\{-\frac{r^2}{2(1-\rho^2)}\right\} \mathrm{d}\left(\frac{r^2}{2(1-\rho^2)}\right) \\ &= \left.-\exp\left\{-\frac{r^2}{2(1-\rho^2)}\right\}\right|_0^\lambda \\ &= 1 - \exp\left\{-\frac{\lambda^2}{2(1-\rho^2)}\right\} \end{aligned}$$

3.4 条件密度与独立性

由于连续型随机变量不能直观地反映"条件概率",因此可以从形式上先定义条件密度,

在此基础上再计算条件概率. 本节首先介绍条件密度的定义, 然后介绍连续型随机变量的独立性, 这部分知识在数理统计中应用比较广泛.

3.4.1 条件密度

定义 3.10 设(X,Y)的密度函数为$f(x,y)$, 对于任意的$y(-\infty < y < +\infty)$, 当$f_Y(y) > 0$时, 称

$$f_{X|Y}(x|y) = \frac{f(x,y)}{f_Y(y)}(-\infty < x < +\infty)$$

为已知$\{Y=y\}$发生的条件下X的条件密度函数.

类似地, 对于任意一个固定的$x(-\infty < x < +\infty)$, 当$f_X(x) > 0$时, 称

$$f_{Y|X}(y|x) = \frac{f(x,y)}{f_X(x)}$$

为已知$\{X=x\}$发生的条件下Y的条件密度函数.

定义 3.11 条件分布函数定义为

$$F_{X|Y}(x|y) = \int_{-\infty}^{x} \frac{f(u,y)}{f_Y(y)} du$$

$$F_{Y|X}(y|x) = \int_{-\infty}^{y} \frac{f(x,v)}{f_X(x)} dv$$

它们分别被称为在条件$\{Y=y\}$下X的条件分布函数和在条件$\{X=x\}$下Y的条件分布函数.

例 3.17 设二维随机变量(X,Y)在平面有界区域$G = \{(x,y) | x^2 + y^2 \leqslant 1\}$上服从均匀分布, 求条件密度函数$f_{X|Y}(x|y)$.

解 随机变量(X,Y)的密度函数为

$$f(x,y) = \begin{cases} \dfrac{1}{\pi}, & x^2 + y^2 \leqslant 1 \\ 0, & x^2 + y^2 > 1 \end{cases}$$

由公式$f_Y(y) = \int_{-\infty}^{+\infty} f(x,y) dx$求边缘密度函数.

当$x^2 + y^2 > 1$时, 有$f_Y(y) = 0$.

当$x^2 + y^2 \leqslant 1$时, 有

$$f_Y(y) = \int_{-\sqrt{1-y^2}}^{\sqrt{1-y^2}} \frac{1}{\pi} dx = \frac{2}{\pi}\sqrt{1-y^2}, \quad -1 \leqslant y \leqslant 1$$

于是, 当$-1 \leqslant y \leqslant 1$时, 则有

$$f_{X|Y}(x|y) = \begin{cases} \dfrac{1/\pi}{(2/\pi)\sqrt{1-y^2}} = \dfrac{1}{2\sqrt{1-y^2}}, & -\sqrt{1-y^2} \leqslant x \leqslant \sqrt{1-y^2} \\ 0, & 其他 \end{cases}$$

例 3.18 设随机变量X在区间$(0,1)$上随机地取值, 当观察到$X = x(0 < x < 1)$时, 随机变量Y在区间$(x,1)$上随机地取值. 求条件密度函数$f_{Y|X}(y|x)$.

解 由题意，X 的密度函数为

$$f_X(x)\begin{cases} 1, & 0<x<1 \\ 0, & \text{其他} \end{cases}$$

对于任意给定的值 $X=x(0<x<1)$，在 $\{X=x\}$ 的条件下，Y 的条件密度函数

$$f_{Y|X}(y|x)=\begin{cases} \dfrac{1}{1-x}, & x<y<1 \\ 0, & \text{其他} \end{cases}$$

3.4.2 连续型随机变量的独立性

定义 3.12 若对于随机向量 $(X_1,X_2,\cdots,X_n)$ 的分布函数 $F(x_1,x_2,\cdots,x_n)$，设 $F_i(x)$ 和 $f_i(x)$ 分别为 $X_i, i=1,2,\cdots,n$ 的边缘分布函数与边缘密度函数. 对于任意的 $x_1,x_2,\cdots,x_n$，满足

$$\begin{aligned} F(x_1,x_2,\cdots,x_n) &= P(X_1\leqslant x_1, X_2\leqslant x_2,\cdots,X_n\leqslant x_n) \\ &= \prod_{i=1}^n P(X_i\leqslant x_i) = \prod_{i=1}^n F_i(x_i) \end{aligned}$$

则称随机变量 $X_1,X_2,\cdots,X_n$ 相互独立.

另外，对于联合密度函数 $f(x_1,x_2,\cdots,x_n)$，若满足

$$f(x_1,x_2,\cdots,x_n)=\prod_{i=1}^n f_i(x_i)$$

则称 $X_1,X_2,\cdots,X_n$ 相互独立.

例 3.19 若二维随机变量 (X,Y) 的联合分布函数如下：

(1) $f(x,y)=\begin{cases} 6xy^2, & 0\leqslant x,y\leqslant 1 \\ 0, & \text{其他} \end{cases}$

(2) $f(x,y)=\begin{cases} 12y^2, & 0\leqslant y\leqslant x\leqslant 1 \\ 0, & \text{其他} \end{cases}$

(3) $f(x,y)=\begin{cases} 6\mathrm{e}^{-2x-3y}, & x>0, y>0 \\ 0, & \text{其他} \end{cases}$

判定 X 与 Y 的独立性.

解 (1) 当 $x\in(0,1)$ 时，$f_X(x)=\int_0^1 6xy^2\mathrm{d}y=2x$，即

$$f_X(x)=\begin{cases} 2x, & 0\leqslant x\leqslant 1 \\ 0, & \text{其他} \end{cases}$$

当 $y\in(0,1)$ 时，$f_Y(y)=\int_0^1 6xy^2\mathrm{d}x=3y^2$，即

$$f_Y(y)=\begin{cases} 3y^2, & 0\leqslant y\leqslant 1 \\ 0, & \text{其他} \end{cases}$$

故 $f(x,y)=f_X(x)f_Y(y)$，所以 X、Y 独立.

(2) 由于 X 的取值由 Y 决定，故 X、Y 不独立.

(3)当$x \in (0, +\infty)$时，$f_X(x) = \int_0^{+\infty} 6e^{-2x-3y} dy = 2e^{-2x}$，所以

$$f_X(x) = \begin{cases} 2e^{-2x}, & x > 0 \\ 0, & 其他 \end{cases}$$

当$y \in (0, +\infty)$时，$f_Y(y) = \int_0^{+\infty} 6e^{-2x-3y} dx = 3e^{-3y}$，所以

$$f_Y(y) = \begin{cases} 3e^{-3y}, & y > 0 \\ 0, & 其他 \end{cases}$$

于是$f(x,y) = f_X(x) f_Y(y)$，所以X、Y独立.

例 3.20 从$(0,1)$中任取两个数，求以下事件的概率：(1) 两数之和小于1.2; (2) 两数之积小于$\frac{1}{4}$.

解 因为X、Y是相互独立的，故联合密度函数为

$$f(x,y) = f_X(x) f_Y(y) = \begin{cases} 1, & 0 < x < 1,\ 0 < y < 1 \\ 0, & 其他 \end{cases}$$

积分区域如图3.15所示.

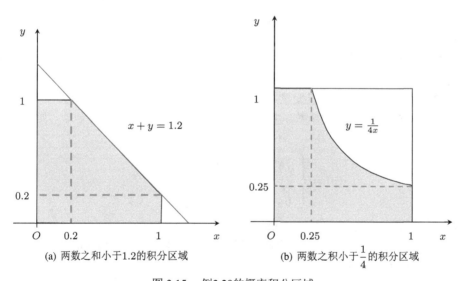

(a) 两数之和小于1.2的积分区域   (b) 两数之积小于$\frac{1}{4}$的积分区域

图 3.15 例3.20的概率积分区域

(1)事件$\{X+Y < 1.2\}$的概率为

$$\begin{aligned} P(X+Y < 1.2) &= \int_0^{0.2} \left(\int_0^1 dy \right) dx + \int_{0.2}^1 \left(\int_0^{1.2-x} dy \right) dx \\ &= 0.2 + \int_{0.2}^1 (1.2 - x) dx \\ &= 0.2 + 0.48 \\ &= 0.68 \end{aligned}$$

(2)事件 $\left\{XY < \dfrac{1}{4}\right\}$ 的概率为

$$\begin{aligned}
P\left(XY < \frac{1}{4}\right) &= \int_0^{\frac{1}{4}} \left(\int_0^1 \mathrm{d}y\right) \mathrm{d}x + \int_{\frac{1}{4}}^1 \left(\int_0^{\frac{1}{4x}} \mathrm{d}y\right) \mathrm{d}x \\
&= \frac{1}{4} + \int_{\frac{1}{4}}^1 \frac{1}{4x} \mathrm{d}x \\
&= \frac{1}{4} + \frac{1}{4}\ln 4 \\
&\approx 0.5966
\end{aligned}$$

3.5 连续型随机变量函数的分布

3.5.1 一维连续型随机变量函数的分布

已知连续型随机变量X的密度函数为$f_X(x)$, 为了得到关于X的函数$Y = g(X)$的分布: 一方面, 可以根据函数求出Y的分布函数; 另一方面, 对分布函数求导就可以得到关于Y的密度函数. 以下, 我们分两种情况来讨论.

1. $g(x)$为严格单调函数

当$g(x)$为严格单调函数时, $g(x)$是存在反函数的, 由$y = g(x)$反解出x, 得到对应的反函数为$x = h(y)$. 在这种情况下, Y的密度函数可以由以下定理得到.

定理 3.4 设X是连续随机变量, 其密度函数为$f_X(x)$, $Y = g(X)$是另一个连续型随机变量. 若$y = g(x)$是严格单调的函数, 并且其反函数$x = h(y)$具有连续导函数, 则$Y = g(X)$的密度函数为

$$f_Y(y) = \begin{cases} f_X(h(y))|h'(y)|, & a < y < b \\ 0, & \text{其他} \end{cases} \tag{3.5}$$

其中, $a = \min\{g(-\infty), g(+\infty)\}$; $b = \max\{g(-\infty), g(+\infty)\}$.

证明 假设$g(x)$是单调递增函数, 此时它的反函数$h(y)$也是严格单调递增函数, 即有$h'(y) > 0$. 记$a = g(-\infty)$, $b = g(+\infty)$, 相当于$y = g(x)$的值域为(a, b).

当$y < a$时, $F_Y(y) = P(Y \leqslant y) = 0$.

当$a \leqslant y \leqslant b$时,

$$F_Y(y) = P(Y \leqslant y) = P(g(X) \leqslant y) = P(X \leqslant h(y)) = \int_{-\infty}^{h(y)} f_X(x)\mathrm{d}x$$

当$y > b$时, $F_Y(y) = P(Y \leqslant y) = 1$.

所以, 对分布函数$F_Y(y)$求导得到Y的密度函数为式(3.5). 同理, 当$g(x)$是严格单调递减函数时, 结论同样成立.

例 3.21 设随机变量$X \sim U\left(-\dfrac{\pi}{2}, \dfrac{\pi}{2}\right)$, 求$Y = \tan X$的密度函数.

解 易知函数$y = \tan x$在定义域内是严格单调递增函数, 其反函数$x = h(y) = \arctan y$

在 $(-\infty, +\infty)$ 上也是严格单调递增的，对其求导得
$$h'(y) = \frac{1}{1+y^2}, \quad -\infty < y < +\infty$$

由式(3.5)求得 Y 的密度函数为
$$f_Y(y) = \frac{1}{\pi} \cdot \frac{1}{1+y^2}, \quad -\infty < y < +\infty$$

例 3.22 设随机变量 $X \sim N(0,1)$，求 $Y = e^X$ 的密度函数.

解 函数 $y = e^x$ 是严格单调函数，其反函数为 $x = h(y) = \ln y$，$0 < y < +\infty$ 且 $h'(y) = \frac{1}{y}$. X 的密度函数为
$$f_X(x) = \frac{1}{\sqrt{2\pi}} e^{-\frac{x^2}{2}}$$

所以当 $0 < y < +\infty$ 时，有
$$f_Y(y) = f_X(h(y))|h'(y)| = f_X(\ln y) \cdot \frac{1}{y} = \frac{1}{\sqrt{2\pi}y} e^{-\frac{(\ln y)^2}{2}}$$

即 Y 的密度函数为
$$f_Y(y) = \begin{cases} \dfrac{1}{\sqrt{2\pi}y} e^{-\frac{(\ln y)^2}{2}}, & 0 < y < +\infty \\ 0, & \text{其他} \end{cases}$$

则 Y 服从参数为 $(0,1)$ 的对数正态分布，记作 $Y \sim LN(0,1)$. 本例中，如果 $X \sim N(\mu, \sigma^2)$，可以类似推导出 Y 的分布，此时 $Y \sim LN(\mu, \sigma^2)$.

由定理3.4，我们还可以推导出一些有用的结论.

定理 3.5 设随机变量 X 服从正态分布 $N(\mu, \sigma^2)$，则 $a \neq 0$ 时有 $Y = aX + b \sim N(a\mu + b, a^2\sigma^2)$.

证明 当 $a > 0$ 时，$y = ax + b$ 是严格增函数，其值域为 $(-\infty, +\infty)$，其反函数及其导函数分别为
$$x = h(y) = \frac{y-b}{a}, \quad h'(y) = \frac{1}{a}$$

根据定理3.4可得 Y 的密度函数为
$$\begin{aligned} f_Y(y) &= f_X\left(\frac{y-b}{a}\right)\frac{1}{a} = \frac{1}{\sqrt{2\pi}\sigma} \exp\left\{-\frac{1}{2\sigma^2}\left(\frac{y-b}{a} - \mu\right)^2\right\}\frac{1}{a} \\ &= \frac{1}{\sqrt{2\pi}a\sigma} \exp\left\{-\frac{(y - a\mu - b)^2}{2a^2\sigma^2}\right\} \end{aligned}$$

这是正态分布 $N(a\mu + b, a^2\sigma^2)$ 的密度函数.

当 $a < 0$ 时，根据式(3.5)可以得到同样的结论. 由此可见，Y 服从正态分布 $N(a\mu + b, a^2\sigma^2)$.

定理 3.6 设随机变量 X 服从伽马分布 $Ga(\alpha, \lambda)$，则当 $k > 0$ 时有 $Y = kX \sim Ga\left(\alpha, \dfrac{\lambda}{k}\right)$.

证明 因为 $k > 0$，当 $x > 0$ 时，函数 $y = kx$ 的值域为 $(0, +\infty)$ 并且严格单调递增. 反函数为 $x = \dfrac{y}{k}$. 当 $y < 0$ 时，$f_Y(y) = 0$. 当 $y > 0$ 时，
$$f_Y(y) = f_X\left(\frac{y}{k}\right)\frac{1}{k} = \frac{\lambda^\alpha}{k\Gamma(\alpha)}\left(\frac{y}{k}\right)^{\alpha-1} \exp\left\{-\lambda\frac{y}{k}\right\} = \frac{(\lambda/k)^\alpha}{\Gamma(\alpha)} y^{\alpha-1} \exp\left\{-\frac{\lambda}{k}y\right\}$$

这正是 $Ga\left(\alpha, \dfrac{\lambda}{k}\right)$ 的密度函数.

2. $g(x)$ 为其他形式

一般地, 不论函数 $y = g(x)$ 是否单调, 求解 $Y = g(X)$ 的密度函数一般可以按照以下两个步骤进行.

第一步, 计算 Y 的分布函数 $F_Y(y)$:

$$F_Y(y) = P(Y \leqslant y) = P(g(X) \leqslant y) = P(X \in G_Y) = \int_{G_Y} f_X(x)\mathrm{d}x$$

其中, $G_Y = \{x : g(x) \leqslant y\}$.

第二步, 对 Y 的分布函数求导, 得到 $F_Y(y)$ 的导函数:

$$f_Y(y) = F_Y'(y)$$

就是 Y 的密度函数.

例 3.23 设随机变量 X 服从标准正态分布 $N(0,1)$, 求 $Y = X^2$ 的分布.

解 由于函数 $y = x^2$ 在 $(-\infty, +\infty)$ 上不是单调函数, 所以不能直接使用定理 3.4 的结论. 为此, 先求出 Y 的分布函数.

当 $y \leqslant 0$ 时,

$$F_Y(y) = P(Y \leqslant y) = P(X^2 \leqslant y) = 0$$

当 $y > 0$ 时,

$$\begin{aligned} F_Y(y) &= P(Y \leqslant y) = P(X^2 \leqslant y) = P(-\sqrt{y} \leqslant X \leqslant \sqrt{y}) \\ &= \Phi(\sqrt{y}) - \Phi(-\sqrt{y}) = 2\Phi(\sqrt{y}) - 1 \end{aligned}$$

对 $F_Y(y)$ 求导得 Y 的密度函数为

$$f_Y(y) = \begin{cases} 2\varphi(\sqrt{y})y^{-\frac{1}{2}}, & y > 0 \\ 0, & y \leqslant 0 \end{cases} = \begin{cases} \dfrac{1}{\sqrt{2\pi}} y^{-\frac{1}{2}} \mathrm{e}^{-\frac{y}{2}}, & y > 0 \\ 0, & y \leqslant 0 \end{cases}$$

此时, Y 的密度函数恰好是参数为 1 的卡方分布密度函数, 即有 $Y \sim \chi^2(1)$.

3.5.2 二维连续型随机变量函数的分布

设 (X, Y) 的联合密度函数为 $f(x,y)$, 下面求解关于 (X,Y) 的函数 $Z = g(X,Y)$ 的密度函数. 解决这个问题应用的原理与一维情形类似, 其一般方法如下:

第一步, 先求 Z 的分布函数 $F_Z(z)$:

$$F_Z(z) = P(Z \leqslant z) = P(g(X,Y) \leqslant z) = \iint_{G_Z} f(x,y)\mathrm{d}x\mathrm{d}y$$

其中, $G_Z = \{(x,y) : g(x,y) \leqslant z\}$, 即为满足条件 $g(x,y) \leqslant z$ 的平面点集.

第二步, 通过求导得到 Z 的密度函数

$$f_Z(z) = F_Z'(z)$$

关于二元连续型随机变量函数的分布, 形式多样, 很多时候计算都比较复杂, 本节主要讨

论两个随机变量和的分布.

例 3.24 设X与Y相互独立，且都服从指数分布$Exp(\lambda)$，求$Z = X + Y$的密度函数.

解 由题意可知X、Y的密度函数分别为

$$f_X(x) = \begin{cases} \lambda e^{-\lambda x}, & x > 0 \\ 0, & \text{其他} \end{cases}, \quad f_Y(y) = \begin{cases} \lambda e^{-\lambda y}, & y > 0 \\ 0, & \text{其他} \end{cases}$$

由于X与Y相互独立，则X与Y的联合密度函数为

$$f(x,y) = f_X(x)f_Y(y) = \begin{cases} \lambda^2 e^{-\lambda(x+y)}, & x > 0, \ y > 0 \\ 0, & \text{其他} \end{cases}$$

联合密度函数的非零区域与函数$Z = X + Y$的形式，如图3.16所示.

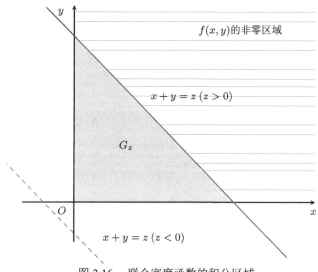

图 3.16 联合密度函数的积分区域

$$F_Z(z) = P(Z \leqslant z) = P(X+Y \leqslant z) = P((X,Y) \in G_Z) = \int\limits_{G_Z} f(x,y)\mathrm{d}x\mathrm{d}y$$

其中，$G_Z = \{(x,y) : x + y \leqslant z, x > 0, y > 0\}$.

由此可见，当$z \leqslant 0$时，$F_Z(z) = 0$.

当$z > 0$时，

$$\begin{aligned} F_Z(z) &= \int_0^z \mathrm{d}x \int_0^{z-x} \lambda^2 e^{-\lambda(x+y)} \mathrm{d}y = \int_0^z \left(\lambda e^{-\lambda x} - \lambda e^{-\lambda z} \right) \mathrm{d}x \\ &= 1 - e^{-\lambda z} - \lambda z e^{-\lambda z} \end{aligned}$$

$F_Z(z)$对z求导得Z的密度函数为

$$f_Z(z) = \begin{cases} \lambda^2 z e^{-\lambda z}, & z > 0 \\ 0, & \text{其他} \end{cases}$$

这正是伽马分布$Ga(2, \lambda)$的密度函数.

一般地，当X与Y的联合密度函数为$f(x,y)$时，$Z = X + Y$的分布函数为

$$\begin{aligned}F_Z(z) &= P(Z \leqslant z) = P(X + Y \leqslant z) = \iint\limits_{x+y \leqslant z} f(x,y)\,\mathrm{d}x\mathrm{d}y \\ &= \int_{-\infty}^{+\infty}\left(\int_{-\infty}^{z-x} f(x,y)\,\mathrm{d}y\right)\mathrm{d}x\end{aligned}$$

对小括号内的积分做变换$u = x + y$，得到

$$\int_{-\infty}^{z-x} f(x,y)\,\mathrm{d}y = \int_{-\infty}^{z} f(x, u-x)\,\mathrm{d}u$$

于是

$$F_Z(z) = \int_{-\infty}^{+\infty}\left(\int_{-\infty}^{z} f(x, u-x)\,\mathrm{d}u\right)\mathrm{d}x = \int_{-\infty}^{z}\left(\int_{-\infty}^{+\infty} f(x, u-x)\,\mathrm{d}x\right)\mathrm{d}u$$

从而，Z的密度函数

$$f_Z(z) = \int_{-\infty}^{+\infty} f(x, z-x)\,\mathrm{d}x$$

特别地，当X与Y相互独立时，上式可写为

$$f_Z(z) = \int_{-\infty}^{+\infty} f_X(x) f_Y(z-x)\,\mathrm{d}x$$

或

$$f_Z(z) = \int_{-\infty}^{+\infty} f_X(z-y) f_Y(y)\,\mathrm{d}y$$

此公式称为**卷积公式**.

定理 3.7 设X与Y相互独立，当$X \sim N(\mu_1, \sigma_1^2)$，$Y \sim N(\mu_2, \sigma_2^2)$时，则

$$X + Y \sim N(\mu_1 + \mu_2, \sigma_1^2 + \sigma_2^2)$$

证明 X与Y的密度函数分别为

$$\begin{aligned}f_X(x) &= \frac{1}{\sqrt{2\pi}\sigma_1}e^{-\frac{(x-\mu_1)^2}{2\sigma_1^2}}, \quad -\infty < x < +\infty \\ f_Y(x) &= \frac{1}{\sqrt{2\pi}\sigma_2}e^{-\frac{(y-\mu_2)^2}{2\sigma_2^2}}, \quad -\infty < y < +\infty\end{aligned}$$

由卷积公式可得$Z = X + Y$的密度函数为

$$\begin{aligned}f_Z(z) &= \int_{-\infty}^{+\infty} f_X(x) f_Y(z-x)\,\mathrm{d}x \\ &= \int_{-\infty}^{+\infty} \frac{1}{2\pi\sigma_1\sigma_2}\exp\left\{-\frac{1}{2}\left[\frac{(x-\mu_1)^2}{\sigma_1^2} + \frac{(z-x-\mu_2)^2}{\sigma_2^2}\right]\right\}\mathrm{d}x \\ &= \frac{1}{2\pi\sigma_1\sigma_2}\int_{-\infty}^{+\infty}\exp\left\{-\frac{1}{2}\left(\frac{1}{\sigma_1^2} + \frac{1}{\sigma_2^2}\right)x^2 - 2\left(\frac{\mu_1}{\sigma_1^2} + \frac{z-\mu_2}{\sigma_2^2}\right)x + \left[\frac{\mu_1}{\sigma_1^2} + \frac{(z-\mu_2)^2}{\sigma_2^2}\right]\right\}\mathrm{d}x \\ &= \frac{1}{\sqrt{2\pi}\sqrt{\sigma_1^2 + \sigma_2^2}}\exp\left\{-\frac{[z-(\mu_1+\mu_2)]^2}{2(\sigma_1^2+\sigma_2^2)}\right\}, \quad -\infty < z < +\infty\end{aligned}$$

所以$Z = X + Y \sim N(\mu_1 + \mu_2, \sigma_1^2 + \sigma_2^2)$.

以上结论可以推广到 n 个独立的正态分布随机变量之和的情形.

定理 3.8 设若 $X_1, X_2, \cdots, X_n$ 相互独立, 且 $X_i \sim N(\mu_i, \sigma_i^2)$, $i = 1, 2, \cdots, n$, 则

$$X_1 + X_2 + \cdots + X_n \sim N\left(\sum_{i=1}^{n} \mu_i, \sum_{i=1}^{n} \sigma_i^2\right)$$

进一步有结论: n 个相互独立的正态变量的线性组合仍然是一个正态变量, 即对于任意常数 $a_i > 0$, $i = 1, 2, \cdots, n$, 有

$$\sum_{i=1}^{n} a_i X_i \sim N\left(\sum_{i=1}^{n} a_i \mu_i, \sum_{i=1}^{n} a_i^2 \sigma_i^2\right)$$

例 3.24 可以推广到多个指数分布随机变量和的分布, 如下面定理所示.

定理 3.9 设 $X_i \sim Exp(\lambda)$, $i = 1, 2, \cdots, n$, 且 $X_1, X_2, \cdots, X_n$ 相互独立, 则 $Y = X_1 + X_2 + \cdots + X_n$ 的密度函数为

$$f_Y(y) = \begin{cases} \dfrac{\lambda^n}{(n-1)!} y^{n-1} \mathrm{e}^{-\lambda y}, & y > 0 \\ 0, & y < 0 \end{cases}$$

即有 $Y \sim Ga(n, \lambda)$.

定理 3.9 可以结合例 3.24 使用数学归纳法予以证明.

3.5.3 最值分布

有 n 个电子元件 R_i, $i = 1, 2, \cdots, n$, 各个元件的使用寿命都是随机变量. 假设第 i 个元件的寿命为 X_i, 其分布函数为 $F_i(x)$, $i = 1, 2, \cdots, n$. 由于各个元件独立运行, 因此可以假设 $X_1, X_2, \cdots, X_n$ 是相互独立的.

如果一个系统由这 n 个元件串联而成, 则系统能正常运行的时间取决于最先失效的那个元件, 因为只要有一个元件失效, 整个系统就无法正常运行. 系统正常运行的时间就是最早失效的元件的寿命, 它可以表示为

$$Z = \min\{X_1, X_2, \cdots, X_n\}$$

相应地, 如果一个系统由这 n 个元件并联而成, 则系统能正常运行的时间取决于最晚失效的那个元件, 因为只要有一个元件能正常工作, 系统就能运行. 系统正常运行的时间就是最晚失效的元件的寿命, 它可以表示为

$$Y = \max\{X_1, X_2, \cdots, X_n\}$$

研究若干个独立随机变量的最大值 Y 和最小值 Z 的分布是一件很有意义的工作. 下面将以例题形式来讨论寻求最大值和最小值的概率分布的方法.

例 3.25 设 $X_1, X_2, \cdots, X_n$ 是相互独立的 n 个随机变量, 若

$$Y = \max\{X_1, X_2, \cdots, X_n\}$$

在以下情况下求 Y 的分布:

(1) $X_i \sim F_i(x)$, $i = 1, 2, \cdots, n$;

(2) 每个 X_i 同分布, 即 $X_i \sim F(x)$, $i = 1, 2, \cdots, n$;

(3) 每个 X_i 均为连续型随机变量, 且同分布, 即 $X_1, X_2, \cdots, X_n$ 的密度函数均为 $f_X(x)$;

(4)$X_i \sim Exp(\lambda)$, $i = 1, 2, \cdots, n$.

解 (1)$Y = \max\{X_1, X_2, \cdots, X_n\}$的分布函数为

$$\begin{aligned} F_Y(y) &= P(\max\{X_1, X_2, \cdots, X_n\} \leqslant y) = P(X_1 \leqslant y, X_2 \leqslant y, \cdots, X_n \leqslant y) \\ &= P(X_1 \leqslant y) P(X_2 \leqslant y) \cdots P(X_n \leqslant y) = \prod_{i=1}^{n} F_i(y) \end{aligned}$$

(2)将X_i的共同分布函数$F(x)$代入上式得

$$F_Y(y) = [F(y)]^n \tag{3.6}$$

(3) Y的分布函数仍为上式,密度函数可对上式关于y求导得

$$f_Y(y) = F_Y'(y) = n[F(y)]^{n-1} f_X(y) \tag{3.7}$$

(4)将$Exp(\lambda)$的分布函数和密度函数代入式(3.6)和式(3.7)得

$$F_Y(y) = \begin{cases} 0, & y < 0 \\ (1 - e^{-\lambda y})^n, & y \geqslant 0 \end{cases}, \quad f_Y(y) = \begin{cases} 0, & y < 0 \\ n(1 - e^{-\lambda y})^{n-1} \lambda e^{-\lambda y}, & y \geqslant 0 \end{cases}$$

例 3.26 设$X_1, X_2, \cdots, X_n$是相互独立的n个随机变量,若

$$Z = \min\{X_1, X_2, \cdots, X_n\}$$

在以下情况下求Z的分布:

(1)$X_i \sim F_i(x)$, $i = 1, 2, \cdots, n$;

(2)每个X_i同分布,即$X_i \sim F(x)$, $i = 1, 2, \cdots, n$;

(3)每个X_i均为连续型随机变量,且同分布,即$X_1, X_2, \cdots, X_n$的密度函数均为$f_X(x)$;

(4)$X_i \sim Exp(\lambda)$, $i = 1, 2, \cdots, n$.

解 (1)$Z = \min\{X_1, X_2, \cdots, X_n\}$的分布函数为

$$\begin{aligned} F_Z(z) &= P(\min\{X_1, X_2, \cdots, X_n\} \leqslant z) \\ &= 1 - P(\min\{X_1, X_2, \cdots, X_n\} > z) \\ &= 1 - P(X_1 > z, X_2 > z, \cdots, X_n > z) \\ &= 1 - P(X_1 > z) P(X_2 > z) \cdots P(X_n > z) \\ &= 1 - \prod_{i=1}^{n} [1 - F_i(z)] \end{aligned}$$

(2)将X_i的共同分布函数$F(x)$代入上式得

$$F_Z(z) = 1 - [1 - F(z)]^n \tag{3.8}$$

(3) Z的分布函数为式(3.8),对上式关于z求导可得其密度函数

$$f_Z(z) = F_Z'(z) = n[1 - F(z)]^{n-1} f_X(z) \tag{3.9}$$

(4)将$Exp(\lambda)$的分布函数和密度函数代入式(3.8)和式(3.9)得

$$F_Z(z) = \begin{cases} 0, & z < 0 \\ 1 - e^{-n\lambda z}, & z \geqslant 0 \end{cases}, \quad f_Z(z) = \begin{cases} 0, & z < 0 \\ n\lambda e^{-n\lambda z}, & z \geqslant 0 \end{cases}$$

由上面例子可以看出：若 $X_1, X_2, \cdots, X_n$ 独立同分布，且服从参数为 λ 的指数分布，则 $\max\{X_1, X_2, \cdots, X_n\}$ 不服从指数分布，而 $\min\{X_1, X_2, \cdots, X_n\}$ 服从参数为 $n\lambda$ 的指数分布.

例 3.27 某段路原来有5个路灯，道路改建后有20个路灯用于此道路的晚间照明. 改建后道路管理人员总认为灯泡更容易坏了，请解释其中原因.

解 设所有灯泡的使用寿命是相互独立、同分布的随机变量，其中同分布为指数分布 $Exp(\lambda)$，其平均寿命为 $\lambda^{-1} = 2000$ h.

道路改建前5个灯泡中的第一个灯泡烧坏的时间 $T_1 = \min\{X_1, X_2, X_3, X_4, X_5\}$，且 $T_1 \sim Exp(5\lambda)$. 若每只灯泡每天用 10 h，则30天内需要换灯泡的概率为

$$P(T_1 \leqslant 300) = 1 - \exp\{-5\lambda \times 300\} = 1 - \exp\left\{-\frac{1500}{2000}\right\} \approx 0.5276$$

而道路改建后，20只灯泡中第一只烧坏的时间 $T_2 = \min\{X_1, X_2, \cdots, X_{20}\}$，且 $T_2 \sim Exp(20\lambda)$，则30天内需换灯泡的概率为

$$P(T_2 \leqslant 300) = 1 - \exp\{-20\lambda \times 300\} = 1 - \exp\left\{-\frac{6000}{2000}\right\} \approx 0.9502$$

这表明道路改建后，在30天内需要更换灯泡的概率显著变大，这也就是改建后道路管理人员认为灯泡"更容易坏"的原因. 设想一条道路上有100个路灯，则30天内需要换灯泡的概率更大. 为此，路灯要使用节能灯泡，才能减少更换灯泡的次数.

3.6 正态分布在R语言中的计算

本节主要讨论应用R语言计算正态分布的密度函数和分布函数，其他常见的连续型分布可参见附录进行计算.

在R语言中可以直接使用正态分布的函数 norm() 来进行计算. 该函数中含有两个参数 mean、sd，分别表示正态分布 $N(\mu, \sigma^2)$ 中的参数 μ 和 σ，其默认值分别为0和1.

设 $X \sim N(\mu, \sigma^2)$ 的密度函数为 $f(x)$，R语言提供了4类有关概率分布的函数，给 norm() 加前缀 d、p、q、r 代表不同的含义，分别表示正态分布的密度函数、累积分布函数、分位数函数、随机数函数.

(1) 密度函数：dnorm(x,mean,sd) 用于计算正态分布的密度函数在该点处的取值.

(2) 累积分布函数：pnorm(y,mean,sd) 用于计算正态分布的分布函数在该点处的取值，即对于服从正态分布的随机变量，使用 pnorm(x,mean,sd) 等价于求解

$$F(x) = P(X \leqslant x) = \int_{-\infty}^{x} \frac{1}{\sqrt{2\pi}\sigma} e^{-\frac{(t-\mu)^2}{2\sigma^2}} dt$$

(3) 分位数函数：qnorm(p,mean,sd)，p为概率值，用于计算分布函数在概率p值处的分位数，即要求解p分位数，可由 $F(x_p) = P(X \leqslant x_p) = p$ 解出 x_p 为 qnorm(p,mean,sd).

(4) 随机数函数：rnorm(n,mean,sd)，n为生成正态分布的随机数个数.

以下通过几个例子来说明该函数的用法.

例 3.28 对于正态随机变量 $X \sim N(-1, 3^2)$，求：(1) $P(X \leqslant -1)$；(2) $P(-3 < X \leqslant -1)$；(3) $P(-2 < X \leqslant 2)$；(4) $P(X > 0)$.

解 (1) 运行pnorm(-1,-1,3)可得$P(X \leqslant -1) = 0.5$.

(2) 运行pnorm(-1,-1,3)-pnorm(-3,-1,3)可得

$$P(-3 < X \leqslant -1) = \int_{-3}^{-1} \frac{1}{3\sqrt{2\pi}} e^{-\frac{(x+1)^2}{2\times 3^2}} dx = F(-1) - F(-3) \approx 0.2475.$$

(3) 运行pnorm(2,-1,3)-pnorm(-2,-1,3)，计算可得$P(-2 < X \leqslant 2) \approx 0.4719$.

(4) 因为$P(X > 0) = 1 - P(X \leqslant 0)$，所以运行1-pnorm(0,-1,3)可得$P(X > 0) = 1 - P(X \leqslant 0) \approx 0.3694$.

例 3.29 某学校招生考试的成绩X服从正态分布$N(60, 15^2)$，该校只录取前10%的学生，则至少考多少分才有可能被录取?

解 因为$0.1 = P(X > x_{0.9}) = 1 - P(X \leqslant x_{0.9})$，在R语言中求解该正态分布的0.9分位点，运行

```
> qnorm(0.9,60,15)
[1] 79.22327
```

可得$P(X \leqslant 79.22) = 0.9$，所以至少要考到80分才能被录取.

例 3.30 在统计计算中，经常会使用正态分布的随机数进行模拟计算，尝试产生30个服从$N(60, 15^2)$的随机数.

解 运行以下程序:

```
> y=rnorm(30,60,15)  #这里的y就是30个正态分布的随机数
> round(y,2) #保留两位小数
 [1] 53.77  55.88  61.47  71.46  57.00  61.73  58.22  49.77
 [9] 40.30  80.18  62.61  57.77  49.41  62.81  65.37  63.28
[17] 48.29  46.19  46.07  69.13  44.95  48.55  29.08  54.19
[25] 72.31  76.50  42.63  65.68  67.31  67.57
```

函数rnorm(n, mean, sd)中的参数n就是产生的随机数的个数.

下面的例子是由R语言生成标准正态分布表.

例 3.31 试给出使用R语言生成标准正态分布表的程序.

```
> number=matrix(seq(0,3.59,0.01),,10,byrow=TRUE)
> dis.NORM=cbind(c(0,number[,1]),rbind(seq(0,0.09,0.01),
+ round(pnorm(number),4)))
> setwd("F:\\")#盘的名称
> write.table(dis.NORM,"正态分布表.csv",sep=",")
```

在F盘中就可找到生成的标准正态分布表的Excel文件. 将该文件整理后就得到标准正态分布表，如附录B的表B.1所示.

习题 3

1. 设连续型随机变量X的分布函数为
$$F(x) = \begin{cases} A + Be^{-\frac{x^2}{2}}, & x > 0 \\ 0, & x \leqslant 0 \end{cases}$$
求：(1) 常数A和B; (2) 随机变量X的密度函数.

2. 设随机变量X的密度函数为
$$f(x) = \begin{cases} x, & 0 \leqslant x < 1 \\ 2 - x, & 1 \leqslant x < 2 \\ 0, & \text{其他} \end{cases}$$
求X的分布函数$F(x)$，并画出$f(x)$及$F(x)$的图形.

3. 已知随机变量X的密度函数为
$$f(x) = Ae^{-|x|}, \quad -\infty < x < +\infty$$
求：(1)常数A的值; (2)$P(0 < X < 1)$; (3)$F(x)$.

4. 设随机变量X的分布函数为
$$F(x) = \begin{cases} 0, & x < 1 \\ \ln x, & 1 \leqslant x < e \\ 1, & x \geqslant e \end{cases}$$
试求：(1)$P(X < 2)$; (2)$P(0 < X \leqslant 3)$; (3)$P(2 < X \leqslant 2.5)$.

5. 设随机变量X的密度函数为
$$f(x) = \begin{cases} \lambda e^{-\lambda x}, & x > 0 \\ 0, & x \leqslant 0 \end{cases}$$
其中$\lambda > 0$, 试求k, 使得$P(X > k) = 0.5$.

6. 设X是连续型随机变量，其密度函数为
$$f(x) = \begin{cases} c(4x - 2x^2), & 0 < x < 2 \\ 0, & \text{其他} \end{cases}$$
求：(1) 常数c; (2)$P(X > 1)$; (3)X的分布函数$F(x)$.

7. 设随机变量X的密度函数为
$$f(x) = \begin{cases} A\cos x, & |x| \leqslant \frac{\pi}{2} \\ 0, & |x| > \frac{\pi}{2} \end{cases}$$
试求：(1) 系数A; (2) X落在区间$\left(0, \frac{\pi}{4}\right)$内的概率.

8. 已知某型号电子管的使用寿命X为连续型随机变量，其密度函数为
$$f(x) = \begin{cases} \dfrac{c}{x^2}, & x > 1000 \\ 0, & x \leqslant 1000 \end{cases}$$

(1) 求常数c；

(2) 已知一设备装有3个这样的电子管，每个电子管能否正常工作相互独立，求在最初使用的1500 h内只有1个损坏的概率.

9. 某加油站每周补给一次油，如果这个加油站每周的销售量（单位：kL）为一随机变量，其密度函数为
$$f(x) = \begin{cases} 0.05\left(1 - \dfrac{x}{100}\right)^4, & 0 < x < 100 \\ 0, & \text{其他} \end{cases}$$

试问该加油站的储油罐需要多大，才能把一周内断油的概率控制在5%以下？

10. 某种型号的电子管的寿命X(单位： h)具有如下密度函数：
$$f(x) = \begin{cases} \dfrac{1000}{x^2}, & x > 1000 \\ 0, & \text{其他} \end{cases}$$

现有一大批此种型号的电子管(设各电子管损坏与否相互独立)，从中任取3只，问其中至少有1只的寿命小于1500 h的概率是多少？3只电子管的寿命都小于1500 h的概率又是多少？

11. 设随机变量X在区间[0,5]上服从均匀分布，求方程$4t^2 + 4Xt + X + 2 = 0$有实根的概率.

12. 某公共汽车的起点站上，每隔15 min发出一辆客车，一位乘客在任意时刻到站候车.

(1) 写出该乘客候车时间X的密度函数；

(2) 求该乘客候车时间超过6 min的概率.

13. 设Z服从标准正态分布，根据标准正态分布表求出下列概率.

(1)$P(Z < 1.32)$；(2)$P(Z < 3.0)$；(3)$P(Z > 1.45)$；

(4)$P(Z > -2.15)$；(5)$P(-2.34 < Z < 1.76)$.

14. 设Z服从标准正态分布，根据标准正态分布表求出下列相应概率的z值.

(1)$P(-z < Z < z) = 0.95$；(2)$P(-z < Z < z) = 0.99$；

(3)$P(-z < Z < z) = 0.68$；(4)$P(-z < Z < z) = 0.9973$.

15. 若随机变量$X \sim N(4, 3^2)$，试求：

(1) $P(-2 < X < 10)$; (2) $P(X > 3)$; (3) 设d满足$P(X > d) \geqslant 0.9$，问d至多为多少？

16. 某种电池的寿命服从正态分布$N(a, \delta^2)$，$a = 300$ h，$\delta = 35$ h.

(1) 求电池寿命在250 h以上的概率；

(2) 求x，使电池寿命在$a - x$与$a + x$之间的概率不小于0.9.

17. 假设某纸张的抗拉强度(单位: kg/cm²)服从正态分布 $N(30, 2^2)$.

    (1) 求抗拉强度小于 35 kg/cm² 的概率;

    (2) 如果规定抗拉强度必须超过 27 kg/cm² 才符合要求,求废弃纸张的概率.

18. 某产品的质量指标 $X \sim N(160, \sigma^2)$,若要求 $P(120 < X < 200) \geqslant 0.80$,则 σ 最大为多少?

19. 某地区18岁女青年的血压 X(收缩压,单位: mmHg)服从 $N(110, 12^2)$,求:

    (1) $P(X \leqslant 104)$; (2) $P(101 \leqslant X \leqslant 119)$; (3) 确定最小的 x 使得 $P(X > x) \leqslant 0.03$.

20. 测量到某一目标的距离时,发生的随机误差 X(单位: m)具有密度函数为
$$f(x) = \frac{1}{40\sqrt{2\pi}} e^{-\frac{(x-20)^2}{3200}}, \quad -\infty < x < +\infty.$$
求在三次测量中,至少有一次误差的绝对值不超过30 m的概率.

21. 某学校招录学生,共有10000人报考. 假设考试成绩服从正态分布,且已知90分以上有360人,60分以下有1150人. 现在按照考试成绩从高到低依次录取2500人,试问被录用者中最低分是多少?

22. 设二维随机变量 (X, Y) 的联合密度函数为
$$f(x, y) = \begin{cases} k(6-x-y), & 0 < x < 2, \ 2 < y < 4 \\ 0, & \text{其他} \end{cases}$$
试求:

    (1) 常数 k; (2) $P(X < 1, Y < 3)$; (3) $P(X < 1.5)$; (4) $P(X + Y \leqslant 4)$.

23. 设二维随机变量 (X, Y) 的联合密度函数为
$$f(x, y) = \begin{cases} A e^{-(3x+4y)}, & x > 0, \ y > 0 \\ 0, & \text{其他} \end{cases}$$
试求: (1) 常数 A; (2) 随机变量 (X, Y) 的分布函数; (3) $P(0 < X \leqslant 1, Y \leqslant 2)$.

24. 设二维随机变量 (X, Y) 的联合密度函数为
$$f(x, y) = \begin{cases} 4xy, & 0 < x < 1, \ 0 < y < 1 \\ 0, & \text{其他} \end{cases}$$
试求: (1) $P(0 < X < 0.5, 0.25 < Y < 1)$;

    (2) $P(X = Y)$;

    (3) $P(X < Y)$;

    (4) (X, Y) 的联合分布函数.

25. 设二维随机变量 (X, Y) 在边长为2、中心为 $(0, 0)$ 的正方形区域内服从均匀分布,试求: $P(X^2 + Y^2 \leqslant 1)$.

26. 设二维随机变量(X,Y)的联合密度函数为
$$f(x,y)=\begin{cases} e^{-y}, & 0<x<y \\ 0, & \text{其他} \end{cases}$$
试求$P(X+Y\leqslant 1)$.

27. 设二维随机变量(X,Y)的联合分布函数为
$$F(x,y)=\begin{cases} (1-e^{-4x})(1-e^{-2y}), & x>0,\ y>0 \\ 0, & \text{其他} \end{cases}$$
求(X,Y)的联合密度函数及边缘密度函数.

28. 设平面区域D由曲线$y=\dfrac{1}{x}$及直线$y=0$,$x=1$,$x=e^2$所围成,二维随机变量(X,Y)在区域D上服从均匀分布.试求X的边缘密度函数.

29. 设二维连续型随机变量(X,Y)在区域D上服从均匀分布,其中
$$D=\{(x,y):|x+y|<1,|x-y|<1\}$$
求关于X的边缘密度函数.

30. 设二维随机变量(X,Y)的密度函数为
$$f(x,y)=\begin{cases} \dfrac{3}{2}xy^2, & 0\leqslant x\leqslant 2,\ 0\leqslant y\leqslant 1 \\ 0, & \text{其他} \end{cases}$$
求边缘密度函数.

31. 设二维随机变量(X,Y)的密度函数为
$$f(x,y)=\begin{cases} cx^2y, & x^2\leqslant y\leqslant 1 \\ 0, & \text{其他} \end{cases}$$

(1) 试确定常数c;

(2) 求边缘密度函数.

32. 设X与Y是两个相互独立的随机变量,$X\sim U(0,1)$,$Y\sim Exp(1)$. 试求:

(1) X与Y的联合密度函数;(2) $P(Y\leqslant X)$;(3) $P(X+Y)$.

33. 设随机变量(X,Y)的联合密度函数为
$$f(x,y)=\begin{cases} 3x, & 0<x<1,\ 0<y<x \\ 0, & \text{其他} \end{cases}$$

试求:(1) 边缘密度函数$f_X(x)$和$f_Y(y)$;(2) X与Y是否独立?

34. 设二维随机变量X、Y的密度函数为
$$f(x,y)=\begin{cases} 2-x-y, & 0\leqslant x\leqslant 1,\ 0\leqslant y\leqslant 1 \\ 0, & \text{其他} \end{cases}$$

问X、Y是否相互独立.

35. 设二维随机变量(X,Y)的联合密度函数为
$$f(x,y) = \begin{cases} e^{-y}, & 0 \leqslant x \leqslant y \\ 0, & \text{其他} \end{cases}$$
求(X,Y)的条件密度函数.

36. 随机变量X和Y的取值范围分别是$0 < x, 0 < y < x$. 其联合密度函数为$f(x,y) = ce^{-2x-3y}$.
    (1) 求c的值；
    (2) 计算$P(X<1, Y<2)$，$P(1<X<2)$，$P(Y>3)$；
    (3) 求X的边缘密度函数；
    (4) 求给定$X=1$时，Y的条件分布函数.

37. 假设随机变量X、Y和Z的联合密度函数为$f(x,y,z)$，$0<x<1, 0<y<1, 0<z<1$.
    (1) 求$P(X<0.5, Y<0.5)$，$P(Z<2)$，$P(X<0.5)$；
    (2) 求$P(X<0.5|Y=0.5)$，$P(X<0.5, Y<0.5|Z=0.8)$；
    (3) 计算给定$Y=0.5$，$Z=0.8$时，X的条件分布函数；
    (4) 求$P(X<0.5|Y=0.5, Z=0.8)$.

38. 设随机变量X在$\left(-\dfrac{\pi}{2}, \dfrac{\pi}{2}\right)$上服从均匀分布，试求随机变量$Y = \cos X$的密度函数.

39. 设随机变量X服从标准正态分布，求：
    (1) 随机变量$Y=|X|$的密度函数；
    (2) 随机变量$Y=2X^2+1$的密度函数.

40. 设二维随机变量(X,Y)的联合密度函数为
$$f(x,y) = \begin{cases} 1, & 0 \leqslant x \leqslant 1, \ 0 < y < 2x \\ 0, & \text{其他} \end{cases}$$
求$Z = 2X - Y$的密度函数.

41. 设X和Y是相互独立的随机变量，其密度函数分别为
$$f_X(x) = \begin{cases} 1, & 0 \leqslant x \leqslant 1 \\ 0, & \text{其他} \end{cases}, \quad f_Y(y) = \begin{cases} e^{-y}, & y > 0 \\ 0, & \text{其他} \end{cases}$$
求随机变量$Z = X + Y$的密度函数.

42. 设二维随机变量(X,Y)的联合密度函数为
$$f(x,y) = \begin{cases} \dfrac{1}{6}, & 0 \leqslant x \leqslant 2, \ 0 < y < 3 \\ 0, & \text{其他} \end{cases}$$
求$Z = XY$的密度函数.

43. 设相互独立的随机变量 X、Y，且均服从区间 $(0,2)$ 上的均匀分布，求 $Z = \dfrac{X}{Y}$ 的密度函数.

44. 设随机变量 $X_1, X_2, \cdots, X_n$ 相互独立，均服从参数为 λ 的指数分布，即密度函数都是
$$f(x) = \begin{cases} \lambda e^{-\lambda x}, & x > 0 \\ 0, & \text{其他} \end{cases}$$
求 $M = \max\{X_1, X_2, \cdots, X_n\}$ 和 $N = \min\{X_1, X_2, \cdots, X_n\}$ 的分布.

第4章 随机变量的数字特征

随机变量的分布（包含分布律、密度函数、分布函数等）能够全面地描述随机变量的统计规律，可以计算出随机变量在某个区域内的概率. 在一些实际问题中，除了需要了解随机变量的分布外，还需要从不同侧面了解其特征. 例如，比起了解一个班级所有人的考试成绩，我们更关心全班的平均分是多少. 除此以外，由随机变量的分布还可以算出其相应的均值、方差、分位数等特征数，这些特征数从侧面描述了分布的特征.

4.1 数学期望

平均值是日常生活中最常用的一个数字特征，它对评判事物、做出决策等具有重要作用. 数学期望正是"均值"这一概念的数学定义.

4.1.1 数学期望的概念

1. 离散型随机变量的期望

例 4.1 某班有 N 个人参加数学考试，其中有 n_i 个人得 a_i 分，$i = 1, 2, \cdots, k$，$\sum_{i=1}^{k} n_i = N$，求该班学生的平均成绩.

解 平均成绩为 $\frac{1}{N} \sum_{i=1}^{k} a_i n_i = \sum_{i=1}^{k} a_i \frac{n_i}{N}$.

在上例中，若用 X 表示成绩，根据频率代替概率的思想（若从该班随机找到一人，则该名同学的分数为 a_i 的概率就是 $P(X = a_i) \approx \frac{n_i}{N}$），即有

$$\sum_{i=1}^{k} a_i \frac{n_i}{N} \approx \sum_{i=1}^{k} a_i P(X = a_i)$$

由此我们给出数学期望的定义.

定义 4.1 设 X 是离散型随机变量，其概率分布为 $P(X = x_i) = p_i$, $i = 1, 2, \cdots$，如果 $\sum_{i=1}^{\infty} |x_i| p_i$ 收敛，则称

$$E(X) = \sum_{i=1}^{\infty} x_i p_i$$

为随机变量 X 的**数学期望**，简称**期望**，又称均值.

由于随机变量 X 的数学期望表示的是随机变量 X 变化的平均值，因此，只有当级数 $\sum_{n=1}^{\infty} |x_i| p_i$ 收敛时，X 的期望才是存在的.

例 4.2 甲、乙两人进行射击，所得分数分别记为 X、Y，它们的分布律分别为

X	0	1	2
P	0.4	0.1	0.5

Y	0	1	2
P	0.1	0.6	0.3

试评价他们的射击技术水平的高低.

解
$$E(X) = 0 \times 0.4 + 1 \times 0.1 + 2 \times 0.5 = 1.1$$
$$E(Y) = 0 \times 0.1 + 1 \times 0.6 + 2 \times 0.3 = 1.2$$

因此,从平均分数上看,乙的射击水平要比甲好.

许多实际问题可以用期望来解决.

例 4.3 新型冠状病毒传染期间需要对 N 个人进行核酸检测. 若采用单人单管核酸检测,则共需检验 N 次. 为了减少工作量, 现考虑采用混管采核酸的方式进行, 即按 k 个人一组进行分组,把同组 k 个人的核酸混合后检验, 如果这个混合核酸呈阴性反应, 就说明此 k 个人都呈阴性,没有感染上病毒, 因而这 k 个人只要检验 1 次就够了, 相当于每个人检验 $\frac{1}{k}$ 次,检验的工作量明显减少. 如果混合核酸呈阳性,则说明此 k 个人中至少有一人的核酸呈阳性, 则需要再对此 k 个人分别进行检验, 因而这 k 个人的核酸要检验 $1+k$ 次,相当于每个人要检验 $1 + \frac{1}{k}$ 次,这时增加了检验次数. 假设当时感染期间的发病率为 p,试问此种方法能否减少平均检验次数?

解 令 X 为该人群中每个人需要采集核酸的次数,则 X 的分布律为

X	$\dfrac{1}{k}$	$1 + \dfrac{1}{k}$
P	$(1-p)^k$	$1-(1-p)^k$

所以每人平均采集核酸次数为

$$E(X) = \frac{1}{k}(1-p)^k + \left(1 + \frac{1}{k}\right)\left[1 - (1-p)^k\right] = 1 - (1-p)^k + \frac{1}{k}$$

由此可知,只要选择 k 使

$$1 - (1-p)^k + \frac{1}{k} < 1 \text{ 或 } (1-p)^k > \frac{1}{k}$$

就可减少采集核酸次数,而且还可以适当选择 k 使采集的次数达到最小.

譬如,当 $p = 0.1$ 时,对不同的 k,$E(X)$ 值如下所示. 从中可以看出:当 $k \geqslant 34$ 时,平均采集核酸次数超过 1,即比分别检验的工作量还大;而当 $k \leqslant 33$ 时,平均采集核酸次数在不同程度上得到减少,特别在 $k = 4$ 时,平均采集核酸次数最小,采集核酸工作量可减少 40%.

k	2	3	4	5	8	10	30	33	34
$E(X)$	0.69	0.604	0.594	0.61	0.695	0.751	0.991	0.994	1.0016

在二战期间大量征兵时,新兵验血工作也是采用的这种方法以减少工作量. 可以对不同的发病率 p 计算出最佳的分组人数,如下所示. 可以看出, 发病率 p 越小,则分组检验的效益越大. 譬如在 $p = 0.01$ 时,若取 11 人为一组进行验血, 则验血工作量可减少 80% 左右.

p	0.14	0.1	0.08	0.06	0.04	0.02	0.01
k_0	3	4	4	5	6	8	11
$E(X)$	0.697	0.594	0.534	0.466	0.384	0.274	0.205

2. 连续型随机变量的期望

设连续型随机变量 X 的密度函数为 $f(x)$，若 $f(x)$ 在 $[a,b]$ 以外的部分为 0，即有 $\int_a^b f(x)\mathrm{d}x = 1$. 取 $a = x_0 < x_1 < \cdots < x_n = b$，将区间 $[a,b]$ 分为 n 个区间，记 $\Delta x_i = x_i - x_{i-1}$. 不失一般性，取等距的区间，即有 $\Delta x_1 = \Delta x_2 = \cdots = \Delta x_n$，由中值定理可知，存在 $\xi_i \in [x_{i-1}, x_i]$，使得

$$\int_{x_{i-1}}^{x_i} f(x)\mathrm{d}x = f(\xi_i)(x_i - x_{i-1}) = f(\xi_i)\Delta x_i, \ i = 1, 2, \cdots, n$$

成立. 将连续型随机变量 X 离散化，得到其分布律为

X	$[x_0, x_1)$	$[x_1, x_2)$	$\cdots$	$[x_{n-1}, x_n)$
P	$f(\xi_1)\Delta x_1$	$f(\xi_2)\Delta x_2$	$\cdots$	$f(\xi_n)\Delta x_n$

当 $n \to +\infty$ 时，有 $\Delta x_i \to 0$，则 X 的分布律与离散型随机变量 Y 的分布律无限接近.

Y	ξ_1	ξ_2	$\cdots$	ξ_n
P	$f(\xi_1)\Delta x_1$	$f(\xi_2)\Delta x_2$	$\cdots$	$f(\xi_n)\Delta x_n$

按照离散型随机变量计算期望的方式，如果 $\lim\limits_{n\to\infty}\sum\limits_{i=1}^n \xi_i f(\xi_i)\Delta x_i$ 存在，则有

$$\lim_{n\to\infty} E(Y) = \lim_{n\to\infty} \sum_{i=1}^n \xi_i f(\xi_i)\Delta x_i = \int_a^b x f(x)\mathrm{d}x = E(X)$$

所以，有以下连续型随机变量的期望定义.

定义 4.2 设连续型随机变量 X 的密度函数为 $f(x)$，若 $\int_{-\infty}^{+\infty} |x| f(x)\mathrm{d}x < \infty$，则称

$$E(X) = \int_{-\infty}^{+\infty} x f(x)\mathrm{d}x$$

为随机变量 X 的数学期望，简称为 X 的期望.

需要注意如果积分 $\int_{-\infty}^{+\infty} |x| f(x)\mathrm{d}x$ 不收敛，则 X 的期望不存在.

例 4.4 设随机变量 X 服从柯西（Cauchy）分布，其密度函数为

$$f(x) = \frac{1}{\pi(1+x^2)}, \quad -\infty < x < +\infty$$

证明 X 的期望不存在.

证明 因为

$$\int_{-\infty}^{+\infty} |x| f(x)\mathrm{d}x = 2\int_0^{+\infty} \frac{x}{\pi(1+x^2)}\mathrm{d}x = \frac{1}{\pi}\ln(1+x^2)\big|_0^{+\infty} = +\infty$$

所以 $E(X)$ 不存在.

例 4.5 设连续型随机变量 X 的密度函数为 $f(x) = \begin{cases} 2x, & 0 < x < 1 \\ 0, & 其他 \end{cases}$，求 X 的数学期望.

解 $E(X) = \int_{-\infty}^{+\infty} x f(x)\mathrm{d}x = \int_0^1 2x^2 \mathrm{d}x = \frac{2}{3}$.

3. 常见分布的期望

以下根据期望的定义来计算常见分布的期望.

(1) 二项分布. 随机变量 $X \sim B(n,p)$, 并记 $q = 1 - p$, 其分布律为

$$P(X = k) = C_n^k p^k (1-p)^{n-k}, \ k = 0, 1, \cdots, n$$

则 X 的期望为

$$\begin{aligned} E(X) &= \sum_{k=0}^{n} k C_n^k p^k q^{n-k} = \sum_{k=0}^{n} \frac{n(n-1)!}{(k-1)!(n-k)!} p^k q^{n-k} \\ &= np \sum_{k=1}^{n} C_{n-1}^{k-1} p^{k-1} q^{n-k} \\ &= np(p+q)^{n-1} \\ &= np \end{aligned}$$

特别地, 当 X 服从两点分布 $B(1,p)$ 时, $E(X) = p$.

(2) 泊松分布. 随机变量 $X \sim P(\lambda)$, X 的分布律为

$$P(X = k) = \frac{\lambda^k}{k!} e^{-\lambda}, \ k = 0, 1, 2, \cdots$$

则 X 的期望为

$$E(X) = \sum_{k=0}^{\infty} k \frac{\lambda^k}{k!} e^{-\lambda} = \lambda e^{-\lambda} \sum_{k=1}^{\infty} \frac{\lambda^{k-1}}{(k-1)!} = \lambda e^{-\lambda} e^{\lambda} = \lambda$$

(3) 几何分布. 随机变量 $X \sim Ge(p)$, X 的分布律为

$$P(X = k) = q^{k-1} p, \ k = 1, 2, \cdots$$

其中, $q = 1 - p$. 则 X 的数学期望为

$$\begin{aligned} E(X) &= \sum_{k=1}^{+\infty} k p q^{k-1} = p \sum_{k=1}^{+\infty} k q^{k-1} = p \frac{\mathrm{d}}{\mathrm{d}q} \left(\sum_{k=1}^{+\infty} q^k \right) \\ &= p \frac{\mathrm{d}}{\mathrm{d}q} \left(\frac{1}{1-q} \right) = p \frac{1}{p^2} \\ &= \frac{1}{p} \end{aligned}$$

(4) 超几何分布. 随机变量 $X \sim H(N, n, M)$, X 的分布律为

$$P(X = k) = \frac{C_M^k C_{N-M}^{n-k}}{C_N^n}, \ k = 0, 1, 2, \cdots, r$$

其中, $r = \min\{M, n\}$. 则 X 的数学期望为

$$E(X) = \sum_{k=0}^{r} k \frac{C_M^k C_{N-M}^{n-k}}{C_N^n} = n \frac{M}{N} \sum_{k=1}^{r} \frac{C_{M-1}^{k-1} C_{N-M}^{n-k}}{C_{N-1}^{n-1}} = n \frac{M}{N}$$

(5) 均匀分布. 随机变量 $X \sim U(a,b)$，X 的密度函数为

$$f(x) = \begin{cases} \dfrac{1}{b-a}, & a < x < b \\ 0, & \text{其他} \end{cases}$$

则 X 的数学期望为

$$E(X) = \int_{-\infty}^{+\infty} xf(x)\mathrm{d}x = \int_a^b x\dfrac{1}{b-a}\mathrm{d}x = \dfrac{a+b}{2}$$

(6) 指数分布. 随机变量 $X \sim Exp(\lambda)$，X 的密度函数为

$$f(x) = \begin{cases} \lambda\mathrm{e}^{-\lambda x}, & x \geqslant 0 \\ 0, & x < 0 \end{cases}$$

则 X 的数学期望为

$$\begin{aligned} E(X) &= \int_0^{+\infty} x\lambda\mathrm{e}^{-\lambda x}\mathrm{d}x = -x\mathrm{e}^{-\lambda x}\big|_0^{+\infty} + \int_0^{+\infty} \mathrm{e}^{-\lambda x}\mathrm{d}x \\ &= -\dfrac{1}{\lambda}\mathrm{e}^{-\lambda x}\bigg|_0^{+\infty} = \dfrac{1}{\lambda} \end{aligned}$$

(7) 正态分布. 随机变量 $X \sim N(\mu,\sigma^2)$，X 的密度函数为

$$f(x) = \dfrac{1}{\sqrt{2\pi}\sigma}\mathrm{e}^{-\frac{(x-\mu)^2}{2\sigma^2}}, \quad -\infty < x < +\infty$$

则 X 的期望为

$$E(X) = \int_{-\infty}^{+\infty} x\dfrac{1}{\sqrt{2\pi}\sigma}\mathrm{e}^{-\frac{(x-\mu)^2}{2\sigma^2}}\mathrm{d}x$$

令 $t = \dfrac{x-\mu}{\sigma}$，则

$$E(X) = \dfrac{1}{\sqrt{2\pi}}\int_{-\infty}^{+\infty}(\mu+\sigma t)\mathrm{e}^{-\frac{t^2}{2}}\mathrm{d}t = \dfrac{\mu}{\sqrt{2\pi}}\int_{-\infty}^{+\infty}\mathrm{e}^{-\frac{t^2}{2}}\mathrm{d}t = \mu \tag{4.1}$$

(8) 伽马分布. 随机变量 $X \sim Ga(\alpha,\lambda)$，$X$ 的密度函数为

$$f(x) = \begin{cases} \dfrac{\lambda^\alpha}{\Gamma(\alpha)}x^{\alpha-1}\mathrm{e}^{-\lambda x}, & x \geqslant 0 \\ 0, & x < 0 \end{cases}$$

则 X 的期望为

$$E(X) = \dfrac{\lambda^\alpha}{\Gamma(\alpha)}\int_0^{+\infty} x^\alpha \mathrm{e}^{-\lambda x}\mathrm{d}x = \dfrac{\Gamma(\alpha+1)}{\Gamma(\alpha)}\dfrac{1}{\lambda} = \dfrac{\alpha}{\lambda}$$

(9) 贝塔分布. 随机变量 $X \sim Be(a,b)$，X 的密度函数为

$$f(x) = \begin{cases} \dfrac{\Gamma(a+b)}{\Gamma(a)\Gamma(b)}x^{a-1}(1-x)^{b-1}, & 0 < x < 1 \\ 0, & \text{其他} \end{cases}$$

其中，$a > 0$，$b > 0$ 都是参数. 则 X 的期望为

$$E(X) = \dfrac{\Gamma(a+b)}{\Gamma(a)\Gamma(b)}\int_0^1 x^a(1-x)^{b-1}\mathrm{d}x = \dfrac{\Gamma(a+b)}{\Gamma(a)\Gamma(b)}\cdot\dfrac{\Gamma(a+1)\Gamma(b)}{\Gamma(a+b+1)} = \dfrac{a}{a+b}$$

4.1.2 随机变量函数的期望

随机变量函数的期望可以按照以下公式进行计算.

(1) 设离散型随机变量X的分布律为$P(X = x_i) = p_i$, $i = 1, 2, \cdots$, 若级数 $\sum\limits_{i=1}^{\infty} |g(x_i)| p_i < \infty$, 则随机变量函数$g(X)$的期望为

$$E(g(X)) = \sum_{i=1}^{\infty} g(x_i) p_i \tag{4.2}$$

(2) 设连续型随机变量X的密度函数为$f(x)$, 若积分 $\int_{-\infty}^{+\infty} |g(x)| f(x) \mathrm{d}x < \infty$, 则随机变量函数$g(X)$的期望为

$$E(g(X)) = \int_{-\infty}^{+\infty} g(x) f(x) \mathrm{d}x \tag{4.3}$$

(3) 设二维离散型随机变量(X, Y)的联合分布律为

$$P(X = x_i, Y = y_j) = p_{ij}, \ i, j = 1, 2, \cdots$$

若级数 $\sum\limits_{i=1}^{\infty} \sum\limits_{j=1}^{\infty} |g(x_i, y_j)| p_{ij} < \infty$, 则随机变量函数$g(X, Y)$的期望为

$$E(g(X, Y)) = \sum_{i=1}^{\infty} \sum_{j=1}^{\infty} g(x_i, y_j) p_{ij} \tag{4.4}$$

(4) 设二维连续型随机变量(X, Y)的联合密度函数为$f(x, y)$, 若积分

$$\int_{-\infty}^{+\infty} \int_{-\infty}^{+\infty} |g(x, y)| f(x, y) \mathrm{d}x \mathrm{d}y < \infty$$

则随机变量函数$g(X, Y)$的期望为

$$E(g(X, Y)) = \int_{-\infty}^{+\infty} \int_{-\infty}^{+\infty} g(x, y) f(x, y) \mathrm{d}x \mathrm{d}y \tag{4.5}$$

例 4.6 设随机变量X的分布律为

X	-2	-1	0	1	2
P	$\frac{1}{5}$	$\frac{1}{5}$	$\frac{2}{5}$	$\frac{1}{10}$	$\frac{1}{10}$

求随机变量函数$Y = X^2 + 1$的数学期望.

解 本例可以先求Y的分布律, 有

Y	1	2	5
P	$\frac{2}{5}$	$\frac{3}{10}$	$\frac{3}{10}$

然后求出Y的期望为

$$E(Y) = 1 \times \frac{2}{5} + 2 \times \frac{3}{10} + 5 \times \frac{3}{10} = \frac{5}{2}$$

此外, 也可以根据式(4.2)来计算.

$$E(Y) = [(-2)^2 + 1] \times \frac{1}{5} + [(-1)^2 + 1] \times \frac{1}{5} + (0^2 + 1) \times \frac{2}{5} + (1^2 + 1) \times \frac{1}{10} + (2^2 + 1) \times \frac{1}{10} = \frac{5}{2}$$

例 4.7 如果随机变量X服从参数为λ的泊松分布，计算$E(X^2)$.

解 由泊松分布的分布律$P(X=k) = \dfrac{\lambda^k}{k!}\mathrm{e}^{-\lambda}$, $k = 0, 1, 2, \cdots$, 计算$E(X^2)$得

$$\begin{aligned}
E(X^2) &= \sum_{k=0}^{\infty} k^2 \frac{\lambda^k}{k!}\mathrm{e}^{-\lambda} = \sum_{k=1}^{\infty} k \frac{\lambda^k}{(k-1)!}\mathrm{e}^{-\lambda} = \sum_{k=1}^{\infty} [(k-1)+1]\frac{\lambda^k}{(k-1)!}\mathrm{e}^{-\lambda} \\
&= \lambda^2 \mathrm{e}^{-\lambda} \sum_{k=2}^{\infty} \frac{\lambda^{k-2}}{(k-2)!} + \lambda \mathrm{e}^{-\lambda} \sum_{k=1}^{\infty} \frac{\lambda^{k-1}}{(k-1)!} \\
&= \lambda^2 + \lambda
\end{aligned}$$

例 4.8 某工厂生产的弹珠是直径为X的球体，而生产过程会导致球的直径有些许误差. 假设球的直径X服从均匀分布$U(a,b)$，计算球的体积期望.

解 已知X的密度函数为

$$f(x) = \begin{cases} \dfrac{1}{b-a}, & a < x < b \\ 0, & \text{其他} \end{cases}$$

设球的体积为Y，且$Y = \dfrac{\pi X^3}{6}$，由式(4.3)可得

$$E(Y) = E\left(\frac{\pi X^3}{6}\right) = \int_a^b \frac{\pi x^3}{6} \cdot \frac{1}{b-a} \mathrm{d}x = \frac{\pi}{24}(a+b)(a^2+b^2)$$

例 4.9 设(X,Y)的密度函数为

$$f(x,y) = \begin{cases} \dfrac{x+y}{3}, & 0 < x < 2,\ 0 < y < 1 \\ 0, & \text{其他} \end{cases}$$

求$E(X)$, $E(XY)$, $E(X^2+Y^2)$.

解 由式(4.5)可得

$$\begin{aligned}
E(X) &= \int_0^2 \mathrm{d}x \int_0^1 x\left(\frac{x+y}{3}\right) \mathrm{d}y = \frac{1}{6}\int_0^2 x(2x+1)\mathrm{d}x = \frac{11}{9} \\
E(XY) &= \int_0^2 \mathrm{d}x \int_0^1 xy\left(\frac{x+y}{3}\right) \mathrm{d}y = \frac{1}{6}\int_0^2 \left(\frac{x^2}{6} + \frac{x}{9}\right)\mathrm{d}x = \frac{8}{9} \\
E(X^2+Y^2) &= \int_0^2 \mathrm{d}x \int_0^1 (x^2+y^2)\left(\frac{x+y}{3}\right)\mathrm{d}y \\
&= \frac{1}{3}\int_0^2 \mathrm{d}x \int_0^1 x^2(x+y)\mathrm{d}y + \frac{1}{3}\int_0^2 \mathrm{d}x \int_0^1 y^2(x+y)\mathrm{d}y \\
&= \frac{13}{6}
\end{aligned}$$

4.1.3 期望的性质

定理 4.1 设随机变量X、Y的期望$E(X)$、$E(Y)$存在，c为任意常数，则具有以下性质：

(1) $E(c) = c$;

(2) $E(cX) = cE(X)$;

(3) $E(X+Y) = E(X) + E(Y)$;

(4) 若 X 与 Y 是相互独立的随机变量，则有

$$E(XY) = E(X)E(Y)$$

证明 这里仅对连续型随机变量的情形进行证明，离散型随机变量的情形可以类似证明. 设 $f_X(x)$、$f_Y(y)$、$f(x,y)$ 分别为 X、Y 的密度函数和 (X,Y) 的联合密度函数.

(1) 任意常数的期望相当于退化为单点分布随机变量的期望，即 $P(X=c)=1$，期望为

$$E(X) = E(c) = cP(X=c) = c$$

(2) 任意常数与随机变量乘积的期望为

$$E(cX) = \int_{-\infty}^{+\infty} cxf_X(x)\mathrm{d}x = c\int_{-\infty}^{+\infty} xf_X(x)\mathrm{d}x = cE(X)$$

(3) 任意两个随机变量和的期望为

$$\begin{aligned}
E(X+Y) &= \int_{-\infty}^{+\infty}\int_{-\infty}^{+\infty}(x+y)f(x,y)\mathrm{d}x\mathrm{d}y \\
&= \int_{-\infty}^{+\infty}\int_{-\infty}^{+\infty}xf(x,y)\mathrm{d}x\mathrm{d}y + \int_{-\infty}^{+\infty}\int_{-\infty}^{+\infty}yf(x,y)\mathrm{d}x\mathrm{d}y \\
&= E(X) + E(Y)
\end{aligned}$$

更进一步，对于任意常数 a、b，可以推导出 $E(aX+bY) = aE(X) + bE(Y)$.

(4) 若 X、Y 独立，则 $f(x,y) = f_X(x)f_Y(y)$ 在其公共连续点处成立，则

$$\begin{aligned}
E(XY) &= \int_{-\infty}^{+\infty}\int_{-\infty}^{+\infty}xyf(x,y)\mathrm{d}x\mathrm{d}y \\
&= \int_{-\infty}^{+\infty}xf_X(x)\mathrm{d}x\int_{-\infty}^{+\infty}yf_Y(y)\mathrm{d}y \\
&= E(X)E(Y)
\end{aligned}$$

根据期望的性质可以简化期望的计算.

例 4.10 设随机变量 $X \sim N(\mu, \sigma^2)$，求 $E(X)$.

解 前面已经计算过正态分布随机变量的期望，如式(4.1)所示. 下面使用期望的性质来进行计算. 因为 $Y = \dfrac{X-\mu}{\sigma} \sim N(0,1)$，且 $E(Y) = \int_{-\infty}^{+\infty} y\dfrac{1}{\sqrt{2\pi}}\mathrm{e}^{-\frac{y^2}{2}}\mathrm{d}x = 0$，所以 $X = \sigma Y + \mu$，由期望的性质可得

$$E(X) = E(\sigma Y + \mu) = \sigma E(Y) + \mu = \mu$$

例 4.11 设 $X \sim B(n,p)$，求 $E(X)$.

解 设有 n 个独立的随机变量 $X_1, X_2, \cdots, X_n$ 都服从两点分布 $B(1,p)$. 由定理2.4可知，$X = X_1 + X_2 + \cdots + X_n \sim B(n,p)$，则 $E(X) = E(X_1 + X_2 + \cdots + X_n) = np$.

例 4.12 设 $Y \sim Ga(k,\lambda)$，其中 k 为正整数，求 $E(Y)$.

解 设有 k 个独立的随机变量 $X_1, X_2, \cdots, X_k$ 都服从指数分布 $Exp(\lambda)$，由定理3.9可知，$Y = X_1 + X_2 + \cdots + X_k \sim Ga(k,\lambda)$，则

$$E(X) = E(X_1 + X_2 + \cdots + X_n) = E(X_1) + E(X_2) + \cdots + E(X_k) = \dfrac{k}{\lambda}$$

4.2 方差

随机变量的数学期望是对随机变量取值平均水平的综合评价,而随机变量取值的稳定性是判断随机变量性质的另一个十分重要的指标.

4.2.1 方差的概念

例 4.13 甲、乙两人射击,X、Y分别表示甲、乙击中的环数的概率分布.试比较两人的射击水平.

X	8	9	10
P	0.3	0.2	0.5

Y	8	9	10
P	0.2	0.4	0.4

解 分别计算两个人的平均环数.

$$E(X) = 8 \times 0.3 + 9 \times 0.2 + 10 \times 0.5 = 9.2$$

$$E(Y) = 8 \times 0.2 + 9 \times 0.4 + 10 \times 0.4 = 9.2$$

因此,从平均环数上看,甲、乙两人的射击水平是一样的,但两个人射击环数与平均环数的偏离程度不同.在实际问题中人们常关心随机变量与均值的偏离程度,可用 $E[X - E(X)]$ 表示,但这个计算公式可能有正,也可能有负,对于评价随机变量的波动是不方便的.所以人们又提出用 $E[X - E(X)]^2$ 来度量随机变量 X 与其均值 $E(X)$ 的偏离程度.

定义 4.3 设 X 是一个随机变量,若 $E[X - E(X)]^2$ 存在,则称它为 X 的方差,记为

$$D(X) = E[X - E(X)]^2 \tag{4.6}$$

或记为 $\text{Var}(X)$. 称方差的算术平方根 $\sigma(X) = \sqrt{D(X)}$ 为标准差,或均方差.

方差与标准差具有相同的度量单位,在实际应用中经常使用.方差实际上就是随机变量 X 的函数 $g(X) = [X - E(X)]^2$ 的期望,因此对于离散型和连续型随机变量有以下计算公式.

(1) 若 X 是离散型随机变量,且其分布律为 $P(X = x_i) = p_i, i = 1, 2, \cdots$,则 X 的方差为

$$D(X) = \sum_{i=1}^{\infty} [x_i - E(X)]^2 p_i \tag{4.7}$$

(2) 若 X 是连续型随机变量,且密度函数为 $f(x)$,则 X 的方差为

$$D(X) = \int_{-\infty}^{+\infty} [x - E(X)]^2 f(x) \mathrm{d}x \tag{4.8}$$

如对于例4.13,可计算

$$D(X) = (8-9.2)^2 \times 0.3 + (9-9.2)^2 \times 0.2 + (10-9.2)^2 \times 0.5 = 0.76$$
$$D(Y) = (8-9.2)^2 \times 0.2 + (9-9.2)^2 \times 0.4 + (10-9.2)^2 \times 0.4 = 0.624$$

由于 $D(Y) < D(X)$,这表明乙的射击水平比甲稳定.

设离散型随机变量X的密度函数为$f(x)$，若$\int_{-\infty}^{+\infty}|x|^2f(x)\mathrm{d}x<\infty$，则$X$的方差为

$$D(X)=\int_{-\infty}^{+\infty}[x-E(X)]^2f(x)\mathrm{d}x$$

在计算中也常采用以下公式来计算方差：

$$D(X)=E(X^2)-[E(X)]^2 \tag{4.9}$$

式(4.9)可简单记为"平方的期望减去期望的平方"，这是由方差的定义式(4.6)结合期望的性质进行以下推导而得到的.

$$\begin{aligned} D(X) &= E[X-E(X)]^2 = E[X^2-2XE(X)+(E(X))^2]\\ &= E(X^2)-2E(X)E(X)+E(E(X))^2\\ &= E(X^2)-[E(X)]^2 \end{aligned}$$

4.2.2 方差的性质

定理 4.2 设随机变量X、Y的期望$E(X)$、$E(Y)$与方差$D(X)$、$D(Y)$都存在，a、b、c为任意常数，则方差具有以下性质：

(1) $D(c)=0$;

(2) $D(aX+b)=a^2D(X)$;

(3) 若X与Y是相互独立的随机变量，则有

$$D(X\pm Y)=D(X)+D(Y)$$

证明 (1) 由方差的计算公式可得$D(c)=E(c^2)-[E(c)]^2=c^2-c^2=0$.

(2) 由式(4.9)计算可得

$$\begin{aligned} D(aX+b) &= E\left[(aX+b)^2\right]-[E(aX+b)]^2\\ &= E\left(a^2X^2+2abX+b^2\right)-[aE(X)+b]^2\\ &= a^2E(X^2)+2abE(X)+b^2-\left[a^2(E(X))^2+2abE(X)+b^2\right]\\ &= a^2\left[E(X^2)-(E(X))^2\right]\\ &= a^2D(X) \end{aligned}$$

(3) 由期望的性质可知，当X、Y独立时，有$E(XY)=E(X)E(Y)$，由方差的计算公式推导可得

$$\begin{aligned} D(X\pm Y) &= E\left[(X\pm Y)^2\right]-[E(X\pm Y)]^2\\ &= E\left(X^2\pm 2XY+Y^2\right)-\left[(E(X))^2\pm 2E(X)E(Y)+(E(Y))^2\right]\\ &= \left[E(X^2)-(E(X))^2\right]+\left[E(Y^2)-(E(Y))^2\right]\pm 2\left[E(XY)-E(X)E(Y)\right]\\ &= D(X)+D(Y) \end{aligned}$$

方差的另一个重要的性质可以表述为以下例子.

例 4.14 设X是随机变量，求$r(x)=E(X-x)^2$的最小值.

解 由于$r(x) = E(X-x)^2 = E(X^2 - 2xX + x^2) = E(X^2) - 2xE(X) + x^2$，对$r(x)$求导并令其为0，有
$$r'(x) = 2x - 2E(X) = 0$$

由此可得$x = E(X)$，又因$r''(x) = 2 > 0$，所以$x = E(X)$时，$E(X-x)^2$有最小值．

4.2.3 常用分布的方差

本节根据上一节计算过的常用分布的期望，应用方差计算公式及方差的性质来计算常用分布的方差．

(1) 二项分布．随机变量$X \sim B(n,p)$，并记$q = 1 - p$，其分布律为
$$P(X = k) = C_n^k p^k (1-p)^{n-k}, \quad k = 0, 1, \cdots, n$$

则X的期望为$E(X) = np$，再计算$E(X^2)$得

$$\begin{aligned}
E(X^2) &= \sum_{k=1}^{n} k^2 C_n^k p^k q^{n-k} = \sum_{k=1}^{n} k(k-1+1) \frac{n!}{k!(n-k)!} p^k q^{n-k} \\
&= \sum_{k=1}^{n} [k(k-1) + k] \frac{n!}{k!(n-k)!} p^k q^{n-k} \\
&= \sum_{k=2}^{n} k(k-1) \frac{n!}{k!(n-k)!} p^k q^{n-k} + \sum_{k=1}^{n} k \frac{n!}{k!(n-k)!} p^k q^{n-k} \\
&= n(n-1)p^2 \sum_{k=2}^{n} \frac{(n-2)!}{(k-2)!(n-k)!} p^{k-2} q^{(n-2)-(k-2)} + np \\
&= n(n-1)p^2 (p+q)^{n-2} + np \\
&= n(n-1)p^2 + np
\end{aligned}$$

所以
$$D(X) = E(X^2) - [E(X)]^2 = n(n-1)p^2 + np - n^2 p^2 = npq$$

以上计算也可以应用方差的性质进行如下推导：如果随机变量$X_1, X_2, \cdots, X_n$相互独立，则可以使用公式
$$D(X) = D(X_1 + X_2 + \cdots + X_n) = \sum_{i=1}^{n} D(X_i) = npq$$

其中，$X_i \sim B(1,p)$，所以$D(X_i) = pq$，$i = 1, 2, \cdots, n$．

(2) 泊松分布．随机变量$X \sim P(\lambda)$，X的分布律为
$$P(X = k) = \frac{\lambda^k}{k!} e^{-\lambda}, \quad k = 0, 1, 2, \cdots$$

X的期望为$E(X) = \lambda$，由例4.7计算得$E(X^2) = \lambda^2 + \lambda$，所以泊松分布的方差为
$$D(X) = E(X^2) - [E(X)]^2 = (\lambda^2 + \lambda) - \lambda^2 = \lambda$$

(3) 几何分布．随机变量$X \sim Ge(p)$，X的分布律为
$$P(X = k) = q^{k-1} p, \quad k = 1, 2, \cdots$$

其中，$q = 1 - p$. 则X的数学期望为$E(X) = \dfrac{1}{p}$，再计算$E(X^2)$得

$$\begin{aligned}
E(X^2) &= \sum_{k=1}^{\infty} k^2 p q^{k-1} = p \sum_{k=1}^{\infty} [(k+1)k - k] q^{k-1} \\
&= p \sum_{k=1}^{\infty} (k+1) k q^{k-1} - \frac{1}{p} = p \frac{\mathrm{d}^2}{\mathrm{d}q^2} \left(\sum_{k=1}^{\infty} q^{k+1} \right) - \frac{1}{p} \\
&= p \frac{\mathrm{d}^2}{\mathrm{d}q^2} \left(\frac{q^2}{1-q} \right) - \frac{1}{p} = p \frac{2}{(1-q)^3} - \frac{1}{p} \\
&= \frac{2}{p^2} - \frac{1}{p}
\end{aligned}$$

由此可以计算出几何分布的方差为

$$D(X) = E(X^2) - [E(X)]^2 = \frac{2}{p^2} - \frac{1}{p} - \frac{1}{p^2} = \frac{1-p}{p^2}$$

(4) 超几何分布. $X \sim H(N, n, M)$，X的分布律为

$$P(X = k) = \frac{\mathrm{C}_M^k \mathrm{C}_{N-M}^{n-k}}{\mathrm{C}_N^n}, \quad k = 0, 1, 2, \cdots, r$$

其中，$r = \min\{M, n\}$. 则X的数学期望为$E(X) = n\dfrac{M}{N}$，再计算$E(X^2)$得

$$\begin{aligned}
E(X^2) &= \sum_{k=1}^{r} k^2 \frac{\mathrm{C}_M^k \mathrm{C}_{N-M}^{n-k}}{\mathrm{C}_N^n} = \sum_{k=1}^{r} [k(k-1) + k] \frac{\mathrm{C}_M^k \mathrm{C}_{N-M}^{n-k}}{\mathrm{C}_N^n} \\
&= \sum_{k=1}^{r} k(k-1) \frac{\mathrm{C}_M^k \mathrm{C}_{N-M}^{n-k}}{\mathrm{C}_N^n} + n\frac{M}{N} = \frac{M(M-1)}{\mathrm{C}_N^n} \sum_{k=2}^{r} \mathrm{C}_{M-2}^{k-2} \mathrm{C}_{N-M}^{n-k} + n\frac{M}{N} \\
&= \frac{M(M-1)}{\mathrm{C}_N^n} \mathrm{C}_{N-2}^{n-2} + n\frac{M}{N} \\
&= \frac{M(M-1)n(n-1)}{N(N-1)} + n\frac{M}{N}
\end{aligned}$$

由此可得X的方差为

$$D(X) = E(X^2) - [E(X)]^2 = \frac{nM(N-M)(N-n)}{N^2(N-1)}$$

(5) 均匀分布. $X \sim U(a, b)$，X的密度函数为

$$f(x) = \begin{cases} \dfrac{1}{b-a}, & a < x < b \\ 0, & \text{其他} \end{cases}$$

则X的数学期望为$E(X) = \dfrac{a+b}{2}$，计算X的方差为

$$\begin{aligned}
D(X) &= \int_{-\infty}^{+\infty} [x - E(X)]^2 f(x) \mathrm{d}x = \int_a^b \left(x - \frac{a+b}{2} \right)^2 \frac{1}{b-a} \mathrm{d}x \\
&= \frac{1}{3(b-a)} \left(x - \frac{a+b}{2} \right)^3 \bigg|_a^b = \frac{(b-a)^2}{12}
\end{aligned}$$

(6) 指数分布. $X \sim Exp(\lambda)$, X 的密度函数为
$$f(x) = \begin{cases} \lambda e^{-\lambda x}, & x \geqslant 0 \\ 0, & x < 0 \end{cases}$$

则 X 的数学期望为 $E(X) = \dfrac{1}{\lambda}$, 再计算 $E(X^2)$ 得

$$\begin{aligned} E(X^2) &= \int_0^{+\infty} x^2 \lambda e^{-\lambda x} dx = \frac{1}{\lambda^2} \int_0^{+\infty} (\lambda x)^2 e^{-\lambda x} d(\lambda x) \\ &= \frac{1}{\lambda^2} \Gamma(3) = \frac{2}{\lambda^2} \end{aligned}$$

所以得

$$D(X) = E(X^2) - [E(X)]^2 = \frac{2}{\lambda^2} - \frac{1}{\lambda^2} = \frac{1}{\lambda^2}$$

(7) 正态分布. 随机变量 $X \sim N(\mu, \sigma^2)$, X 的密度函数为
$$f(x) = \frac{1}{\sqrt{2\pi}\sigma} e^{-\frac{(x-\mu)^2}{2\sigma^2}}, \quad -\infty < x < +\infty$$

由例 4.10 知 X 的数学期望为 $E(X) = \mu$, $Y = \dfrac{X-\mu}{\sigma} \sim N(0,1)$, 即有 $E(Y) = 0$, 则

$$E(Y^2) = \int_{-\infty}^{+\infty} y^2 \frac{1}{\sqrt{2\pi}} e^{-\frac{y^2}{2}} dy = \frac{2}{\sqrt{2\pi}} \int_0^{+\infty} y^2 e^{-\frac{y^2}{2}} dy$$

对以上积分做变量变换, 令 $t = \dfrac{y^2}{2}$, 可得

$$\begin{aligned} E(Y^2) &= \frac{2}{\sqrt{2\pi}} \int_0^{+\infty} 2t e^{-t} \frac{1}{\sqrt{2t}} dt = \frac{2}{\sqrt{\pi}} \int_0^{+\infty} t^{\frac{1}{2}} e^{-t} dt \\ &= \frac{2}{\sqrt{\pi}} \Gamma\left(\frac{3}{2}\right) = \frac{2}{\sqrt{\pi}} \times \frac{1}{2} \Gamma\left(\frac{1}{2}\right) \\ &= 1 \end{aligned}$$

以上计算中用到了 Γ 函数的性质. 由此可得 $D(Y) = E(Y^2) = 1$. 再由方差的性质计算
$$D(X) = D(\sigma Y + \mu) = \sigma^2 D(Y) = \sigma^2$$

(8) 伽马分布. 随机变量 $X \sim Ga(\alpha, \lambda)$, X 的密度函数为
$$f(x) = \begin{cases} \dfrac{\lambda^\alpha}{\Gamma(\alpha)} x^{\alpha-1} e^{-\lambda x}, & x \geqslant 0 \\ 0, & x < 0 \end{cases}$$

X 的期望为 $E(X) = \dfrac{\alpha}{\lambda}$, 再计算
$$E(X^2) = \frac{\lambda^\alpha}{\Gamma(\alpha)} \int_0^{+\infty} x^{\alpha+1} e^{-\lambda x} dx = \frac{\Gamma(\alpha+2)}{\Gamma(\alpha)} \frac{1}{\lambda^2} = \frac{\alpha(\alpha+1)}{\lambda^2}$$

由此得到
$$D(X) = E(X^2) - [E(X)]^2 = \frac{\alpha(\alpha+1)}{\lambda^2} - \frac{\alpha^2}{\lambda^2} = \frac{\alpha}{\lambda^2}$$

(9) 贝塔分布. 随机变量 $X \sim Be(a, b)$, X 的密度函数为

$$f(x) = \begin{cases} \dfrac{\Gamma(a+b)}{\Gamma(a)\Gamma(b)} x^{a-1}(1-x)^{b-1}, & 0 < x < 1 \\ 0, & \text{其他} \end{cases}$$

其中，$a > 0$，$b > 0$ 都是参数. X 的期望为 $E(X) = \dfrac{a}{a+b}$，再计算

$$\begin{aligned} E(X^2) &= \dfrac{\Gamma(a+b)}{\Gamma(a)\Gamma(b)} \int_0^1 x^{a+1}(1-x)^{b-1} \mathrm{d}x = \dfrac{\Gamma(a+b)}{\Gamma(a)\Gamma(b)} \cdot \dfrac{\Gamma(a+2)\Gamma(b)}{\Gamma(a+b+2)} \\ &= \dfrac{a(a+1)}{(a+b)(a+b+1)} \end{aligned}$$

由此得 X 的方差为

$$D(X) = \dfrac{a(a+1)}{(a+b)(a+b+1)} - \left(\dfrac{a}{a+b}\right)^2 = \dfrac{ab}{(a+b)^2(a+b+1)}$$

4.3 协方差与相关系数

对多维随机变量，随机变量数学期望和方差只反映了各自平均值与离散程度，并不能反映随机变量之间的关系. 本节将要讨论的协方差是反映随机变量之间相依关系的一个数字特征.

4.3.1 协方差

定义 4.4 设 (X,Y) 为二维随机变量，若 $E[X - E(X)][Y - E(Y)]$ 存在，则称其为随机变量 X 和 Y 的协方差，记为

$$\mathrm{Cov}(X,Y) = E[X - E(X)][Y - E(Y)]$$

在离散情形下，随机向量 (X,Y) 的分布律为 $P(X = x_i, Y = y_j) = p_{ij}$，$i,j = 1,2,\cdots$，则

$$\mathrm{Cov}(X,Y) = \sum_{i,j}[x_i - E(X)][y_j - E(Y)]p_{ij}$$

在连续情形下，随机向量 (X,Y) 的密度函数为 $f(x,y)$，则

$$\mathrm{Cov}(X,Y) = \int_{-\infty}^{+\infty}\int_{-\infty}^{+\infty} [x - E(X)][y - E(Y)]f(x,y)\mathrm{d}x\mathrm{d}y$$

定理 4.3 协方差的计算公式为

$$\mathrm{Cov}(X,Y) = E(XY) - E(X)E(Y)$$

证明 根据协方差的定义可得

$$\begin{aligned} \mathrm{Cov}(X,Y) &= E\{[X - E(X)][Y - E(Y)]\} \\ &= E(XY) - E(X)E(Y) - E(Y)E(X) + E(X)E(Y) \\ &= E(XY) - E(X)E(Y) \end{aligned}$$

一般地，当 $\mathrm{Cov}(X,Y) > 0$ 时，称 X 与 Y 正相关；当 $\mathrm{Cov}(X,Y) < 0$ 时，称 X 与 Y 负相关；

当$\text{Cov}(X,Y) = 0$时，称X与Y不相关.

定理 4.4 协方差具有以下基本性质：

(1) $\text{Cov}(X,X) = E[X - E(X)]^2 = D(X)$;

(2) $\text{Cov}(X,Y) = \text{Cov}(Y,X)$;

(3) $\text{Cov}(aX,bY) = ab\text{Cov}(X,Y)$，其中$a$、$b$是常数；

(4) $\text{Cov}(c,X) = 0$，c为任意常数；

(5) $\text{Cov}(X+Y,Z) = \text{Cov}(X,Z) + \text{Cov}(Y,Z)$;

(6) 对于任意的二维随机变量(X,Y)，有
$$D(X \pm Y) = D(X) + D(Y) \pm 2\text{Cov}(X,Y)$$

(7) 若X与Y相互独立时，则$\text{Cov}(X,Y) = 0$.

证明 (1) $\sim$ (4)可以根据协方差的定义直接得到.下面证明(5) $\sim$ (7).

(5) 由协方差的计算公式
$$\begin{aligned}
\text{Cov}(X+Y,Z) &= E[(X+Y)Z] - E(X+Y)E(Z) \\
&= E(XZ) + E(YZ) - E(X)E(Z) - E(Y)E(Z) \\
&= [E(XZ) - E(X)E(Z)] + [E(YZ) - E(Y)E(Z)] \\
&= \text{Cov}(X,Z) + \text{Cov}(Y,Z)
\end{aligned}$$

(6) 由方差的计算公式得
$$\begin{aligned}
D(X \pm Y) &= E[(X \pm Y) - E(X \pm Y)]^2 \\
&= E\{[X - E(X)] \pm [Y - E(Y)]\}^2 \\
&= D(X) + D(Y) \pm 2E[X - E(X)][Y - E(Y)] \\
&= D(X) + D(Y) \pm 2\text{Cov}(X,Y)
\end{aligned}$$

(7) 这是由于X、Y相互独立，有$E(XY) = E(X)(Y)$，因此
$$\text{Cov}(X,Y) = E(XY) - E(X)E(Y) = 0$$

反之不一定成立. 如下例所示.

例 4.15 若随机变量$X \sim N(0,\sigma^2)$，且$Y = X^2$，这里随机变量X、Y不独立，但
$$\text{Cov}(X,Y) = \text{Cov}(X,X^2) = E(X \cdot X^2) - E(X)E(X^2) = 0$$

例 4.16 若二维随机变量(X,Y)的联合分布函数如下：
$$f(x,y) = \begin{cases} 3x, & 0 < y < x < 1 \\ 0, & \text{其他} \end{cases}$$

求$\text{Cov}(X,Y)$.

解 根据协方差计算公式可得

$$E(X) = \int_0^1 \left(\int_0^x x \times 3 \times x \mathrm{d}y \right) \mathrm{d}x = \int_0^1 3x^3 \mathrm{d}x = \frac{3}{4}$$

$$E(Y) = \int_0^1 \left(\int_0^x y \times 3 \times x \mathrm{d}y \right) \mathrm{d}x = \int_0^1 \frac{3}{2} x^3 \mathrm{d}x = \frac{3}{8}$$

$$E(XY) = \int_0^1 \left(\int_0^x x \times y \times 3x \mathrm{d}y \right) \mathrm{d}x = \int_0^1 \frac{3}{2} x^4 \mathrm{d}x = \frac{3}{10}$$

$$\mathrm{Cov}(X,Y) = E(XY) - E(X)E(Y) = \frac{3}{10} - \frac{3}{4} \times \frac{3}{8} = \frac{3}{160} > 0$$

例 4.17 二维随机变量 (X,Y) 的联合分布函数如下：

$$F(x,y) = \begin{cases} \dfrac{1}{3}(x+y), & 0 < x < 1, \quad 0 < y < 2 \\ 0, & \text{其他} \end{cases}$$

求 $D(2X - 3Y + 8)$.

解 由于 $D(2X - 3Y + 8) = D(2X - 3Y) = 4D(X) + 9D(Y) - 12\mathrm{Cov}(X,Y)$.

先计算边缘密度.

$$f_X(x) = \int_0^2 \frac{1}{3}(x+y)\mathrm{d}y = \frac{2}{3}(x+1), \ 0 < x < 1$$

$$f_Y(y) = \int_0^1 \frac{1}{3}(x+y)\mathrm{d}x = \frac{1}{3}\left(y + \frac{1}{2}\right), \ 0 < y < 2$$

再计算期望与方差.

$$E(X) = \int_0^1 x f_X(x)\mathrm{d}x = \int_0^1 \frac{2}{3}x(x+1)\mathrm{d}x = \frac{5}{9}$$

$$E(X^2) = \int_0^1 x^2 f_X(x)\mathrm{d}x = \int_0^1 \frac{2}{3}x^2(x+1)\mathrm{d}x = \frac{7}{18}$$

$$E(Y) = \int_0^2 y f_Y(y)\mathrm{d}y = \int_0^2 \frac{1}{3}y\left(y + \frac{1}{2}\right)\mathrm{d}y = \frac{11}{9}$$

$$E(Y^2) = \int_0^2 y^2 f_Y(y)\mathrm{d}y = \int_0^2 \frac{1}{3}y^2\left(y + \frac{1}{2}\right)\mathrm{d}y = \frac{16}{9}$$

$$E(XY) = \int_0^1 \int_0^2 xy f(x,y)\mathrm{d}y\mathrm{d}x = \frac{1}{3}\int_0^1 \left(2x^2 + \frac{8}{3}x\right)\mathrm{d}x = \frac{2}{3}$$

$$D(X) = E(X^2) - [E(X)]^2 = \frac{7}{18} - \left(\frac{5}{9}\right)^2 = \frac{13}{162}$$

$$D(Y) = E(Y^2) - [E(Y)]^2 = \frac{16}{9} - \left(\frac{11}{9}\right)^2 = \frac{23}{81}$$

$$\mathrm{Cov}(X,Y) = E(XY) - E(X)E(Y) = \frac{2}{3} - \frac{5}{9} \times \frac{11}{9} = -\frac{1}{81}$$

最后计算得
$$\begin{aligned} D(2X-3Y+8) &= D(2X-3Y) \\ &= 4D(X)+9D(Y)-12\text{Cov}(X,Y) \\ &= 4\times\frac{13}{162}+9\times\frac{23}{81}-12\times\left(-\frac{1}{81}\right) \\ &= \frac{245}{81} \end{aligned}$$

4.3.2 相关系数

定义 4.5 设(X,Y)为二维随机变量，$D(X)>0$，$D(Y)>0$，称
$$\rho_{XY}=\frac{\text{Cov}(X,Y)}{\sqrt{D(X)}\sqrt{D(Y)}}=\frac{\text{Cov}(X,Y)}{\sigma_X\sigma_Y}$$
为随机变量X和Y的相关系数.

相关系数ρ_{XY}是无量纲的，且ρ_{XY}与协方差$\text{Cov}(X,Y)$之间相差一个常数. 特别地，当$\rho_{XY}=0$时，称X与Y不相关.

定理 4.5 设ρ_{XY}是随机变量X与Y的相关系数，则有

(1) $|\rho_{XY}|\leqslant 1$；

(2) $|\rho_{XY}|=1$的充要条件是$P(Y=aX+b)=1$，即X与Y以概率1存在线性关系$Y=aX+b$，其中a、b为常数，且$a>0$时，$\rho_{XY}=1$；$a<0$时，$\rho_{XY}=-1$.

(3) 若X与Y相互独立，则$\rho_{XY}=0$，即X与Y不相关.

证明 (1)设X与Y的均方差分别为σ_X、σ_Y，则
$$\begin{aligned} 0 &\leqslant D\left(\frac{X}{\sigma_X}+\frac{Y}{\sigma_Y}\right)=D\left(\frac{X}{\sigma_X}\right)+D\left(\frac{Y}{\sigma_Y}\right)+2\text{Cov}\left(\frac{X}{\sigma_X},\frac{Y}{\sigma_Y}\right) \\ &= \frac{D(X)}{\sigma_X^2}+\frac{D(Y)}{\sigma_Y^2}+\frac{2}{\sigma_X\sigma_Y}\text{Cov}(X,Y)=1+1+2\rho_{XY} \\ &= 2(1+\rho_{XY}) \end{aligned}$$
所以$\rho_{XY}\geqslant -1$，又因为
$$0\leqslant D\left(\frac{X}{\sigma_X}-\frac{Y}{\sigma_Y}\right)=D\left(\frac{X}{\sigma_X}\right)+D\left(\frac{Y}{\sigma_Y}\right)-2\text{Cov}\left(\frac{X}{\sigma_X},\frac{Y}{\sigma_Y}\right)=2(1-\rho_{XY})$$
所以$\rho_{XY}\leqslant 1$，故$-1\leqslant \rho_{XY}\leqslant 1$，即$|\rho_{XY}|\leqslant 1$.

(2)由方差的性质，$D(X)=0$的充要条件是$P(X=C)=1$. 由(1)的证明可知，若$\rho_{XY}=1$，那么
$$D\left(\frac{X}{\sigma_X}-\frac{Y}{\sigma_Y}\right)=0$$
这等价于$P\left(\frac{X}{\sigma_X}-\frac{Y}{\sigma_Y}=C\right)=1$，即$P(Y=aX+b)=1$，其中$a=\frac{\sigma_Y}{\sigma_X}>0$.

若$\rho_{XY}=-1$，那么
$$D\left(\frac{X}{\sigma_X}+\frac{Y}{\sigma_Y}\right)=0$$

这等价于 $P\left(\dfrac{X}{\sigma_X}+\dfrac{Y}{\sigma_Y}=C\right)=1$，即 $P(Y=aX+b)=1$，其中 $a=-\dfrac{\sigma_Y}{\sigma_X}<0$. 故 $|\rho_{XY}|=1$ 的充要条件是 $P(Y=aX+b)=1$，且 $a>0$ 时，$\rho_{XY}=1$；$a<0$ 时，$\rho_{XY}=-1$.

(3) 若 X 与 Y 相互独立，则 $E(XY)=E(X)E(Y)$. 故 $\mathrm{Cov}(X,Y)=E(XY)-E(X)E(Y)=0$，于是 $\rho_{XY}=0$，即 X 与 Y 不相关.

相关系数 ρ_{XY} 刻画了随机变量 X 与 Y 之间的 "线性相关" 程度. $|\rho_{XY}|$ 的值越接近 1，X 与 Y 的线性相关程度越高；$|\rho_{XY}|$ 的值越接近 0，X 与 Y 的线性相关程度越弱. 当 $|\rho_{XY}|=1$ 时，X 与 Y 的变化可完全由 X 的线性函数给出. 当 $\rho_{XY}=0$ 时，X 与 Y 之间不是线性关系.

例 4.18 设二维随机变量 (X,Y) 在由 x 轴、y 轴及直线 $x+y-2=0$ 所围成的区域 G 上服从均匀分布，求 X 与 Y 的相关系数 ρ_{XY}.

解 (X,Y) 的密度函数为

$$f(x,y)=\begin{cases}\dfrac{1}{2}, & (x,y)\in G\\ 0, & (x,y)\notin G\end{cases}$$

$$E(X)=\int_{-\infty}^{+\infty}\int_{-\infty}^{+\infty}xf(x,y)\mathrm{d}x\mathrm{d}y=\iint_G\frac{1}{2}x\mathrm{d}x\mathrm{d}y=\frac{1}{2}\int_0^2\mathrm{d}x\int_0^{2-x}x\mathrm{d}y=\frac{2}{3}$$

$$E(X^2)=\int_{-\infty}^{+\infty}\int_{-\infty}^{+\infty}x^2f(x,y)\mathrm{d}x\mathrm{d}y=\iint_G\frac{1}{2}x^2\mathrm{d}x\mathrm{d}y=\frac{1}{2}\int_0^2 x^2\mathrm{d}x\int_0^{2-x}\mathrm{d}y=\frac{2}{3}$$

$$D(X)=E(X^2)-[E(X)]^2=\frac{2}{3}-\left(\frac{2}{3}\right)^2=\frac{2}{9}$$

同理 $E(Y)=\dfrac{2}{3}$，$E(Y^2)=\dfrac{2}{3}$，$D(Y)=\dfrac{2}{9}$.

$$E(XY)=\int_{-\infty}^{+\infty}\int_{-\infty}^{+\infty}xyf(x,y)\mathrm{d}x\mathrm{d}y=\frac{1}{2}\int_0^2 x\mathrm{d}x\int_0^{2-x}y\mathrm{d}y=\frac{1}{3}$$

故 $\mathrm{Cov}(X,Y)=E(XY)-E(X)E(Y)=\dfrac{1}{3}-\dfrac{2}{3}\times\dfrac{2}{3}=-\dfrac{1}{9}$，从而

$$\rho_{XY}=\frac{\mathrm{Cov}(X,Y)}{\sigma_X\sigma_Y}=-\frac{1}{2}$$

有时并不一定利用定义来计算相关系数，还可以根据协方差与已知分布的性质来求解.

例 4.19 设随机变量 X 与 Y 相互独立，都服从参数为 λ 的泊松分布，求随机变量 $U=X+2Y$ 和 $V=X-2Y$ 的相关系数.

解 因为 $E(X)=D(X)=\lambda$，$E(Y)=D(Y)=\lambda$，故

$$E(U)=E(X+2Y)=E(X)+2E(Y)=3\lambda$$

$$E(V)=E(X-2Y)=E(X)-2E(Y)=-\lambda$$

$$E(X^2)=D(X)+[E(X)]^2=\lambda+\lambda^2,\quad E(Y^2)=D(Y)+[E(Y)]^2=\lambda+\lambda^2$$

可得 $E(UV) = E(X^2 - 4Y^2) = E(X^2) - 4E(Y^2) = -3\lambda - 3\lambda^2$. 因而，

$$\text{Cov}(U,V) = E(UV) - E(U)E(V) = -3\lambda$$
$$D(U) = D(X + 2Y) = D(X) + 4D(Y) = 5\lambda$$
$$D(V) = D(X - 2Y) = D(X) + 4D(Y) = 5\lambda$$

所以

$$\rho_{UV} = \frac{\text{Cov}(U,V)}{\sigma_U \sigma_V} = -\frac{3}{5}$$

例 4.20 设随机变量X与Y的方差都为1，其相关系数为0.25，求$U = X + 2Y$与$V = X - 2Y$的协方差.

解 因$D(X) = D(Y) = 1$，$\rho_{XY} = 0.25$，故

$$\begin{aligned}
\text{Cov}(U,V) &= \text{Cov}(X + Y, X - 2Y) \\
&= \text{Cov}(X,X) - 2\text{Cov}(X,Y) + \text{Cov}(Y,X) - 2\text{Cov}(Y,Y) \\
&= D(X) - 2D(Y) - \text{Cov}(X,Y) \\
&= D(X) - 2D(Y) - \rho_{XY}\sqrt{D(X)} \cdot \sqrt{D(Y)} \\
&= 1 - 2 - 0.25 \\
&= -1.25
\end{aligned}$$

例 4.21 已知$X \sim N(1, 3^2)$，$Y \sim N(0, 4^2)$，且X与Y的相关系数$\rho_{XY} = -\frac{1}{2}$. 设$Z = \frac{X}{3} - \frac{Y}{2}$，求$D(Z)$及$\rho_{XZ}$.

解 因$D(X) = 3^2$，$D(Y) = 4^2$，且

$$\text{Cov}(X,Y) = \sigma_X \sigma_Y \rho_{XY} = 3 \times 4 \times \left(-\frac{1}{2}\right) = -6$$

所以

$$\begin{aligned}
D(Z) &= D\left(\frac{X}{3} - \frac{Y}{2}\right) = \frac{1}{9}D(X) + \frac{1}{4}D(Y) - 2\text{Cov}\left(\frac{X}{3}, \frac{Y}{2}\right) \\
&= \frac{1}{9}D(X) + \frac{1}{4}D(Y) - 2 \times \frac{1}{3} \times \frac{1}{2}\text{Cov}(X,Y) \\
&= 7
\end{aligned}$$

又因

$$\begin{aligned}
\text{Cov}(X,Z) &= \text{Cov}\left(X, \frac{X}{3} - \frac{Y}{2}\right) \\
&= \text{Cov}\left(X, \frac{X}{3}\right) - \text{Cov}\left(X, \frac{Y}{2}\right) \\
&= \frac{1}{3}\text{Cov}(X,X) - \frac{1}{2}\text{Cov}(X,Y) \\
&= \frac{1}{3}D(X) - \frac{1}{2}\text{Cov}(X,Y) \\
&= 6
\end{aligned}$$

故 $\rho_{XZ} = \dfrac{\text{Cov}(X,Z)}{\sigma_X \sigma_Y} = \dfrac{6}{3\sqrt{7}} = \dfrac{2\sqrt{7}}{7}$.

4.3.3 协方差矩阵

数学期望、方差、协方差是随机变量常用的数字特征，它们都是一些特殊的矩，矩是使用最广泛的数字特征. 最常用的矩有两种，即原点矩和中心矩.

定义 4.6 设 X 与 Y 是随机变量，k、l 为正整数.

(1) 若 $E(X^k)$，$k=1,2,3,\cdots$ 存在，则称其为随机变量 X 的 k 阶原点矩.

(2) 若 $E\{[X-E(X)]^k\}$，$k=1,2,3\cdots$，则称其为 X 的 k 阶中心矩.

(3) 若 $E(X^k Y^l)$，$k,l=1,2,3,\cdots$ 存在，则称其为 X 与 Y 的 $k+l$ 阶混合原点矩.

(4) 若 $E\{[X-E(X)]^k[Y-E(Y)]^l\}$，$k,l=1,2,3,\cdots$ 存在，则称其为 X 和 Y 的 $k+l$ 阶混合中心矩.

易知，X 的数学期望 $E(X)$ 是 X 的一阶原点矩；X 的方差 $D(X)$ 是 X 的二阶中心矩；协方差 $\text{Cov}(X,Y)$ 是 X 与 Y 的二阶混合中心矩.

定义 4.7 设二维随机变量 (X,Y) 关于 X 与 Y 的两个二阶中心矩和两个二阶混合中心矩都存在，分别是

$$C_{11} = E[X-E(X)]^2,\ C_{22} = E[Y-E(Y)]^2$$
$$C_{12} = E[X-E(X)][Y-E(Y)] = E[Y-E(Y)][X-E(X)] = C_{21}$$

则称矩阵 $\boldsymbol{C} = \begin{bmatrix} C_{11} & C_{12} \\ C_{21} & C_{22} \end{bmatrix}$ 为二维随机变量 (X,Y) 的协方差矩阵.

类似地，设 n 维随机变量 $(X_1, X_2, \cdots, X_n)$ 关于 $X_1, X_2, \cdots, X_n$ 的二阶中心矩和二阶混合中心矩 $C_{ij} = E[X_i - E(X_i)][X_j - E(X_j)]$，$i,j = 1,2,\cdots,n$ 都存在，则称矩阵

$$\boldsymbol{C} = \begin{bmatrix} C_{11} & C_{12} & \cdots & C_{1n} \\ C_{21} & C_{22} & \cdots & C_{2n} \\ \vdots & \vdots & & \vdots \\ C_{n1} & C_{n2} & \cdots & C_{nn} \end{bmatrix}$$

为 $(X_1, X_2, \cdots, X_n)$ 的协方差矩阵，且 $\boldsymbol{C}$ 为对称矩阵.

习题 4

1. 已知甲、乙两箱中装有同种产品，其中甲箱中装有3件合格品和3件次品，乙箱中仅装有3件合格品. 从甲箱中任取2件放入乙箱，求乙箱中次品数的数学期望.

2. 从一个装有 m 个红球、n 个白球的袋中有放回地摸球，直到摸到红球停止，求取出白球数的期望.

3. 某种产品的缺陷数 X 服从下列分布律：
$$P(X=k) = \frac{1}{2^{k+1}}, \ k=0,1,2,\cdots$$
求此产品的平均缺陷数.

4. 设离散型随机变量 X 的分布律为

X	-2	0	2
P	0.4	0.3	0.3

试求 $E(X)$，$E(3X+5)$ 和 $E(X^2)$.

5. 设随机变量 X 的密度函数为
$$f(x) = \begin{cases} a+bx^2, & 0 \leqslant x \leqslant 1 \\ 0, & \text{其他} \end{cases}$$
如果 $E(X) = \dfrac{2}{3}$，求 a 和 b.

6. 某厂推土机发生故障后的维修时间 X 是一个随机变量（单位：h），其密度函数为
$$f(x) = \begin{cases} 0.02\mathrm{e}^{-0.02x}, & x > 0 \\ 0, & x \leqslant 0 \end{cases}$$
试求平均维修时间.

7. 某新产品在未来市场上的占有率 X 是仅在区间 $(0,1)$ 上取值的随机变量，它的密度函数为
$$f(x) = \begin{cases} 4(1-x^2), & 0 < x < 1 \\ 0, & \text{其他} \end{cases}$$
试求平均市场占有率.

8. 设连续型随机变量 X 的密度函数为
$$f(x) = \begin{cases} \mathrm{e}^{-x}, & x > 0 \\ 0, & \text{其他} \end{cases}$$
求：(1) $Y = 2X+1$ 的数学期望；(2) 求 $Y = \mathrm{e}^{-2X}$ 的数学期望.

9. 设随机变量 (X,Y) 的联合分布律为

X	Y 0	Y 1
0	0.1	0.15
1	0.25	0.2
2	0.15	0.15

试求 $Z = \sin\left[\dfrac{\pi}{2}(X+Y)\right]$ 的数学期望.

X	10	11	12	13
P	0.4	0.3	0.2	0.1

10. 某工程队完成某项工程的时间X（单位：月）是一个随机变量，它的分布律为

   (1) 试求该工程队完成此项工程的平均月数；

   (2) 设该工程队所获利润为$Y = 50(13 - X)$，单位为万元，试求工程队的平均利润；

   (3) 若该工程队调整安排，完成该项工程的时间X_1的分布律为

X_1	10	11	12
P	0.5	0.4	0.1

   则其平均利润可增加多少？

11. 设随机变量X、Y、Z相互独立，且$E(X) = E(Y) = 3$，$E(Z) = 8$，求下列随机变量的数学期望：(1)$U = 2X + 3Y + 1$; (2) $V = YZ - 4X$.

12. 设二维离散型随机变量(X, Y)的分布律如下：

X \ Y	1	2	3
1	0.1	0.05	0.2
2	0	0.1	0.1
3	0.3	0.15	0

   求：(1)$E(X)$，$E(Y)$; (2)$Z = (X - Y)^2$，求$E(Z)$.

13. 设二维连续型随机变量(X, Y)的联合密度函数如下：
$$f(x, y) = \begin{cases} 12y^2, & 0 \leqslant y \leqslant x \leqslant 1 \\ 0, & 其他 \end{cases}$$
   求：$E(X)$，$E(Y)$，$E(XY)$，$E(X^2 + Y^2)$.

14. 假设有10个同种电器元件，其中有2个不合格品. 装配仪器时，从这批元件中任取1个，如果是不合格品，则扔掉重新任取1个；如仍是不合格品，则扔掉再取1个，试求在取到合格品之前，已取出的不合格品数的方差.

15. 设随机变量X的密度函数为
$$f(x) = \begin{cases} ax + bx^2, & 0 < x < 1 \\ 0, & 其他 \end{cases}$$
   如果已知$E(X) = 0.5$，试计算$D(X)$.

16. 设随机变量X的密度函数为
$$f(x) = \begin{cases} x, & 0 \leqslant x < 1 \\ 2 - x, & 1 \leqslant x \leqslant 2 \\ 0, & 其他 \end{cases}$$

求 $E(X), D(X)$.

17. 设随机变量 X 的分布函数为

$$F(x) = \begin{cases} \frac{1}{2}e^x, & x < 0 \\ \frac{1}{2}, & 0 \leqslant x < 1 \\ 1 - \frac{1}{2}e^{-\frac{1}{2}(x-1)}, & x \geqslant 1 \end{cases}$$

试求 $D(X)$.

18. 设随机变量 X 服从泊松分布,且 $P(X=1) = P(X=2)$,求 $E(X)$ 和 $D(X)$.

19. 设随机变量 X 满足 $E(X) = D(X) = \lambda$,已知 $E[(X-1)(X-2)] = 1$,试求 λ.

20. 已知 $E(X) = -2$,$E(X^2) = 5$,求 $D(1-3X)$.

21. 设随机变量 $X \sim B(n, p)$,已知 $E(X) = 2.4$,$D(X) = 1.44$,求两个参数 n 与 p 各为多少?

22. 设随机变量 X 仅在区间 $[a,b]$ 上取值,试证:$a \leqslant E(x) \leqslant b$,$D(X) \leqslant \left(\frac{b-a}{2}\right)^2$.

23. 设随机变量 X_1、X_2、X_3、X_4 相互独立,且有 $E(X_i) = i$,$D(X_i) = 5-i$,$i=1,2,3,4$. 设

$$Y = 2X_1 - X_2 + 3X_3 - \frac{1}{2}X_4$$

求 $E(Y)$,$D(Y)$.

24. 设两个随机变量相互独立,且都服从均值为0、方差为 $\frac{1}{2}$ 的正态分布,求 $|X-Y|$ 的方差.

25. 箱内共有6个球,其中红、白、黑球的个数分别为1、2、3个,现从中随机取出2个球,记 X 为取到的红球数,Y 为取到的白球数.

    (1) 求随机变量 (X,Y) 的联合分布律;

    (2) 求 $\mathrm{Cov}(X,Y)$.

26. 设随机变量 X 与 Y 独立同分布,且 X 的分布律为

X	1	2
P	0.4	0.6

记 $U = \max\{X,Y\}$,$V = \min\{X,Y\}$,求:

(1) (U,V) 的联合分布;(2) 求 $\mathrm{Cov}(U,V)$;(3) 求 ρ_{UV}.

27. 设二维随机变量 (X,Y) 的联合密度函数为

$$f(x,y) = \begin{cases} 1, & |y| < x,\ 0 < x < 1 \\ 0, & \text{其他} \end{cases}$$

求 $E(X)$,$E(Y)$,$\mathrm{Cov}(X,Y)$,ρ_{XY}.

28. 设二维随机变量(X,Y)的联合分布律为

X	Y		
	-1	0	1
0	0.10	0.15	0.15
1	0.08	0.32	0.20

试求X^2与Y^2的协方差.

29. 设二维随机变量(X,Y)的联合密度函数为

$$f(x,y) = \begin{cases} 3x, & 0 < y < x < 1 \\ 0, & 其他 \end{cases}$$

求X与Y的相关系数.

30. 设随机变量X与Y独立同分布，其共同分布为$Exp(\lambda)$. 试求$Y_1 = 4X_1 - 3X_2$与$Y_2 = 3X_1 + X_2$的相关系数.

31. 设二维随机变量(X,Y)的联合分布律如下：

X	Y				
	-2	-1	0	1	2
-1	0.1	0.1	0.05	0.1	0.1
0	0	0.05	0	0.05	0
1	0.1	0.1	0.05	0.1	0.1

试验证X与Y是不相关的，且X与Y是不相互独立的.

32. 设二维随机变量(X,Y)服从单位圆内的均匀分布，其联合密度函数为

$$f(x,y) = \begin{cases} \dfrac{1}{\pi}, & x^2 + y^2 < 1 \\ 0, & x^2 + y^2 \geqslant 1 \end{cases}$$

试证X与Y不独立，且X与Y不相关.

33. 设二维随机变量(X,Y)的联合密度函数为

$$f(x,y) = \begin{cases} \dfrac{6}{7}\left(x^2 + \dfrac{xy}{2}\right), & 0 < x < 1,\ 0 < y < 2 \\ 0, & 其他 \end{cases}$$

求X与Y的协方差及相关系数.

34. 设二维随机变量(X,Y)服从区域$D = \{(x,y) : 0 < x < 1,\ 0 < y < 1\}$上的均匀分布，求$X$与$Y$的协方差及相关系数.

35. 设二维随机变量(X,Y)在矩形

$$G = \{(x,y) : 0 \leqslant x \leqslant 2,\ 0 \leqslant y \leqslant 1\}$$

上服从均匀分布，记

$$U = \begin{cases} 1, & X > Y \\ 0, & X \leqslant Y \end{cases}, \quad V = \begin{cases} 1, & X > 2Y \\ 0, & X \leqslant 2Y \end{cases}$$

求 U 和 V 的相关系数.

36. 设随机变量 X 服从参数为 λ 的指数分布，求 X 的 k 阶原点矩与 3 阶中心矩.

37. 设随机变量 X 服从均匀分布 $U(0,1)$，求 X 的 k 阶原点矩与 k 阶中心矩.

第5章 大数定律与中心极限定理

大数定律与中心极限定理是概率统计中两类重要的极限定理，两者都是描述随机变量序列极限的规律. 大数定律从理论上证明随机现象的"频率稳定性"，并推广到随机变量序列均值的概率收敛性；中心极限定理则是证明了独立随机变量序列之和呈现出的渐近正态性. 这两类极限定理揭示了随机现象的重要统计规律，在理论和应用上都具有重要意义.

5.1 切比雪夫不等式

定理 5.1 设随机变量X有期望$E(X) = \mu$和方差$D(X) = \sigma^2$，则对于任意给定的常数$\varepsilon > 0$，有

$$P(|X - \mu| \geqslant \varepsilon) \leqslant \frac{\sigma^2}{\varepsilon^2} \tag{5.1}$$

恒成立.

证明 我们仅在连续型随机变量的情形下证明，离散型情形的证明与之类似. 设随机变量X的密度函数为$f(x)$，则有

$$\begin{aligned} P(|X-\mu| \geqslant \varepsilon) &= \int_{\{|x-\mu| \geqslant \varepsilon\}} f(x)\mathrm{d}x \leqslant \int_{\{|x-\mu| \geqslant \varepsilon\}} \frac{(x-\mu)^2}{\varepsilon^2} f(x)\mathrm{d}x \\ &\leqslant \frac{1}{\varepsilon^2} \int_{-\infty}^{+\infty} (x-\mu)^2 f(x)\mathrm{d}x \\ &= \frac{\sigma^2}{\varepsilon^2} \end{aligned}$$

注意到，若在不等式(5.1)两端同时乘以"-1"，再加1，得到

$$1 - P(|X-\mu| \geqslant \varepsilon) \geqslant 1 - \frac{\sigma^2}{\varepsilon^2}$$

该不等式左端为$\{|X-\mu| \geqslant \varepsilon\}$的对立事件的概率，从而得到与式(5.1)等价的结论

$$P(|X-\mu| < \varepsilon) \geqslant 1 - \frac{\sigma^2}{\varepsilon^2} \tag{5.2}$$

称不等式(5.1)和(5.2)为切比雪夫不等式（Chebyshev's inequality）.

由切比雪夫不等式可以看出，若σ^2越小，则事件$\{|X - E(X)| < \varepsilon\}$的概率越大，即随机变量$X$集中在期望附近的可能性越大. 由此可见，方差刻画了随机变量取值的离散程度. 当方差已

知时，切比雪夫不等式给出了X与它的期望的偏差不小于ε的概率的估计式. 如取$\varepsilon = 3\sigma$，则有
$$P(|X - E(X)| \geq 3\sigma) \leq \frac{\sigma^2}{9\sigma^2} \approx 0.111$$
故对任给的分布，只要期望和方差存在，则随机变量X的取值偏离$E(X)$超过3σ的概率小于等于0.111.

因此，在随机变量X的分布未知的情况下，只利用X的期望和方差，即可对X的概率分布进行估值.

例 5.1 在200个新生婴儿中，试估计男孩多于80个且小于120个的概率（假定生男孩和生女孩的概率均为0.5）.

解 设X表示男孩的个数，则$X \sim B(200, 0.5)$.
$$E(X) = np = 200 \times 0.5 \text{个} = 100 \text{个}, \quad D(X) = np(1-p) = 200 \times 0.5 \times 0.5 = 50$$
用切比雪夫不等式估计得
$$P(80 < X < 120) = P(|X - 100| < 20) \geq 1 - \frac{50}{20^2} = 0.875$$

例 5.2 已知正常成年男性的血液中，平均单位白细胞数是7300个/mL，对应的标准差是700个/mL，利用切比雪夫不等式估计单位白细胞数在5200～9400个/mL的概率.

解 设X表示成年男性血液中的单位白细胞数，由题意知$E(X) = 7300$个/mL，$D(X) = 700^2$.

由切比雪夫不等式得
$$\begin{aligned} P(5200 < X < 9400) &= P(5200 - 7300 < X - 7300 < 9400 - 7300) \\ &= P(|X - 7300| < 2100) \\ &\geq 1 - \frac{700^2}{2100^2} \\ &= \frac{8}{9} \approx 89\% \end{aligned}$$

本例表明，有至少89%的成年男性血液中单位白细胞数都在5200～9400个/mL的范围内.

切比雪夫不等式不能准确地求出某个事件的概率，只能给出一个估计值. 但是在处理实际问题中，当一个随机变量的分布未知时，切比雪夫不等式仍然十分有用.

虽然切比雪夫不等式应用广泛，但在具体应用中也存在一些问题，因为不等式所给出的概率界限是与ε的选取有关. 特别地，当$0 < \varepsilon < \sigma$时，得到的概率界限是没有意义的. 例如，对于随机变量$X \sim Exp(0.2)$，易知$\mu = 5$，$\sigma^2 = 25$. 若取$\varepsilon = 4$，则由切比雪夫不等式可得
$$P(|X - \mu| \leq 4) \geq 1 - \frac{\sigma^2}{\varepsilon^2} = 1 - \frac{25}{16} = -\frac{9}{16}$$
此时不等式右端的概率下界就为负值，虽然不等式严格成立，但所得出的概率界限没有任何意义. 关于这一问题的讨论可以参阅相关文献.

5.2 大数定律

大数定律奠定了概率论在数学领域的最初地位，同时大数定律本身具有极大的理论价值，揭示了大量重复试验后所呈现的客观规律.

5.2.1 随机变量序列及其收敛性

当不同于数列的序列其每一项 $X_1, X_2, \cdots, X_n, \cdots$ 都是随机变量时，则称 $\{X_n\}$ 为一随机变量序列. 随机变量序列在概率统计中是常见的.

例如，为了测量某个零件的半径，计划对其进行 n 次测量，在测量之前，各次测量的结果是未知的，我们可以使用随机变量 $X_1, X_2, \cdots, X_n$ 来表示. 虽然无法预测各个 X_i, $i = 1, 2, \cdots, n$ 的精确结果，但可以肯定的是，随着测量次数 n 的增大，平均测量值 $\overline{X} = \frac{1}{n}\sum_{i=1}^{n} X_i$ 从理论上讲会越来越精确.

再例如，考察一件电子产品的使用寿命，每年对其进行观测，以随机变量 X_i 表示第 i 年的状态. 若失效，则记为 $X_i = 0$；若使用正常，则记为 $X_i = 1$. 虽然我们无法预测该产品何时会失效，但可以肯定的是一定存在正整数 N，使得当 $n > N$ 时，$X_n, X_{n+1}, \cdots$ 全部为 0.

看似浅显的道理，却蕴含着概率论与数理统计的重要理论. 由于事件发生的频率具有稳定性，即随着试验次数的增加，事件发生的频率逐渐稳定于概率这个常数附近. 在实践中我们还发现大量的随机现象的平均结果也具有稳定性，这种用极限方法研究大量独立随机试验的规律性而得到的一系列定律称为大数定律.

定义 5.1 设 $\{X_n\}$ 是一个随机变量序列，a 为一个常数，若对于任意小的正数 ε，有

$$\lim_{n \to \infty} P(|X_n - a| < \varepsilon) = 1$$

则称序列 $X_1, X_2, \cdots, X_n, \cdots$ 依概率收敛于 a，记作 $X_n \xrightarrow{P} a$.

$X_n \xrightarrow{P} a$ 的直观解释是：对任意 $\varepsilon > 0$，当 n 充分大时，"X_n 与 a 的偏差大于等于 ε" 这一事件 $\{|X_n - a| \geqslant \varepsilon\}$ 发生的概率几乎为 0（收敛于 0），这里的收敛性是在概率意义上的收敛性. 这就是说，不论给定怎样小的 $\varepsilon > 0$，X_n 与 a 的偏差大于等于 ε 是有可能的，但是当 n 很大时，出现这种偏差的可能性很小. 因此，当 n 很大时，事件 $\{|X_n - a| < \varepsilon\}$ 几乎是必然要发生的，这与高等数学中的序列收敛概念是不同的. 依概率收敛的序列有以下性质.

性质 5.1 设 a、b 为常数，且 $X_n \xrightarrow{P} a$，$Y_n \xrightarrow{P} b$，又设函数 $g(x, y)$ 在点 (a, b) 连续，则

$$g(X_n, Y_n) \xrightarrow{P} g(a, b)$$

随机变量序列除了依概率收敛外，还有依分布收敛、依矩收敛等. 下面介绍依分布收敛的概念.

定义 5.2 设随机变量 $X, X_1, X_2, \cdots$ 的分布函数分别为 $F(x), F_1(x), F_2(x), \cdots$，若对 $F(x)$ 的任意连续点 x 都有

$$\lim_{n \to \infty} F_n(x) = F(x) \tag{5.3}$$

则称 $F_n(x)$ 弱收敛于 $F(x)$，相应的随机变量序列 $\{X_n\}$ 依分布收敛于 X，记作

$$X_n \xrightarrow{L} X$$

例 5.3 设 $X_i \sim Exp\left(\lambda + \dfrac{1}{i}\right)$，则随机变量序列 $\{X_n\}$ 依分布收敛于 $X \sim Exp(\lambda)$.

证明 当 $x > 0$ 时，X_n 和 X 的分布函数分别为
$$F_n(x) = 1 - e^{-\left(\lambda + \frac{1}{n}\right)x}, \quad F(x) = 1 - e^{-\lambda x}$$

显然有
$$\lim_{n \to \infty} F_n(x) = 1 - e^{-\left(\lambda + \frac{1}{n}\right)x} = 1 - e^{-\lambda x} = F(x)$$

所以 $X_n \xrightarrow{L} X$.

5.2.2 伯努利大数定律

定理 5.2 设 n_A 是 n 重伯努利试验中事件 A 发生的次数，p 是事件 A 在每次试验中发生的概率，则对任意正数 ε，有
$$\lim_{n \to \infty} P\left(\left|\frac{n_A}{n} - p\right| < \varepsilon\right) = 1 \quad \text{或} \quad \lim_{n \to \infty} P\left(\left|\frac{n_A}{n} - p\right| \geqslant \varepsilon\right) = 0$$

证明 由于 n_A 是 n 次独立重复试验中事件 A 发生的次数，因此 n_A 是一个随机变量，且 $n_A \sim B(n, p)$，从而有 $E(n_A) = np$，$D(n_A) = np(1-p)$. 因为
$$E\left(\frac{n_A}{n}\right) = p, \quad D\left(\frac{n_A}{n}\right) = \frac{p(1-p)}{n}$$

根据切比雪夫不等式，对任意给定的正数 ε，有
$$P\left(\left|\frac{n_A}{n} - p\right| < \varepsilon\right) \geqslant 1 - \frac{p(1-p)}{n\varepsilon^2}$$

令 $n \to \infty$，则
$$\lim_{n \to \infty} P\left(\left|\frac{n_A}{n} - p\right| < \varepsilon\right) = 1 - \lim_{n \to \infty} \frac{p(1-p)}{n\varepsilon^2} = 1$$

或 $\lim\limits_{n \to \infty} P\left(\left|\dfrac{n_A}{n} - p\right| \geqslant \varepsilon\right) = 0$.

若记 $X_n = \dfrac{n_A}{n}$，伯努利大数定律表明：一个事件 A 在 n 次独立重复试验中发生的频率 X_n 依概率收敛于事件 A 发生的概率 p，即 $X_n \xrightarrow{P} p$. 伯努利大数定律以严格的数学形式表达了频率的稳定性，此时，我们也称随机变量序列 $\{X_n\}$ 服从大数定律.

从伯努利大数定律的等价形式
$$\lim_{n \to \infty} P\left(\left|\frac{n_A}{n} - p\right| \geqslant \varepsilon\right) = 0$$

可以看到，当 n 很大时，事件 A 在 n 次独立重复试验中发生的频率 $\dfrac{n_A}{n}$ 与 A 在试验中发生的概率有较大偏差的可能性很小. 在实际应用中，当试验次数 n 很大时，便可以利用事件 A 发生的频率来近似代替事件 A 发生的概率.

5.2.3 切比雪夫大数定律

定理 5.3 设随机变量序列 $X_1, X_2, \cdots, X_n, \cdots$ 相互独立，它们分别有有限的数学期望 $E(X_i)$ 和方差 $D(X_i)$，并且存在正数 M，使得 $D(X_i) \leqslant M, i = 1, 2, \cdots$，则对任意给定的正

数 ε，有

$$\lim_{n\to\infty} P\left(\left|\frac{1}{n}\sum_{i=1}^{n} X_i - \frac{1}{n}\sum_{i=1}^{n} E(X_i)\right| < \varepsilon\right) = 1 \tag{5.4}$$

证明 计算随机变量序列的均值的期望与方差为

$$E\left(\frac{1}{n}\sum_{i=1}^{n} X_i\right) = \frac{1}{n}\sum_{i=1}^{n} E(X_i)$$

$$D\left(\frac{1}{n}\sum_{i=1}^{n} X_i\right) = \frac{1}{n^2}\sum_{i=1}^{n} D(X_i) \leqslant \frac{1}{n^2}\sum_{i=1}^{n} M = \frac{M}{n}$$

由切比雪夫不等式得

$$P\left(\left|\frac{1}{n}\sum_{i=1}^{n} X_i - \frac{1}{n}\sum_{i=1}^{n} E(X_i)\right| < \varepsilon\right) \geqslant 1 - \frac{\frac{1}{n^2}\sum_{i=1}^{n} D(X_i)}{\varepsilon^2} \geqslant 1 - \frac{M}{n\varepsilon^2}$$

在上式中令 $n \to \infty$，并注意到不等式左端的概率小于等于1，由夹逼准则可得

$$\lim_{n\to\infty} P\left(\left|\frac{1}{n}\sum_{i=1}^{n} X_i - \frac{1}{n}\sum_{i=1}^{n} E(X_i)\right| < \varepsilon\right) = 1$$

切比雪夫大数定律表明：在定理所给条件下，随机变量序列 $\{X_n\}$ 的算术平均值 $\overline{X}_n = \frac{1}{n}\sum_{i=1}^{n} X_i$ 依概率收敛于它们的数学期望的算术平均值，即有

$$\overline{X}_n \xrightarrow{P} \frac{1}{n}\sum_{i=1}^{n} E(X_i)$$

此时，称随机变量序列 $\{\overline{X}_n\}$ 服从大数定律.

切比雪夫大数定律有以下特殊情形的推论.

定理 5.4 设随机变量序列 $X_1, X_2, \cdots, X_n \cdots$ 相互独立，且具有相同的数学期望与方差：

$$E(X_i) = \mu, \ D(X_i) = \sigma^2, \ i = 1, 2, \cdots, n, \cdots$$

则对于任意的正数 ε，有

$$\lim_{n\to\infty} P\left(\left|\frac{1}{n}\sum_{i=1}^{n} X_i - \mu\right| < \varepsilon\right) = 1$$

以上定理表明：在独立同分布的条件下，随机变量序列的算术平均值依概率收敛于它们的数学期望. 这一推论是解决实际问题时使用算术平均值的理论依据，例如，当我们要测量某一个量 a 时，可以在相同的条件下重复测量 n 次，得到 n 个结果 $X_1, X_2, \cdots, X_n$，可以认为 $X_1, X_2, \cdots, X_n$ 是服从同一分布的，且具有相同的数学期望和方差. 当 n 充分大时，取 n 次测量结果 $X_1, X_2, \cdots, X_n$ 的算术平均值 $\overline{X}$ 作为 a 的近似值，可得 $\overline{X}$ 与 a 之间有较大偏差的概率是很小的.

例 5.4 若 $X_1, X_2, \cdots, X_n, \cdots$ 是独立同分布的随机变量序列，且

$$E(X_i) = \mu, \ D(X_i) = \sigma^2, \ i = 1, 2, \cdots, n, \cdots$$

则有
$$\frac{1}{n}\sum_{i=1}^{n}X_i^2 \xrightarrow{P} \mu^2+\sigma^2$$

证明 因为
$$E(X_i^2) = [E(X_i)]^2 + D(X_i) = \mu^2 + \sigma^2$$

由切比雪夫大数定理可得
$$\frac{1}{n}\sum_{i=1}^{n}X_i^2 \xrightarrow{P} \frac{1}{n}\sum_{i=1}^{n}E(X_i^2) = \mu^2+\sigma^2$$

5.2.4 马尔可夫大数定律

注意到在以上的大数定律中，由切比雪夫不等式证明了随机变量序列的平均值与期望的偏差概率的下界收敛于1，等价于证明随机变量和的方差收敛于0，这一条件被称为马尔可夫（Markov）条件.

定理 5.5 对随机变量序列 $\{X_n\}$，如果
$$\lim_{n\to\infty}\frac{1}{n^2}D\left(\sum_{i=1}^{n}X_i\right)=0 \tag{5.5}$$

则 $\{X_n\}$ 服从大数定律，即随机变量序列 $\{X_n\}$ 满足式(5.5).

例如，在伯努利大数定律中，当 $n\to\infty$ 时，有
$$D\left(\frac{n_A}{n}\right) = \frac{p(1-p)}{n} \to 0$$

成立. 在切比雪夫大数定律中，有
$$0 \leqslant D\left(\frac{1}{n}\sum_{i=1}^{n}X_i\right) = \frac{1}{n^2}\sum_{i=1}^{n}D(X_i) \leqslant \frac{M}{n} \to 0$$

成立. 所以，满足马尔可夫条件的随机变量序列都服从大数定律.

5.2.5 辛钦大数定律

若一个随机变量的方差存在，则其数学期望必定存在，但若随机变量的数学期望存在，其方差不一定存在. 以上几个大数定律均假设随机变量序列的方差存在，以下的辛钦大数定律则去掉了这一假设.

定理 5.6 设随机变量序列 $X_1, X_2, \cdots, X_n, \cdots$ 相互独立，服从同一分布，且具有数学期望 $E(X_i) = \mu$，$i = 1, 2, \cdots$，则对任意给定的正数 $\varepsilon > 0$，有
$$\lim_{n\to\infty} P\left(\left|\frac{1}{n}\sum_{i=1}^{n}X_i - \mu\right| < \varepsilon\right) = 1$$

5.3 中心极限定理

正态分布的密度函数公式简洁漂亮，两个最重要的数学常量π、e都出现在此公式中，并

且在科学试验及生活实践中被大量使用. 事实上，正态分布是由中心极限定理而产生的（关于中心极限定理的历史与推导可以参阅相关文献）. 人们研究发现有许多随机现象可看作是受到大量相互独立的随机因素的综合影响而形成的，而其中每一个具体因素在总的影响中所起的作用比较微小的，这种随机变量往往近似服从正态分布，这种现象就是中心极限定理的客观体现.

5.3.1 独立同分布下的中心极限定理

中心极限定理具有广泛的应用，一般对于独立同分布的随机变量序列 $X_1, X_2, \cdots, X_n, \cdots$，若它们有有限的 $E(X_i) = \mu$ 和 $D(X_i) = \sigma^2$，我们很难求出 $X_1 + X_2 + \cdots + X_n$ 的分布的确切形式，但当 n 很大时，可求出其近似分布. 以下定理5.7称为林德伯格–列维（Lindeberg-Lévy）中心极限定理，该定理给出了独立同分布的随机变量序列的正态近似.

定理 5.7 设 $X_1, X_2, \cdots, X_n, \cdots$ 是独立同分布的随机变量序列，且该随机变量序列的数学期望和方差分别为

$$E(X_i) = \mu, \ D(X_i) = \sigma^2, \ i = 1, 2, \cdots, n, \cdots$$

则对任意 x，有

$$\lim_{n \to \infty} P\left(\frac{\sum\limits_{i=1}^{n} X_i - n\mu}{\sigma \sqrt{n}} \leqslant x \right) = \frac{1}{\sqrt{2\pi}} \int_{-\infty}^{x} e^{-\frac{t^2}{2}} dt = \Phi(x) \tag{5.6}$$

证明省略.

由于 $E\left(\sum\limits_{i=1}^{n} X_i\right) = \sum\limits_{i=1}^{n} E(X_i) = n\mu$，$D\left(\sum\limits_{i=1}^{n} X_i\right) = \sum\limits_{i=1}^{n} D(X_i) = n\sigma^2$. 定理5.7实质上描述了随机变量序列之和经过标准化后依分布收敛于标准正态分布，即

$$\frac{\sum\limits_{i=1}^{n} X_i - \sum\limits_{i=1}^{n} E(X_i)}{\sqrt{D\left(\sum\limits_{i=1}^{n} X_i\right)}} = \frac{\sum\limits_{i=1}^{n} X_i - n\mu}{\sigma \sqrt{n}} \xrightarrow{L} N(0,1) \tag{5.7}$$

式(5.7)也通常记作

$$\frac{\sum\limits_{i=1}^{n} X_i - n\mu}{\sigma \sqrt{n}} \ \dot\sim\ N(0,1) \tag{5.8}$$

其中，记号"$\dot\sim$"表示近似服从. 即当 n 充分大时，可以通过 $\Phi(x)$ 给出其近似的分布，这样可以利用正态分布对 $\sum\limits_{i=1}^{n} X_i$ 做理论分析和实际计算. 由式(5.7)可见，随机变量序列的和仍近似服从正态分布，即有

$$\sum\limits_{i=1}^{n} X_i \ \dot\sim\ N(n\mu, n\sigma^2) \tag{5.9}$$

如果对式(5.7)中的随机变量序列项上下同时除以 n，并记 $\overline{X}_n = \frac{1}{n} \sum\limits_{i=1}^{n} X_i$，根据正态分布的性质（正态分布随机变量的线性组合仍然为正态分布），又可以得到另一种近似分布，即

$$\frac{\frac{1}{n}\sum_{i=1}^{n}X_i - \frac{1}{n}\sum_{i=1}^{n}E(X_i)}{\frac{1}{n}\sqrt{D\left(\sum_{i=1}^{n}X_i\right)}} = \frac{\overline{X}_n - \mu}{\sigma/\sqrt{n}} \xrightarrow{L} N(0,1) \tag{5.10}$$

由式(5.10)可见，随机变量序列的均值服从正态分布，即有

$$\overline{X}_n = \frac{1}{n}\sum_{i=1}^{n}X_i \overset{\cdot}{\sim} N\left(\mu, \frac{\sigma^2}{n}\right) \tag{5.11}$$

这一结果是数理统计中大样本统计推断的理论基础.

例 5.5 设随机变量$X_1, X_2, \cdots, X_{100}$相互独立，且都服从参数为$\lambda = 1$的泊松分布，记$X = \sum_{i=1}^{100}X_i$，求$P(X > 120)$的近似值.

解 易知$E(X_i) = 1$，$D(X_i) = 1$，$i = 1, 2, \cdots, 100$，随机变量

$$\frac{\sum_{i=1}^{100}X_i - 100 \times 1}{\sqrt{100 \times 1}} = \frac{X - 100}{10} \overset{\cdot}{\sim} N(0,1)$$

于是

$$\begin{aligned}P(X > 120) &= P\left(\frac{X-100}{10} > \frac{120-100}{10}\right) = P\left(\frac{X-100}{10} > 2\right)\\ &= 1 - P\left(\frac{X-100}{10} \leqslant 2\right)\\ &\approx 1 - \Phi(2) \approx 0.0228\end{aligned}$$

例 5.6 设一个系统有30个电子元件，按照以下情况来运行，当第1个元件失效时立即启用第2个，第2个失效则立即启用第3个，以此类推，直到所有元件都失效. 设第i个元件的寿命X_i，$i = 1, 2, \cdots, 30$，服从参数为$\lambda = 0.1$的指数分布，令$T = \sum_{i=1}^{30}X_i$为30个元件正常运行的总时间，求T超过350 h的概率是多少？

解 已知$X_1, X_2, \cdots, X_{30}$相互独立，并且$E(X_i) = \frac{1}{\lambda} = \frac{1}{0.1} = 10$，$D(X_i) = \frac{1}{\lambda^2} = \frac{1}{0.1^2} = 100$，则

$$E(T) = E\left(\sum_{i=1}^{30}X_i\right) = 30 \times 10 = 300$$

$$D(T) = D\left(\sum_{i=1}^{30}X_i\right) = 30 \times 100 = 3000$$

$$\sqrt{D(T)} = \sqrt{3000} \approx 54.77$$

由中心极限定理得

$$P(T > 350) = P\left(\frac{T - E(T)}{\sqrt{D(T)}} > \frac{350 - 300}{54.77}\right)$$

$$\approx 1 - \varPhi\left(\frac{350-300}{54.77}\right)$$
$$= 1 - \varPhi(0.913)$$
$$\approx 0.1814$$

即30个电子元件使用的总时间超过350 h的概率约为0.1814.

5.3.2 二项分布的正态近似计算

独立同分布的中心极限定理中有一个特例，就是二项分布的正态近似，这就是著名的棣莫弗–拉普拉斯（De Moivre-Laplace）中心极限定理. 棣莫弗的工作对数理统计学最大的影响，当然还在于现今以他的名字命名的中心极限定理. 棣莫弗做出的工作约40年后，即18世纪70年代，拉普拉斯建立了中心极限定理较一般的形式，中心极限定理最一般的形式到20世纪30年代才最后完成.

定理 5.8 设随机变量$S_n \sim B(n,p)$，则对于任意实数x，有

$$\lim_{n\to\infty} P\left(\frac{S_n - np}{\sqrt{np(1-p)}} \leqslant x\right) = \frac{1}{\sqrt{2\pi}} \int_{-\infty}^{x} e^{-\frac{t^2}{2}} dt = \varPhi(x) \tag{5.12}$$

定理5.8的结论可以视为独立同分布中心极限定理的一个特例. 因为如果随机变量序列$X_1, X_2, \cdots, X_n, \cdots$独立同分布于两点分布$B(1,p)$，记$S_n = \sum_{i=1}^{n} X_i$服从二项分布$B(n,p)$，且$E(S_n) = p$，$D(S_n) = np(1-p)$，再由中心极限定理式(5.7)可知，$S_n$也具有近似正态分布，即有

$$\frac{S_n - np}{\sqrt{np(1-p)}} \xrightarrow{L} N(0,1) \tag{5.13}$$

与式(5.13)等价的三种形式为

$$S_n \xrightarrow{L} N(np, np(1-p)) \tag{5.14}$$

$$\frac{S_n/n - p}{\sqrt{p(1-p)/n}} \xrightarrow{L} N(0,1) \tag{5.15}$$

$$\frac{S_n}{n} \xrightarrow{L} N\left(p, \frac{p(1-p)}{n}\right) \tag{5.16}$$

由定理5.8可知，若随机变量$S_n \sim B(n,p)$，可以得到以下结论：

$$\lim_{n\to\infty} P\left(a < \frac{S_n - np}{\sqrt{np(1-p)}} \leqslant b\right) = \varPhi(b) - \varPhi(a)$$

或有

$$\lim_{n\to\infty} P\left(a < \sqrt{\frac{n}{p(1-p)}}\left(\frac{S_n}{n} - p\right) \leqslant b\right) = \varPhi(b) - \varPhi(a)$$

即当n很大时，有以下的近似计算公式：

$$P\left(a < \frac{S_n - np}{\sqrt{np(1-p)}} \leqslant b\right) = P\left(a < \sqrt{\frac{n}{p(1-p)}}\left(\frac{S_n}{n} - p\right) \leqslant b\right) \approx \varPhi(b) - \varPhi(a)$$

例 5.7 一复杂系统由100个互相独立工作的部件组成，每个部件正常工作的概率为0.9，已

知整个系统至少有85个部件正常工作, 系统才能正常运行, 求系统正常运行的概率.

解 设S_n为100个部件中正常工作的部件数, $S_n \sim B(100, 0.9)$, 即

$$E(S_n) = 100 \times 0.9 = 90, \quad D(S_n) = 100 \times 0.9 \times 0.1 = 9$$

则 $\dfrac{S_n - 90}{3} \dot{\sim} N(0, 1)$, 经过计算

$$\begin{aligned}
P(S_n \geqslant 85) &= P\left(\frac{S_n - 90}{3} \geqslant \frac{85 - 90}{3}\right) \\
&\approx 1 - \Phi\left(\frac{85 - 90}{3}\right) \approx 1 - \Phi(-1.67) \\
&= \Phi(1.67) \approx 0.953
\end{aligned}$$

可知, 系统正常工作的概率为0.953.

例 5.8 某制药厂生产的某药品, 对某种疾病的治愈率为80%. 现在为了检验此病的治愈率, 任意抽取100个得此种病的患者进行临床试验, 如果至少有75人治愈, 则此药品通过检验, 分别在以下情况计算此药品通过检验的可能性.

(1) 此药品的实际治愈率为80%.

(2) 此药品的实际治愈率为70%.

解 设S_n为100个临床受试者中治愈的人数, 则

(1)若此药品的实际治愈率为80%, 则$S_n \sim B(100, 0.8)$, 所以

$$E(S_n) = 100 \times 0.8 = 80, \quad D(S_n) = 100 \times 0.8 \times 0.2 = 16$$

由中心极限定理, 计算

$$\begin{aligned}
P(S_n \geqslant 75) &= P\left(\frac{S_n - 80}{4} \geqslant \frac{75 - 80}{4}\right) \\
&= 1 - P\left(\frac{S_n - 80}{4} < -\frac{5}{4}\right) \\
&= 1 - \Phi(-1.25) \\
&\approx 0.894
\end{aligned}$$

可知, 通过检验的概率约为0.894.

(2)若此药品的实际治愈率为70%, 则$S_n \sim B(100, 0.7)$, 所以

$$E(S_n) = 100 \times 0.7 = 70, \quad D(S_n) = 100 \times 0.7 \times 0.3 = 21$$

通过计算

$$\begin{aligned}
P(S_n \geqslant 75) &= P\left(\frac{S_n - 70}{\sqrt{21}} \geqslant \frac{75 - 70}{\sqrt{21}}\right) \\
&= 1 - P\left(\frac{S_n - 70}{\sqrt{21}} < \frac{5}{\sqrt{21}}\right) \\
&= 1 - \Phi\left(\frac{5}{\sqrt{21}}\right) \\
&\approx 0.138
\end{aligned}$$

可知, 通过检验的概率约为0.138.

例 5.9 一位考生参加英语考试，该考试共100个单项选择题，每题都有4个选项，每题1分，问该考生靠猜能猜及格的概率是多少?

解 设 S_n 为考生解答100个题时答对的个数，则有 $S_n \sim B(100, 0.25)$. 由于 $E(S_n) = 100 \times 0.25 = 25, D(S_n) = 100 \times 0.25 \times 0.75 = 18.75$. 计算

$$\begin{aligned} P(S_n \geqslant 60) &= P\left(\frac{S_n - 25}{\sqrt{18.75}} \geqslant \frac{60 - 25}{\sqrt{18.75}}\right) \\ &= 1 - \Phi\left(\frac{60 - 25}{\sqrt{18.75}}\right) \\ &\approx 3.33 \times 10^{-16} \end{aligned}$$

由此可见，想要靠猜及格的概率是非常小的.

例 5.10 保险公司一年有3000人参保，每位参保人交纳100元保险费. 根据以往资料统计，假设在一年中这些人的死亡率为0.1%，若参保人死亡，则家属可以从保险公司领取10000元，试求:

(1) 保险公司盈利200000元的概率;
(2) 保险公司亏本的概率.

解 设 S_n 表示3000位参保人在一年内死亡的人数，由题意知 $S_n \sim B(3000, 0.001)$，且 $E(S_n) = 3000 \times 0.001 = 3$，$D(S_n) = 3000 \times 0.001 \times 0.999 = 2.997$.

(1) 要实现盈利200000元，相当于 $3000 \times 100 - 10000 S_n \geqslant 200000$，解得 $S_n \leqslant 10$，由中心极限定理计算得

$$\begin{aligned} P(0 \leqslant S_n \leqslant 10) &= P\left(\frac{0 - E(S_n)}{\sqrt{D(S_n)}} \leqslant \frac{S_n - E(S_n)}{\sqrt{D(S_n)}} \leqslant \frac{10 - E(S_n)}{\sqrt{D(S_n)}}\right) \\ &= P\left(\frac{0 - 3}{\sqrt{2.997}} \leqslant \frac{S_n - 3}{\sqrt{2.997}} \leqslant \frac{10 - 3}{\sqrt{2.997}}\right) \\ &\approx \Phi\left(\frac{10 - 3}{\sqrt{2.997}}\right) - \Phi\left(-\frac{3}{\sqrt{2.997}}\right) \\ &\approx \Phi(4.043) - \Phi(-1.733) \\ &\approx 0.9584 \end{aligned}$$

(2) 保险公司亏本相当于 $3000 \times 100 \leqslant 10000 S_n$，解得 $S_n \geqslant 30$，计算得

$$\begin{aligned} P(30 \leqslant S_n \leqslant 3000) &= P\left(\frac{30 - 3}{\sqrt{2.997}} \leqslant \frac{S_n - 3}{\sqrt{2.997}} \leqslant \frac{3000 - 3}{\sqrt{2.997}}\right) \\ &\approx \Phi\left(\frac{3000 - 3}{\sqrt{2.997}}\right) - \Phi\left(\frac{30 - 3}{\sqrt{2.997}}\right) \\ &\approx 0 \end{aligned}$$

由此可见，保险公司几乎不可能会亏本.

5.4 R语言在二项分布正态近似中的应用

在R语言中可以做这样的试验，观察服从二项分布的随机变量随着 n 增大时的分布律. 例如，令$p = 0.5$，观察$X_n \sim B(10n, p)$，$n = 1, 3, 5, 8$情形下的分布律，运行下列程序可得到图5.1.

```
p=0.5
s=c(1,3,5,8)
op=par(mfrow=c(2,2))
for(i in s){plot(dbinom(0:(10*i),10*i,p),type="h")}
```

若修改其中参数，令$p = 0.1$，观察$Y_n \sim B(20n, p)$，$n = 1, 3, 5, 8$的分布律可得到图5.2.

```
p=0.1
s=c(1,3,5,8)
op=par(mfrow=c(2,2))
for(i in s){plot(dbinom(0:(20*i),20*i,p),type="h")}
```

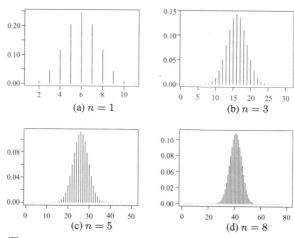

图 5.1　$p = 0.5$，$X_n \sim B(10n, p), n = 1, 3, 5, 8$的分布律

从图中可见，服从二项分布$B(n,p)$的随机变量，其分布律都会随着n的增大呈现出"中间高、两头低"的变化趋势，形如钟状的近似分布. 这条曲线就是（或近似的）正态曲线.

习题 5

1. 一颗骰子连续掷4次，点数之和记为X，估计$P(10 < X < 18)$.

2. 设随机变量X，$E(X) = \mu$，$D(X) = \sigma^2$，估计$P(|X - \mu| < 2\sigma)$.

3. 设随机变量X服从区间$(-1, 1)$上的均匀分布：

   (1) 求$P(|X| < 0.6)$；(2) 试用切比雪夫不等式估计$P(|X| < 0.6)$的下界.

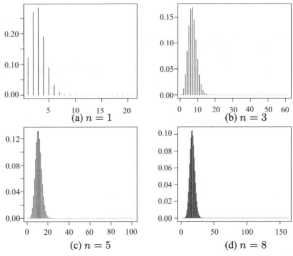

图 5.2 $p=0.1$,$Y_n \sim B(20n,p), n=1,3,5,8$ 的分布律

4. 用切比雪夫不等式确定一枚均匀的硬币,至少要抛掷多少次才能使得正面出现的频率介于0.4~0.6的概率不小于0.9?

5. 设在每次试验中,事件A发生的概率为0.5. 根据切比雪夫不等式,求在1000次独立重复试验中,事件A发生的次数在400至600之间的概率.

6. 设随机变量X和Y的数学期望分别为-2和2,方差分别为1和4,而它们的相关系数为-0.5,试根据切比雪夫不等式,估计$P(|X+Y| \geqslant 6)$的上限.

7. 假设一条生产线生产的产品合格率是0.8,要使一批产品的合格率达到76%与84%之间的概率不小于90%,问这批产品至少要生产多少件?

8. 设随机变量序列$X_1, X_2, \cdots, X_n$相互独立且同分布,其密度函数为
$$f(x) = \begin{cases} \dfrac{1+\delta}{x^{2+\delta}}, & x > 1 \\ 0, & x \leqslant 1 \end{cases}$$
其中$0 < \delta \leqslant 1$为常数,问: (1) $X_k, k=1,2,\cdots$的期望及方差是否存在?

(2) 随机变量序列$X_1, X_2, \cdots, X_n$是否服从大数定律?

9. 设随机变量序列$X_1, X_2, \cdots, X_n, \cdots$相互独立且都服从$[-\pi, \pi]$上的均匀分布,记$Y_k = \cos(kX_k)$, $k = 1, 2, \cdots$. 证明对于任意的$\varepsilon > 0$,有
$$\lim_{n \to \infty} P\left(\left| \frac{1}{n} \sum_{i=1}^{n} Y_i \right| < \varepsilon \right) = 1$$

10. 某保险公司多年的统计资料表明,在索赔户中被盗索赔户占20%,以X表示在随意抽查的100个索赔户中因被盗向公司索赔的户数.

(1) 写出X的分布律;

(2) 求被盗索赔户不少于14户且不多于30户的概率的近似值.

11. 某种难度很大的手术成功率为0.9，现对100个病人进行这种手术，求手术成功的人数大于84且小于95的概率.

12. 一条生产线生产的产品成箱包装，每箱的重量具有一定的随机误差. 假设每箱平均重50 kg，标准差为5 kg，若用最大载重量为5000 kg的汽车承运，试利用中心极限定理说明每辆车最多可以装多少箱，才能保障不超载的概率大于0.9772.

13. 某公司有400人参加资格考试，根据以往经验，该考试的通过率为80%，求通过考试的人数介于296至344人之间的概率.

14. 某电子计算机主机有100个终端，每个终端有80%的时间被使用. 若各个终端是否被使用是相互独立的，试求至少有15个终端空闲的概率.

15. 某螺丝钉厂的不合格品率为1%，问一盒中应装多少只螺丝钉才能使其中含100只合格品的概率不小于95%？

16. 有一批建筑房屋用的木柱，其中80%的长度不小于3 m，现从这批木柱中随机地取出100根，问其中至少有30根短于3 m的概率是多少？

17. 某试验室有150台仪器，各自独立工作，每台仪器平均只需70%的工作时间，而每台仪器工作时要消耗的电功率为W，试问要供应这个试验室多少电功率才能以99.9%的概率保证这个试验室不会由于供电不足而影响工作？

18. 一食品店有三种蛋糕出售，由于售出哪一种蛋糕是随机的，因而售出一只蛋糕的价格是一个随机变量，它取1元、1.2元、1.5元的概率分布为0.3、0.2、0.5. 若售出300只蛋糕，求：

    (1) 收入至少有400元的概率；

    (2) 售出价格为1.2元的蛋糕多于60只的概率.

19. 某学生开了家淘宝店，店内有120件相互无关的商品. 根据以往的数据显示，每件商品在营业时间内平均每3 min就有一名顾客点击查看，问：

    (1) 在任一时刻至少有10名顾客点击查看店内商品的概率；

    (2) 在任一时刻有8到10名顾客点击查看店内商品的概率.

20. 某餐厅每天接待400名顾客，设每名顾客的消费额（元）服从(20,100)上的均匀分布，且顾客的消费额是相互独立的. 试求：

    (1)该餐厅每天的平均营业额；

    (2)该餐厅每天的平均营业额在平均营业额±760元内的概率.

21. 设各零件的重量都是随机变量，它们相互独立，且服从相同的分布，其数学期望为0.5 kg，标准差为0.1 kg，问5000只零件的总重量超过2510 kg的概率是多少？

22. 计算机在进行加法运算时对每个加数取整数（取最为接近它的整数）. 设所有的取整误差是相互独立的，且它们都服从$(-0.5, 0.5)$上的均匀分布.

(1) 若将1500个数相加，求误差总和的绝对值超过15的概率；

(2) 最多几个数加在一起可使得误差总和的绝对值小于10的概率不小于90%?

23. 设某生产线上组装每件产品的时间服从指数分布，平均需要10 min，且各件产品的组装时间是相互独立的.

(1) 试求组装100件产品需要15 h至20 h的概率；

(2) 在保证有95%的可能性下，16 h内最多可以组装多少件产品？

24. 设某元件是某电气设备的一个关键部位，当该元件失效后立即换上一个新的元件. 假定该元件的平均寿命为100 h，标准差为30 h，试问：应该有多少备件，才能有95%以上的概率，保证这个系统能连续运行2000 h 以上？

25. 在一家保险公司里有10000个人参加保险，每人每年付12元保险费，在一年内一个人死亡的概率为0.006，死亡者家属可从保险公司领得1000元. 求：

(1) 保险公司亏本的概率是多少？

(2) 保险公司一年获得的利润不少于60000元的概率是多少？

第6章 描述统计与抽样分布

从本章开始进入数理统计部分的学习. 描述统计是从了解数据的基本特征开始的，需要对数据所含信息进行概括、融合和抽象，从而得到反映样本数据的综合指标，这些指标统称为统计量. 在简单随机抽样的情形下得到的统计量具有特定的分布，根据统计量的分布又可以对总体进行推断.

6.1 数据的收集与整理

统计学是研究有关收集、整理和分析数据的方法和理论. 描述统计是人们认识数据的初步工具，主要指应用分类、制表、图形及数据指标来概括数据分布特征的方法.

6.1.1 统计数据的分类

统计过程包括统计设计、统计调查、统计整理、统计分析、统计推断五个阶段. 人们经常通过对各种数据的收集和整理来掌握一些相关的信息，以便更好地做出决策和判断. 在收集数据时，首先要明确收集数据的目的，并由此决定收集数据的类别、容量和收集的方法.

统计数据能够表现某一个物体（事物）的一些可观测的属性或特征，按不同标准有不同的分类方式，总体而言，按照数据的类别形式可将其大致分为两类.

1. 定性数据

定性数据（qualitative data）主要包括分类数据和顺序数据，是表示事物性质、规定事物类别的描述性数据，这类数据的特点是只能知道研究对象是相同或是不同的. 从数学运算特征来看，这类数据只具有等于或不等于(=、≠)的性质，例如，性别、文化程度、职称等.

2. 定量数据

定量数据（quantitative data）指以数量形式表现事物属性的数据，并据此可以对其进行测量. 定量数据除了具有等于、不等于、大于或小于（=、≠、>、<）等关系之外，还可以进行加或减（+、−）运算. 例如，智商、成绩、收入等.

统计数据还可以按照其他的方式来分类，例如，按计量尺度分类有分类数据、顺序数据、数值型数据; 按收集方法分类有观测数据和实验数据; 按时间状况分类有截面数据和时间序列数据等.

数据的收集往往是统计活动的基础. 现代社会里，获取数据的途径有很多. 从互联网和出版物中可以获得大量的统计数据，比如国家统计局的网站、正式出版的统计报表和年鉴，也可以通过向专业人士请教来获得现成的数据.

一般地，有的数据来源于试验的记录，例如由临床试验、可靠性试验、生物化工试验等所产生的数据. 通过试验来获取数据需要合理地安排试验，设计一套科学合理的试验过程，这属于试验设计的范畴（我们将在本书第10章做简单介绍）. 有的数据来源于抽样调查，如通过访谈、电话调查、问卷调查、实地考察等方式收集到的数据. 通过设计抽样方法来获取数据的方式属于抽样调查的范畴，抽样调查的理论十分丰富，可以参考相关文献. 以下我们介绍一些抽样调查的基本方法.

6.1.2 总体与抽样调查

我们把研究对象的全体称为**总体**，构成总体的每个成员称为**个体**，总体中所包含的个体数量称为总体的**容量**.

1. 普查与抽样调查

一般地，对总体中每个个体都进行考察的方法称为**普查**（也称**全面调查**），只抽取其中一部分个体进行考察的方法称为**抽样调查**.

例 6.1 某中学想在高一年级举办3场心理健康讲座，备选的主题有6个，高一学生共有1356人，学校将备选的6个主题一一列出，做成调查问卷. 为了选出最能满足大家需要的3个主题，可采用以下两种方案：

(1) 请每位高一学生完成调查问卷，然后统计有关结果.

(2) 随机抽取50位高一学生完成调查问卷，然后统计有关结果.

解 例6.1中的(1)是普查，(2)是抽样调查. 普查能够了解总体中每个个体的情况，从而能准确地掌握总体的特征. 在总体包含的个体总数不大或有特殊需要的情况下，可采用普查. 例如：

(1) 为了订购集体活动服装，需要了解班内每位同学的身高、腰围等.

(2) 为了全面了解我国人口状况，新中国成立以来，我国已进行了7次全国性人口普查.

(3) 为了掌握第二产业经济的发展规模、结构、效益等信息，我国于2004年、2008年、2013年进行了三次经济普查，而且自2013年以后，规定每5年都要进行经济普查.

然而有时会因为各种原因而无法实施普查，例如，成本太高，时间上不允许，考察方法具有破坏性等. 所以很多情况下都采用抽样调查的方法，列举如下：

(1) 想了解潜在顾客对新开发的产品包装的意见时，由于潜在顾客难以界定及经济上的原因，只能采用抽样调查.

(2) 想实时了解收看时政新闻的人数等情况，因为经济成本与时间的原因，只能采用抽样调查.

(3) 为了研究某种药品对人群患某种疾病后的治疗效果，但是这受到试验成本、人力、财力等方面的限制，故只能采用抽样调查.

事实上，我们在日常生活中经常会用到抽样调查方法. 例如：

(1) 买橘子的时候，你会先尝一下然后再决定是否购买.

(2) 早晨外出前，如果天气变冷，你可能会把手伸出窗外先感受一下，然后再决定是否要穿厚一点的衣服.

使用抽样调查去判断总体数据的特点是绝大多数情形下采用的方法. 如图6.1所示，从总体中抽取一部分个体组成一个**样本**，样本中的个体称为**样品**，样本中所含有样品的数量称为样本容量，经过观测后得到各个样本指标的观测值为 $x_1, x_2, \cdots, x_n$.

在抽样调查的过程中，根据不同的实际情况有不同的抽样方法，主要分为概率抽样与非概率抽样.

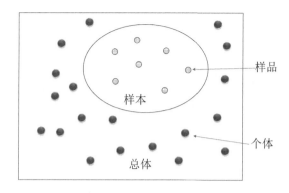

图 6.1 总体与样本示意图

2. 概率抽样

概率抽样,也称为随机抽样,是指总体中的每个单元都对应一个事先已知的被抽中的非零概率,它是以概率论与数理统计为基础的,按照随机原则选取调查样本,使调查总体中的每个单元均有相同的被选中的可能性.

1) 简单随机抽样

如果通过逐个抽取的方法从中抽取一个样本,且每次抽取时每个个体被抽到的概率相等,就称这样的抽样为简单随机抽样. 常用抽签法和随机数表法实现简单随机抽样.

例 6.2 某车间工人加工一种轴承,数量是100件. 为了了解这种轴承的直径,从中抽取10件在同一条件下进行测量,分别用抽签法、随机数表法及使用计算机产生随机数的方法抽取样本.

解 (1)抽签法. 将100件轴承依次编号为$1,2,\cdots,100$,并做好大小、形状相同的编号签,将这些编号签放在一起并充分均匀搅拌. 接着连续抽取10个编号签,然后测量这10个编号签对应的轴承的直径.

(2)随机数表法. 随机数表由数字$0,1,2,\cdots,9$组成,并且每个数字在表中各个位置出现的机会是一样的. 将100件轴承依次编号为$00,01,\cdots,99$,在随机数表中选定一个起始位置,如从第21行第1个数开始,选取10个数分别为68,34,30,13,70,55,74,30,77,40,对应的这10件轴承即为所要抽取的样本.

(3)使用计算机产生随机数. 先从0~100中抽取10个随机数,然后取出对应编号签的轴承进行测量. 如在Excel中使用函数RANDBETWEEN(0,100)可以产生10个随机数,那么在R语言中使用sample(c(0:100),10,replace=FALSE)也可以产生0~100中的10个随机数.

2) 分层抽样

分层抽样是从一个可以分成不同层的总体当中,按规定的比例从不同层中随机抽取样本的方法.

例如,现在要从20块积木中抽取5块作为样本,首先根据积木的不同形状将样本划分为3个层,然后从每一层中按照比例进行简单随机抽样. 分层抽样的原理如图6.2所示.

例 6.3 一个单位的职工有500人,其中不到35岁的有125人,35~49岁的有280人,50岁以上的有95人. 为了了解该单位职工年龄与身体状况的有关指标,从中抽取100名职工作为样本,应该怎样抽取?

分析 根据该总体的年龄特征,可以将其分成几个不同的部分: 不到35岁; 35~49岁; 50岁以上. 把每一部分称为一个层,因此该总体可以分为3个层. 因为抽取的样本为100,所以必须确

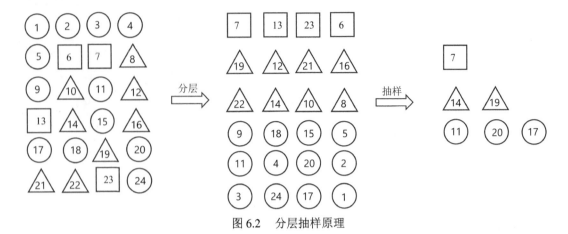

图 6.2　分层抽样原理

定每一层的比例，在每一个层中进行简单随机抽样.

解　抽取人数与职工总数的比是100∶500＝1∶5，那么各年龄段（层）抽取的职工人数依次是 $\dfrac{125}{5}=25$，$\dfrac{280}{5}=56$，$\dfrac{95}{5}=19$，然后分别在各年龄段（层）运用简单随机抽样方法抽取.

3) 系统抽样（等距抽样或机械抽样）

当总体中的个体数较多时，可将总体平均分成几个部分，然后按照预先制定的规则，从每一部分抽取一个个体，这种抽样叫作系统抽样.

例 6.4　某厂每小时生产易拉罐1000个，每天的生产时间为12 h. 为了保证产品的合格率，每隔一段时间就要取一个易拉罐送检，工厂规定每天要抽取120个进行检测，如何设计一个合理的抽样方案？

解　每天共生产12000个易拉罐，共抽取120个，所以分成120组，每组100个. 然后采用简单随机抽样从1~100中随机选出1个编号，假如选择13号，则从第13个易拉罐开始，每隔100个就拿出一个送检.

4) 整群抽样

整群抽样是将总体划分为若干群，然后以群为抽样单元，从样本中随机抽取一部分群，对选中的群的所有基本单元进行调查的一种抽样技术. 例如：检验某种零件的质量时，不是逐个抽取零件，而是随机抽若干盒(每盒装有若干个零件)，对所抽各盒零件进行全面检验.

例 6.5　一个新建的居民区由多幢居民楼组成，其中住户总数达数千户. 计划采用抽样调查的方法来估算该居民区每户家庭的汽车拥有率.

解　一种方法是用简单随机抽样，抽取一定样本量的住户，譬如说共抽取$n=250$户进行调查，然后用简单估计方法对全居民区的汽车拥有率进行估计.

另一种方法是抽取一定数量的居民楼，譬如说10幢楼，然后对这些楼中的每个住户都进行调查，根据调查结果来估计整个居民区的汽车拥有率.

这两种方法的根本差别是：抽样单元不同. 前者以住户为抽样单元，后者则以居民楼为抽样单元. 后一种抽样方法称为整群抽样.

再考虑下列问题，各采用什么抽样方法抽取样本较为合适？

(1)从20台彩电中抽取4台进行质量检验.

(2)科学会堂有32排座位，每排有40个座位（1～40）. 某次报告坐满了听众，会后为了听取意见，留下了座位号为18的所有32名听众进行交谈．

(3)中学有180名教工，其中教师136名、管理人员20名、后勤服务人员24名，现从中抽取一个容量为15的样本．

3. 非概率抽样

非概率抽样是指调查者根据自己的方便或主观判断抽取样本的方法．非概率抽样主要有偶遇抽样、判断抽样、滚雪球抽样等类型．

1) 偶遇抽样

偶遇抽样又称作方便抽样或自然抽样，指研究者根据现实情况，以自己方便的形式抽取偶然遇到的人作为对象，或者仅仅选择那些离得最近的、最容易联系的人作为对象．例如：一些大城市想做流动人口消费品购买力调研；某市调研人员想了解市民对于规划的某商圈的停车位的满意程度等．偶遇抽样适用于探索性调查或时效性要求较高的调查，一般匹配同质性强的总体或流动性大的总体．

2) 判断抽样

判断抽样又称主观抽样或目的抽样，它是研究者根据自己主观的分析来选择和确定研究对象的方法．

例如：调查中国钢铁行业的产品和产量现状，只需对鞍钢、宝钢和首钢等几家国有特大型钢铁企业进行调查，因为这几家钢铁企业的钢铁产量占全国产量的比重很大，把握了它们的生产情况就可以把握总体的生产情况．

3) 滚雪球抽样

滚雪球抽样是指先随机选择一些受访者并对其实施访问，再请他们提供另外一些属于所研究目标总体的调查对象，根据所形成的线索选择此后的调查对象．这种抽样是以"滚雪球"的方式抽取样本，即通过少量样本单位以获取更多样本单位的信息．运用这种方法的前提是各个母体样本单位之间具有一定的联系，是在不甚了解母体的情况下对母体或母体的部分单位情况进行调查．先以一些人作为最初的调查对象，然后依靠他们提供一些了解的合格的调查对象，再由这些人提供第三批调查对象，依此类推，样本如同滚雪球般地由小变大．滚雪球抽样多用于总体单位的信息不足或观察性研究的情况．

目前流行着多种滚雪球式的抽样方式．例如：要研究退休老人的生活，可以清晨到公园去结识几位散步老人，再通过他们结识其朋友，不用很久，你就可以交上一大批老年朋友．但是这种方法偏差也很大，对于那些不爱好活动、不常去公园、喜欢一个人在家里活动的老人，就很难把雪球滚到他们那里去，而他们却代表着另外一种退休后的生活方式．此外，还有社交软件推荐好友等抽样方式．

6.1.3 频率分布与直方图

经过抽样调查获得数据后，为了直观地表示出这组数据大致的分布情况（比如显示哪些范围内的数比较多，哪些范围内的数比较少），需要对数据进行分组整理，计算出这批数据在各个区间的频率，再绘制出直方图，从而直观地反映这批数据的分布情况．

要考察一组数据 $x_1, x_2, \cdots, x_n$ 的频率分布，需要制作一张频率分布表及一幅频率直方图，一般按照以下步骤进行：

1. 计算出最大值与最小值之差（也称为极差）

令 $x_{(n)} = \max\{x_1, x_2, \cdots, x_n\}$，$x_{(1)} = \min\{x_1, x_2, \cdots, x_n\}$ 分别表示这组数据中的最大值

与最小值，并以$R = x_{(n)} - x_{(1)}$表示极差.

2. 决定组距与组数

对样本数据进行分组，可根据极差决定组距的大小，组距就是每个组的两个端点之间的距离. 一般数据越多，分的组也就越多. 在实际分组时，往往需要尝试，使组距与组数的乘积略大于极差，最后选择一个比较合适的组数.

需要注意的是，由此得到划分区间的端点为$a_1 < a_2 < \cdots < a_k$，并且一般都是取等间隔d的端点，即$a_i = a_1 + (i-1)d$. 此外，整个区间的左端点的值还要略小于数据的最小值，右端点的值还要略大于数据的最大值. 这$k-1$个互不相交的区间分别为$[a_1, a_2), [a_2, a_3), \cdots, [a_{k-1}, a_k]$.

3. 整理数据

逐个检查原始数据，统计每个区间内的个体个数（称之为区间对应的频数），并求出频数与样本容量的比值（称之为对应的频率），有时还需要整理出各区间的累积频率.

4. 做出有关图示

根据整理后的数据，可以做出频数分布表与频率分布直方图. 需要说明的是，频数分布直方图的纵坐标是频数. 而频率分布直方图的纵坐标是"频率/组距"，每一组数对应的矩形高度与频率成正比，并且每个矩形的面积等于这一组数对应的频率，所以在频率直方图中所有矩形的面积之和为1. 由以上步骤制作的频率分布表见表6.1.

表 6.1 频率分布表

分组区间	频数	频率	累积频率
$[a_1, a_2)$	n_1	$f_1 = \dfrac{n_1}{n}$	f_1
$[a_2, a_3)$	n_2	$f_2 = \dfrac{n_2}{n}$	$f_1 + f_2$
$\vdots$	$\vdots$	$\vdots$	$\vdots$
$[a_{k-1}, a_k]$	n_{k-1}	$f_{k-1} = \dfrac{n_{k-1}}{n}$	1

例 6.6 某公司为了解用户对其产品的满意度，从某地区分别随机调查了40名用户，可得用户对产品的满意度评分，根据以下统计数据绘制直方图.

满意度评分分组	[50,60)	[60,70)	[70,80)	[80,90)	[90,100]
频数	2	8	14	10	6

解 利用以上统计数据，绘制直方图6.3（注意纵坐标为"频率/组距"）.

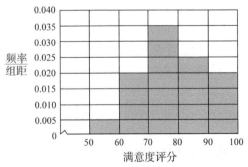

图 6.3 满意度评分直方图

例 6.7 以下是随机调查所得到的某城市100处十字路口平均5分钟通过的车辆数.

15 17 18 19 21 21 22 22 22 23 24 26 26 26 26 26 26 28 28 29
29 29 30 31 31 31 31 31 33 33 33 33 34 35 36 36 36 38 38 39
39 39 39 40 40 40 40 41 41 41 41 42 42 42 42 43 45 45 45 45
46 46 48 48 48 48 49 49 50 51 51 51 53 53 53 56 57 57 59
59 59 59 60 60 64 66 66 66 68 68 68 72 74 77 81 81 91 95 113

对通过的车辆数做频率分析,并绘制直方图.

解 这组数据的最大值为113,最小值为15,以10为组距. 从10开始,每隔10取一个端点,将各组的频数、频率及累积频率填入表6.2.

表 6.2 路口通过车辆数的频率分布表

分组区间	频数	频率	累积频率
[10, 20)	4	0.04	0.04
[20, 30)	19	0.19	0.23
[30, 40)	24	0.24	0.47
[40, 50)	23	0.23	0.7
[50, 60)	15	0.15	0.85
[60, 70)	7	0.07	0.92
[70, 80)	3	0.03	0.95
[80, 90)	2	0.02	0.97
[90, 100)	2	0.02	0.99
[100, 110)	0	0	0.99
[110, 120]	1	0.01	1

再按照直方图的绘制方法,添加频率曲线,如图6.4所示.

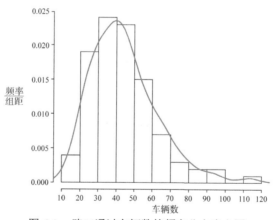

图 6.4 路口通过车辆数的频率分布直方图

例6.7中的频率分布直方图的生成在6.4节例6.20中可见. 同时,还可按照下述方式使用Excel(电子表格)绘制频数分布直方图. 具体地将数据录入Excel,框选所有数据,点击"插入",选择直方图,双击直方图下方的区间部分,弹出"箱宽度"选项,将其设置为10即可.

6.1.4 统计图

统计图是根据统计数据用几何图形和地图等绘制的各种图形,具有直观、形象、生动、便于理解等特点. 因此,统计图在资料整理与分析中占有重要地位,并得到广泛应用.

1. 柱形图

柱形图，又称长条图、柱状统计图. 柱形图是用宽度相同的条形的高度或长短来表示数量多少的图形，通常适用于分析容量较小的数据集. 柱形图亦可横向排列，或用多维方式表达.

柱形图与直方图相似，都是在直角坐标系中绘制矩形，但含义却不同. 直方图是为了显示数据的分布情况，用面积表示各组频数的多少，矩形的高度表示每一组的频数或频率，宽度则表示各组的组距，因此其高度与宽度均有意义；而柱形图侧重显示各组数据之间特征的比较. 一般情形下，绘制柱形图时，不同组之间是有空隙的；而绘制直方图时，不同组之间是没有空隙的. 例如，考察某年某地造成患者死亡的主要病因如图6.5 所示，该地区导致患者死亡的主要病症是呼吸疾病，原因一目了然.

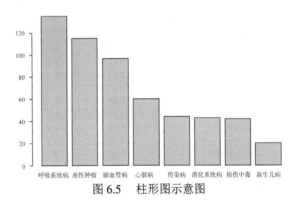

图 6.5 柱形图示意图

2. 饼图

饼图显示一组数据中各项的数目在总体中所占的百分比. 例如，以下列出了中国代表队 2012－2024年期间在夏季奥运会获得金牌的统计情况： 2012年伦敦奥运会获得38枚金牌；2016年里约热内卢奥运会获得26枚金牌； 2020年东京奥运会（实际于2021年举办）获得38枚金牌； 2024年巴黎奥运会获得40枚金牌. 对应的饼图如图6.6所示.

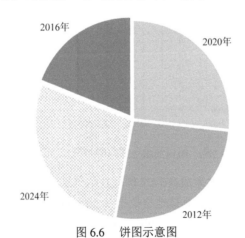

图 6.6 饼图示意图

3. 折线图

折线图可以显示随时间而变化的连续数据，支持多组数据进行对比，常用于分析数据随时间的变化趋势. 例如，图6.7显示了我国2009－2022年全国男性和女性的人口数.

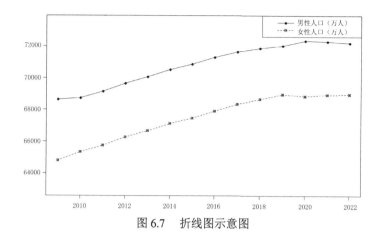

图 6.7 折线图示意图

4. 散点图

散点图是数据对应点在直角坐标系上的分布图，表示因变量随自变量而变化的大致趋势，据此可以选择合适的函数对数据点进行拟合. 一般先用两组数据构成多个坐标点，考察坐标点的分布，再判断两变量之间是否存在某种关联或总结坐标点的分布模式. 散点图将序列显示为一组点，值由点在图表中的位置表示，类别由图表中的不同标记表示.

客观世界中，事物之间存在相互依存、相互制约、相互影响的关系. 相应地，用于描述事物数量特征的变量之间也存在一定的关系. 这些关系主要分为两种.

(1)函数关系. 这是变量之间的一一对应关系，当自变量 x 取一定值时，因变量 y 依据函数关系取唯一的值. 例如，圆的面积与圆的半径之间的关系: $S = f(r) = \pi r^2$.

(2)相关关系. 如果变量之间存在密切的关系，但又不能由一个或几个变量的值确定另一个变量的值，即当自变量 x 取一定值时，因变量 y 的值可能有多个，这种变量之间的非一一对应的、不确定的关系，称之为相关关系. 如子女身高与父母身高之间的关系; 证券指数与利率之间的关系. 随着一个变量的增大（或减小），另一个变量很有可能随之增大（或减小），这种相关关系称之为线性相关. 在线性相关关系中，按不同标准有以下分类:

①按线性相关的程度分为完全相关、相关和不相关. **完全相关**是指一个变量的取值完全取决于另一个变量，数据点落在一条直线上; **相关**是指一个变量的取值部分取决于另一个变量，数据点分布在一条直线或曲线附近; **不相关**是指两个变量的数据点分布很分散，无任何规律.

②按相关的表现形式分为线性相关和非线性相关. **线性相关**是指两个变量之间的关系近似地表现为一条直线; **非线性相关**是指两个变量的关系近似地表现为一条曲线.

③按相关的方向分为正相关和负相关. **正相关**是一个变量增加（减少），导致另一个变量增加（减少）; **负相关**是一个变量增加（减少），导致另一个变量减少（增加）.

散点图还可以用于线性分类器，作为一种二分类模型，它的目的是寻找一个超平面来对样本进行分割，分割的原则是间隔最大化，最终转化为一个凸二次规划问题来求解. 具体可以参阅支持向量机方面的文献.

5. 箱图

箱图是一种用于显示一组数据分散情况的统计图，主要用于反映原始数据分布的特征，还可以对多组数据的分布特征进行比较. 箱图的绘制方法是: 先找出一组数据的上界、下界、中位数和两个四分位数; 然后连接两个四分位数画出箱体; 将上界和下界与箱体相连接，使中位数在箱体中间,如图6.8所示.

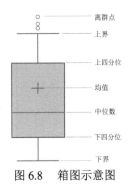

图 6.8　箱图示意图

6. 茎叶图

茎叶图是将数组中的数按位数进行比较,将数的大小基本不变或变化不大的位作为主干(茎),将数的大小变化大的位作为分支(叶),列在主干的后面,这样就可以清楚地看到每个主干后面的几个数,以及每个数具体是多少. 茎叶图与直方图不同,茎叶图保留原始资料的信息,可以从中统计出数据出现的次数,计算出各数据段的频率或百分比.

茎叶图中间的一列表示茎,也就是变化不大的位数;左右两边的是两组样本中的变化位,一般是按照一定的间隔将数组中每个变化的数一一列出来. 例如,为了比较两个班的成绩,可将其绘制成茎叶图. 在 R 语言中可以使用函数stem()来生成茎叶图, 如图6.9所示.

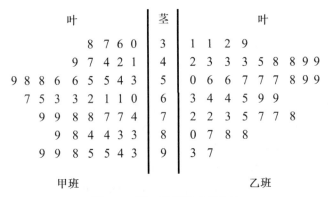

图 6.9　甲、乙两班成绩比较

7. 雷达图

雷达图也称为网络图、蜘蛛图、星图等,是一种以二维形式展现多维数据的图形,如图6.10所示. 雷达图从中心出发,辐射出多条坐标轴,每一份多维数据在每一个维度上的数值都占用一条坐标轴,并和相邻坐标轴上的数据点连接起来,形成一个不规则多边形. 如果将相邻坐标轴上的刻度点也连接起来以便读取数值, 那么整个图形形似蜘蛛网,或者雷达仪表盘,本图因此而得名.

雷达图的一个典型应用就是能够显示对象在各个指标上的强弱. 例如,欲了解某位同学的成绩是否有偏科现象,可以绘制雷达图来观察该学生的各科成绩.

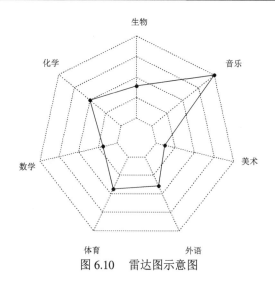

图 6.10　雷达图示意图

8. 统计地图

统计地图是以地图为基础,用各种几何图形、实物外形或不同线条、底纹、颜色等表明指标的大小及其分布状况的图形. 它是统计图形与地图的结合,可以突出说明某些现象在地域上的分布并加以比较,同时可以表明现象所处的地理位置,以及与其他自然条件的关系等. 统计地图有点地图、面地图、线纹地图、彩色地图、象形地图等类型.

俗话常说"一图胜千言",对试验结果的数据进行初步分析,除了需要计算出其基本的数字特征外,绘制统计图也能很好地展现试验数据的基本特征,一幅好的统计图有助于后续的统计分析与判断. 除了以上介绍的几种常用统计图外,还有许多其他类型的统计图都可以直观地描述出数据的基本特征,如关联图、条件密度图、等高图、条件分割图、颜色等高图、四瓣图、矩阵图、马赛克图、三维透视图、热图、QQ图、生存函数图、分类与回归树图、小提琴图、脸谱图、二维箱线图等,具体可以参见R语言绘图方面的书籍.

6.2　统计量及其性质

很多时候我们需要对收集到的数据进行加工和整理,以此反映总体的特征. 而统计量就是从数据中提取出来的代表,它们具有简洁的数量,可以反映某一特定样本或群体的某种特征信息. 本节先介绍样本的性质,再讨论统计量的分布及其数字特征.

6.2.1　样本的性质

对于多数实际问题而言,总体中的个体是一些实在的人或物. 若抛开实际背景,抽象地说,总体就是一批数值,这批数中有大有小,有的出现机会多,有的出现机会少,因此用一个概率分布去描述和归纳总体是恰当的. 从这个意义看,总体的数量指标可视为一个随机变量,记作 $X, Y, \cdots$. 总体中的个体也是随机变量,记作 $X_1, X_2, \cdots, Y_1, Y_2, \cdots$.

设总体 X 的分布函数为 $F(x)$,记作 $X \sim F(x)$. 我们知道,为了研究总体 X,一般需要从总体中随机地抽取一部分个体进行试验,然后根据所得的数据来推断总体的性质,被抽出的这部

分个体称为总体的样本. 这里的样本具有二重属性:

(1) 由于样本是从总体中抽取的, 抽取前无法预知它们的数值, 因此样本中的每个个体都是随机变量, 用大写字母 $X_1, X_2, \cdots, X_n$ 来表示.

(2) 在抽取样本后经过观测就得到了确定的观测值, 因此样本又是一组确定的数据, 用小写字母 $x_1, x_2, \cdots, x_n$ 表示.

所以, 一般地, 当用 $X_1, X_2, \cdots, X_n$ 表示样本时, 可认为这是在抽样计划确定后且在观测前的样本, 是一组随机序列. 当用 $x_1, x_2, \cdots, x_n$ 表示样本时, 这就是观测后的数据, 通常称 $(x_1, x_2, \cdots, x_n)$ 为样本 $(X_1, X_2, \cdots, X_n)$ 的观测值.

如果使用简单随机抽样的方法抽取一个容量为 n 的样本 $X_1, X_2, \cdots, X_n$, 那么每个个体被抽到的可能性都是相等的, 并且当总体容量很大时, 可以认为抽到的样品之间是相互独立的, 即简单随机抽样得到的样本具有以下性质:

(1) **代表性**, 即要求总体中每一个个体都有同等机会被选入样本, 这便意味着每一个样品 X_i 与总体 X 有相同的分布.

(2) **独立性**, 即要求样本中每一个样品的取值不影响其他样品的取值, 亦即 $X_1, X_2, \cdots, X_n$ 是相互独立的.

称满足这两条性质的样本 $X_1, X_2, \cdots, X_n$ 为简单随机样本, 简称样本. 今后如无特别说明, 提到的样本均是指简单随机样本. 这就是我们经常使用到的术语"独立同分布"(independent identically distributed, 简称为IID)的含义.

例如, 设总体 X 服从正态分布 $N(0,1)$, 那么从中抽取的样本可记作

$$X_1, X_2, \cdots, X_n \overset{\text{IID}}{\sim} N(0,1)$$

下面介绍两个关于样本的重要函数.

1. 联合概率函数

定义 6.1 设总体 $X \sim F(x)$, 样本 $X_1, X_2, \cdots, X_n$ 的联合分布函数为

$$F(x_1, x_2, \cdots, x_n) = P(X_1 \leqslant x_1, X_2 \leqslant x_2, \cdots, X_n \leqslant x_n) = \prod_{i=1}^{n} P(X_i \leqslant x_i) = \prod_{i=1}^{n} F(x_i)$$

对于离散型随机变量总体 X, 其分布律为 $P(X = a_i) = p_i$, $i = 1, 2, \cdots$, 为统一记号, 将 X 的分布律记为

$$f(x) = P(X = x), x = a_1, a_2, \cdots$$

对于连续型随机变量总体 X, 其密度函数为 $f(x)$. 称

$$f(x_1, x_2, \cdots, x_n) = \prod_{i=1}^{n} f(x_i) \tag{6.1}$$

为样本 $X_1, X_2, \cdots, X_n$ 的**联合概率函数**, 简称**概率函数**.

例 6.8 设 $X_1, X_2, \cdots, X_n$ 是来自以下总体的样本, 求该样本的概率函数.

(1) 总体 $X \sim P(\lambda)$;

(2) 总体 $X \sim N(\mu, \sigma^2)$.

解 (1) X 的概率函数为

$$f(x) = \frac{\lambda^x}{x!} e^{-\lambda}, \ x = 0, 1, 2, \cdots$$

因此，样本的联合概率函数为

$$f(x_1, x_2, \cdots, x_n) = \prod_{i=1}^n f(x_i) = \prod_{i=1}^n \frac{\lambda^{x_i}}{x_i!} \mathrm{e}^{-\lambda} = \frac{\lambda^{\sum_{i=1}^n x_i}}{\prod_{i=1}^n x_i!} \mathrm{e}^{-n\lambda}$$

(2) X 的概率函数为

$$f(x) = \frac{1}{\sqrt{2\pi}\sigma} \mathrm{e}^{-\frac{(x-\mu)^2}{2\sigma^2}}, \quad -\infty < x < +\infty$$

因此，样本的联合概率函数为

$$\begin{aligned} f(x_1, x_2, \cdots, x_n) &= \prod_{i=1}^n f(x_i) = \prod_{i=1}^n \frac{1}{\sqrt{2\pi}\sigma} \exp\left\{-\frac{(x_i-\mu)^2}{2\sigma^2}\right\} \\ &= \left(\frac{1}{2\pi\sigma^2}\right)^{\frac{n}{2}} \exp\left\{-\sum_{i=1}^n \frac{(x_i-\mu)^2}{2\sigma^2}\right\} \end{aligned}$$

2. 经验分布函数

总体 X 的分布被称为理论分布，它往往是未知的，如何利用已有的样本尽可能地反映出总体的特征是统计推断的重要工作. 我们在第3章学习连续型随机变量时介绍过经验分布函数，可以看到经验分布函数与连续型随机变量的分布函数十分接近. 这里我们继续讨论经验分布函数及其性质.

定义 6.2 从总体 X 中取出容量为 n 的样本观测值从小到大进行排列，得 $x_{(1)} \leqslant x_{(2)} \leqslant \cdots \leqslant x_{(n)}$，称

$$F_n(x) = \begin{cases} 0, & x < x_{(1)} \\ \dfrac{k}{n}, & x_{(k)} \leqslant x < x_{(k+1)}, \ k=1,2,\cdots,n-1 \\ 1, & x \geqslant x_{(n)} \end{cases}$$

为样本 $x_1, x_2, \cdots, x_n$ 的**经验分布函数**.

对于任意的 x，$F_n(x)$ 是样本中事件 $\{x_i \leqslant x\}$ 发生的频率，当 n 固定时，$F_n(x)$ 是样本的函数. 由样本的二重属性可知，如果分布函数是样本观测值 $(x_1, x_2, \cdots, x_n)$ 的函数，则 $F_n(x)$ 是一个确定的值；如果分布函数是观测前的样本 $X_1, X_2, \cdots, X_n$ 的函数，则 $F_n(x)$ 是一个随机变量，其分布与样本 $X_1, X_2, \cdots, X_n$ 的分布有关，随着样本容量 n 的增大，经验分布函数呈现的特征与总体分布更接近，这是有理论依据的. 下面的定理说明了经验分布函数是依分布收敛于总体分布的.

定理 6.1 设总体 X 的分布函数为 $F(x)$，样本 $X_1, X_2, \cdots, X_n$ 的经验分布函数为 $F_n(x)$，对于任意实数 x 和 $\varepsilon > 0$，则有

$$\lim_{n \to \infty} P(|F_n(x) - F(x)| < \varepsilon) = 1 \tag{6.2}$$

证明 首先定义示性函数为

$$I(x \in A) = \begin{cases} 1, & x \in A \\ 0, & x \notin A \end{cases}$$

对于任意的x和样本$X_1, X_2, \cdots, X_n$，$I(X_i \leqslant x), i = 1, 2, \cdots, n$相互独立，且都服从两点分布$B(1, p)$，其中$p = P(X_i \leqslant x) = F(x)$，且经验分布函数可以表示为

$$F_n(x) = \frac{1}{n} \sum_{i=1}^{n} I(X_i \leqslant x) \tag{6.3}$$

由伯努利大数定律可知

$$F_n(x) = \frac{1}{n} \sum_{i=1}^{n} I(x_i \leqslant x) \xrightarrow{P} p = F(x)$$

即经验分布函数$F_n(x)$依概率收敛于总体分布$F(x)$. 使用例6.7中的数据，可绘制出经验分布函数的图像如图6.11所示.

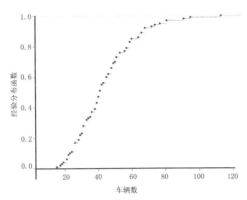

图6.11 通过车辆数的经验分布函数

6.2.2 统计量

样本中含有总体的信息，很多时候由于研究对象不同需要对样本进行"加工"，构造出样本的不同函数，然后利用这些函数对总体的分布与性质进行统计推断.

定义 6.3 不含任何未知参数的样本的函数$T(X_1, X_2, \cdots, X_n)$称为**统计量**，对应样本观测值的函数$T(x_1, x_2, \cdots, x_n)$称为**统计量的观测值**.

设样本$X_1, X_2, \cdots, X_n$是来自总体X的样本，$x_1, x_2, \cdots, x_n$为对应的观测值，常用统计量及其观测值如表6.3所示.

除了以上常用统计量之外，还有一些统计量与样品观测值在样本中的次序有关，下面给出顺序统计量的概念及其分布.

定义 6.4 设$X_1, X_2, \cdots, X_n$是来自总体X的样本，那么称从小到大排列的样本$X_{(1)} \leqslant X_{(2)} \leqslant \cdots \leqslant X_{(n)}$为有序样本，其中排在第$i$位的样品$X_{(i)}$称为该样本的第$i$个顺序统计量.

有了顺序统计量的概念，我们还常使用以下统计量：

(1) 最小值： $X_{(1)} = \min\{X_1, X_2, \cdots, X_n\}$，也称为样本的最小顺序统计量；

(2) 最大值： $X_{(n)} = \max\{X_1, X_2, \cdots, X_n\}$，也称为样本的最大顺序统计量；

(3) 极差： $R = X_{(n)} - X_{(1)}$；

表 6.3 常用统计量

名称	统计量	统计量的观测值
均值	$\overline{X} = \frac{1}{n}\sum_{i=1}^{n} X_i$	$\overline{x} = \frac{1}{n}\sum_{i=1}^{n} x_i$
方差	$S_n^2 = \frac{1}{n}\sum_{i=1}^{n}(X_i - \overline{X})^2$	$s_n^2 = \frac{1}{n}\sum_{i=1}^{n}(x_i - \overline{x})^2$
无偏方差	$S^2 = \frac{1}{n-1}\sum_{i=1}^{n}(X_i - \overline{X})^2$	$s^2 = \frac{1}{n-1}\sum_{i=1}^{n}(x_i - \overline{x})^2$
标准差	$S = \sqrt{\frac{1}{n-1}\sum_{i=1}^{n}(X_i - \overline{X})^2}$	$s = \sqrt{\frac{1}{n-1}\sum_{i=1}^{n}(x_i - \overline{x})^2}$
k阶原点矩	$A_k = \frac{1}{n}\sum_{i=1}^{n} X_i^k$	$a_k = \frac{1}{n}\sum_{i=1}^{n} x_i^k$
k阶中心矩	$B_k = \frac{1}{n}\sum_{i=1}^{n}(X_i - \overline{X})^k$	$b_k = \frac{1}{n}\sum_{i=1}^{n}(x_i - \overline{x})^k$
偏度系数	$\beta_S = \frac{B_3}{B_2^{3/2}}$	$\beta_s = \frac{b_3}{b_2^{3/2}}$
峰度系数	$\beta_K = \frac{B_4}{B_2^2} - 3$	$\beta_k = \frac{b_4}{b_2^2} - 3$
变异系数	$C_V = \frac{S}{\overline{X}}$	$c_v = \frac{s}{\overline{x}}$

(4) p分位数$(0 < p < 1)$:

$$M_p = \begin{cases} X_{(\lfloor np+1 \rfloor)}, & np\text{不是整数} \\ \frac{1}{2}\left(X_{(np)} + X_{(np+1)}\right), & np\text{是整数} \end{cases}$$

其中，$\lfloor x \rfloor$表示将x向下取整，例如$\lfloor 2.7 \rfloor = 2$.

定理 6.2 设总体X的概率函数为$f(x)$，分布函数为$F(x)$，$X_1, X_2, \cdots, X_n$为样本，则第k个顺序统计量$X_{(k)}$的密度函数为

$$f_k(x) = \frac{n!}{(k-1)!(n-k)!}[F(x)]^{k-1}[1-F(x)]^{n-k}f(x)$$

特别地，最小与最大顺序统计量的概率函数分别为

$$f_1(x) = n[1-F(x)]^{n-1}f(x), \quad f_n(x) = n[F(x)]^{n-1}f(x)$$

例如，若总体分布为$U(0,1)$，$X_1, X_2, \cdots, X_n$为样本，则第k个顺序统计量的密度函数为

$$f_k(x) = \frac{n!}{(k-1)!(n-k)!}x^{k-1}(1-x)^{n-k}, \quad 0 < x < 1$$

这正是贝塔分布的密度函数.

由统计量的定义还反映了以下几个事实:

(1) 统计量$T = T(X_1, X_2, \cdots, X_n)$可以视作关于独立同分布的随机序列的函数，所以$T(X_1, X_2, \cdots, X_n)$是一个随机变量，相应统计量的分布称为**抽样分布**.

(2)统计量的观测值$T(x_1, x_2, \cdots, x_n)$是一个具体的数值，它反映了在样本$x_1, x_2, \cdots, x_n$下的数字特征. 一些特定统计量的观测值能反映总体各方面的特征.

虽然统计量中不含有任何未知参数，但是其分布往往包含了未知参数的信息. 例如，我们得到一个正态分布的总体$N\left(\mu, \sigma^2\right)$下的样本 $X_1, X_2, \cdots, X_n$. 令$\overline{X}_n = \dfrac{1}{n}\sum_{i=1}^{n} X_i$是一个不含有未知参数的统计量，由正态分布的性质可知，$\overline{X}_n \sim N\left(\mu, \dfrac{\sigma^2}{n}\right)$，由此可见$\overline{X}_n$的分布与参数$\mu$是有关的.

为了研究总体的分布与特征，一方面，我们关心统计量在观测前服从何种分布，即用抽样分布来推断总体分布；另一方面，因为统计量的观测值是总体的数字特征在样本上的体现，所以统计量的观测值往往能从不同侧面反映总体的基本特征.

6.2.3 样本的数字特征

当面对一组样本的数据时，相较每一个观测值，我们常常更关心的是能反映这组数据特征的一些值. 例如，若比较两个班的成绩，我们可以从最值、均值、中位数、方差等角度进行比较. 本节将主要讨论样本观测值的数字特征，可以从集中趋势、离散程度及分布形态三个方面进行描述.

1. 集中趋势的数字特征

集中趋势是指一组数据向某中心值靠拢的倾向，一般用平均指标作为集中趋势的度量指标，主要包括均值、中位数和众数.

1) 均值

在日常生活中我们经常使用均值来刻画一组数据的平均水平（或中心位置），也称为均值. 例如，要测量一个物体的长度，为了减少测量的误差，一般取多次测量的均值作为其最终的测量值；为考察一个班级的语文教学水平，可以求出其平均分.

如果给定一组数是$x_1, x_2, \cdots, x_n$，那么这组数的均值为

$$\overline{x} = \frac{1}{n}(x_1 + x_2 + \cdots + x_n) = \frac{1}{n}\sum_{i=1}^{n} x_i$$

如果在一组数据中，x_1出现了f_1次，x_2出现了f_2次，$\cdots\cdots$，x_n出现了f_n次，则称

$$\overline{x} = \frac{f_1 x_1 + f_2 x_2 + \cdots f_n x_n}{f_1 + f_2 + \cdots + f_n} = \sum_{i=1}^{n} p_i x_i$$

为加权均值，其中，$p_i = \dfrac{f_i}{\sum_{i=1}^{n} f_i}$ $(i = 1, 2, \cdots, n)$称为"权重"，它满足$\sum_{i=1}^{n} p_i = 1$.

均值能够充分利用数据的信息，但易受极端值影响.

例 6.9 甲、乙两人参加面试，10个评委分别给两人打出的分数如下：

甲： 57 69 65 67 57 62 68 58 67 99

乙： 0 65 79 77 71 71 70 76 77 82

计算两人的平均成绩.

解 经计算可得两人的平均成绩分别为

$$\overline{x} = \frac{57 + 69 + 65 + 67 + 57 + 62 + 68 + 58 + 67 + 99}{10} = 66.9$$

$$\overline{y} = \frac{0 + 65 + 79 + 77 + 71 + 71 + 70 + 76 + 77 + 82}{10} = 66.8$$

从平均分来看，两人的平均分几乎相等. 由于均值易受极端值的影响，因此将两组得分数中分别剔除最大值与最小值再计算均值，得到

$$\overline{x}' = \frac{69+65+67+57+62+68+58+67}{8} = 64.125$$

$$\overline{y}' = \frac{65+79+77+71+71+70+76+77}{8} = 73.25$$

由此可见，乙的平均分高于甲，我们有理由相信乙和甲相比更优秀.

在计算均值时还可以利用以下性质.

性质 6.1 如果$x_1, x_2, \cdots, x_n$的均值为$\overline{x}$，且a、b为常数，则$ax_1+b, ax_2+b, \cdots, ax_n+b$的均值为$a\overline{x}+b$.

以上性质可以经过以下计算得到.

$$\frac{1}{n}\sum_{i=1}^{n}(ax_i+b) = \frac{1}{n}\left(\sum_{i=1}^{n}ax_i + \sum_{i=1}^{n}b\right) = \frac{1}{n}\sum_{i=1}^{n}ax_i + \frac{1}{n}\sum_{i=1}^{n}b$$

$$= \frac{1}{n}a\sum_{i=1}^{n}x_i + b = a\overline{x}+b$$

性质 6.2 如果$x_1, x_2, \cdots, x_n$的均值为$\overline{x}$，则$\sum_{i=1}^{n}(x_i-\overline{x})=0$，即$\sum_{i=1}^{n}x_i = n\overline{x}$.

性质 6.3 若有两组样本$x_1, x_2, \cdots, x_n$和$y_1, y_2, \cdots, y_m$，它们的均值分别为$\overline{x}$和$\overline{y}$，将两组样本合并为$x_1, x_2, \cdots, x_n, y_1, y_2, \cdots, y_m$，则该样本的均值为

$$\overline{z} = \frac{n\overline{x} + m\overline{y}}{n+m}$$

证明 这是因为$n\overline{x} = \sum_{i=1}^{n}x_i, m\overline{y} = \sum_{i=1}^{m}y_i$，所以

$$\overline{z} = \frac{(x_1+x_2+\cdots+x_n)+(y_1+y_2+\cdots+y_m)}{m+n} = \frac{n\overline{x}+m\overline{y}}{n+m}$$

性质 6.4 对于任意的常数c、d，有

$$\sum_{i=1}^{n}(x_i-c)(y_i-d) = \sum_{i=1}^{n}(x_i-\overline{x})(y_i-\overline{y}) + n(\overline{x}-c)(\overline{y}-d)$$

证明

$$\sum_{i=1}^{n}(x_i-c)(y_i-d)$$

$$= \sum_{i=1}^{n}(x_i-\overline{x}-c+\overline{x})(y_i-\overline{y}-d+\overline{y})$$

$$= \sum_{i=1}^{n}[(x_i-\overline{x})(y_i-\overline{y}) + (\overline{x}-c)(y_i-\overline{y}) + (\overline{y}-d)(x_i-\overline{x}) + (\overline{x}-c)(\overline{y}-d)]$$

$$= \sum_{i=1}^{n}(x_i-\overline{x})(y_i-\overline{y}) + (\overline{x}-c)\sum_{i=1}^{n}(y_i-\overline{y}) + (\overline{y}-d) + \sum_{i=1}^{n}(x_i-\overline{x}) + n(\overline{x}-c)(\overline{y}-d)$$

$$= \sum_{i=1}^{n}(x_i-\overline{x})(y_i-\overline{y}) + n(\overline{x}-c)(\overline{y}-d)$$

这里用到了性质6.2, 即有 $\sum_{i=1}^{n}(y_i-\overline{y})=\sum_{i=1}^{n}(x_i-\overline{x})=0$.

性质 6.5 一组数据 $x_1,x_2,\cdots,x_n$ 的均值为 $\overline{x}_n$, 在这组数据中添加一个数据 x_{n+1} 后, 数据 $x_1,x_2,\cdots,x_{n+1}$ 的均值 $\overline{x}_{n+1}$ 可以表示为

$$\overline{x}_{n+1}=\overline{x}_n+\frac{1}{n+1}(x_{n+1}-\overline{x}_n)$$

证明 这是因为

$$\begin{aligned}\overline{x}_{n+1} &= \frac{1}{n+1}\left(\sum_{i=1}^{n}x_i+x_{n+1}\right)=\frac{1}{n+1}(n\overline{x}_n+x_{n+1})\\ &= \frac{1}{n+1}[(n+1)\overline{x}_n+(x_{n+1}-\overline{x}_n)]\\ &= \overline{x}_n+\frac{1}{n+1}(x_{n+1}-\overline{x}_n)\end{aligned}$$

例 6.10 在一次统计全班成绩的过程中计算出40人的平均成绩为60分, 现发现有一名转学生的成绩未统计, 这名学生的成绩为80分, 求全班学生的平均分是多少?

解

$$\overline{x}=60+\frac{1}{40+1}\times(80-60)\approx 60.5$$

例 6.11 数据2、3、x、5、9、y的均值是3, 则 $x+y$ 等于多少?

解 因为

$$\overline{z}=\frac{(2+3+5+9)+(x+y)}{4+2}=\frac{19+(x+y)}{6}=3$$

所以 $x+y=18-19=-1$.

2) 中位数

中位数是描述数据中心位置的数字特征. 中位数的显著特点是不易受到异常值的影响, 具有稳健性, 因此它是数据分析中相当重要的统计量. 将样本数据从小到大进行排列可得 $x_{(1)},x_{(2)},\cdots,x_{(n)}$, 中位数的定义为

$$m_{0.5}=\begin{cases}x_{(\frac{n+1}{2})}, & n\text{为奇数}\\ \frac{1}{2}\left(x_{(\frac{n}{2})}+x_{(\frac{n}{2}+1)}\right), & n\text{为偶数}\end{cases}$$

百分位数是中位数的推广. 将数据按从小到大的顺序排列后, 对于 $0<p<1$, 它的 p 分位点定义为

$$m_p=\begin{cases}x_{(\lfloor np+1\rfloor)}, & np\text{不是整数}\\ \frac{1}{2}\left(x_{(np)}+x_{(np+1)}\right), & np\text{是整数}\end{cases}$$

例 6.12 对于12个数据6、7、7、7、7、8、8、8、8、9、9, 求这组数据的中位数.

解 这组数据的中位数为

$$m_{0.5}=\frac{7+8}{2}=7.5$$

需要注意的是, 中位数不一定在数据中, 当一组数据有奇数个时, 其中位数一定在数据中, 即处于中间位置的那个数; 当一组数据有偶数个时, 中位数是处于最中间位置的那两个数据的均值, 此时中位数就有可能不在这组数据中了. 中位数描述的是数据的中心位置, 不受极

端值的影响.

3) 众数

一组数据中出现次数最多的数就是这组数据的众数. 一组数据的众数有可能不只一个, 但众数一定是这组数据中的数. 例如, 例6.12中的众数就是7.

2. 离散程度的数字特征

测定离散程度的指标有极差、方差和标准差、变异系数等.

1) 极差

将一组数据从小到大进行排列得到 $x_{(1)} \leqslant x_{(2)} \leqslant \cdots \leqslant x_{(n)}$, 定义样本的极差为最大值与最小值之差, 即 $R = x_{(n)} - x_{(1)}$.

2) 方差和标准差

在一组数据 $x_1, x_2, \cdots, x_n$ 中, 各数据与它们的均值 $\overline{x} = \frac{1}{n}\sum_{i=1}^{n} x_i$ 的差的平方分别是 $(x_1 - \overline{x})^2, (x_2 - \overline{x})^2, \cdots, (x_n - \overline{x})^2$, 那么我们用它们的均值, 即用

$$s_n^2 = \frac{1}{n}\left[(x_1 - \overline{x})^2 + (x_2 - \overline{x})^2 + \cdots + (x_n - \overline{x})^2\right] = \frac{1}{n}\sum_{i=1}^{n}(x_i - \overline{x})^2$$

来衡量这组数据的波动大小, 并把它叫作这组数据的方差. 一组数据方差越大, 说明这组数据波动越大. 把方差的算术平方根, 即

$$s_n = \sqrt{\frac{1}{n}\sum_{i=1}^{n}(x_i - \overline{x})^2}$$

称为这组数据的标准差. 它也是一个用于衡量一组数据波动大小的重要量.

在计算方差时还可以利用以下性质.

性质 6.6 $s_n^2 = \frac{1}{n}\sum_{i=1}^{n} x_i^2 - \overline{x}^2$

证明 将每一项平方展开, 计算得

$$\begin{aligned} s_n^2 &= \frac{1}{n}\sum_{i=1}^{n}(x_i - \overline{x})^2 \\ &= \frac{1}{n}\sum_{i=1}^{n}(x_i^2 - 2\overline{x}x_i + \overline{x}^2) \\ &= \frac{1}{n}\left(\sum_{i=1}^{n} x_i^2 - n\overline{x}^2\right) \\ &= \frac{1}{n}\sum_{i=1}^{n} x_i^2 - \overline{x}^2 \end{aligned}$$

性质 6.7 如果 a、b 为常数, 则 $ax_1 + b, ax_2 + b, \cdots, ax_n + b$ 的方差为 $a^2 s_n^2$.

证明 由方差的定义计算得

$$\frac{1}{n}\sum_{i=1}^{n}[(ax_i+b)-(a\overline{x}+b)]^2$$
$$=\frac{1}{n}\sum_{i=1}^{n}(ax_i-a\overline{x})^2$$
$$=\frac{1}{n}\sum_{i=1}^{n}a^2(x_i-\overline{x})^2$$
$$=\frac{a^2}{n}\sum_{i=1}^{n}(x_i-\overline{x})^2$$
$$=a^2 s_n^2$$

例 6.13 求容量为2的样本x_1、x_2的方差.

解 经计算得 $s_2^2 = \frac{1}{2}\left[\left(x_1-\frac{x_1+x_2}{2}\right)^2+\left(x_2-\frac{x_1+x_2}{2}\right)^2\right] = \frac{1}{4}(x_1-x_2)^2$

需要说明的是，在概率论与数理统计中一般定义的方差为

$$s^2 = \frac{1}{n-1}\sum_{i=1}^{n}(x_i-\overline{x})^2$$

这是因为这样定义的方差正好是总体方差的无偏估计，这一点将在下一章学习到.

3) 变异系数

当需要比较两组数据离散程度大小的时候，此时应消除测量尺度和量纲的影响，它是标准差与其均值的比，定义为$c_v = \frac{s}{\overline{x}}$.

3. 分布形态的数字特征

矩、偏度系数和峰度系数是反映总体分布形态的指标. 矩用于反映数据分布的形态特征，偏度系数用于反映数据分布不对称的方向和程度，峰度系数用于反映数据分布图形的尖峭程度或峰凸程度.

1) 原点矩和中心矩

对于一组数据$x_1, x_2, \cdots, x_n$，原点矩和中心距的定义为

k阶原点矩定义为 $a_k = \frac{1}{n}\sum_{i=1}^{n}x_i^k$, $k=1,2,\cdots$;

k阶中心矩定义为 $b_k = \frac{1}{n}\sum_{i=1}^{n}(x_i-\overline{x})^k$, $k=1,2,\cdots$.

样本（k阶）原点矩、样本（k阶）中心矩都是样本的函数，样本的一阶原点矩就是样本均值，样本的一阶中心矩恒等于零，样本的二阶中心距就是样本方差，即$a_1 = \overline{x}$, $b_1 = 0$, $b_2 = s^2$.

2) 偏度系数

偏度系数是刻画数据的对称性指标. 图形中关于均值对称的数据其偏度系数为0；右侧更分

散的数据其偏度系数为正,左侧更分散的数据其偏度系数为负. 偏度系数的计算公式为

$$\beta_s = \frac{b_3}{b_2^{\frac{3}{2}}} = \frac{\frac{1}{n}\sum\limits_{i=1}^{n}(x_i-\overline{x})^3}{\left[\frac{1}{n}\sum\limits_{i=1}^{n}(x_i-\overline{x})^2\right]^{\frac{3}{2}}}$$

例 6.14 在甲、乙两个城市各随机调查了若干名人员的年薪情况,将所调查的数据绘制成两幅直方图,通过直方图的分布能否判断哪个城市的人员收入更高?

解 绘制图6.12如下所示.

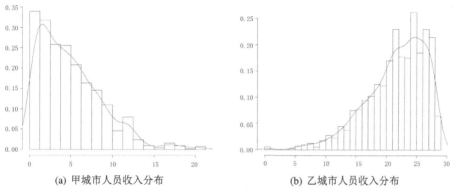

(a) 甲城市人员收入分布　　　　　　(b) 乙城市人员收入分布

图 6.12　甲、乙两个城市收入情况分布的比较

从直方图可见,甲城市的大部分人群都是低收入人群,而乙城市恰好相反.

3) 峰度系数

峰度系数是反映总体分布密度曲线在其峰值附近的陡峭程度和在其尾部粗细程度的统计量. 当峰度系数为正时,两侧的极值数据较多;当峰度系数为负时,两侧的极值数据较少. 峰度系数的计算公式为

$$\beta_k = \frac{b_4}{b_2^2} - 3 = \frac{\frac{1}{n}\sum\limits_{i=1}^{n}(x_i-\overline{x})^4}{\left[\frac{1}{n}\sum\limits_{i=1}^{n}(x_i-\overline{x})^2\right]^2} - 3$$

另外还有校正平方和、半极差、样本标准误差、样本秩等数字特征, 有兴趣的读者可深入阅读其他相关文献.

例 6.15 从A、B、C 3个公司中各抽取75名员工,调查他们的某月获得的销售业绩奖金情况, 所得数据如表6.4所示,对3个公司员工的销售业绩奖金情况做描述统计分析.

解 在Excel中复制数据,然后在R语言中导入数据,经过整理可得3个公司员工该月的销售业绩奖金的描述统计.

观察表6.5中的结果可以发现, A公司的平均奖金最高, 极差也较小, 说明该公司销售业绩水平相当, 而B 公司则恰好反之, 极差和方差都比较大, 说明该公司销售业绩水平差距较大, 且平均销售业绩奖金较低, 有半数员工的奖金在2606元以下, 最低奖金才621元. 以下结果的计算可参见6.4例6.21.

表 6.4　3个公司员工销售业绩奖金数据表

A	B	C	A	B	C	A	B	C
3453	2346	5242	3612	1815	4068	3576	2711	1631
3529	2289	2798	3518	4493	2735	3423	1784	4123
3424	3122	2219	3326	3555	3280	3428	3627	2301
3518	1599	3933	3411	1912	2334	3267	2587	2702
3499	2369	3739	3409	1645	2227	3553	2399	3459
3162	3308	2493	3490	2736	1729	3224	2311	3627
3707	2339	4561	3693	3414	2735	3544	3075	3202
3350	2118	3319	3335	3104	2992	3676	2667	2152
3479	3079	2940	3483	1894	3644	3683	2913	2902
3516	3692	4952	3521	2536	4228	3865	1932	4737
3551	5442	4184	3312	2741	4534	3448	2346	3565
3521	2770	3521	3548	1994	3042	3598	3018	5673
3299	2514	4343	3755	2294	2340	3568	2771	3059
3599	2255	5023	3530	1679	4259	3688	4021	2357
3394	1781	3263	3373	3768	4452	3489	2633	2719
3502	2498	1866	3490	2048	2038	3533	2190	4479
3592	3470	2918	3499	2665	4184	3499	2097	5049
3357	2148	4291	3481	4321	3396	3434	1575	3567
3435	3485	3015	3500	3221	3152	3526	2625	2768
3636	2999	1956	3237	4302	3842	3505	3537	4158
3610	3170	3029	3497	621	4917	3515	2650	3063
3514	2606	3717	3578	1536	2096	3471	2580	3137
3479	3212	2244	3551	1034	4904	3526	4183	3737
3452	3100	2985	3619	2729	4684	3284	1150	3622
3552	2537	3927	3479	2184	5547	3654	1969	4371

表 6.5　3个公司员工销售业绩奖金的统计结果

描述统计量	A公司	B公司	C公司
平均奖金	3498	2665	3467
最低奖金	3162	621	1631
最高奖金	3865	5442	5673
极差	703	4821	4042
方差	15415.48	707060.93	960595.51
标准差	124.1591	840.8692	980.0997
变异系数	0.04	0.32	0.32
0.25分位点	3434	2133	2752
中位数	3502	2606	3396
0.75分位点	3552	3133	4206

6.3　常用抽样分布

由上一节看到,统计量将样本的信息进行"加工",反映出我们关注的信息.事实上,我们不仅关心统计量的观测值,还需要知道在观测前统计量服从的分布类型.本节主要介绍几个常用的抽样分布及其性质.

6.3.1 χ^2（卡方）分布

定义 6.5 设 $X_1, X_2, \cdots, X_n$ 独立同分布于标准正态分布 $N(0,1)$，则统计量

$$\chi^2 = X_1^2 + X_2^2 + \cdots + X_n^2$$

服从自由度为 n 的 χ^2 分布，记为 $\chi^2 \sim \chi^2(n)$. χ^2 的密度函数为

$$f(x) = \begin{cases} \dfrac{(1/2)^{\frac{n}{2}}}{\Gamma(n/2)} x^{\frac{n}{2}-1} e^{-\frac{x}{2}}, & x > 0 \\ 0, & x \leqslant 0 \end{cases} \tag{6.4}$$

其中，$\Gamma(\alpha) = \int_0^{+\infty} x^{\alpha-1} e^{-x} dx (\alpha > 0)$ 表示伽马函数.

由 χ^2 分布的密度函数(6.4)，在 $n = 1, 3, 5, 10$ 情形下，绘制出 χ^2 分布的密度函数，如图6.13所示，并且 χ^2 分布具有以下性质.

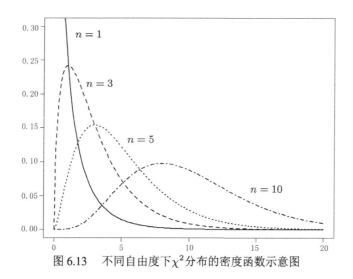

图 6.13 不同自由度下 χ^2 分布的密度函数示意图

性质 6.8 设样本 $X_1, X_2, \cdots, X_n$ 来自正态总体 $N(\mu, \sigma^2)$，则

$$\frac{1}{\sigma^2} \sum_{i=1}^n (X_i - \mu)^2 \sim \chi^2(n)$$

证明 令 $Y_i = \dfrac{X_i - \mu}{\sigma}$，$i = 1, 2, \cdots, n$，且由于 $X_1, X_2, \cdots, X_n$ 相互独立可知

$$Y_1, Y_2, \cdots, Y_n \stackrel{\text{IID}}{\sim} N(0,1)$$

所以根据 χ^2 分布的定义可得

$$\sum_{i=1}^n Y_i^2 = \sum_{i=1}^n \left(\frac{X_i - \mu}{\sigma}\right)^2 = \frac{1}{\sigma^2} \sum_{i=1}^n (X_i - \mu)^2 \sim \chi^2(n)$$

性质 6.9 设 $X \sim \chi^2(n)$，$Y \sim \chi^2(m)$，且 X 与 Y 相互独立，则有

$$X + Y \sim \chi^2(n + m)$$

直观上，可以将总体 X 和 Y 视作若干个独立标准正态分布随机变量的平方和的形式，即有

$X_1, X_2, \cdots, X_n, Y_1, Y_2, \cdots, Y_m \stackrel{\text{IID}}{\sim} N(0,1)$,令 $X = \sum\limits_{i=1}^{n} X_i^2$, $Y = \sum\limits_{i=1}^{m} Y_i^2$,有

$$X + Y = \sum_{i=1}^{n} X_i^2 + \sum_{i=1}^{m} Y_i^2 \sim \chi^2(n+m)$$

关于性质6.9的严格证明需要计算两个独立伽马分布的随机变量和.

性质 6.10 若统计量 $\chi^2 \sim \chi^2(n)$,则 χ^2 的期望和方差分别为

$$E(\chi^2) = n, \quad D(\chi^2) = 2n$$

证明 设 $\chi^2 = \sum\limits_{i=1}^{n} X_i^2$,其中 $X_1, X_2, \cdots, X_n \stackrel{\text{IID}}{\sim} N(0,1)$,由此计算得

$$\begin{aligned}
E(X_i) &= 0, \ E(X_i^2) = D(X_i) + [E(X_i)]^2 = 1 \\
E(X_i^4) &= \int_{-\infty}^{+\infty} x^4 \frac{1}{\sqrt{2\pi}} e^{-\frac{x^2}{2}} dx \\
&= \frac{1}{\sqrt{2\pi}} \int_{-\infty}^{+\infty} x^3 e^{-\frac{x^2}{2}} d\left(\frac{x^2}{2}\right) \\
&= -\frac{1}{\sqrt{2\pi}} \int_{-\infty}^{+\infty} x^3 d\left(e^{-\frac{x^2}{2}}\right) \\
&= -\frac{1}{\sqrt{2\pi}} x^3 e^{-\frac{x^2}{2}} \Big|_{-\infty}^{+\infty} + 3 \int_{-\infty}^{+\infty} x^2 \left(\frac{1}{\sqrt{2\pi}} e^{-\frac{x^2}{2}}\right) dx \\
&= 3 E(X_i^2) = 3, \ i = 1, 2, \cdots, n
\end{aligned}$$

所以可得

$$\begin{aligned}
E(\chi^2) &= \sum_{i=1}^{n} E(X_i^2) = n \\
D(\chi^2) &= \sum_{i=1}^{n} D(X_i^2) = \sum_{i=1}^{n} \left\{ E(X_i^4) - [E(X_i^2)]^2 \right\} = 3n - n = 2n
\end{aligned}$$

χ^2 分布常应用于假设检验,需要计算 $\chi^2 \sim \chi^2(n)$ 的上 α 分位点,其中 $0 < \alpha < 1$,可得

$$P\left(\chi^2 \geqslant \chi_\alpha^2(n)\right) = \int_{\chi_\alpha^2(n)}^{+\infty} \frac{(1/2)^{\frac{n}{2}}}{\Gamma(n/2)} x^{\frac{n}{2}-1} e^{-\frac{x}{2}} dx = \alpha \tag{6.5}$$

中的 $\chi_\alpha^2(n)$ 值. 表B.2列出了自由度 $n = 1, 2, \cdots, 40$ 时 χ^2 分布的上 α 分位点.

例 6.16 设 $\chi^2 \sim \chi^2(5)$,求:

(1) $P(\chi^2 \leqslant 7.56)$;

(2) $P(\chi^2 > 3.79)$;

(3) 当 $\alpha = 0.25, 0.75, 0.95$ 时上分位点 $\chi_\alpha^2(5)$ 的值.

解 (1) 由于 $\chi^2 \sim \chi^2(5)$,经计算可得

$$P(\chi^2 \leqslant 7.56) \approx 0.8178$$

(2) 类似地,可计算得到

$$P(\chi^2 > 3.89) \approx 0.5654$$

(3) 通过查询表B.2，可得到上分位点为

$$\chi^2_{0.25}(5) \approx 6.626, \chi^2_{0.75}(5) \approx 2.675, \chi^2_{0.95}(5) \approx 1.145$$

以上(1)和(2)计算方法可参见6.4中的例6.22.

6.3.2 t分布

定义 6.6 设X与Y独立，并且$X \sim N(0,1)$, $Y \sim \chi^2(n)$，则称统计量

$$T = \frac{X}{\sqrt{Y/n}}$$

服从自由度为n的t分布，记作$T \sim t(n)$，其密度函数为

$$f(x) = \frac{\Gamma\left(\frac{n+1}{2}\right)}{\sqrt{n\pi}\Gamma\left(\frac{n}{2}\right)} \left(1 + \frac{x^2}{n}\right)^{-\frac{n+1}{2}}, \quad -\infty < x < +\infty \tag{6.6}$$

由t分布的密度函数(6.6)，取$n = 1, 2, 5, 10$，绘制出t分布的密度函数，并绘制出标准正态分布$N(\mu, \sigma^2)$的密度函数，如图6.14所示.

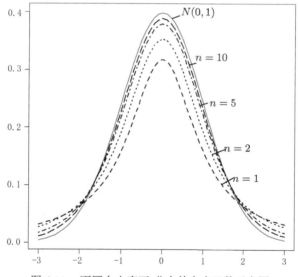

图6.14 不同自由度下t分布的密度函数示意图

由图可见，当自由度n增大时，t分布与标准正态分布越来越接近，即有

$$\lim_{n \to \infty} \frac{\Gamma\left(\frac{n+1}{2}\right)}{\sqrt{n\pi}\Gamma\left(\frac{n}{2}\right)} \left(1 + \frac{x^2}{n}\right)^{-\frac{n+1}{2}} = \frac{1}{\sqrt{2\pi}} e^{-\frac{x^2}{2}}, -\infty < x < +\infty$$

性质 6.11 若$X, X_1, X_2, \cdots, X_n \overset{\text{IID}}{\sim} N(0,1)$，则

$$T = \frac{X}{\sqrt{(X_1^2 + \cdots + X_n^2)/n}} \sim t(n)$$

所以可以通过变换独立的正态分布样本构造出χ^2分布，进而可构造出t分布.

性质 6.12 设 $T \sim t(n)$，则 T 的期望和方差分别为

$$E(T) = 0, \ n > 1$$

$$D(T) = \frac{n}{n-2}, \ n > 2$$

若 $T \sim t(n)$，定义 T 的上 α 分位点 $t_\alpha(n)$ 为

$$P(T > t_\alpha(n)) = \int_{t_\alpha(n)}^{+\infty} \frac{\Gamma\left(\frac{n+1}{2}\right)}{\sqrt{n\pi}\Gamma\left(\frac{n}{2}\right)} \left(1 + \frac{x^2}{n}\right)^{-\frac{n+1}{2}} \mathrm{d}x = \alpha \tag{6.7}$$

根据式(6.7)，表B.3给出了不同自由度下 t 分布的上 α 分位点. 因为 t 分布的密度函数是关于 y 轴对称的，所以上分位点有以下性质.

性质 6.13 设 $T \sim t(n)$，$t_\alpha(n)$ 是 T 的上 α 分位点，则有

(1) $t_{0.5}(n) = 0$；

(2) $t_{1-\alpha}(n) = -t_\alpha(n)$.

例 6.17 设 $T \sim t(3)$，求：

(1) $P(T \leqslant 3.18)$；

(2) $P(T > -1.637)$；

(3) 当 $\alpha = 0.25, 0.01, 0.95$ 时，上分位点 $t_\alpha(3)$ 的值.

解 (1) 由 $T \sim t(3)$，经计算可得

$$P(T \leqslant 3.18) \approx 1 - 0.025 = 0.975$$

(2) 类似地，经计算可得

$$P(T > -1.637) = 1 - P(T > 1.637) \approx 1 - 0.1 = 0.9$$

(3) 查表B.3可得

$$t_{0.25}(3) = 0.765, \ t_{0.01}(3) = 4.541, \ t_{0.95}(3) = -2.353$$

问题(1)和(2)的计算也可以使用R语言，计算过程见6.4中的例6.23.

6.3.3 F 分布

定义 6.7 设 X 与 Y 独立，$X \sim \chi^2(m)$，$Y \sim \chi^2(n)$，则

$$F = \frac{X/m}{Y/n} \sim F(m, n)$$

服从第一自由度为 m、第二自由度为 n 的 F 分布，记作 $F \sim F(m, n)$. 其分布密度为

$$f(x) = \begin{cases} \dfrac{\Gamma\left(\frac{m+n}{2}\right)\left(\frac{m}{n}\right)^{\frac{m}{2}}}{\Gamma\left(\frac{m}{2}\right)\Gamma\left(\frac{n}{2}\right)} x^{\frac{m}{2}-1}\left(1 + \frac{m}{n}x\right)^{-\frac{m+n}{2}}, & x > 0 \\ 0, & x \leqslant 0 \end{cases} \tag{6.8}$$

以下取不同的自由度，观察 F 分布的密度函数图像，如图6.15所示.

由 F 分布的定义可见，由两个独立的 χ^2 随机变量可以构造出 F 分布. 于是也可以按照以下方式构造 F 分布.

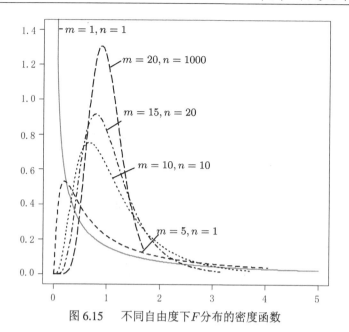

图 6.15　不同自由度下 F 分布的密度函数

性质 6.14　设 $Y_1, Y_2, \cdots, Y_m, X_1, X_2, \cdots, X_n$ 独立同分布于标准正态分布 $N(0,1)$，统计量
$$F = \frac{(Y_1^2 + \cdots + Y_m^2)/m}{(X_1^2 + \cdots + X_n^2)/n} \sim F(m,n)$$

性质 6.15　若 $F \sim F(m,n)$，则 $\dfrac{1}{F} \sim F(n,m)$.

性质 6.16　若 $T \sim t(n)$，则 $T^2 \sim F(1,n)$.

以上性质都可以由 F 分布的定义推导得到.

性质 6.17　若 $F \sim F(m,n)$，则 F 的期望和方差分别为
$$E(F) = \frac{n}{n-2}, \ n > 2$$
$$D(F) = \frac{2n^2(m+n-2)}{m(n-2)^2(n-4)}, \ n > 4$$

F 分布的期望只与第二自由度有关.

若 $F \sim F(m,n)$，定义 $F(m,n)$ 分布的上 α 分位点 $F_\alpha(m,n)$ 由下式给出.
$$P(F > F_\alpha(m,n)) = \int_{F_\alpha(m,n)}^{+\infty} \frac{\Gamma\left(\frac{m+n}{2}\right)\left(\frac{m}{n}\right)^{\frac{m}{2}}}{\Gamma\left(\frac{m}{2}\right)\Gamma\left(\frac{n}{2}\right)} x^{\frac{m}{2}-1}\left(1 + \frac{m}{n}x\right)^{-\frac{m+n}{2}} dx = \alpha \tag{6.9}$$

例 6.18　设 $F \sim F(10,5)$，求

(1) $P(F \leqslant 4.74)$;

(2) $P(F > 2.65)$;

(3) 当 $\alpha = 0.025, 0.05, 0.1$ 时上分位点 $F_\alpha(10,5)$ 的值.

解　(1) 由 $F \sim F(10,5)$，经计算可得
$$P(F \leqslant 4.74) \approx 0.9501$$

(2) 经计算可得
$$P(F > 2.65) \approx 0.1468$$

(3) 同样地，通过查询表B.4可得
$$F_{0.025}(10,5) \approx 6.62, \ F_{0.05}(10,5) \approx 4.74, \ F_{0.1}(10,5) \approx 3.30$$

以上的计算结果都可以在表B.4中查询得到，问题(1)和(2)的计算，可参见6.4中的例6.24.

6.3.4 正态总体下的抽样分布

正态分布总体下的样本具有很多重要的性质，本节主要讨论在正态总体下统计量的抽样分布问题.

定理 6.3 设$X_1, X_2, \cdots, X_n$是来自正态总体$N(\mu, \sigma^2)$的样本，样本均值和样本方差分别为
$$\overline{X} = \frac{1}{n}\sum_{i=1}^{n} X_i, \ S^2 = \frac{1}{n-1}\sum_{i=1}^{n}\left(X_i - \overline{X}\right)^2$$

则有：

(1) $\overline{X}$与S^2是相互独立的；

(2) $\dfrac{(n-1)S^2}{\sigma^2} = \dfrac{1}{\sigma^2}\sum_{i=1}^{n}\left(X_i - \overline{X}\right)^2 \sim \chi^2(n-1).$

证明省略.

例 6.19 从正态总体$N(\mu, \sigma^2)$中抽取一个容量为16的样本，令$\overline{X}$与S^2分别表示样本的均值和方差. 如果μ、σ^2均未知，求S^2的方差$D(S^2)$及概率$P\left(\dfrac{S^2}{\sigma^2} \leqslant 0.484\right)$.

解 由于$\dfrac{(16-1)S^2}{\sigma^2} \sim \chi^2(15)$，且由$\chi^2$分布的性质可知
$$D\left(\frac{15S^2}{\sigma^2}\right) = 2 \times 15 = 30$$

即$\dfrac{15^2}{\sigma^4}D\left(S^2\right) = 30$，解之得$D\left(S^2\right) = \dfrac{2\sigma^4}{15}$.

$$\begin{aligned}
P\left(\frac{S^2}{\sigma^2} \leqslant 0.484\right) &= P\left(\frac{(16-1)S^2}{\sigma^2} \leqslant (16-1) \times 0.484\right) \\
&= 1 - P\left(\frac{15S^2}{\sigma^2} > 7.26\right) \\
&= 1 - 0.95 \\
&= 0.05
\end{aligned}$$

定理 6.4 设$X_1, X_2, \cdots, X_n$来自于总体$X \sim N(\mu, \sigma^2)$，则有

(1) $U = \dfrac{\overline{X} - \mu}{\sigma/\sqrt{n}} \sim N(0, 1);$

(2) $T = \dfrac{\overline{X} - \mu}{S/\sqrt{n}} \sim t(n-1).$

证明 (1) 由于
$$E(\overline{X}) = \frac{1}{n}\sum_{i=1}^{n} E(X_i) = \frac{1}{n} \cdot n\mu = \mu$$
$$D(\overline{X}) = \frac{1}{n^2}\sum_{i=1}^{n} D(X_i) = \frac{1}{n^2} \cdot n\sigma^2 = \frac{\sigma^2}{n}$$

且由定理3.8可知，$\overline{X}$是独立的正态随机变量序列的线性组合，所以有$\overline{X} \sim N\left(\mu, \frac{\sigma^2}{n}\right)$，标准化后得到结论.

(2) 根据以上的结论有
$$U = \frac{\overline{X} - \mu}{\sigma/\sqrt{n}} \sim N(0,1), \quad \chi^2 = \frac{(n-1)S^2}{\sigma^2} \sim \chi^2(n-1)$$

再由t分布的定义有
$$T = \frac{U}{\sqrt{\chi^2/(n-1)}} = \frac{\overline{X} - \mu}{\sigma/\sqrt{n}} \bigg/ \sqrt{\frac{(n-1)S^2}{\sigma^2(n-1)}} = \frac{\overline{X} - \mu}{S/\sqrt{n}} \sim t(n-1)$$

定理6.4体现了正态分布与t分布之间的差别，当n很大时，t分布与标准正态分布非常接近，而当n很小时，在计算概率时就需要区别两者.

定理 6.5 设$X_1, X_2, \cdots, X_m$和$Y_1, Y_2, \cdots, Y_n$分别来自正态总体$N(\mu_1, \sigma_1^2)$与$N(\mu_2, \sigma_2^2)$的两个独立样本，$\overline{X}$、$\overline{Y}$、S_1^2、S_2^2分别表示这两个样本的均值与方差，则

(1) $\overline{X} \pm \overline{Y} \sim N\left(\mu_1 \pm \mu_2, \frac{\sigma_1^2}{m} + \frac{\sigma_2^2}{n}\right)$;

(2) $\dfrac{S_1^2/\sigma_1^2}{S_2^2/\sigma_2^2} \sim F(m-1, n-1)$;

(3) 当$\sigma_1^2 = \sigma_2^2 = \sigma^2$时，有
$$\frac{\overline{X} - \overline{Y} - (\mu_1 - \mu_2)}{S_w\sqrt{1/m + 1/n}} \sim t(m+n-2)$$

其中，$S_w^2 = \dfrac{(m-1)S_1^2 + (n-1)S_2^2}{m+n-2}$.

证明 (1) 由于 $\overline{X} \sim N\left(\mu_1, \frac{\sigma_1^2}{m}\right), \overline{Y} \sim N\left(\mu_2, \frac{\sigma_2^2}{n}\right)$，且两组样本相互独立，因此根据正态分布的性质直接可以得到结论；

(2) 由于 $\dfrac{(m-1)S_1^2}{\sigma_1^2} \sim \chi^2(m-1)$，$\dfrac{(n-1)S_2^2}{\sigma_2^2} \sim \chi^2(n-1)$，再由$F$分布的定义可知

$$\frac{\dfrac{(m-1)S_1^2}{\sigma_1^2} \bigg/ (m-1)}{\dfrac{(n-1)S_2^2}{\sigma_2^2} \bigg/ (n-1)} = \frac{S_1^2/\sigma_1^2}{S_2^2/\sigma_2^2} \sim F(m-1, n-1)$$

(3) 当 $\sigma_1^2 = \sigma_2^2 = \sigma^2$ 时,

$$U = \frac{\overline{X} - \overline{Y} - (\mu_1 - \mu_2)}{\sqrt{\frac{\sigma^2}{m} + \frac{\sigma^2}{n}}} \sim N(0,1)$$

$$V = \frac{(m-1)S_1^2}{\sigma^2} + \frac{(n-1)S_2^2}{\sigma^2} \sim \chi^2(m+n-2)$$

且U与V是相互独立的，由t分布的定义有

$$\frac{U}{\sqrt{V/(m+n-2)}} = \frac{\dfrac{\overline{X} - \overline{Y} - (\mu_1 - \mu_2)}{\sigma\sqrt{1/m + 1/n}}}{\sqrt{\dfrac{(m-1)S_1^2 + (n-1)S_2^2}{(m+n-2)\sigma^2}}} = \frac{\overline{X} - \overline{Y} - (\mu_1 - \mu_2)}{S_w\sqrt{1/m + 1/n}} \sim t(m+n-2)$$

基于正态总体下的抽样分布是诸多统计工作的重要部分，由此可以构造出各种分布. 而正态总体下的统计抽样分布可以构造出很多实用的统计推断方法，可以参考相关文献.

6.4 R语言在描述统计分析中的应用

本节主要讨论如何应用R语言描述统计分析问题.

1. 频率分布表与直方图

在R语言中可以自编函数以实现频率分布直方图的绘制工作. 首先定义函数.

```
freqsta=function(w,freq=FALSE,breaks=10){
  p=hist(w,freq=freq,breaks=breaks)
  n=length(p$breaks)
  int1=p$breaks[-n]
  int2=p$breaks[-1]
  counts=p$counts
  density=(int2-int1)*p$density
  cumden=cumsum(density)
  data.frame(int.lower=int1,int.upper=int2,counts=counts,
  density=density,cumden=cumden)}
```

例 6.20 生成例6.7中的频率分布直方图.

解 首先，运行自编函数freqsta().

其次，录入通过车辆数的数据，可运行如下命令.

```
w=c(15,17,18,19,21,21,22,22,22,23,24,26,26,26,26,26,
    26,28,28,29,29,29,30,31,31,31,31,31,33,33,33,33,
    34,35,36,36,36,38,38,39,39,39,39,40,40,40,40,41,
    41,41,41,42,42,42,42,43,45,45,45,45,46,46,48,48,
    48,48,49,49,49,50,51,51,51,53,53,53,56,57,57,59,
    59,59,59,60,60,64,66,66,66,68,68,68,72,74,77,81,
    81,91,95,113)#录入车辆数的数据
```

最后，运行如下命令，即可生成频率分布结果表6.2中的结果.
```
> freqsta(w)
   int.lower int.upper counts density cumden
1         10        20      4    0.04   0.04
2         20        30     19    0.19   0.23
3         30        40     24    0.24   0.47
4         40        50     23    0.23   0.70
5         50        60     15    0.15   0.85
6         60        70      7    0.07   0.92
7         70        80      3    0.03   0.95
8         80        90      2    0.02   0.97
9         90       100      2    0.02   0.99
10       100       110      0    0.00   0.99
11       110       120      1    0.01   1.00
> lines(density(w),col=2,lwd=2)
```
读者可以自行验证函数freqsta()的功能，输入一个数据向量可以生成形如表6.2的表格. 使用函数lines()添加密度曲线，即可出现直方图与密度函数的结果.

2. 描述统计在R语言中的分析

例6.21 试讨论以下两个问题：

(1) 常见描述性统计分析函数的R语言实现；

(2) 例6.15计算的结果的R语言实现.

解 (1) 已知某项比赛得分数据分别为88、87、68、78、75、90、65、83、88、96、73，可运行如下命令对比赛结果进行描述性统计分析.
```
> A=c(88,87,68,78,75,90,65,83,88,96,73)
> mean(A)   #计算数据A的平均值
[1] 81
> median(A)   #计算数据A的中位数
[1] 83
> var(A)   #计算数据A的方差
[1] 97.8
> sd(A)   #计算数据A的标准差
[1] 9.889388
> sd(A)/mean(A)   #计算数据A的变异系数
[1] 0.1220912
> max(A)   #计算数据A中的最大值
[1] 96
> min(A)   #计算数据A中的最小值
[1] 65
> max(A)-min(A)   #计算数据A的极差
[1] 31
```

(2) 根据例6.15，首先在Excel中复制数据，然后运行如下命令读取数据.
```
> w=read.table("clipboard", header = T,sep = '\t')  #在Excel中复制数据
```
运行程序，可计算出最小值、0.25、0.5、0.75分位点和最大值.
```
> summary(w)
       A              B              C
 Min.   :3162   Min.   : 621   Min.   :1631
 1st Qu.:3434   1st Qu.:2133   1st Qu.:2752
 Median :3502   Median :2606   Median :3396
 Mean   :3498   Mean   :2665   Mean   :3467
 3rd Qu.:3552   3rd Qu.:3113   3rd Qu.:4206
 Max.   :3865   Max.   :5442   Max.   :5673
```
最后运行程序，可计算3个公司销售业绩奖金的总和、方差、标准差和极差.
```
> apply(w,2,sum)
     A      B      C
262354 199840 259997
> apply(w,2,var)
        A           B           C
 15415.48   707060.93   960595.51
> apply(w,2,sd)
        A           B           C
 124.1591   840.8692   980.0997
> A=w[,1];B=w[,2];C=w[,3]
> R=c(max(A)-min(A),max(B)-min(B),max(C)-min(C));R  #计算极差
[1]  703 4821 4042
> CV=c(sd(A)/mean(A),sd(B)/mean(B),sd(B)/mean(B))
[1] 0.03549377 0.31557839 0.31557839
> uss=c(sum(A^2),sum(B^2),sum(C^2));uss
[1] 918869030 584802850 972396601
```

3. 抽样分布的R语言应用

1) χ^2分布的R语言实现

在R语言中关于χ^2分布的函数为chisq()，加上前缀p、d、q可以实现χ^2分布各种概率的计算.

例 6.22 就例6.16，给出计算χ^2分布的R语言实现方法.

解 根据例6.16的题意知，$\chi^2 \sim \chi^2(5)$，于是问题(1)可以等价于在R语言中输入并运行程序

```
> pchisq(7.56,5)
[1] 0.8177898
```
而对于例6.16中的问题(2)，可以运行程序

```
> 1-pchisq(3.79,5)
[1] 0.5800294
```

例6.16中的问题(3),一方面可以通过查询表B.2解答;另一方面可以通过R语言实现.在R语言中函数qchisq()计算的是下分位点,计算上分位点要在函数qchisq()中将p分位数转化为上α分位点.例如,上0.25分位点$\chi^2_{0.25}(5)$要运行程序qchisq(1-0.25,5),上0.75、上0.95分位点则分别运行程序qchisq(0.25,5),qchisq(0.05,5).

在R语言中运行以下程序可以生成$\chi^2_\alpha(n)$分布的上α分位点,其中自由度$n=1,2,\cdots,40$, $\alpha=0.99,0.975,0.95,0.9,0.75,0.5,0.25,0.1,0.05,0.025,0.01$. 运行程序后,在D盘中可找到生成的$\chi^2$分布表,整理后的$\chi^2$分布表如表B.2所示.

```
> alpha=c(0.99,0.975,0.95,0.9,0.75,0.5,0.25,0.1,0.05,0.025,0.01)
> k=length(alpha)
> n=1:40
> M=matrix(0,40,k)
> for(i in 1:40){
+ for(j in 1:k){
+ M[i,j]=qchisq(1-alpha[j],n[i])
+ }
+ }
> w=cbind(c(0,n),rbind(alpha,round(M,3)))
> setwd("D:\\")#存盘的名字
> write.table(w,"卡方分布分位数表.csv",sep=",")
```

2) t分布的R语言实现

在R中计算t分布的函数是t(),加上前缀p、d、q可以计算各种t分布的概率及分位点.

例 6.23 就例6.17,给出计算t分布的R语言实现方法.

解 根据例6.17, $\chi^2 \sim \chi^2(5)$,于是问题(1)可以等价于在R语言中输入并运行程序

```
> pt(3.18,3)
[1] 0.974953
```

对于例6.17中的问题(2),可以运行程序

```
> 1-pt(-1.637,3)
[1] 0.8999237
```

同样地,对于问题(3)可以通过查询附表3,也可以通过R语言实现,即分别运行程序

```
> qt(1-0.25,3); qt(1-0.01,3); qt(1-0.95,3)
[1] 0.7648923
[1] 4.540703
[1] -2.353363
```

在R语言中生成自由度$n=1,2,\cdots,30$, $\alpha=0.25,0.1,0.05,0.025,0.01,0.005$的$t$分布上分位点$t_\alpha(n)$,其中$t_\alpha(n)$由式(6.7)给出.运行以下程序后,在D盘中可找到生成的t分布表.整理后的t分布表如表B.3所示.

```
> alpha=c(0.25,0.1,0.05,0.025,0.01,0.005)
> k=length(alpha)
> n=1:30
> M=matrix(0,30,k)
> for(i in 1:30){
+ for(j in 1:k){
+ M[i,j]=qt(1-alpha[j],n[i])
+ }}
> w=cbind(c(0,n),rbind(alpha,round(M,4)))
> setwd("D:\\")#存盘的名字
> write.table(w,"t分布上分位点.csv",sep=",")
```

3) F **分布的R语言实现**

在R中计算F分布的函数是f()，加上前缀p、d、q可以计算各种t分布的概率及分位

例.6.24 就例6.18，给出计算F分布的R语言实现方法.

解 根据例6.18，$F \sim F(10,5)$，于是问题(1)可以等价于在R语言中输入并运行程序

```
> pf(4.74,10,5)
[1] 0.9501042
```

对于例6.18中的问题(2)，可以运行程序

```
> 1- pf(2.65,10,5)
[1] 0.1468217
```

同样地，对于问题(3)可以通过查询表B.4，也可以通过R语言实现，即分别运行程序

```
> qf(1-0.025,10,5);qf(1-0.05,10,5);qf(1-0.1,10,5)
[1] 6.619154
[1] 4.735063
[1] 3.297402
```

类似于χ^2分布表与t分布表的生成方法，在R语言中，F分布对应的函数为f()，从而可以计算出不同自由度、不同α值的F分布的上分位点. 表B.4中分别给出了$\alpha = 0.005, 0.01, 0.025, 0.05, 0.1$时$F$分布的上分位点. 运行以下程序.

```
> alpha=0.005#定义此处参数输出不同分位点
> m=c(1:10,20,30,40,50,60,70,80,90,100,110,120)
> n=c(1:10,20,30,40,50,100,120)
> m0=length(m)
> n0=length(n)
> M=matrix(0,m0,n0)
> for(i in 1:m0){
+ for(j in 1:n0){
+ M[i,j]=qf(1-alpha,m[i],n[j])
+ }}
```

```
> w=cbind(c(0,m),rbind(n,round(M,2)))
> setwd("D:\\")#存盘的名字
> write.table(w,"F分布的上分位点.csv",sep=",")
```

注意程序中的第一条语句alpha=0.005表示取$\alpha=0.005$时，不同自由度下的F分布的上分位点$F_\alpha(m,n)$. 在D盘中可找到生成的F分布表.

在上面程序中将参数alpha分别取不同值，比如取alpha=0.005,0.01,0.025,0.05, 0.1，得到上分位点$F_\alpha(m,n)$，如表B.4所示. 再运行整体程序（注意每次保存文件名时，"F分布的上分位点.csv"要更改），可得到不同的F分布的上分位点.

习题 6

1. 在统计工作中，运用抽样调查进行分析的主要目的是什么? 说明在什么条件下应采用分层随机抽样，其目的是什么? 为什么在条件适合的情况下采用分层随机抽样可以达到这一目的?

2. 什么叫分层抽样、整群抽样、系统抽样? 说明其特点.

3. 试分析概率抽样几种方法的区别与联系.

4. 描述统计和推断统计的区别.

5. 举例说明总体、样本、统计量、变量及参数这几个概念及概念之间的关系.

6. 某年级选取60名学生，其身高（单位：cm）数据如下：

   126 149 143 141 127 123 137 132 135 134 146 142
   135 141 150 137 144 137 134 139 148 144 142 137
   147 138 140 132 149 131 139 142 138 145 147 137
   135 142 151 146 129 120 143 145 142 136 147 128
   142 132 138 139 147 128 139 146 139 131 138 149

   (1) 计算位置参数（均值、中位数、最大值、最小值、下四分位数、上四分位数和众数）；

   (2) 计算分散程度参数（方差、标准差、极差、偏度系数和峰度系数）；

   (3) 绘制出学生身高数据的箱线图，说明是否有异常值.

7. 有关部门从甲、乙两个城市所有的自动售货机中分别随机抽取了16台，记录了某一天上午各自的销售情况（单位：元）.

   甲：18 8 10 43 5 30 10 22 6 27 25 58 14 18 30 41
   乙：22 31 32 42 20 27 48 23 38 43 12 34 18 10 34 23

   (1) 请画出这两组数据的茎叶图；

   (2) 将这两组数据进行比较分析，你能得到什么结论?

8. 某超市为了了解顾客对服务质量的满意程度，随机抽取了前来购物的80名顾客进行问卷调查，其中一个问题是：您认为本超市的服务质量如何？请在下面的备选答案中选择一个，A.好，B.较好，C.一般，D.差，E.较差. 根据顾客的回答得到的原始资料如下：

C A D E E D D A A B C D A B E E C B B B

C B B E A A B D D D B E D E E A C B C E

A D C C B A D B B B B D D D E C A C C B A

D E B A E B E C E C E A A C A B B A B B

(1) 请根据以上资料，编制频数分布；

(2) 计算频率和累计频率，并根据累计频率说明给出服务质量评价在"一般"以上水平的顾客比率是多少；

(3) 根据频数分布，对该超市的服务质量做出评价.

9. 试根据本班同学的性别、籍贯、年龄等资料，编制一张组合表并完成简单的描述性统计.

10. 某地电视台想了解某电视栏目（如：每日晚九点至九点半的体育节目）在该地的收视率情况，于是委托一家市场咨询公司进行电话采访.

(1) 该项研究的总体是什么？

(2) 该项研究的样本是什么？

11. 某市要调查成年男子的吸烟率，特聘请50名统计专业本科生做街头随机调查，要求每位学生调查100名成年男子. 该项调查的总体和样本分别是什么？总体用什么分布描述为宜？

12. 若总体 $X \sim N(\mu, \sigma^2)$，其中 σ 已知，但 μ 未知，$X_1, X_2, \cdots, X_n$ 为它的一个简单随机样本. 试指出下列量中哪些是统计量，哪些不是统计量：

(1) $\dfrac{1}{n}\sum_{i=1}^{n} X_i$； (2) $\dfrac{1}{n}\sum_{i=1}^{n}(X_i - \mu)^2$； (3) $\dfrac{1}{n}\sum_{i=1}^{n}(X_i - \overline{X})^2$；

(4) $\dfrac{\overline{X}-3}{\sigma}\sqrt{n}$； (5) $\dfrac{\overline{X}-\mu}{\sigma}\sqrt{n}$； (6) $\dfrac{\overline{X}-5}{\sqrt{\dfrac{1}{n(n-1)}\sum_{i=1}^{n}(X_i-\overline{X})^2}}$.

13. 某公司收集到该公司20个年轻人12月份的娱乐支出费用数据：

79 84 84 88 92 93 94 97 98 99
100 101 101 102 102 108 110 113 118 125

求12月份这20个年轻人的平均娱乐支出及其样本标准差.

14. 随机抽取了8个汽车发动机活塞环，测量其内径（单位：mm）得到：

74.001 74.003 74.015 74.000 74.005 74.002 74.005 74.004

计算样本均值和样本标准差，并作出散点图.

15. 在一本书上我们随机地检查了10页, 发现每页上的错误数依次为

    1 2 2 0 1 1 0 0 1 1

    试计算其样本均值、样本方差、样本标准差、样本峰度和样本偏度.

16. 设 $x_1, x_2, \cdots, x_n$ 和 $y_1, y_2, \cdots, y_n$ 是两组样本观测值, 且有如下关系:
    $$y_i = 3x_i - 4, \quad i = 1, 2, \cdots, n$$
    试求样本均值 $\overline{x}$ 和 $\overline{y}$ 间的关系, 以及样本方差 s_x^2 和 s_y^2 之间的关系.

17. 设 $X_1, X_2, \cdots, X_n$ 是来自 $U(-1, 1)$ 的样本, 求样本均值 $\overline{X} = \frac{1}{n}\sum_{i=1}^{n} X_i$, 并求 $E(\overline{X})$ 和 $D(\overline{X})$.

18. 设总体 $X \sim N(60, 15^2)$, 从总体 X 中抽取一个容量为100的样本, 求样本均值和总体均值之差的绝对值大于3的概率.

19. 设随机变量 $X \sim t(n)$, 求 x_0, 使

    (1) $P(|X| > x_0) = 0.05$, 其中 $n = 8$;

    (2) $P(|X| \leqslant x_0) = 0.90$, 其中 $n = 12$;

    (3) $P(|X| \leqslant x_0) = 0.99$, 其中 $n = 17$;

    (4) $P(|X| \geqslant x_0) = 0.05$, 其中 $n = 6$.

20. 假设从一个均值为 $\mu = 100$, 标准差为 $\sigma = 10$ 的正态总体中随机抽取 $n = 25$ 个样本, 求样本均值落在区间 $\mu - 1.8\sigma$ 与 $\mu + 1.8\sigma$ 之间的概率.

21. 在总体 $N(7.6, 4)$ 中抽取容量为 n 的样本, 如果要求样本均值落在 $(5.6, 9.6)$ 内的概率不小于 0.95, 则 n 至少为多少?

22. 设 $X_1, X_2, \cdots, X_{16}$ 是来自 $N(\mu, \sigma^2)$ 的样本, 经计算得 $s^2 = 5.32$, 试求 $P(|\overline{X} - \mu| < 0.6)$.

23. 设总体 X 服从几何分布, 即 $P(X = k) = pq^{k-1}$, $k = 1, 2, \cdots$, 其中 $0 < p < 1$, $q = 1 - p$, $X_1, X_2, \cdots, X_n$ 为该总体的样本. 求 $X_{(n)}$ 和 $X_{(1)}$ 的概率分布.

24. 设 $X_1, X_2, \cdots, X_n$ 是来自 $N(8, 4)$ 的样本, 试求下列概率:

    (1) $P(X_{(16)} > 10)$;   (2) $P(X_{(1)} > 5)$.

25. 设总体 $X \sim N(12, 4)$, 从中抽取 $n = 10$ 的简单随机样本, 求:

    (1) $P\left(\sum_{i=1}^{10} X_i^2 > 1.44\right)$;

    (2) $P\left(\frac{1}{2} \times 0.3^2 \leqslant \frac{1}{10}\sum_{i=1}^{10}(X_i - \overline{X})^2 \leqslant 2 \times 0.3^2\right)$.

26. 设总体 $X \sim N(\mu, 4)$, $X_1, X_2, \cdots, X_n$ 是来自总体的简单随机样本, $\overline{X}$ 为样本均值. 问样本容量 n 取多大时有:

    (1) $E\left(|\overline{X} - \mu|^2\right) \leqslant 0.1$;   (2) $P(|\overline{X} - \mu| \leqslant 0.1) \geqslant 0.95$.

27. 设总体 $X \sim N(\mu, \sigma^2)$，抽取容量为20的样本 $X_1, X_2, \cdots, X_{20}$，求：

(1) $P\left(10.9 \leqslant \dfrac{1}{\sigma^2} \sum\limits_{i=1}^{20}(X_i - \mu)^2 \leqslant 37.6\right)$；

(2) $P\left(11.7 \leqslant \dfrac{1}{\sigma^2} \sum\limits_{i=1}^{20}(X_i - \overline{X})^2 \leqslant 38.6\right)$.

28. 设总体 X 与总体 Y 相互独立，且都服从正态总体分布 $X \sim N(30, 3^2)$，$X_1, X_2, \cdots, X_{20}$ 和 $Y_1, Y_2, \cdots, Y_{23}$ 都是分别来自 X 和 Y 的样本，求 $|\overline{X} - \overline{Y}| > 0.4$ 的概率.

29. 从正态总体 $N(\mu, 0.05^2)$ 中抽取样本 $X_1, X_2, \cdots, X_{10}$，求下列问题：

(1) 已知 $\mu = 0$，求概率 $P\left(\sum\limits_{i=1}^{10} X_i^2 \geqslant 4\right)$；

(2) 未知 μ，求概率 $P\left(\sum\limits_{i=1}^{10}(X_i - \overline{X})^2 \geqslant 2.85\right)$.

30. 某化学药剂的平均溶解时间是65 s，假设药剂的溶解时间 $X \sim N(65, 25^2)$. 求样本容量应取多大才能使样本均值以95%的概率处于区间 $(65 - 15, 65 + 15)$ 之内.

31. 查表计算临界值：

(1) 求上分位点：$t_{0.05}(30)$，$t_{0.025}(16)$，$t_{0.01}(34)$；对查表得到的数值 λ，求概率 $P(t(34) < \lambda)$ 和 $P(|t(34)| > \lambda)$；

(2) 求上分位点：$\chi^2_{0.05}(9)$，$\chi^2_{0.99}(21)$，$\chi^2_{0.9}(18)$；对查表得到的数值 λ，求概率 $P(\chi^2(18) > \lambda)$ 和 $P(\chi^2(18) < \lambda)$.

32. 设总体 X 具有概率密度
$$f(x) = \begin{cases} 2x, & 0 < x < 1 \\ 0, & \text{其他} \end{cases}$$

从总体 X 抽取样本 X_1、X_2、X_3、X_4，试求最大顺序统计量 $T = \max\{X_1, X_2, X_3, X_4\}$ 的概率密度.

33. 设总体 $X \sim f(x) = \begin{cases} |x|, & |x| < 1 \\ 0, & \text{其他} \end{cases}$，$X_1, X_2, \cdots, X_{50}$ 为来自总体 X 的一个样本，试求：

(1) $\overline{X}$ 的数学期望与方差；

(2) S^2 的数学期望；

(3) $P(\overline{X} > 0.02)$.

34. 设总体 $X \sim N(\mu, \sigma^2)$，$X_1, X_2, \cdots, X_n$ 为简单随机样本，$\overline{X}$ 为样本均值，S^2 为样本方差.

(1) 问 $U = n\left(\dfrac{\overline{X} - \mu}{\sigma}\right)^2$ 服从什么分布？

(2) 问 $V = n\left(\dfrac{\overline{X} - \mu}{S}\right)^2$ 服从什么分布？

35. (1) 设 $X_1, X_2, \cdots, X_6$ 来自总体 $N(0,1)$，$Y = (X_1 + X_2 + X_3)^2 + (X_4 + X_5 + X_6)^2$，试确定常数 c 使 cY 服从 χ^2 分布；

    (2) 设 $X_1, X_2, \cdots, X_6$ 来自总体 $N(0,1)$，$T = \dfrac{k(X_1 + X_2)}{\sqrt{X_3^2 + X_4^2 + X_5^2}}$，试确定常数 k 使 T 服从 t 分布.

36. 从同一个总体中抽取两个容量分别为 n、m 的样本，样本均值分别为 $\overline{x}_1$、$\overline{x}_2$，样本方差分别为 s_1^2、s_2^2，将两样本合并，其均值、方差分别为 $\overline{x}$、s^2，证明：

$$\begin{aligned}\overline{x} &= \frac{n\overline{x}_1 + m\overline{x}_2}{n+m} \\ s^2 &= \frac{(n-1)s_1^2 + (m-1)s_2^2}{n+m-1} + \frac{nm(\overline{x}_1 - \overline{x}_2)^2}{(n+m)(n+m+1)}\end{aligned}$$

37. $F \sim F(m,n)$，证明上分位点有性质 $F_{1-\alpha}(m,n) = \dfrac{1}{F_\alpha(n,m)}$.

38. 设 $X \sim N(\mu, \sigma^2)$，$X_1, X_2, \cdots, X_n$ 是来自总体的简单随机样本，$\overline{X}$ 为样本均值. 问下列统计量各服从什么分布？

    (1) $\dfrac{nS_n^2}{\sigma^2}$； (2) $\dfrac{\overline{X} - \mu}{\dfrac{S_n}{\sqrt{n-1}}}$； (3) $\dfrac{1}{\sigma^2}\sum_{i=1}^{n}(X_i - \mu)^2$.

39. 设总体 $X \sim N(\mu, \sigma^2)$，$X_1, X_2, \cdots, X_n$ 是来自总体 X 的一个样本，记样本均值 $\overline{X} = \dfrac{1}{n}\sum_{i=1}^{n}X_i$，样本方差 $S^2 = \dfrac{1}{n-1}\sum_{i=1}^{n}(X_i - \overline{X})^2$. 如果再抽取一个样本 X_{n+1}，证明：

$$\sqrt{\frac{n}{n+1}}\frac{X_{n+1} - \overline{X}}{S} \sim t(n-1)$$

40. 设 $X_1, X_2, \cdots, X_n$ 是总体为 $N(\mu, \sigma^2)$ 的简单随机样本，$\overline{X}$ 和 S^2 分别为样本均值和样本方差，记 $T = \overline{X}^2 - \dfrac{1}{n}S^2$.

    (1) 证明 $E(T) = \mu^2$；

    (2) 当 $\mu = 0, \sigma = 1$ 时，求 $D(T)$.

第7章 参数估计

设总体 $X \sim F(x;\theta)$，其中 θ 为分布函数中的未知参数. 参数估计的基本思想是假设总体的分布类型已知，只是其中的参数未知，为了研究总体的分布，就必须了解这里的未知参数 θ. 利用样本的信息对总体参数进行估计，这就是参数估计的问题.

7.1 点估计

设 $X_1,\cdots,X_n$ 是从总体 X 抽取的一个样本，假设总体的分布类型已知，但分布函数中含有若干个未知的参数 $\theta_1,\theta_2,\cdots,\theta_m$. 点估计的思想是根据某种原理或准则构造 m 个统计量 $T_i(X_1,X_2,\cdots,X_n)$，$i=1,2,\cdots,m$ 作为参数 θ 的估计，并称统计量 $T_i(X_1,X_2,\cdots,X_n)$ 是参数 θ_i 的一个**点估计量**（或简称为**估计量**）. 将样本观测值代入统计量中得到的 $T_i(x_1,x_2,\cdots,x_n)$，$i=1,2,\cdots,k$ 作为未知参数的估计值，通常记为

$$\hat{\theta}_i = \hat{\theta}_i(x_1,x_2,\cdots,x_n),\ i=1,2,\cdots,m$$

称 $\hat{\theta}_i$ 是参数 θ_i 的一个**估计**. 在构造统计量时，利用不同的原理和思想就可以得到不同的统计量，常用的方法有矩估计和最大似然估计.

7.1.1 矩估计

设总体 X 的分布中包含有未知数 $\theta_1,\theta_2,\cdots,\theta_m$，则其分布函数可以表示为

$$F(x;\theta_1,\theta_2,\cdots,\theta_m) = P(X \leqslant x|\theta_1,\theta_2,\cdots,\theta_m)$$

假定总体 X 的 k 阶原点矩 $\mu_k = E(X^k)$ 都存在.

若从总体 X 中取样本容量为 n 的样本 $X_1,X_2,\cdots,X_n$，则样本的 k 阶原点矩和 k 阶中心矩分别为

$$A_k = \frac{1}{n}\sum_{i=1}^{n}X_i^k,\ k=1,2,\cdots,\ \text{特别地},\ \overline{X}=\frac{1}{n}\sum_{i=1}^{n}X_i = A_1$$

$$B_k = \frac{1}{n}\sum_{i=1}^{n}\left(X_i-\overline{X}\right)^k,\ k=2,3,\cdots$$

由大数定律可知，样本矩依概率收敛于总体矩，即对于任意的 $\varepsilon > 0$，有

$$\lim_{n\to\infty} P\left(|A_k - \mu_k| < \varepsilon\right) = 1$$

即样本矩的连续函数依概率收敛于相应的总体矩的连续函数. 因此，我们可以考虑使用样本矩来代替总体矩，从而得到总体分布中参数的一种估计，这种方法称为**矩估计法**.

设X为连续型随机变量，其密度函数为$f(x;\theta_1,\theta_2,\cdots,\theta_m)$，或$X$为离散型随机变量，其分布律为$P(X=x)=f(x;\theta_1,\theta_2,\cdots,\theta_m)$，其中$\theta_1,\theta_2,\cdots,\theta_m$为待估的未知参数. $X_1,X_2,\cdots,X_n$是取自总体X的样本. 设总体X的前k阶矩存在，且它们是关于$\theta_1,\theta_2,\cdots,\theta_m$的函数，记为

$$\mu_i = \mu_i(\theta_1,\theta_2,\cdots,\theta_m) = E(X^i), \ i=1,2,\cdots,m$$

矩估计就是用样本矩作为相应的总体矩的估计量，而以样本矩的连续函数作为相应总体矩的连续函数的估计量. 矩估计的具体步骤为，令

$$\begin{cases} \mu_1\left(\hat{\theta}_1,\hat{\theta}_2,\cdots,\hat{\theta}_m\right) = A_1 \\ \mu_2\left(\hat{\theta}_1,\hat{\theta}_2,\cdots,\hat{\theta}_m\right) = A_2 \\ \cdots\cdots \\ \mu_m\left(\hat{\theta}_1,\hat{\theta}_2,\cdots,\hat{\theta}_m\right) = A_m \end{cases}$$

解出这个方程组，其解都是样本的函数，记为

$$\hat{\theta}_i = \hat{\theta}_i(X_1,X_2,\cdots,X_n), \ i=1,2,\cdots,m$$

其中$\hat{\theta}_i$是参数θ_i的矩估计量，对一次具体抽取的样本观测值$x_1,x_2,\cdots,x_n$，$\hat{\theta}_i(x_1,x_2,\cdots,x_n)$是参数$\theta_i$的估计值.

例 7.1 设总体X在$[a,b]$上服从均匀分布，a、b未知，$X_1,X_2,\cdots,X_n$是来自总体X的样本. 试求a、b的矩估计量.

解 由于

$$E(X) = \frac{a+b}{2}, \quad E(X^2) = DX + [E(X)]^2 = \frac{(b-a)^2}{12} + \frac{(a+b)^2}{4}$$

令$A_1 = E(X)$，$A_2 = E(X^2)$，联立方程组

$$\begin{cases} a+b = 2A_1 \\ \dfrac{(b-a)^2}{12} + \dfrac{(a+b)^2}{4} = A_2 \end{cases}$$

由这一方程组解得a、b的估计量为

$$\hat{a} = A_1 - \sqrt{3(A_2 - A_1^2)} = \overline{X} - \sqrt{\frac{3}{n}\sum_{i=1}^n (X_i - \overline{X})^2}$$

$$\hat{b} = A_1 + \sqrt{3(A_2 - A_1^2)} = \overline{X} + \sqrt{\frac{3}{n}\sum_{i=1}^n (X_i - \overline{X})^2}$$

例 7.2 设总体X的均值μ和方差σ^2均存在，求它们的矩估计.

解 已知$E(X) = \mu$，$D(X) = \sigma^2$，设$X_1,X_2,\cdots,X_n$是一组样本，由于$B_2 = \sigma^2 + \mu^2$，令$E(X) = A_1$，$D(X) = B_2$，联立方程组得

$$\begin{cases} \mu = A_1 \\ \sigma^2 + \mu^2 = A_2 \end{cases}$$

即

$$\begin{cases} \mu = \overline{X} \\ \sigma^2 + \mu^2 = \dfrac{1}{n}\sum_{i=1}^{n} X_i^2 \end{cases}$$

解之得

$$\hat{\mu} = \bar{X}, \quad \hat{\sigma}^2 = \frac{1}{n}\sum_{i=1}^{n} X_i^2 - \bar{X}^2 = \frac{1}{n}\sum_{i=1}^{n}(X_i - \bar{X})^2 = B_2$$

由此可见，不论总体X的分布形式如何，样本均值$\overline{X}$和样本二阶中心矩B_2都分别是总体均值μ和总体方差σ^2的矩估计. 由本例可以看出，样本中心矩也可作为总体中心矩的估计. 一般地，当总体中含有两个未知参数，且均值、方差与参数之间的关系式已知时，通常用样本均值、样本二阶中心矩分别作为总体均值和方差的估计.

性质 7.1 设总体X服从正态分布$N(\mu, \sigma^2)$，则总体参数μ和σ^2的矩估计分别为

$$\hat{\mu} = \overline{X}, \quad \hat{\sigma}^2 = \frac{1}{n}\sum_{i=1}^{n}(X_i - \overline{X})^2$$

例 7.3 设总体X服从泊松分布$P(\lambda)$，其中$\lambda > 0$未知，$X_1, X_2, \cdots, X_n$是从该总体中抽取的样本，求参数λ的矩估计.

解 因为$E(X) = \lambda$，$D(X) = \lambda$，所以若从期望的角度考虑，λ的矩估计为$\hat{\lambda} = \overline{X}$；若从方差的角度考虑，$\lambda$的矩估计为$\hat{\lambda} = \dfrac{1}{n}\sum_{i=1}^{n}(X_i - \overline{X})^2$.

由此可见，在泊松分布中一个参数λ有两个不同的矩估计. 在实际应用中，究竟采用哪一个，还需要使用估计的评价标准来进行选择.

根据样本均值估计总体均值的思想，在很多实际问题中都可以利用超几何分布的期望公式进行估计. 例如，为了估计湖泊中有多少条鱼，可以使用超几何分布的期望公式进行估计.

例 7.4 假设湖中有N条鱼，用网捕捞到r条，做上记号后全部放回湖中. 然后再捕捞s条，发现其中有k条是标有记号的，试估计湖中鱼的数量.

解 设X表示第二次捕捞到的有记号的鱼的条数，则随机变量X（单位：条）服从超几何分布.

样本量	标有记号的鱼/条	未标记的鱼/条
N	r	$N-r$
s	k	$s-k$

所以

$$P(X=k) = \frac{C_r^k C_{N-r}^{s-k}}{C_N^s}, \ k = 0, 1, 2, \cdots, r_0, \ r_0 = \min\{r, s\}$$

超几何分布的期望为$E(X) = \dfrac{rs}{N}$，第二次捕捞到的鱼的平均数为k条，令$E(X) = k$，由此解$\dfrac{rs}{N} = k$，得$\hat{N} = \dfrac{rs}{k}$.

例如，从湖中捕捞到1000条鱼做好记号后放回，第二次捕捞到的2000条鱼中有50条是做了记号的，那么可估计湖中的鱼大约有$\hat{N} = \dfrac{1000 \times 2000}{50}$条 $= 40000$条.

7.1.2 最大似然估计

最大似然估计法是求点估计的另一种方法,最早是由高斯(Gauss)提出的,后来由费希尔(Fisher)在1912年的文章中重新提出,并且证明了这个方法的一些性质,最大似然估计这一名称也是由费希尔给出的. 这是一种目前仍然得到广泛应用的方法,它是建立在最大似然原理基础上的一个统计方法. 最大似然原理的直观思想方法是: 一个随机试验如有若干个可能的结果$A, B, C, \cdots$,若在一次试验中,结果A出现,则一般认为试验条件对A出现有利,也即A出现的概率很大. 这里用到了"概率最大的事件最可能出现"的直观想法. 下面我们看一个具体的例子.

例 7.5 设有外形完全相同的两个箱子,甲箱里有99个白球、1个黑球,乙箱有1个白球、99个黑球. 今随机地抽取一箱,再从取出的一箱中抽取一球,结果取得白球. 问这个球是从哪一个箱子中取出的?

解 容易算得,从甲箱中抽得白球的概率为$P(白|甲) = \dfrac{99}{100}$,从乙箱中抽得白球的概率为$P(白|乙) = \dfrac{1}{100}$. 由此看到,这一白球从甲箱中抽出的概率比从乙箱中抽出的概率大得多. 根据最大似然原理,既然在一次抽样中抽得白球,当然可以认为是从取白球概率大的箱子中抽出的,所以我们做出统计推断是从甲箱中抽出的. 这一推断也符合人们长期的实践经验. 下面再用一个具体例子说明最大似然原理.

例 7.6 设某车间生产一批产品,试估计这批产品的不合格率p($0 < p < 1$).

解 在此处我们用随机变量X来描述一件产品是否合格."$X = 1$"表示这件产品是不合格品,"$X = 0$"表示这件产品是合格品,X的概率函数为

$$f(x; p) = \begin{cases} p^x (1-p)^{1-x}, & x = 0, 1 \\ 0, & 其他 \end{cases}$$

随机地从总体中抽取一个容量为n的样本$X_1, X_2, \cdots, X_n$,此样本取到观测值$x_1, x_2, \cdots, x_n$的概率为

$$P(X_1 = x_1, \cdots, X_n = x_n) = p^{x_1}(1-p)^{1-x_1} \cdots p^{x_n}(1-p)^{1-x_n} = p^{\sum\limits_{i=1}^{n} x_i}(1-p)^{n-\sum\limits_{i=1}^{n} x_i}$$

其中,$x_i = 0$或1,$i = 1, 2, \cdots, n$. 显然这个概率可以看作是未知参数p的函数,用$L(p)$表示,称作似然函数,亦即

$$L(p) = p^{\sum\limits_{i=1}^{n} x_i}(1-p)^{n-\sum\limits_{i=1}^{n} x_i}$$

在一次抽样中获得一组特殊观察值$x_1, x_2, \cdots, x_n$的概率应该最大,即似然函数$L(p)$应该达到最大值,所以我们以使$L(p)$达到最大的p值作为参数p的一个估计是合理的. 由于对数函数$\ln x$是x的单调增函数,因此$\ln L(p)$与$L(p)$具有相同的单调性,$\ln L(p)$对p求导,并使其等于0,可得

$$\frac{\mathrm{d} \ln L(p)}{\mathrm{d} p} = \frac{\sum\limits_{i=1}^{n} x_i}{p} - \frac{n - \sum\limits_{i=1}^{n} x_i}{1-p} = 0$$

于是解方程

$$(1-p) \sum_{i=1}^{n} x_i = p \left(n - \sum_{i=1}^{n} x_i \right)$$

得
$$\hat{p} = \frac{1}{n}\sum_{i=1}^{n} X_i$$

为参数p的最大似然估计量.

一般地，设$X_1,\cdots,X_n$是来自具有概率函数（离散情形为分布律，连续情形为密度函数）$f(x;\theta)$，$\theta \in \Theta$的总体X的一个样本，样本$X_1,\cdots,X_n$的联合密度函数函数为

$$f(x_1;\theta)f(x_2;\theta)\cdots f(x_n;\theta) = \prod_{i=1}^{n} f(x_i;\theta)$$

在一次抽样中，样本$X_1,\cdots,X_n$的一组观测值为$x_1,\cdots,x_n$，它们是已知的数值，此时上述函数就只是关于未知参数θ的函数了，称其为样本的似然函数，记作

$$L(\theta) = f(x_1;\theta)f(x_2;\theta)\cdots f(x_n;\theta) = \prod_{i=1}^{n} f(x_i;\theta)$$

似然函数实际上就是样本的联合概率函数，只是我们把其中的θ看作是函数的自变量，而把$x_1,\cdots,x_n$看作是已知数而已.

若似然函数$L(\theta_1,\theta_2,\cdots,\theta_m)$在$\hat{\theta}_1,\hat{\theta}_2,\cdots,\hat{\theta}_m$处连续可导，并取到最大值，即

$$\hat{\theta}_i(x_1,x_2,\cdots,x_n),\ i=1,2,\cdots,m$$

是使得似然函数$L(\theta_1,\theta_2,\cdots,\theta_m)$达到最大值的解，则称$\hat{\theta}_i(x_1,x_2,\cdots,x_n)$为$\theta_i$的最大似然估计值，相应的统计量$\hat{\theta}_i(X_1,X_2,\cdots,X_n)$，$i=1,2,\cdots,m$为$\theta_i$的最大似然估计量. 今后，将$\hat{\theta}_i(x_1,x_2,\cdots,x_n)$与$\hat{\theta}_i(X_1,X_2,\cdots,X_n)$统称为最大似然估计.

似然函数在$\hat{\theta}_1,\hat{\theta}_2,\cdots,\hat{\theta}_m$处的偏导为0，即

$$\left.\frac{\partial \ln L(\theta)}{\partial \theta_i}\right|_{\theta_i=\hat{\theta}_i} = 0,\ i=1,2,\cdots,m$$

若$\hat{\theta}$为θ的最大似然估计，$g(x)$为单调函数，则$g(\hat{\theta})$为$g(\theta)$的最大似然估计.

例 7.7 设总体服从泊松分布$X \sim P(\lambda)$，$X_1,X_2,\cdots,X_n$是来自总体X的样本. 求参数λ的最大似然估计.

解 设$x_1,x_2,\cdots,x_n$是样本观察值，则似然函数为

$$L(\lambda) = f(x_1,x_2,\cdots,x_n;\lambda) = \prod_{i=1}^{n} \frac{\lambda^{x_i}}{x_i!}\mathrm{e}^{-\lambda}$$

$$= \frac{\lambda^{\sum_{i=1}^{n} x_i}}{x_1!x_2!\cdots x_n!}\mathrm{e}^{-n\lambda}$$

对数似然函数为

$$\ln L(\lambda) = \left(\sum_{i=1}^{n} x_i\right)\ln\lambda - \sum_{i=1}^{n}\ln(x_i!) - n\lambda$$

再对参数求导，得$\dfrac{\mathrm{d}}{\mathrm{d}\lambda}\ln L(\lambda) = \dfrac{1}{\lambda}\sum_{i=1}^{n} x_i - n$. 令$\dfrac{\mathrm{d}}{\mathrm{d}\lambda}\ln L(\lambda) = 0$. 由此解得$\hat{\lambda} = \dfrac{1}{n}\sum_{i=1}^{n} x_i = \bar{x}$. 又

因为
$$\frac{\mathrm{d}^2}{\mathrm{d}\lambda^2}\ln L(\lambda)\Big|_{\lambda=\hat{\lambda}} = -\frac{1}{\hat{\lambda}^2}\sum_{i=1}^{n}x_i < 0$$

所以$\hat{\lambda}$是$\ln L(\lambda)$也就是$L(\lambda)$的最大值点,故$\hat{\lambda} = \overline{X} = \frac{1}{n}\sum_{i=1}^{n}X_i$为参数$\lambda$的最大似然估计. 在有些情况下, 似然方程的解可能不唯一, 这时需要进一步判定哪一个是最大值点, 如下例所示.

例 7.8 设总体X的分布律为

X	0	1	2	3
$f(x;\theta)$	θ^2	$2\theta(1-\theta)$	θ^2	$(1-2\theta^2)$

其中, $\theta(0<\theta<\frac{1}{2})$是未知参数. 试用总体$X$的样本观察值3、0、3、1、3、1、2、3,求参数θ的最大似然估计值.

解 因为似然函数$L(\theta) = \prod_{i=1}^{n}f(x_i;\theta)$, 故对于给定的样本值, 有
$$\begin{aligned} L(\theta) &= f(0;\theta)f^2(1;\theta)f(2;\theta)f^4(3;\theta) \\ &= \theta^2[2\theta(1-\theta)]^2\theta^2(1-2\theta)^4 \\ &= 4\theta^6(1-\theta)^2(1-2\theta)^4 \end{aligned}$$

对数似然函数为$\ln L(\theta) = \ln 4 + 6\ln\theta + 2\ln(1-\theta) + 4\ln(1-2\theta)$, 再对参数求导, 得
$$\frac{\mathrm{d}}{\mathrm{d}\theta}\ln L(\theta) = \frac{6}{\theta} - \frac{2}{1-\theta} - \frac{8}{1-2\theta} = \frac{6 - 28\theta + 24\theta^2}{\theta(1-\theta)(1-2\theta)}$$

令
$$\frac{\mathrm{d}}{\mathrm{d}\theta}\ln L(\theta) = \frac{6 - 28\theta + 24\theta^2}{\theta(1-\theta)(1-2\theta)} = 0$$

解之得$\theta_{1,2} = \frac{7\pm\sqrt{13}}{12}$. 又因
$$\frac{\mathrm{d}^2}{\mathrm{d}\theta^2}\ln L(\theta) = -\frac{6}{\theta^2} - \frac{2}{(1-\theta)^2} - \frac{16}{(1-2\theta)^2} < 0$$

所以$\theta_{1,2}$均为$\ln L(\theta)$的最大值点, 但因$0<\theta<\frac{1}{2}$, 所以$\frac{7+\sqrt{13}}{12} > \frac{1}{2}$不合题意, 应舍去. 故参数的最大似然估计值为$\hat{\theta} = \frac{7-\sqrt{13}}{12}$.

注意: 若参数$\theta \in (0,1)$, 则需比较$L(\theta_1)$与$L(\theta_2)$的大小, 将函数值较大者对应的参数值作为θ的最大似然估计值. 因为
$$L(\theta_1) = L\left(\frac{7+\sqrt{13}}{12}\right) = 0.0089, \quad L(\theta_2) = L\left(\frac{7-\sqrt{13}}{12}\right) = 3.478\times 10^{-5}$$

又因为$L(\theta_1) > L(\theta_2)$, 故这时应取$\hat{\theta} = \frac{7+\sqrt{13}}{12}$.

最大似然估计法也适用于分布中含有多个未知参数$\theta_1, \theta_2, \cdots, \theta_m$的情况. 这时, 似然函数$L$是这些未知参数的函数. 分别令
$$\frac{\partial L}{\partial \theta_i} = 0, i = 1, 2, \cdots, m$$

或令
$$\frac{\partial}{\partial \theta_i} \ln L = 0, i = 1, 2, \cdots, m$$

解上述由m个方程组成的方程组，即可得到各未知参数θ_i的最大似然估计值$\hat{\theta}_i, i = 1, 2, \cdots, m$.

例 7.9 设总体X服从正态分布$N(\mu, \sigma^2)$，求总体参数μ和σ^2的最大似然估计值.

解 对于观测后的样本$x_1, x_2, \cdots, x_n$，似然函数为

$$L(\mu, \sigma^2) = \prod_{i=1}^{n} \frac{1}{\sqrt{2\pi}\sigma} e^{-\frac{(x_i-\mu)^2}{2\sigma^2}} = (2\pi\sigma^2)^{-\frac{n}{2}} e^{-\frac{1}{2\sigma^2} \sum_{i=1}^{n}(x_i-\mu)^2}$$

它的对数似然函数为

$$\ln L(\mu, \sigma^2) = -\frac{n}{2}\ln 2\pi - \frac{n}{2}\ln \sigma^2 - \frac{1}{2\sigma^2}\sum_{i=1}^{n}(x_i - \mu)^2$$

似然方程组为

$$\begin{cases} \dfrac{\partial \ln L(\mu, \sigma^2)}{\partial \mu} = -\dfrac{1}{\sigma^2}\sum\limits_{i=1}^{n}(x_i - \mu) = 0 \\ \dfrac{\partial \ln L(\mu, \sigma^2)}{\partial \sigma^2} = -\dfrac{n}{2\sigma^2} + \dfrac{1}{2\sigma^4}\sum\limits_{i=1}^{n}(x_i - \mu)^2 = 0 \end{cases}$$

解该方程组中第一式得$\hat{\mu} = \overline{x} = \frac{1}{n}\sum_{i=1}^{n} x_i$，将其代入第二式，得$\hat{\sigma}^2 = \frac{1}{n}\sum_{i=1}^{n}(x_i - \overline{x})^2$. 所以$\mu$和$\sigma^2$的最大似然估计值为

$$\hat{\mu} = \overline{x} = \frac{1}{n}\sum_{i=1}^{n} x_i, \quad \hat{\sigma}^2 = \frac{1}{n}\sum_{i=1}^{n}(x_i - \overline{x})^2$$

例 7.10 设总体X在$[a, b]$上服从均匀分布，a、b未知，$x_1, x_2, \cdots, x_n$是一个样本观测值，求a、b的最大似然估计.

解 记$x_{(1)} = \min\{x_1, x_2, \cdots, x_n\}$，$x_{(n)} = \max\{x_1, x_2, \cdots, x_n\}$，则$X$的密度函数为

$$f(x; a, b) = \begin{cases} \dfrac{1}{b-a}, & a \leqslant x \leqslant b \\ 0, & 其他 \end{cases}$$

由于$a \leqslant x_1, x_2, \cdots, x_n \leqslant b$，等价于$a \leqslant x_{(1)} \leqslant \cdots \leqslant x_{(n)} \leqslant b$，则似然函数为

$$L(a, b) = L(x_1, x_2, \cdots, x_n; a, b) = \frac{1}{(b-a)^n} I(a \leqslant x_{(1)}, b \geqslant x_{(n)})$$

于是，对于满足条件$a \leqslant x_{(1)}$及$b \geqslant x_{(n)}$的任意a、b有

$$L(a, b) = L(x_1, x_2, \ldots, x_n; a, b) = \frac{1}{(b-a)^n} \leqslant \frac{1}{(x_{(n)} - x_{(1)})^n}$$

即$L(a, b)$在$a = x_{(1)}$及$b = x_{(n)}$时取到最大值$\dfrac{1}{(x_{(n)} - x_{(1)})^n}$.

故a、b的最大似然估计值为

$$\hat{a} = x_{(1)} = \min_{1 \leqslant i \leqslant n}\{x_i\}, \quad \hat{b} = x_{(n)} = \max_{1 \leqslant i \leqslant n}\{x_i\}$$

最大似然估计有一个简单而有用的性质.

性质 7.2 设$\hat{\theta}$为$f(x; \theta)$中参数θ的最大似然估计，并且函数$u = u(\theta)$具有单值反函数$\theta = \theta(u)$，

则 $\hat{u} = u(\hat{\theta})$ 是 $u(\theta)$ 的最大似然估计.

如例7.9，我们求得了正态总体方差 σ^2 的最大似然估计量为

$$\hat{\sigma}^2 = B_2 = \frac{1}{n}\sum_{i=1}^{n}(X_i - \overline{X})^2$$

函数 $u = u(\sigma^2) = \sqrt{\sigma^2}$ 有单值反函数 $\sigma^2 = u^2 (u \geqslant 0)$，根据上述性质，得到标准差 σ 的最大似然估计量为

$$\hat{\sigma} = \sqrt{\hat{\sigma}^2} = \sqrt{\frac{1}{n}\sum_{i=1}^{n}(X_i - \overline{X})^2}$$

7.2 点估计的评价标准

总体参数的估计量往往会有多个，如何判断一个估计量的优劣，究竟采用哪一个估计量更好，这就涉及用什么标准来评价估计量的优良性. 下面给出几种衡量标准.

7.2.1 无偏性

设 $\hat{\theta}$ 是总体参数 θ 的一个估计量，无偏性的直观意义旨在说明用 $\hat{\theta}$ 作为 θ 的估计没有系统性误差，只有随机性误差，即估计 $\hat{\theta}$ 只是在 θ 的两边随机地波动. 在一次抽样中，无从知道 $\hat{\theta}$ 和 θ 之间的偏差有多大. 但如果大量抽样，由这些样本计算得到的 $\hat{\theta}$ 值的平均值等于总体参数，即在平均意义上，$\hat{\theta}$ 集中在 θ 处，这是估计量所应具有的一种良好性质，称为估计的无偏性. 这一准则在任意样本容量的情况下评价估计量都适用，下面给出它的定义.

定义 7.1 设 $\hat{\theta} = \hat{\theta}(X_1, X_2, \cdots, X_n)$ 是总体 X 的概率函数 $f(x;\theta)$，$\hat{\theta} \in \Theta$ 是未知参数 θ 的一个估计量，若对所有的 $\theta \in \Theta$，都有

$$E(\hat{\theta}) = E[\hat{\theta}(X_1, X_2, \cdots, X_n)] = \theta$$

则称 $\hat{\theta}(X_1, X_2, \cdots, X_n)$ 是 θ 的无偏估计，否则就称其为 θ 的有偏估计.

例 7.11 设总体 X 服从任意分布，且 $E(X) = \mu$，$D(X) = \sigma^2$，$X_1, X_2, \cdots, X_n$ 是取自该总体的一组样本. 证明样本均值 $\overline{X}$ 和样本方差 S^2 分别是 μ 和 σ^2 的无偏估计，其中 $S^2 = \frac{1}{n-1}\sum_{i=1}^{n}(X_i - \bar{X})^2$.

证明 由数学期望的性质知

$$E(\overline{X}) = E\left(\frac{1}{n}\sum_{i=1}^{n}X_i\right) = \frac{1}{n}\sum_{i=1}^{n}EX_i = \mu$$

根据矩估计理论知，样本中心二阶矩

$$S_n^2 = \frac{1}{n}\sum_{i=1}^{n}(X_i - \overline{X})^2$$

是总体方差 $\sigma^2 = D(X)$ 的矩估计，但是它并不是总体方差的无偏估计，这是由于

$$E(S_n^2) = E\left[\frac{1}{n}\sum_{i=1}^n (X_i - \overline{X})^2\right] = \frac{n-1}{n}\sigma^2 \tag{7.1}$$

因此，S_n^2 不是总体方差 σ^2 的无偏估计.

要得到式(7.1)的结果，需要经过以下计算. 一方面，有

$$\frac{1}{n}\sum_{i=1}^n (X_i - \overline{X})^2 = \frac{1}{n}\left(\sum_{i=1}^n X_i^2 - 2\overline{X}\sum_{i=1}^n X_i + n\overline{X}^2\right) = \frac{1}{n}\sum_{i=1}^n X_i^2 - \overline{X}^2$$

另一方面，由于 $E(X_i) = \mu$，$D(X_i) = \sigma^2$，且

$$E(\overline{X}) = \mu, \quad D(\overline{X}) = \frac{\sigma^2}{n}, \quad i = 1, 2, \cdots, n$$

因此有

$$E(X_i^2) = D(X_i) + [E(X_i)]^2 = \sigma^2 + \mu^2, \quad E(\overline{X}) = D(\overline{X}) + [E(\overline{X})]^2 = \frac{\sigma^2}{n} + \mu^2$$

可得

$$\begin{aligned}
E(S_n^2) &= E\left[\frac{1}{n}\sum_{i=1}^n (X_i - \overline{X})^2\right] \\
&= E\left(\frac{1}{n}\sum_{i=1}^n X_i^2 - \overline{X}^2\right) \\
&= \frac{1}{n}\sum_{i=1}^n E(X_i^2) - E(\overline{X}^2) \\
&= \frac{1}{n} \times n(\sigma^2 + \mu^2) - \left(\frac{\sigma^2}{n} + \mu^2\right) \\
&= \frac{n-1}{n}\sigma^2
\end{aligned}$$

从而有 $E\left[\dfrac{1}{n-1}\sum_{i=1}^n (X_i - \overline{X})^2\right] = \sigma^2$. 所以样本方差

$$S^2 = \frac{1}{n-1}\sum_{i=1}^n (X_i - \overline{X})^2$$

是总体方差 σ^2 的无偏估计.

定义 7.2 如果参数的估计量 $\hat{\theta}_n = \hat{\theta}(X_1, X_2, \cdots, X_n)$ 与样本容量 n 有关，且有

$$\lim_{n \to \infty} E(\hat{\theta}_n) = \theta$$

则称 $\hat{\theta}_n$ 为 θ 的渐近无偏估计.

例如式(7.1)中，计算

$$\lim_{n \to \infty} E(S_n^2) = \lim_{n \to \infty} \frac{n-1}{n}\sigma^2 = \sigma^2 \tag{7.2}$$

即 S_n^2 是 σ^2 的一个渐近无偏估计.

需要注意的是：一个未知参数可能有多个无偏估计，如在上例中，因为 $E(X_1) = \mu$,

故X_1也是μ的无偏估计. 事实上，如果$\hat{\theta}_1$、$\hat{\theta}_2$都是未知参数θ的无偏估计，利用$\hat{\theta}_1$、$\hat{\theta}_2$可以构造出无穷多个无偏估计. 例如，取常数α_1、α_2满足$\alpha_1 + \alpha_2 = 1$, 则$\alpha_1\hat{\theta}_1 + \alpha_1\hat{\theta}_2$均为$\theta$的无偏估计. 由此可知，对于估计量的评判仅有无偏性是不够的，还需要其他的标准.

7.2.2 有效性

对于同一个总体的参数往往会有多个估计量. 同一个总体参数，如果有两个无偏估计（用不同的估计方法得到），则方差小的那个无偏估计更有效. 即假设$\hat{\theta}_1$和$\hat{\theta}_2$是总体参数θ的两个无偏估计，如果$D(\hat{\theta}_1) \leqslant D(\hat{\theta}_2)$，则称$\hat{\theta}_1$比$\hat{\theta}_2$更有效；如果一个无偏估计$\hat{\theta}_1$在所有无偏估计中方差最小，即$D(\hat{\theta}_1) \leqslant D(\hat{\theta})$，则称$\hat{\theta}_1$是$\theta$的有效估计，这里$\hat{\theta}$为任意一个无偏估计. 显然，如果某总体参数具有两个不同的无偏估计，希望确定哪一个是更有效的估计量，自然会选择方差小的那个. 估计量的方差越小，根据它推断出接近于总体参数估计值的机会越大.

定义 7.3 设$\hat{\theta}_1 = \hat{\theta}_1(X_1, X_2, \cdots, X_n)$和$\hat{\theta}_2 = \hat{\theta}_2(X_1, X_2, \cdots, X_n)$是$\theta$的两个无偏估计，若$D(\hat{\theta}_1) \leqslant D(\hat{\theta}_2)$，则称$\hat{\theta}_1$比$\hat{\theta}_2$有效.

例 7.12 设总体X在$[0,\theta]$上服从均匀分布, $X_1, X_2, \cdots, X_n$是取自该总体的一个样本, 证明: $\hat{\theta}_1 = 2\overline{X}$和$\hat{\theta}_2 = \dfrac{n+1}{n} \max\limits_{1 \leqslant i \leqslant n} \{X_i\}$都是$\theta$的无偏估计, 并说明哪一个更有效.

证明 因为$E(X) = \dfrac{\theta}{2}$, 故$E(\hat{\theta}_1) = E(2\overline{X}) = 2E(\overline{X}) = 2 \times \dfrac{\theta}{2} = \theta$. 又有

$$E(\hat{\theta}_2) = E\left(\frac{n+1}{n} \max_{1 \leqslant i \leqslant n}\{X_i\}\right) = \frac{n+1}{n} E(\max_{1 \leqslant i \leqslant n}\{X_i\})$$

记$Y = \max\limits_{1 \leqslant i \leqslant n}\{X_i\}$, 注意到总体$X$的密度函数为

$$f(x;\theta) = \begin{cases} \dfrac{1}{\theta}, & 0 \leqslant x \leqslant \theta,\ \theta > 0 \\ 0, & \text{其他} \end{cases}$$

所以Y的密度函数为

$$f_Y(y) = n[F(y)]^{n-1} f(y) = \begin{cases} \dfrac{ny^{n-1}}{\theta^n}, & 0 \leqslant y \leqslant \theta \\ 0, & \text{其他} \end{cases}$$

通过计算可得到Y的期望与方差分别为

$$\begin{aligned} E(Y) &= \int_0^\theta \frac{ny^n}{\theta^n} \mathrm{d}y = \frac{n}{n+1}\theta \\ D(Y) &= E(Y^2) - [E(Y)]^2 = \frac{n}{n+2}\theta^2 - \left(\frac{n}{n+1}\right)^2 \theta^2 \\ &= \left[\frac{n}{n+2} - \left(\frac{n}{n+1}\right)^2\right]\theta^2 \end{aligned}$$

所以有

$$E(\hat{\theta}_2) = \frac{n+1}{n} E(Y) = \theta$$

即$\hat{\theta}_1$、$\hat{\theta}_2$都是θ的无偏估计. 又

$$D(\hat{\theta}_1) = D(2\overline{X}) = 4D(\overline{X}) = 4 \times \frac{D(X)}{n} = \frac{4}{n} \times \frac{\theta^2}{12} = \frac{\theta^2}{3n}$$

$$D\left(\hat{\theta}_2\right) = \frac{(n+1)^2}{n^2} D(Y) = \frac{(n+1)^2}{n^2} \left[\frac{n}{n+2} - \left(\frac{n}{n+1}\right)^2\right] \theta^2 = \frac{\theta^2}{n(n+2)}$$

由于 $\frac{1}{n(n+2)} \leqslant \frac{1}{3n}$,因此 $D(\hat{\theta}_2) \leqslant D(\hat{\theta}_1)$,所以 $\hat{\theta}_2$ 比 $\hat{\theta}_1$ 更有效.

定义 7.4 在未知参数 θ 的所有无偏估计中,如果估计量 $\hat{\theta}(X_1, X_2, \cdots, X_n)$ 的方差 $D(\hat{\theta})$ 最小,则称 $\hat{\theta}$ 为 θ 的最小方差无偏估计.

先设总体 X 的概率函数为 $f(x;\theta)$, $\theta \in \Theta$, $X_1, X_2, \cdots, X_n$ 为总体 X 的一个样本, $\hat{\theta} = \hat{\theta}(X_1, X_2, \cdots, X_n)$ 为未知参数 θ 的一个无偏估计, 可以证明

$$D(\hat{\theta}) \geqslant \frac{1}{nI(\theta)} \tag{7.3}$$

其中

$$I(\theta) = E\left[\frac{\partial \ln f(x;\theta)}{\partial \theta}\right]^2 \tag{7.4}$$

称为费希尔信息量,它的另一种表达形式为

$$I(\theta) = -E\left[\frac{\partial^2 \ln f(x;\theta)}{\partial \theta^2}\right] \tag{7.5}$$

其中式(7.3)称为罗–克拉美(Rao-Cramer)不等式,它右端的项称为罗–克拉美下界(简称C-R下界). 有关这部分的详细内容可参阅其他文献.

若参数 θ 的一个估计量 $\hat{\theta}$ 满足 $E(\hat{\theta}) = \theta$ 且 $D(\hat{\theta}) \geqslant \frac{1}{nI(\theta)}$,则称 $\hat{\theta}$ 为 θ 的最小方差无偏估计.

例 7.13 设总体 X 服从泊松分布,从总体 $X \sim P(\lambda)$ 中取样本容量为 n 的样本 $X_1, X_2, \cdots, X_n$. 则样本均值 $\overline{X}$ 是参数 λ 的最小方差无偏估计.

证明 因为 $X \sim P(\lambda)$, 所以 $E(X) = \lambda$, $D(X) = \lambda$. 故有

$$E(\overline{X}) = E(X) = \lambda, \quad D(\overline{X}) = \frac{1}{n} D(X) = \frac{\lambda}{n}$$

又因为 X 的分布律为 $P(X = x) = f(x;\lambda) = \frac{\lambda^x}{x!} e^{-\lambda}$, 有 $\ln f(x;\lambda) = x\ln\lambda - \lambda - \ln x!$, 从而可得

$$I(\lambda) = E\left(\frac{\partial \ln f(x;\lambda)}{\partial \lambda}\right)^2 = E\left(\frac{X}{\lambda} - 1\right)^2 = \frac{1}{\lambda^2} E(X-\lambda)^2 = \frac{1}{\lambda^2} D(X) = \frac{1}{\lambda^2} \lambda = \frac{1}{\lambda}$$

故有 $D(\overline{X}) = \frac{\lambda}{n} = \frac{1}{nI(\lambda)}$, 由此可知, $\hat{\lambda} = \overline{X}$ 是未知参数 λ 的最小方差无偏估计.

7.2.3 相合性

由大数定律可见,有些统计量是依概率收敛于某个值的,即当样本容量 n 充分大时,参数的估计量能够依概率收敛到参数真值,或者说参数的估计量与未知的总体参数很接近的可能性非常大. 这种性质就称为相合性,相合性可以表述为以下定义.

定义 7.5 若对任意的 $\varepsilon > 0$, 都有

$$\lim_{n \to \infty} P(|\hat{\theta}_n - \theta| < \varepsilon) = 1$$

成立,则称 $\hat{\theta}_n$ 为 θ 的相合估计.

对于某一个待估参数θ可以构造许多估计量，但并不是每一个估计量都具有上述性质. 根据大数定律可知：对于任意给定的正数$\varepsilon > 0$有$\lim\limits_{n\to\infty} P\left(\left|\overline{X} - \mu\right| < \varepsilon\right) = 1$. 上式表明，当样本容量比较大时，样本均值是总体均值的相合估计.

例 7.14 设总体X服从任意分布，且$E(X) = \mu$, $D(X) = \sigma^2$. 证明样本均值$\overline{X}$是总体均值μ的相合估计.

证明 因为样本$X_1, X_2, \cdots, X_n$相互独立，且与X同分布，故有
$$E(X_i) = \mu, \ D(X_i) = \sigma^2, \ i = 1, 2, \cdots, n$$
由切比雪夫大数定律的推论知
$$\lim_{n\to\infty} P\left(\left|\frac{1}{n}\sum_{i=1}^n X_i - \mu\right| < \varepsilon\right) = 1$$
即$\overline{X}$是μ的相合估计. 此外，还可以证明，样本的二阶中心矩S_n^2是总体方差σ^2的相合估计.

7.3 正态总体的区间估计

在对参数作点估计时，只要给定样本的观测值，就能得到参数θ的估计值. 但是，估计值只是θ的一个近似值，且其与真实值之间的误差的大小未知. 为此，我们希望给出θ的一个大致范围，使得其包含θ真值的概率达到指定的要求，这就是本节将要介绍的区间估计问题. 本节主要介绍正态总体期望μ和方差σ^2的区间估计.

7.3.1 枢轴量

设总体$X \sim F(x;\theta)$, $x_1, x_2, \cdots, x_n$是样本的一组观测值. 若$\hat{\theta} = \hat{\theta}(x_1, x_2, \cdots, x_n)$是$\theta$的一个估计值，现在考虑$\hat{\theta}$与未知的$\theta$的接近程度，以及相应的可靠程度（用概率表示）.

定义 7.6 设$f(x;\theta)$是总体X的概率函数，这里θ是总体X的未知参数，$X_1, X_2, \cdots, X_n$是来自该总体的一个样本. 对于事先给定的α是一个较小的数（$0 < \alpha < 1$, 通常取0.05、0.01等），若存在两个统计量$\theta_L(X_1, X_2, \cdots, X_n)$和$\theta_U(X_1, X_2, \cdots, X_n)$使得
$$P(\theta_L(X_1, X_2, \cdots, X_n) < \theta < \theta_U(X_1, X_2, \cdots, X_n)) = 1 - \alpha$$
则称$[\theta_L, \theta_U]$为参数θ的置信水平为$1-\alpha$的**双侧置信区间**，简称置信区间. θ_L和θ_U分别称为置信水平为$1-\alpha$的**置信下限**（lower confidence limit）和**置信上限**（upper confidence limit），$1-\alpha$称为**置信水平**（confidence level）或 **置信度**.

类似地，定义单侧置信限：满足
$$P(\theta < \theta_U(X_1, X_2, \cdots, X_n)) = 1 - \alpha$$
则称θ_U为参数θ的置信水平为$1-\alpha$的**单侧置信上限**；若满足
$$P(\theta_L(X_1, X_2, \cdots, X_n) < \theta) = 1 - \alpha$$
则称θ_L为参数θ的置信水平为$1-\alpha$的**单侧置信下限**.

对于样本的观测值$x_1, x_2, \cdots, x_n$, 称$\theta_L(x_1, x_2, \cdots, x_n)$和$\theta_U(x_1, x_2, \cdots, x_n)$为置信下限和

置信上限的观测值,在后面的叙述中,一般称它们为置信下限和置信上限,(θ_L, θ_U)为置信区间.

由上述定义知道,置信区间(θ_L, θ_U)是一个随机区间,它的两个端点都是不依赖未知参数θ的随机变量,该随机区间可能包含参数θ,也可能不包含参数θ. 双侧置信区间(θ_L, θ_U)包含未知参数θ的概率为$1-\alpha$. 它的另一直观含义是在大量多次抽样下,由于每次抽到的样本一般不会完全相同,用同样的方法构造置信水平为$1-\alpha$的置信区间,将得到许多不同区间$(\theta_L(x_1, x_2, \cdots, x_n), \theta_U(x_1, x_2, \cdots, x_n))$,这些区间中大约有$100(1-\alpha)\%$的区间包含未知参数$\theta$的真值,大约有$100\alpha\%$的区间不包含参数$\theta$的真值.

置信区间的长度表示估计结果的精确性,而置信水平表示估计结果的可靠性. 对于置信水平为$1-\alpha$的置信区间(θ_1, θ_2): 一方面,置信水平$1-\alpha$越大,估计的可靠性越高;另一方面,区间(θ_1, θ_2)的长度越小,估计的精确性越高. 但这两方面通常是矛盾的,提高可靠性通常会使精确性下降(区间长度变大),而提高精确性通常会使可靠性下降($1-\alpha$变小),所以要找到两方面的平衡点,在确保可靠性的条件下,尽量提高精度.

置信区间的构建往往需要借助对未知参数点估计或其函数的抽样分布来进行.

构造关于未知参数θ的置信区间的一般步骤:

(1)寻找样本$X_1, X_2, \cdots, X_n$的一个函数$u(X_1, X_2, \cdots, X_n; \theta)$,通常称为**枢轴量**,它含待估的未知参数$\theta$,并且$u(X_1, X_2, \cdots, X_n; \theta)$的分布要求已知中不含其他任何未知参数(即使含有未知参数,参数也与分布无关). 在很多情况下,$u(X_1, X_2, \cdots, X_n; \theta)$可以由$\theta$的点估计经过变换获得.

(2)对给定的置信水平$1-\alpha$,由$u(X_1, X_2, \cdots, X_n; \theta)$的抽样分布确定分位点. 由于枢轴量$u(X_1, X_2, \cdots, X_n; \theta)$的分布已知(多数情况下都是常见分布)且不含任何未知参数,因此它的分位点可以计算出来(通过查表或利用统计分析软件计算).

(3)进行不等式变形,即可求出未知参数θ的置信水平为$1-\alpha$的置信区间.

简单地说,枢轴量的设计思路是构造出一个含有未知参数但是分布与该参数无关的量. 它不同于统计量,因为统计量中不含有参数. 上述过程中,比较困难的是第一步,包括如何选择满足条件的枢轴量,并且确定它的分布.

7.3.2 单个正态总体均值和方差的区间估计

设置信水平为$1-\alpha$,总体$X \sim N(\mu, \sigma^2)$,$X_1, X_2, \cdots, X_n$为总体X的一个样本,$\overline{X}$、S^2分别是样本均值和样本方差. 以下分不同情况讨论总体均值μ和样本方差σ^2的置信区间.

1. σ^2已知时,μ的置信区间

由于$\overline{X}$是μ的无偏估计,则有

$$U = \frac{\overline{X} - \mu}{\sigma/\sqrt{n}} \sim N(0, 1)$$

记z_α为标准正态分布的上α分位点,即满足$P(U > z_\alpha) = 1 - \Phi(z_\alpha) = \alpha$,由此易得$\Phi(-z_\alpha) = 1 - \Phi(z_\alpha) = 1 - (1-\alpha) = \alpha$,且有$z_{1-\alpha} = 1 - z_\alpha$.

- 求 μ 的双侧置信限，由

$$\begin{aligned} P\left(|U| < z_{\frac{\alpha}{2}}\right) &= P\left(\left|\frac{\overline{X}-\mu}{\sigma/\sqrt{n}}\right| < z_{\frac{\alpha}{2}}\right) = \Phi\left(z_{\frac{\alpha}{2}}\right) - \Phi\left(-z_{\frac{\alpha}{2}}\right) \\ &= 2\Phi\left(z_{\frac{\alpha}{2}}\right) - 1 = 2\left(1 - \frac{\alpha}{2}\right) - 1 \\ &= 1 - \alpha \end{aligned}$$

化简后可得

$$P\left(\overline{X} - \frac{\sigma}{\sqrt{n}}z_{\frac{\alpha}{2}} < \mu < \overline{X} + \frac{\sigma}{\sqrt{n}}z_{\frac{\alpha}{2}}\right) = 1 - \alpha \tag{7.6}$$

所以 μ 的一个置信水平为 $1-\alpha$ 的双侧置信区间为

$$\left(\overline{X} - \frac{\sigma}{\sqrt{n}}z_{\frac{\alpha}{2}}, \overline{X} + \frac{\sigma}{\sqrt{n}}z_{\frac{\alpha}{2}}\right) \tag{7.7}$$

- 如果要求 μ 的单侧置信限，由

$$P\left(\frac{\overline{X}-\mu}{\sigma/\sqrt{n}} > -z_\alpha\right) = 1 - \Phi(-z_\alpha) = \Phi(z_\alpha) = 1 - \alpha$$

可得

$$P\left(\mu < \overline{X} + \frac{\sigma}{\sqrt{n}}z_\alpha\right) = 1 - \alpha \tag{7.8}$$

即 μ 的一个置信水平为 $1-\alpha$ 的单侧置信上限的区间为 $\left(-\infty, \overline{X} + \frac{\sigma}{\sqrt{n}}z_\alpha\right)$。

由

$$P\left(\frac{\overline{X}-\mu}{\sigma/\sqrt{n}} < z_\alpha\right) = \Phi(z_\alpha) = 1 - \alpha$$

可得

$$P\left(\mu > \overline{X} - \frac{\sigma}{\sqrt{n}}z_\alpha\right) = 1 - \alpha \tag{7.9}$$

即 μ 的一个置信水平为 $1-\alpha$ 的单侧置信下限的区间为 $\left(\overline{X} - \frac{\sigma}{\sqrt{n}}z_\alpha, +\infty\right)$。

2. σ^2 未知时，μ 的置信区间

在实际中，经常会遇到总体的方差 σ^2 未知的情况，前面构造的枢轴量就无法再用来求置信区间了，主要是因为它除了包含待估参数 μ 以外，还含有未知变量 σ^2。此时考虑用样本方差 $S^2 = \frac{1}{n-1}\sum_{i=1}^{n}\left(X_i - \overline{X}\right)^2$ 来代替 σ^2，构造枢轴量

$$T = \frac{\overline{X}-\mu}{S/\sqrt{n}} \sim t(n-1)$$

记 $t_\alpha(n)$ 为 $t(n)$ 分布的上 α 分位点，则有

- 求 μ 的双侧置信限，由
$$P\left(-t_{\frac{\alpha}{2}}(n-1) < \frac{\overline{X}-\mu}{S/\sqrt{n}} < t_{\frac{\alpha}{2}}(n-1)\right)$$
$$= P\left(\overline{X} - \frac{S}{\sqrt{n}}t_{\frac{\alpha}{2}}(n-1) < \mu < \overline{X} + \frac{S}{\sqrt{n}}t_{\frac{\alpha}{2}}(n-1)\right)$$
$$= 1-\alpha$$

于是得到 μ 的一个置信水平为 $1-\alpha$ 的双侧置信区间

$$\left(\overline{X} - \frac{S}{\sqrt{n}}t_{\frac{\alpha}{2}}(n-1), \overline{X} + \frac{S}{\sqrt{n}}t_{\frac{\alpha}{2}}(n-1)\right) \tag{7.10}$$

- 类似地，在总体方差 σ^2 未知的情形下，求 μ 的的单侧置信限，由

$$P\left(\frac{\overline{X}-\mu}{S/\sqrt{n}} > -t_\alpha(n-1)\right) = P\left(\mu < \overline{X} + \frac{S}{\sqrt{n}}t_\alpha(n-1)\right) = 1-\alpha$$

可得 μ 的一个置信水平为 $1-\alpha$ 的只有单侧置信上限的区间为 $\left(-\infty, \overline{X} + \frac{S}{\sqrt{n}}t_\alpha(n-1)\right)$.

由

$$P\left(\frac{\overline{X}-\mu}{S/\sqrt{n}} < t_\alpha(n-1)\right) = P\left(\mu > \overline{X} - \frac{S}{\sqrt{n}}z_\alpha\right) = 1-\alpha$$

得 μ 的一个置信水平为 $1-\alpha$ 的只有单侧置信下限的区间为 $\left(\overline{X} - \frac{S}{\sqrt{n}}t_\alpha(n-1), +\infty\right)$.

3. μ 已知时，σ^2 的置信区间

μ 已知时，由于
$$\frac{1}{\sigma^2}\sum_{i=1}^n (X_i-\mu)^2 \sim \chi^2(n)$$

但是 χ^2 分布的密度函数曲线不是对称的，对于给定的置信水平 $1-\alpha$，可取两侧的分位点为 $\chi^2_{\frac{\alpha}{2}}$ 和 $\chi^2_{1-\frac{\alpha}{2}}$.

$$P\left(\chi^2_{1-\frac{\alpha}{2}}(n) < \frac{(n-1)S^2}{\sigma^2} < \chi^2_{\frac{\alpha}{2}}(n)\right) = 1-\alpha$$

经过整理得

$$P\left(\frac{1}{\chi^2_{\frac{\alpha}{2}}(n)}\sum_{i=1}^n (X_i-\mu)^2 < \sigma^2 < \frac{1}{\chi^2_{1-\frac{\alpha}{2}}(n)}\sum_{i=1}^n (X_i-\mu)^2\right) = 1-\alpha$$

于是得到方差 σ^2 的一个置信水平为 $1-\alpha$ 的置信区间为

$$\left(\frac{(n-1)S^2}{\chi^2_{\frac{\alpha}{2}}(n)}, \frac{(n-1)S^2}{\chi^2_{1-\frac{\alpha}{2}}(n)}\right) \tag{7.11}$$

4. μ 未知时，σ^2 的置信区间

σ^2 的无偏估计为 S^2，且统计量
$$\frac{(n-1)S^2}{\sigma^2} \sim \chi^2(n-1)$$

类似之前的讨论,可得

$$P\left(\chi^2_{1-\frac{\alpha}{2}}(n-1) < \frac{(n-1)S^2}{\sigma^2} < \chi^2_{\frac{\alpha}{2}}(n-1)\right) = 1-\alpha$$

经过整理得

$$P\left(\frac{(n-1)S^2}{\chi^2_{\frac{\alpha}{2}}(n-1)} < \sigma^2 < \frac{(n-1)S^2}{\chi^2_{1-\frac{\alpha}{2}}(n-1)}\right) = 1-\alpha$$

于是得到方差 σ^2 的一个置信水平为 $1-\alpha$ 的置信区间

$$\left(\frac{(n-1)S^2}{\chi^2_{\frac{\alpha}{2}}(n-1)}, \frac{(n-1)S^2}{\chi^2_{1-\frac{\alpha}{2}}(n-1)}\right) \tag{7.12}$$

读者可以推导关于方差的单侧置信区间.

例 7.15 某内陆湖的湖水含盐量 $X \sim N(\mu, \sigma^2)$,现随机地从该湖的32个取样点采集了30份湖水样本,测得它们含钠的质量分数分别为

19.52% 19.56% 19.49% 19.47% 19.76% 19.10% 19.19% 19.37% 19.24% 19.54%
19.45% 19.29% 19.88% 19.19% 19.17% 19.23% 19.57% 19.33% 19.88% 19.02%
19.08% 19.41% 19.69% 20.01% 19.36% 18.69% 19.29% 19.93% 19.08% 19.65%

(1) 若 $\sigma^2 = 0.09$,求 μ 的置信水平为0.95的置信区间;
(2) 若 σ^2 未知,求 μ 的置信水平为0.95的置信区间;
(3) 若 $\mu = 19.5$,求 σ^2 的置信水平为0.90的置信区间;
(4) 若 μ 未知,求 σ^2 的置信水平为0.90的置信区间.

解 根据以上样本观测值计算出样本均值和方差分别为 $\bar{x} = 19.41, s^2 = 0.092$,本例中样本容量为 $n = 30$.

(1) 当 $1-\alpha = 0.95$ 时,$\alpha = 0.05$,查表B.1得 $\Phi(1.96) = 0.975$,由此可得 $z_{\frac{\alpha}{2}} = z_{0.025} = 1.96$.
若方差 σ^2 已知,将样本代入置信区间式(7.7)计算,得

$$\left(19.41 - 1.96 \times \frac{\sqrt{0.09}}{\sqrt{30}}, 19.41 + 1.96 \times \frac{\sqrt{0.09}}{\sqrt{30}}\right) = (19.31, 19.52)$$

(2) 查表B.3可得 $t_{\frac{\alpha}{2}}(29) = t_{0.025}(29) = 2.0452$. 将样本代入置信区间式(7.10)计算得

$$\left(19.41 - \frac{\sqrt{0.092}}{\sqrt{30}} t_{0.025}(29), 19.41 + \frac{\sqrt{0.092}}{\sqrt{30}} t_{0.025}(29)\right) = (19.30, 19.53)$$

(3) 当 $1-\alpha = 0.9$ 时,$\alpha = 0.1$,查表B.2得 $\chi^2_{\frac{\alpha}{2}}(30) = \chi^2_{0.05}(30) = 43.773$,$\chi^2_{0.95}(30) = 18.493$. 若 $\mu = 19.5$,计算得到 $\sum_{i=1}^{30}(x_i - 19.5)^2 = 2.8766$,将样本代入置信区间式(7.12)计算,得 σ^2 的置信水平为0.90的置信区间为

$$\left(\frac{2.8766}{43.773}, \frac{2.8766}{18.493}\right) = (0.066, 0.156)$$

(4) $\alpha = 0.1$,查附表2得 $\chi^2_{\frac{\alpha}{2}}(29) = \chi^2_{0.05}(29) = 42.557$,$\chi^2_{0.95}(29) = 17.708$. 若 μ 未知,将样本代入式(7.12)计算,得 σ^2 的置信水平为0.90的置信区间为

$$\left(\frac{29 \times 0.092}{42.557}, \frac{29 \times 0.092}{17.708}\right) = (0.063, 0.151)$$

7.3.3 两个正态总体均值差与方差比的区间估计

设 $X_1, X_2, \cdots, X_m$ 和 $Y_1, Y_2, \cdots, Y_n$ 是分别来自正态总体 $N(\mu_1, \sigma_1^2)$ 与 $N(\mu_2, \sigma_2^2)$ 的两个独立样本，$\overline{X}$、$\overline{Y}$、S_1^2、S_2^2 分别表示这两个样本的均值与方差.

1. σ_1^2、σ_2^2 已知，求 $\mu_1 - \mu_2$ 的置信区间

若 σ_1^2、σ_2^2 已知，由于 $\overline{X} \pm \overline{Y} \sim N\left(\mu_1 \pm \mu_2, \dfrac{\sigma_1^2}{m} + \dfrac{\sigma_2^2}{n}\right)$，构造枢轴量为

$$U = \frac{\overline{X} - \overline{Y} - (\mu_1 - \mu_2)}{\sqrt{\dfrac{\sigma_1^2}{m} + \dfrac{\sigma_2^2}{n}}} \sim N(0,1)$$

给定置信水平 $1-\alpha$，可得

$$P\left(-z_{\frac{\alpha}{2}} < \frac{\overline{X} - \overline{Y} - (\mu_1 - \mu_2)}{\sqrt{\dfrac{\sigma_1^2}{m} + \dfrac{\sigma_2^2}{n}}} < z_{\frac{\alpha}{2}}\right) = 1 - \alpha$$

经过整理计算得

$$P\left(\overline{X} - \overline{Y} - z_{\frac{\alpha}{2}}\sqrt{\dfrac{\sigma_1^2}{m} + \dfrac{\sigma_2^2}{n}} < \mu_1 - \mu_2 < \overline{X} - \overline{Y} + z_{\frac{\alpha}{2}}\sqrt{\dfrac{\sigma_1^2}{m} + \dfrac{\sigma_2^2}{n}}\right) = 1 - \alpha$$

所以 $\mu_1 - \mu_2$ 的置信水平为 $1-\alpha$ 的置信区间为

$$\left(\overline{X} - \overline{Y} - z_{\frac{\alpha}{2}}\sqrt{\dfrac{\sigma_1^2}{m} + \dfrac{\sigma_2^2}{n}},\ \overline{X} - \overline{Y} + z_{\frac{\alpha}{2}}\sqrt{\dfrac{\sigma_1^2}{m} + \dfrac{\sigma_2^2}{n}}\right) \tag{7.13}$$

2. σ_1^2、σ_2^2 未知，但 $\sigma_1^2 = \sigma_2^2 = \sigma^2$，求 $\mu_1 - \mu_2$ 的置信区间

当 $\sigma_1^2 = \sigma_2^2 = \sigma^2$ 时，由于

$$U = \frac{\overline{X} - \overline{Y} - (\mu_1 - \mu_2)}{\sqrt{\dfrac{\sigma^2}{m} + \dfrac{\sigma^2}{n}}} \sim N(0,1),\quad \frac{(m-1)S_1^2}{\sigma^2} + \frac{(n-1)S_2^2}{\sigma^2} \sim \chi^2(m+n-2)$$

构造枢轴量为

$$T = \frac{\overline{X} - \overline{Y} - (\mu_1 - \mu_2)}{S_{\mathrm{w}}\sqrt{\dfrac{1}{m} + \dfrac{1}{n}}} \sim t(m+n-2)$$

其中，$S_{\mathrm{w}}^2 = \dfrac{(m-1)S_1^2 + (n-1)S_2^2}{m+n-2}$. 由

$$P\left(-t_{\frac{\alpha}{2}}(m+n-2) < \frac{\overline{X} - \overline{Y} - (\mu_1 - \mu_2)}{S_{\mathrm{w}}\sqrt{\dfrac{1}{m} + \dfrac{1}{n}}} < t_{\frac{\alpha}{2}}(m+n-2)\right) = 1 - \alpha$$

可以得到 $\mu_1 - \mu_2$ 的置信水平为 $1-\alpha$ 的置信区间为

$$\left(\overline{X} - \overline{Y} - t_{\frac{\alpha}{2}}(m+n-2)S_{\mathrm{w}}\sqrt{\dfrac{1}{m} + \dfrac{1}{n}},\ \overline{X} - \overline{Y} + t_{\frac{\alpha}{2}}(m+n-2)S_{\mathrm{w}}\sqrt{\dfrac{1}{m} + \dfrac{1}{n}}\right) \tag{7.14}$$

3. σ_1^2、σ_2^2未知，但$n_1 = n_2 = n$已知，求$\mu_1 - \mu_2$的置信区间

令$Z_i = X_i - Y_i$，则

$$Z_i \stackrel{\text{iid}}{\sim} N(\mu_1 - \mu_2, \sigma_1^2 + \sigma_2^2), \quad i = 1, 2, \cdots, n$$

计算样本$Z_1, Z_2, \cdots, Z_n$的均值与方差分别为

$$\overline{Z} = \frac{1}{n}\sum_{i=1}^{n} Z_i = \frac{1}{n}\sum_{i=1}^{n}(X_i - Y_i) = \overline{X} - \overline{Y}$$

$$S^2 = \frac{1}{n-1}\sum_{i=1}^{n}\left(Z_i - \overline{Z}\right)^2 = \frac{1}{n-1}\sum_{i=1}^{n}\left[(X_i - \overline{X}) - (Y_i - \overline{Y})\right]^2$$

且有

$$U = \frac{\overline{Z} - (\mu_1 - \mu_2)}{\sqrt{\dfrac{\sigma_1^2 + \sigma_2^2}{n}}} \sim N(0, 1), \quad V = \frac{(n-1)S^2}{\sigma_1^2 + \sigma_2^2} \sim \chi^2(n-1)$$

则可以构造枢轴量为

$$\frac{U}{\sqrt{V/(n-1)}} = \frac{\dfrac{\overline{Z} - (\mu_1 - \mu_2)}{\sqrt{(\sigma_1^2 + \sigma_2^2)/n}}}{\sqrt{\dfrac{(n-1)S_Z^2}{\sigma_1^2 + \sigma_2^2} \cdot \dfrac{1}{n-1}}} = \frac{\overline{Z} - (\mu_1 - \mu_2)}{S\sqrt{n}} \sim t(n-1)$$

由

$$P\left(-t_{\frac{\alpha}{2}}(n-1) < \frac{\overline{Z} - (\mu_1 - \mu_2)}{S_Z/\sqrt{n}} < t_{\frac{\alpha}{2}}(n-1)\right) = 1 - \alpha$$

得到$\mu_1 - \mu_2$的置信水平为$1 - \alpha$的置信区间为

$$\left(\overline{Z} - t_{\frac{\alpha}{2}}(n-1)\frac{S_Z}{\sqrt{n}}, \overline{Z} + t_{\frac{\alpha}{2}}(n-1)\frac{S}{\sqrt{n}}\right) \tag{7.15}$$

4. μ_1、μ_2已知，求$\dfrac{\sigma_1^2}{\sigma_2^2}$的置信区间

μ_1、μ_2已知时，由于

$$\frac{1}{\sigma_1^2}\sum_{i=1}^{m}(X_i - \mu_1)^2 \sim \chi^2(m), \quad \frac{1}{\sigma_2^2}\sum_{j=1}^{n}(Y_j - \mu_2)^2 \sim \chi^2(n)$$

且两个变量是相互独立的，构造枢轴量为

$$F = \frac{\dfrac{1}{m\sigma_1^2}\sum\limits_{i=1}^{m}(X_i - \mu_1)^2}{\dfrac{1}{n\sigma_2^2}\sum\limits_{j=1}^{n}(Y_j - \mu_2)^2} \sim F(m, n)$$

则有

$$P\left(F_{1-\frac{\alpha}{2}}(m, n) \frac{\dfrac{1}{m\sigma_1^2}\sum\limits_{i=1}^{m}(X_i - \mu_1)^2}{\dfrac{1}{n\sigma_2^2}\sum\limits_{j=1}^{n}(Y_j - \mu_2)^2} < F_{\frac{\alpha}{2}}(m, n)\right) = 1 - \alpha$$

整理上式可得

$$P\left(\frac{n}{m}\frac{1}{F_{\frac{\alpha}{2}}(m,n)}\frac{\sum_{i=1}^{m}(X_i-\mu_1)^2}{\sum_{j=1}^{n}(Y_j-\mu_2)^2} < \frac{\sigma_1^2}{\sigma_2^2} < \frac{n}{m}\frac{1}{F_{1-\frac{\alpha}{2}}(m,n)}\frac{\sum_{i=1}^{m}(X_i-\mu_1)^2}{\sum_{j=1}^{n}(Y_j-\mu_2)^2}\right) = 1-\alpha$$

所以参数 $\dfrac{\sigma_1^2}{\sigma_2^2}$ 的置信水平为 $1-\alpha$ 的置信区间为

$$\left(\frac{n}{m}\frac{1}{F_{\frac{\alpha}{2}}(m,n)}\frac{\sum_{i=1}^{m}(X_i-\mu_1)^2}{\sum_{j=1}^{n}(Y_j-\mu_2)^2}, \frac{n}{m}\frac{1}{F_{1-\frac{\alpha}{2}}(m,n)}\frac{\sum_{i=1}^{m}(X_i-\mu_1)^2}{\sum_{j=1}^{n}(Y_j-\mu_2)^2}\right) \tag{7.16}$$

5. μ_1、μ_2 未知，求 $\dfrac{\sigma_1^2}{\sigma_2^2}$ 的置信区间

当 μ_1、μ_2 未知时，有

$$\frac{(m-1)S_1^2}{\sigma_1^2} \sim \chi^2(m-1), \quad \frac{(n-1)S_2^2}{\sigma_2^2} \sim \chi^2(n-1)$$

且两者是相互独立的，构造枢轴量为

$$F = \frac{S_1^2/\sigma_1^2}{S_2^2/\sigma_2^2} \sim F(m-1, n-1)$$

由

$$P\left(F_{1-\frac{\alpha}{2}}(m-1,n-1) < \frac{S_1^2/\sigma_1^2}{S_2^2/\sigma_2^2} < F_{\frac{\alpha}{2}}(m-1,n-1)\right) = 1-\alpha$$

由此解得参数 $\dfrac{\sigma_1^2}{\sigma_2^2}$ 的置信水平为 $1-\alpha$ 的置信区间为

$$\left(\frac{S_1^2}{S_2^2}\frac{1}{F_{\frac{\alpha}{2}}(m-1,n-1)}, \frac{S_1^2}{S_2^2}\frac{1}{F_{1-\frac{\alpha}{2}}(m-1,n-1)}\right) \tag{7.17}$$

7.4 R语言在计算单样本置信区间中的应用

在R语言中计算正态总体下的置信区间，主要用到3个函数，即BSDA包中的函数z.test()、函数t.test()及函数chisq.test()，用于计算不同情形下参数的假设检验和区间估计. 关于上述函数的使用，在下一章中我们还将讨论. 本节中我们主要讨论通过自编函数，即函数z.test()和函数t.test()计算不同情形下单样本正态总体的置信区间.

首先，我们定义如下两个自编函数，分别用于实现方差 σ^2 已知情形下，对参数 μ 的置信区间和 σ^2 的置信区间的计算.

(1) 自编函数z.conf()，实现方差 σ^2 已知情形下对参数 μ 的置信区间的计算.

```
z.conf=function(x,alpha=0.05,sigma){
    n=length(x);a=alpha
```

```
        n0=qnorm(1-a/2)*sigma/sqrt(n)
        c(mean(x)-n0,mean(x)+n0)}
```

(2) 自编函数chisq.conf()，实现对参数σ^2置信区间的计算.

```
chisq.conf=function(x,alpha=0.05,mu=NA){
n=length(x);u=mu;a=alpha
Z1=c(sum((x-u)^2)/qchisq(1-a/2,n),sum((x-u)^2)/qchisq(a/2,n))
Z2=c((n-1)*var(x)/qchisq(1-a/2,n-1),(n-1)*var(x)/qchisq(a/2,n-1))
if(is.na(mu)==TRUE){Z=Z2}
else {Z=Z1}
Z}
```

下面就例7.15，分析应用R语言实现单样本正态总体的置信区间的计算.

例 7.16 本例主要讨论例7.15中，关于以下问题的R语言实现.
(1)$\sigma^2 = 0.09$已知，求μ的置信水平为0.95的置信区间；
(2)σ^2未知，求μ的置信水平为0.95的置信区间；
(3)μ已知，求σ^2的置信水平为0.9的置信区间；
(4)μ未知，求σ^2的置信水平为0.9的置信区间.

解 首先，运行命令，导入数据.

```
> w=c(19.52,19.56,19.49,19.47,19.76,19.1,19.19,19.37,19.24,19.54,
+ 19.45,19.29,19.88,19.19,19.17,19.23,19.57,19.33,19.88,19.02,
+ 19.08,19.41,19.69,20.01,19.36,18.69,19.29,19.93,19.08,19.65)
```

对于问题(1)，由于方差$\sigma^2 = 0.09$，使用自编函数z.conf()进行计算.

首先运行z.conf()，然后输入并运行如下命令.

```
> z.conf(w,0.05,sigma=sqrt(0.09))
[1] 19.30732 19.52202
```

同时问题(1)可以使用BSDA包中的函数z.test()实现，等价于运行如下命令.

```
> library("BSDA")
> z.test(w,sigma.x=sqrt(0.09))  #参数sigma.x为标准差,为必要参数，不能缺省
        One-sample z-Test
data:  w
z = 354.46, p-value < 2.2e-16
alternative hypothesis: true mean is not equal to 0
95 percent confidence interval:
 19.30732 19.52202
sample estimates:
mean of x
 19.41467
```

两者得到置信区间的结果是一致的. 以上结果中的95 percent confidence interval:就是置信水平为0.95的双侧置信区间.

对于问题(2)，可直接使用函数t.test()实现，等价于输入并运行如下命令.

```
> t.test(w)
        One Sample t-test
data:  w
t = 351.24, df = 29, p-value < 2.2e-16
alternative hypothesis: true mean is not equal to 0
95 percent confidence interval:
 19.30162 19.52772
sample estimates:
mean of x
 19.41467
```

对于问题(3)和(4)，R语言中没有专门求方差的区间估计的函数，为此可使用自编函数chisq.conf()进行计算. 首先运行自编函数chisq.conf()，然后输入并运行如下命令.

```
> chisq.conf(w,0.1,mu=19.5)
[1] 0.06571635 0.15555360
> chisq.conf(w,0.1)
[1] 0.0624609 0.1501068
```

可分别得到问题(3)和(4)的计算结果.

习题 7

1. 设总体 X 服从均匀分布 $U[0,\theta]$，它的概率函数为

$$f(x;\theta) = \begin{cases} \dfrac{1}{\theta}, & 0 \leqslant x \leqslant \theta \\ 0, & \text{其他} \end{cases}$$

   (1) 求未知参数 θ 的矩估计;

   (2) 当样本观察值为 0.3、0.8、0.27、0.35、0.62、0.55时，求 θ 的矩估计.

2. 设总体分布律如下，$X_1, X_2, \cdots, X_n$ 是样本，试求未知参数的矩估计.

   (1) $P(X=k) = \dfrac{1}{N}$, $k = 0,1,2,\cdots,N-1$, N（正整数）是未知参数;

   (2) $P(X=k) = (k-1)\theta^2(1-\theta)^{k-2}$, $k = 2,3,\cdots$, 其中 θ 为未知参数，且 $0 < \theta < 1$.

3. 设 $X_1, X_2, \cdots, X_n$ 为总体 X 的一个样本，求下述各总体的概率函数中未知参数的矩估计量:

   (1) $f(x;\theta) = \begin{cases} \sqrt{\theta} x^{\sqrt{\theta}-1}, & 0 \leqslant x \leqslant 1 \\ 0, & \text{其他} \end{cases}$, 其中 $\theta > 0$, θ 是未知参数;

(2) $f(x;\theta) = \begin{cases} \dfrac{1}{\theta}\mathrm{e}^{-(x-\mu)/\theta}, & x > \mu \\ 0, & x \leqslant \mu \end{cases}$, 其中$\theta > 0$，$\theta$、$\mu$是未知参数.

4. 设总体X服从二项分布$B(m,p)$，其中m、p为未知参数，$X_1, X_2, \cdots, X_n$为X的一个样本，求m与p的矩估计.

5. 从一批电子元件中抽取8个进行使用寿命测试，得到如下数据(单位：h)：

$$1050 \quad 1100 \quad 1130 \quad 1040 \quad 1250 \quad 1300 \quad 1200 \quad 1080$$

试对这批元件的平均寿命及寿命分布的标准差给出其矩估计.

6. 设总体概率函数如下，$X_1, X_2, \cdots, X_n$是样本，c为常数，θ为未知参数，试求未知参数的最大似然估计.

(1) $f(x;\theta) = c\theta^c x^{-(c+1)}$, $x > \mu$;

(2) $f(x;\theta,\mu) = \dfrac{1}{\theta}\mathrm{e}^{-\frac{x-\mu}{\theta}}$, $x > \mu$, $\theta > 0$;

(3) $f(x;\theta) = \dfrac{1}{k\theta}$, $\theta < x < (k+1)\theta$, $\theta > 0$.

7. 已知总体X的概率函数为

$$f(x;\theta) = \begin{cases} \theta x^{\theta-1}, & 0 < x < 1 \\ 0, & 其他 \end{cases}$$

求参数θ的最大似然估计.

8. 设T为电子元件失效时间(单位：h)，其密度函数为

$$f(x) = \begin{cases} \beta \mathrm{e}^{-\beta(t-t_0)}, & t > t_0 > 0, \beta > 0 \\ 0, & 其他 \end{cases}$$

假定n个元件独立地试验并求得其失效时间分别为$T_1, T_2, \cdots, T_n$.

(1) 当t_0已知时，求β的最大似然估计;

(2) 当β已知时，求t_0的最大似然估计.

9. 设总体X服从参数$\lambda > 0$的泊松分布，X取值为x的概率函数为$f(x, \lambda) = \dfrac{\lambda^x}{x!}\mathrm{e}^{-\lambda}$，$x = 0, 1, 2, \cdots X$; 的观察值为$x_1, x_2, \cdots, x_n$，试求参数$\lambda$的最大似然估计.

10. 设总体X的概率函数为

$$f(x;\theta) = \begin{cases} (\theta+1)x^\theta, & 0 < x < 1 \\ 0, & 其他 \end{cases}$$

其中，$\theta > -1$，$X_1, X_2, \cdots, X_n$为来自总体X的样本，求参数θ的矩估计和最大似然估计.

11. 设$\hat{\theta}$是参数θ的无偏估计，且有$D(\hat{\theta}) > 0$，试证$\hat{\theta}^2$不是θ^2的无偏估计.

12. 设总体X的数学期望为μ，$X_1, X_2, \cdots, X_n$是来自X的样本，$a_1, a_2, \cdots, a_n$是任意常数. 验证$\left(\sum\limits_{i=1}^{n} a_i X_i\right) \Big/ \sum\limits_{i=1}^{n} a_i$ $\left(\sum\limits_{i=1}^{n} a_i \neq 0\right)$是$\mu$的无偏估计.

13. 设总体 $X \sim N(\mu, \sigma^2)$，$X_1, X_2, \cdots, X_n$ 是来自 X 的一个样本，试确定常数 c，使

$$c \sum_{i=1}^{n-1} (X_{i+1} - X_i)^2$$

为 σ^2 的无偏估计.

14. 设 X_1、X_2、X_3 是取自某总体容量为3的样本，试证下列统计量都是该总体均值 μ 的无偏估计，在方差存在时指出哪一个估计的有效性最差？

   (1) $\hat{\mu}_1 = \frac{1}{2}X_1 + \frac{1}{3}X_2 + \frac{1}{6}X_3$;

   (2) $\hat{\mu}_2 = \frac{1}{3}X_1 + \frac{1}{3}X_2 + \frac{1}{3}X_3$;

   (3) $\hat{\mu}_3 = \frac{1}{6}X_1 + \frac{1}{6}X_2 + \frac{2}{3}X_3$.

15. 设 X_1、X_2、X_3 均服从均匀分布 $U(0, \theta)$，试证 $\frac{4}{3}X_{(3)}$ 及 $4X_{(1)}$ 都是 θ 的无偏估计，哪一个无偏估计更有效？

16. 设有一批产品，为估计其次品率 p，随机取样本 $X_1, X_2, \cdots, X_n$，令

$$X_i = \begin{cases} 1, & \text{取得次品} \\ 0, & \text{取得合格品} \end{cases}, \quad i = 1, 2, \cdots, n$$

试证 $\hat{p} = \overline{X} = \frac{1}{n} \sum_{i=1}^{n} X_i$ 为参数 p 的一致而且无偏估计.

17. 设 X_1、X_2 是取自服从正态分布 $N(\mu, 1)$ 的总体 X 的样本，试证：下列3个统计量都是 μ 的无偏估计：

$$\hat{\mu}_1 = \frac{2}{3}X_1 + \frac{1}{3}X_2, \quad \hat{\mu}_2 = \frac{1}{4}X_1 + \frac{3}{4}X_2, \quad \hat{\mu}_3 = \frac{1}{2}X_1 + \frac{1}{2}X_2$$

并指出其中哪个最有效.

18. 设总体 X 的密度函数为

$$f(x) = \begin{cases} \frac{1}{\theta} e^{-\frac{x}{\theta}}, & x > 0 \\ 0, & x \leqslant 0 \end{cases}$$

从中抽取样本 X_1、X_2、X_3，考虑 θ 的如下4个估计：

$$\hat{\theta}_1 = X_1, \quad \hat{\theta}_2 = \frac{X_1 + X_2}{2}, \quad \hat{\theta}_3 = \frac{X_1 + 2X_2}{3}, \quad \hat{\theta}_4 = \overline{X}$$

   (1) 这4个估计中，哪些是 θ 的无偏估计？

   (2) 试比较这些估计的方差.

19. 设从均值为 μ、方差为 $\sigma^2 > 0$ 的总体中分别抽取容量为 n_1 和 n_2 的两个独立样本，$\overline{x}_1$ 和 $\overline{x}_2$ 分别是这两个样本的均值. 试证对于任意常数 a、b ($a + b = 1$)，$Y = a\overline{x}_1 + b\overline{x}_2$ 都是 μ 的无偏估计，并确定常数 a、b 使 $D(Y)$ 达到最小.

20. 设总体 $X \sim U(\theta, 2\theta)$，其中 $\theta > 0$ 是未知参数，又 $x_1, x_2, \cdots, x_n$ 为取自该总体的样本，$\bar{x}$ 为样本均值.

   (1) 证明 $\hat{\theta} = \frac{2}{3}\bar{x}$ 是参数 θ 的无偏估计和相合估计；

   (2) 求 θ 的最大似然估计，它是无偏估计吗？是相合估计吗？

21. 设 $x_1, x_2, \cdots, x_n$ 是来自密度函数为 $f(x; \theta) = e^{-(x-\theta)}$，$x > \theta$ 的样本.

   (1) 求 θ 的最大似然估计 $\hat{\theta}_1$，它是否是相合估计？是否是无偏估计？

   (2) 求 θ 的矩估计 $\hat{\theta}_2$，它是否是相合估计？是否是无偏估计？

22. 某厂生产一种布料纱线，要求纱线断裂强度至少为 50（单位：kg/cm^2）. 根据过去的经验，断裂强度服从 $\sigma = 2$ 的正态分布. 随机抽取了 9 个样本检验，测得平均断裂强度为 48，试求出真实平均断裂强度的 0.95 双侧置信区间.

23. 某商店某种商品的月销售量服从泊松分布，为合理进货，必须了解销售情况. 现记录了该商店过去的一些销售量，数据如下：

   月销售量：　9　10　11　12　12　14　15　16
   月份数　：　1　6　13　12　9　4　2　1

   试求平均月销售量的置信水平为0.95的置信区间.

24. 设某种清漆的9个样品，其干燥时间（单位：h）分别为

   　　6.0　5.7　5.8　6.5　7.0　6.3　5.6　6.1　5.0

   设干燥时间总体服从正态分布，求 μ 的置信水平为0.95的置信区间.

   (1) 若由以往经验知 $\sigma = 0.6$ h；　(2) 若 σ 为未知.

25. 一个车间生产滚珠，从某天的产品里随机抽取5颗，测得其直径如下（单位：mm）：

   　　1.46　1.51　1.49　1.52　1.51

   已知滚珠直径服从正态分布，求滚珠直径平均值的置信水平为0.99的置信区间.

26. 从自动机床加工的同类零件中抽取10件，测得其长度分别为（单位：mm）

   　　12.15　12.12　12.01　12.28　12.09　12.30　12.01　12.11　12.06　12.14

   已知零件长度服从正态分布，求其方差的置信水平为0.95的置信区间.

27. 设 $X_1, X_2, \cdots, X_n$ 来自正态总体 $N(\mu, \sigma^2)$，求 μ 未知时，σ^2 的单侧置信区间.

28. 某元件的使用寿命（单位：h）服从 $\sigma = 25$ 的正态分布.

   (1) 若随机抽取一个容量为 20 的样本，测得其平均使用寿命为 1014 h，求总体平均使用寿命的 0.95 下侧置信区间；

   (2) 问样本容量 n 取多大才能保证平均使用寿命的 0.95 置信区间的误差界限 E 不会超过 5 h.

29. 土木工程师检测了 12 个混凝土样本的强度，得到如下数据：

    2216   2237   2249   2204   2225   2301

    2280   2264   2308   2257   2275   2296

(1) 是否有证据说明混凝土强度服从正态分布？

(2) 求平均混凝土强度的 0.95 双侧置信区间；

(3) 求平均混凝土强度的 0.95 下侧置信区间.

30. 某汽车制造厂为了测定某种型号汽车轮胎的使用寿命，随机抽取16个轮胎作为样本进行寿命测试，计算出轮胎平均寿命为43000 km，标准差为4120 km，试以0.95的置信水平推断该厂这批汽车轮胎的平均使用寿命区间.

31. 某广播电视局要估计某市65岁以上的已退休的人中一天时间里收听广播的时间，随机抽取了一个容量为200的样本，得到样本平均数为110 min，样本标准差为30 min，试估计总体均值0.95的置信区间.

32. 使用金属球测定引力常量（单位：10^{-11} m$^3 \cdot$ kg$^{-1} \cdot$ s^{-2}），测得其值如下：

    6.0661   6.6760   6.6780   6.6690   6.6680   6.6670

设测定值服从$N(\mu,\sigma^2)$，试求方差σ^2的置信水平为0.95的置信区间.

33. 已知维尼纶纤维在正常条件下服从正态分布，期望为1.4，从某天产品中抽取一个样本，测得其纤维度为

    1.32   1.55   1.36   1.40   1.44   1.36   1.52   1.38   1.45

请根据以上数据，计算方差的置信水平为0.95的置信区间.

34. 零件上的小孔中要嵌入同一型号的铆钉，假设小孔直径服从正态分布. 随机抽取了 15 个零件，测得零件小孔直径的样本标准差为 s=0.008 mm，求 σ^2 的 0.95 双侧置信区间.

35. 从自动机床加工的同类零件中，随机地抽取16件，测得各零件长度值如下（单位：mm）：

    12.15 12.12 12.01 12.28 12.09 12.16 12.03 12.01 12.06

    12.13 12.07 12.11 12.07 12.11 12.08 12.01 12.03 12.06

求该类零件长度的方差σ^2及标准差σ的区间估计（$\alpha=0.05$）.

36. 用一个仪表测量某一物理量9次，得样本均值$\bar{x}=56.32$，样本标准差$s=0.22$.

(1) 测量标准差σ大小反映了测量仪表的精度，试求σ的置信水平为0.95的置信区间；

(2) 求该物理量真值的置信水平为0.99的置信区间.

37. 考察某种材料的抗压强度，现随机地抽取10个试件进行抗压试验，测得数据如下：

    482   493   457   471   510   446   435   418   394   469

(1) 求平均抗压强度μ的置信水平为0.95的置信区间；

(2) 若已知$\sigma=30$，求平均抗压强度μ的置信水平为0.95的置信区间；

(3) 求σ的置信水平为0.95的置信区间.

38. 考察两种不同的设备生产的工件的直径，现各自抽取一个样本进行观测，其样本容量、样本均值和样本方差分别为

$$n_1 = 15, \bar{x} = 8.73, s_1^2 = 0.35$$
$$n_2 = 17, \bar{y} = 8.68, s_2^2 = 0.40$$

已知两个样本来自方差相等的正态总体，试给出平均直径差的0.95置信区间.

39. 从某地随机抽取男女各100名，以估计男女平均身高之差. 现测量并计算得到男子身高的样本均值为1.71 m，样本标准差为0.35 m，女子身高的样本均值为1.67 m，样本标准差为0.038 m，假定男女身高均服从正态分布，试求男女身高平均值之差的置信水平为0.95的置信区间.

40. 2023年在某地区分行业调查职工平均工资情况：已知体育、卫生、社会福利行业职工工资X(单位：元)$\sim N(\mu_1, 430^2)$；文教、艺术、广播行业职工工资Y(单位：元)$\sim N(\mu_2, 565^2)$. 现从总体X中调查25人，平均工资8160元，从总体Y中调查30人，平均工资7536元，求这两类行业职工平均工资之差的0.95的置信区间.

41. A、B两个地区种植同一型号的小麦. 现抽取了19块面积相同的麦田，其中9块属于地区A，另外10块属于地区B，测得它们的小麦产量（单位：kg）分别如下：

   地区A： 100 105 110 125 110 98 105 116 112

   地区B： 101 100 105 115 111 107 106 121 102 92

设地区A的小麦产量$X \sim N(\mu_1, \sigma^2)$，地区B的小麦产量$Y \sim N(\mu_2, \sigma^2)$，$\mu_1$、$\mu_2$、$\sigma^2$均未知，试求这两个地区小麦的平均产量之差的0.95置信区间.

42. 研究两种固体燃料火箭推进器的燃烧率. 设两者都服从正态分布，并且已知燃烧率的标准差均近似地为0.05 cm/s. 现取样本容量为$n_1 = n_2 = 20$，得燃烧率的样本均值分别为$\bar{x}_1 = 18$ cm/s，$\bar{x}_2 = 24$ cm/s，设两样本独立，求两燃烧率总体均值差$\mu_1 - \mu_2$的0.99的置信区间.

43. 某钢铁公司的管理人员为比较新旧两种电炉的温度状况，他们抽取了新电炉的31个温度数据及旧电炉的25个温度数据，并计算得样本方差分别为$s_1^2 = 75$及$s_2^2 = 100$. 设新电炉的温度$X \sim N(\mu_1, \sigma_1^2)$，旧电炉的温度$Y \sim N(\mu_2, \sigma_2^2)$，试求$\dfrac{\sigma_1^2}{\sigma_2^2}$的0.95的置信区间.

44. 为了考察温度对某物体断裂强度的影响，在70℃和80℃时分别重复了8次，测试值的样本方差依次为$s_1^2 = 0.8857$，$s_2^2 = 0.8266$. 假定70℃下的断裂强度$X \sim N(\mu_1, \sigma_1^2)$，80℃下的断裂强度$Y \sim N(\mu_2, \sigma_2^2)$，且$X$与$Y$相互独立，试求方差比$\dfrac{\sigma_1^2}{\sigma_2^2}$的置信水平为0.9的置信区间.

45. 有两位化验员A、B，他们独立地对某种聚合物的含氯量用相同的方法各做了10次测定，其方差的测定值分别为$s_A^2 = 0.5419$，$s_B^2 = 0.6065$，设σ_A^2与σ_B^2分别为A、B所测量数据总体（设为正态分布）的方差. 求方差比$\dfrac{\sigma_A^2}{\sigma_B^2}$的0.95置信区间.

46. 从两个独立的正态总体$X \sim N(\mu_1, \sigma_1^2)$和$Y \sim N(\mu_2, \sigma_2^2)$中，各随机抽取一个样本，具体数据如下：

X: 2.4　6.24　13.68　6.11　7.2　8.4　9.6　10.8　12

Y: 13.2　14.52　10.2　15.84　9.36　7.08　8.16　9.24　10.68

试求：

(1) 方差比 $\dfrac{\sigma_1^2}{\sigma_2^2}$ 的0.95置信区间；

(2) 方差比 $\dfrac{\sigma_1^2}{\sigma_2^2}$ 的0.95单侧置信下限和单侧置信上限.

第8章 假设检验

假设检验（hypothesis testing）是统计推断中的重要问题. 对一个总体中的参数进行估计，得到一个估计值，这是参数估计的问题；求参数真值的可能的范围是区间估计的问题；而检验这一估计是否可靠则是假设检验的问题. 假设检验的原理是，根据小概率的思想，在样本的基础上对总体的某种结论做出判断. 它分为参数假设检验和非参数假设检验，两者各有优势，本章主要介绍正态总体下的参数检验问题，对非参数检验问题做简单介绍.

8.1 假设检验基础

8.1.1 假设检验的基本思想

我们先以一个例子来说明问题.

例 8.1 某种品牌手机的广告对外宣称：该品牌手机电池超长待机，用该手机观看视频，一次充电能够持续工作20 h以上. 为了验证广告的虚实，现抽取一个容量为10的样本进行观测. 经过观测发现，该品牌手机连续播放视频的时间（以下简称使用时间）不超过20 h的有6台，那么能否认为该品牌手机的广告有虚假之嫌？

解 设事件A表示"手机使用时间大于等于20 h"，那么$\overline{A}=$"手机使用时间小于20 h". 令$p = P(A)$，则10台手机中使用时间大于等于20 h的数量Y应服从二项分布$B(n,p)$.

假设广告是真实的，那么绝大部分此品牌手机的使用时间应该大于等于20 h，即p应较大. 假设$p \geqslant 0.99$，计算有6台使用时间小于20 h的概率为

$$P(Y \leqslant 4) = \sum_{i=0}^{4} C_{10}^{i} p^{i}(1-p)^{10-i} \approx 2.03 \times 10^{-10}$$

这个概率非常的小，甚至可以认为在一次抽样中发生这种情况的可能性几乎为零，但是它却发生了，这就使得我们对假设提出质疑，认为假设有误，即认为广告虚假.

进一步，如果设X为手机使用时间，且服从正态分布$N(\mu, \sigma^2)$，我们怀疑的是广告的真实性，认为手机平均使用时间大于等于20 h，即$\mu \geqslant 20$；与之对立的命题就是广告不真实，认为手机使用时间小于20 h，即$\mu < 20$. 对我们所研究的问题提出的一种看法称为"假设". 本例中，我们把假设"$\mu \geqslant 20$"称为**原假设**，把假设"$\mu < 20$"称为**备择假设**，分别记为H_0：$\mu \geqslant 20$及H_1：$\mu < 20$，一般在原假设与备择假设之间加上对立号"vs"，即表示为

$$H_0: \mu \geqslant 20 \quad \text{vs} \quad H_1: \mu < 20$$

假设检验就是假定原假设正确，检验某个样本是否来自某个总体，它可以帮助研究者依据样本得出的结果推广到总体.

假设检验是一种统计推断方法，主要根据样本提供的信息判断总体是否具有某种指定的特性. 假设检验的基本思想是运用具有概率性质的反证法：为了判断一个"结论"是否成立，先假设该"结论"成立，然后在这一结论成立的前提下进行推导和运算. 如果该假设导致一个不合理的现象发生，则与小概率原理（或实际推断原理）相矛盾，即概率很小的事件在一次试验中可被认为几乎不会发生，那么就认为该"结论"不正确. 通常称这个假设的"结论"为原假设，记为H_0（又称零假设），与之对立的"结论"称为备择假设，记为H_1. 接受H_1或拒绝假设H_0的理由是小概率原理，即小概率事件在一次试验中几乎不可能发生. 我们在认为假设H_0成立的条件下，构造一个小概率事件，然后抽样检验. 接着考察样本观察值的结果，若对一次观察值，即一次试验，小概率事件发生了，那么这是不合理的，我们有理由认为原假设H_0不成立.

8.1.2 拒绝域

把样本空间分为两个互不相交的子集C及C^*，当样本$(X_1, X_2, \cdots, X_n)$的观测值
$$(x_1, x_2, \cdots, x_n) \in C$$
则拒绝原假设；若$(x_1, x_2, \cdots, x_n) \in C^*$，则接受原假设，称子集$C$为拒绝域. 而由样本观测值直接求拒绝域是比较困难的，一般方法是定义一个检验统计量，它与枢轴量类似，其中含有样本及参数，其分布与参数有关，由该检验统计量导出一个样本统计量，记为$T(\boldsymbol{x}) = T(x_1, \cdots, x_n)$，由$(x_1, \cdots, x_n) \in C$得到一个等价条件$T(\boldsymbol{x}) \in W$，其中$W$为检验所对应的拒绝域. 由$(x_1, \cdots, x_n) \in C^*$得到另一个等价条件$T(\boldsymbol{x}) \in W^*$，这样一来就将样本的多维变量的拒绝域转化为一维的函数值的拒绝域.

例 8.2 若总体$X \sim N(\mu, \sigma^2)$，σ^2已知，则$\overline{X} \sim N\left(\mu, \dfrac{\sigma^2}{n}\right)$，试判断假设
$$H_0: \mu = \mu_0 \quad \text{vs} \quad H_1: \mu > \mu_0$$

解 当原假设H_0为真时，有
$$U = \frac{\overline{X} - \mu_0}{\sigma/\sqrt{n}} \sim N(0, 1)$$

若原假设成立，则备择假设发生的概率应该很小，此时$\{\overline{X} - \mu_0$很大$\}$是一个小概率事件（样本均值不可能与总体均值有较大的差别）. 因此，对于给定的一个很小的正数α（α称为显著性水平，且$0 < \alpha < 1$，通常取0.1或0.05），适当选择常数C_0满足：
$$P\left(\overline{X} - \mu_0 > C_0 | H_0\right) \leqslant \alpha$$
由于
$$P\left(\frac{\overline{X} - \mu_0}{\sigma/\sqrt{n}} > z_\alpha\right) = \alpha$$
其中，z_α是标准正态分布的上α分位点，即有$\Phi(z_\alpha) = 1 - \alpha$，因此只需令$C_0 = \dfrac{\sigma}{\sqrt{n}} z_\alpha$就可以确定关于均值的拒绝域为
$$W = \{\overline{x}: \overline{x} - \mu_0 > C_0\} = \left\{\overline{x}: \overline{x} > \mu_0 + \frac{\sigma}{\sqrt{n}} z_\alpha\right\}$$
也就是说，当样本均值$\overline{x} \in W$时，就应该拒绝原假设，认为$\mu > \mu_0$.

如果将备择假设改为H_1：$\mu < \mu_0$，即

$$H_0: \quad \mu = \mu_0 \quad \text{vs} \quad H_1: \quad \mu < \mu_0$$

在原假设成立的条件下，$\{\overline{X} - \mu_0 \text{ 很小}\}$就是小概率事件，由于

$$P\left(\frac{\overline{X} - \mu_0}{\sigma/\sqrt{n}} < -z_\alpha\right) = \alpha$$

类似地，可得拒绝域为

$$W = \{\overline{x}: \overline{x} - \mu_0 < -C_0\} = \left\{\overline{x}: \overline{x} < \mu_0 - \frac{\sigma}{\sqrt{n}}z_\alpha\right\}$$

那么当样本均值落入该范围的话就拒绝原假设.

在例8.1中，若手机使用时间X服从正态分布$N(\mu, 4)$，根据表B.1推导可得$z_{0.05} \approx 1.644$，对于商家的广告我们可以做以下假设检验：

$$H_0: \quad \mu = 20 \quad \text{vs} \quad H_1: \quad \mu < 20$$

若取显著性水平$\alpha = 0.05$，并随机抽取16个样品观测其使用时间，可以得到关于样本均值的拒绝域为$\left\{\overline{x} < 20 - \frac{1}{2} \times 1.644\right\} = \{\overline{x} < 19.178\}$. 也就是说，当我们得到的样本均值小于19.178时就拒绝原假设，认为广告虚假.

8.1.3 两类错误

一般地，进行统计推断的样本为总体的一个或数个随机样本，由于抽样时存在抽样误差，利用样本对总体的统计推断有时会产生关于总体的错误结论.

因为H_0和H_1之间互斥而且包含所有可能的结果，所以它们当中只能有一个结论正确. 如果假设检验结果为接受H_0，那么结论是正确的; 相反，如果假设检验结果为拒绝H_0，那么结论就是错误的，这类错误称为第一类错误，用α表示.

第一类错误（拒真）：当H_0为真时，样本观测值落入拒绝域内发生的概率记为α，即

$$P(\text{拒绝}H_0|H_0\text{为真}) = \alpha$$

如果H_0是错误的，则H_1是正确的. 这时的假设检验结果如果为拒绝H_0，则结论正确; 如果为接受H_0，则结论错误，这类错误称为第二类错误，用β表示.

第二类错误（受伪）：当H_0不真时，根据假设检验法则我们却接受了H_0，其发生概率常记为β，即

$$P(\text{接受}H_0|H_0\text{不真}) = \beta$$

我们把两类错误列于表格8.1中.

表 8.1　假设检验中的两类错误

检验结果	未知的真正情况	
	H_0为真	H_1为真
接受H_0	正确结论$1-\alpha$	第二类错误β
拒绝H_0	第一类错误α	正确结论$1-\beta$

在例8.2中，犯第一类错误和犯第二类错误的概率分别为

$$\alpha = P(\overline{X} > \mu_0 + C_0 | H_0 成立), \quad \beta = P(\overline{X} \leqslant \mu_0 + C_0 | H_0 不成立)$$

样本容量n固定时，若犯其中一类错误的概率减小，则犯另一类错误的概率将增大．在增大样本容量后可使犯两类错误的概率都减小．但样本容量太大将增加抽样成本，甚至是不可行的．一般的做法是先限制犯第一类错误的概率α，然后利用备择假设确定β的值．如果β太大，则增大样本容量n使β减小；如果实际问题不需要β太小，则可考虑减小样本容量n以节省人力、物力与时间．最后总结假设检验的步骤：

(1) 根据问题要求建立原假设H_0及备择假设H_1；
(2) 选取合适的统计量，其抽样分布不含任何未知参数，以便计算其分位点；
(3) 给出显著性水平值，在原假设成立的条件下确定拒绝域；
(4) 根据样本观测值是否落入拒绝域来判断是否接受原假设．

8.2 单个正态总体参数的假设检验

在实际工作中我们往往需要检验样本均值与总体均值，以及样本方差与总体方差是否存在显著差异．这就需要在假设总体分布类型已知的情形下，构造检验统计量，进而确定拒绝域和p值．

本节主要介绍单个正态总体$X \sim N(\mu, \sigma^2)$下，取$X_1, X_2, \cdots, X_n$是来自X的一个样本，$\overline{X}$、S^2分别为样本均值与样本方差．下面分别讨论参数μ及σ^2的假设检验问题．

8.2.1 参数μ的检验

对μ可提出各种形式的统计假设，其统计推断方法都很类似．在此仅讨论下面几种典型形式（μ_0已知）：

情形 I： H_0: $\mu \leqslant \mu_0$ vs H_1: $\mu > \mu_0$；
情形 II： H_0: $\mu \geqslant \mu_0$ vs H_1: $\mu < \mu_0$；
情形III： H_0: $\mu = \mu_0$ vs H_1: $\mu \neq \mu_0$．

其中，μ_0是已知的常数．由于正态总体含有两个参数，因此总体方差σ^2已知与否对检验有影响．下面我们分两种情况进行讨论．

1. σ^2已知时，均值μ的检验

此时构造的检验统计量为

$$U = \frac{\overline{X} - \mu_0}{\sigma/\sqrt{n}} \tag{8.1}$$

在原假设成立的条件下，检验统计量服从标准正态分布，即$U \sim N(0,1)$．将样本观测值$x_1, x_2, \cdots, x_n$代入检验统计量计算得到

$$u_0 = u(x_1, x_2, \cdots, x_n) = \frac{\overline{x} - \mu_0}{\sigma/\sqrt{n}} \tag{8.2}$$

使用检验统计量U检验均值的方法称为u检验法，式(8.1)称为U统计量．

1) 情形 I 下的均值检验

对于情形 I，当样本均值 $\bar{x}$ 超过 μ_0 时，应倾向于拒绝原假设. 但考虑到存在随机性，如果 $\bar{x}$ 比 μ_0 大一点就拒绝原假设也不太恰当，只有当 $\bar{x}$ 比 μ_0 大到一定程度时拒绝原假设才是恰当的. 这时就存在一个临界值 c，拒绝域为

$$W_{\text{I}} = \{(x_1, x_2, \cdots, x_n): u(x_1, x_2, \cdots, x_n) \geqslant c\} = \{u: u \geqslant c\}$$

若要求检验的显著性水平为 α，可在原假设成立的条件下，使得 c 满足

$$P(U \geqslant c) = \alpha$$

若令 $c = z_\alpha$，那么确定的拒绝域为

$$W_{\text{I}} = \{u: \ u \geqslant z_\alpha\} \tag{8.3}$$

此时，检验统计量的观测值落入拒绝域的概率为 α. 令

$$p_{\text{I}} = P(U \geqslant u_0) = 1 - \Phi(u_0)$$

当检验统计量的观测值 $u_0 \in W_{\text{I}}$ 时，即有 $u_0 \geqslant z_\alpha$，如图 8.1 所示，此时检验统计量落入拒绝域内等价于

$$P(U \geqslant u_0) \leqslant P(U \geqslant z_\alpha) = \alpha \tag{8.4}$$

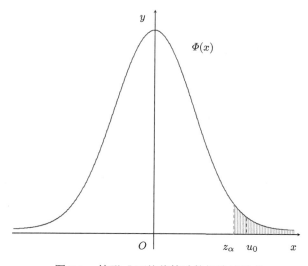

图 8.1 情形 I 下均值检验的拒绝域形式

于是有以下结论:

- 当 $p_{\text{I}} \leqslant \alpha$ 时，$z_\alpha < u_0$，等价于检验统计量的观测值落在拒绝域以内，应该拒绝原假设.
- 当 $p_{\text{I}} > \alpha$ 时，$z_\alpha > u_0$，等价于检验统计量的观测值不在拒绝域以内，应该接受原假设.

2) 情形Ⅱ下的均值检验

对于情形Ⅱ，当样本均值 $\bar{x}$ 小于 μ_0 达到一定程度时，应拒绝原假设. 备择假设 H_1 在图像左侧，其拒绝域应为

$$W_{\mathrm{II}} = \{u: \ u \leqslant -z_\alpha\} \tag{8.5}$$

当检验统计量的观测值 $u_0 \in W_{\mathrm{II}}$ 时，即有 $u_0 < -z_\alpha$，如图8.2所示，此时检验统计量落入拒绝域内等价于

$$P(U \leqslant u_0) \leqslant P(U \leqslant -z_\alpha) = \alpha \tag{8.6}$$

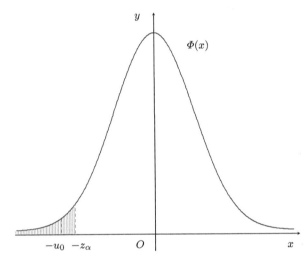

图 8.2　情形Ⅱ的拒绝域形式

令

$$p_{\mathrm{II}} = P(U \leqslant u_0 | \mu = \mu_0) = \Phi(u_0)$$

类似地，有以下结论：

- 当 $p_{\mathrm{II}} \leqslant \alpha$ 时，则 $-z_\alpha > -u_0$，等价于检验统计量的观测值落在拒绝域以内，应该拒绝原假设.

- 当 $p_{\mathrm{II}} \geqslant \alpha$ 时，则 $-z_\alpha < -u_0$，等价于检验统计量的观测值不在拒绝域以内，应该接受原假设.

3) 情形Ⅲ下的均值检验

对于情形Ⅲ，当样本均值 $|U|$ 大到一定程度时，应拒绝原假设. 备择假设 H_1 分散在图像两侧，其拒绝域应为

$$W_{\mathrm{III}} = \{u: \ |u| \geqslant z_{\frac{\alpha}{2}}\} \tag{8.7}$$

当检验统计量的观测值 $u_0 \in W_{\mathrm{III}}$ 时，即有 $|u_0| > z_{\frac{\alpha}{2}}$，如图8.3所示，此时检验统计量落入拒绝域内等价于

$$P(|U| \geqslant |u_0|) \leqslant P(|U| \geqslant z_{\frac{\alpha}{2}}) = \alpha \tag{8.8}$$

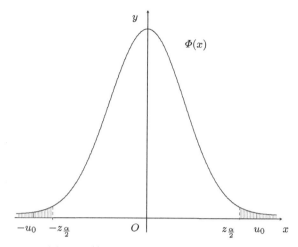

图 8.3 情形Ⅲ下均值检验的拒绝域形式

令

$$p_{\text{III}} = P(|U| \geqslant |u_0|) = 2 - 2\Phi(|u_0|)$$

类似地，有以下结论：

- 当 $p_{\text{III}} \leqslant \alpha$ 时，则 $z_{\frac{\alpha}{2}} \leqslant |u_0|$. 于是检验统计量观测值落在拒绝域以内，应拒绝原假设.

- 当 $p_{\text{III}} > \alpha$ 时，则 $z_{\frac{\alpha}{2}} > |u_0|$. 于是检验统计量观测值未落在拒绝域以内，应接受原假设.

以上讨论中的 p_{I}、p_{II} 和 p_{III} 其实就是犯第一类错误的概率，我们将其统称为**显著性值**，简称为 **p 值**（p-value）. p 值是一种概率，指的是在假设 H_0 为真的前提下，样本结果出现的概率. 如果 p 值很小，则说明在原假设为真的前提下，样本结果出现的概率很小，甚至很极端，这就反过来说明了如果样本的结果出现的概率很大，那么原假设是错误的. 通常，会设置一个显著性水平 α 与 p 值进行比较，若 $p < \alpha$，则说明在显著性水平 α 下拒绝原假设.

2. σ^2 未知时，均值 μ 的检验

当 σ^2 未知时，选择检验统计量为

$$T = \frac{\overline{X} - \mu_0}{S/\sqrt{n}} \tag{8.9}$$

在原假设成立的条件下，检验统计量服从自由度为 $n-1$ 的 t 分布，即 $T \sim t(n-1)$. 将样本观测值 $x_1, x_2, \cdots, x_n$ 代入计算，得到样本均值与样本方差分别为 $\overline{x}$、s^2，并计算得到

$$t_0 = \frac{\sqrt{n}\,(\overline{x} - \mu_0)}{s} \tag{8.10}$$

使用检验统计量 T 检验均值的方法称为 t 检验法，式(8.9)称为 T 统计量. 给定显著性水平 α，与 σ^2 已知的情形类似，可得到下面 3 种情形下的拒绝域和 p 值.

- 情形 Ⅰ 的拒绝域为 $W_{\text{I}} = \{t:\ t > t_\alpha(n-1)\}$，则 $t_0 \in W_{\text{I}}$ 等价于

$$P(T > t_0) \leqslant P(T \geqslant t_\alpha(n-1)) = \alpha$$

则 p 值为 $p_{\text{I}} = P(T > t_0)$.

- 情形 II 的拒绝域为 $W_{II} = \{t:\ t < -t_\alpha(n-1)\}$，则 $t_0 \in W_{II}$ 等价于
$$P(T < t_0) \leqslant P(T < -t_\alpha(n-1)) = \alpha$$
则 p 值为 $p_{II} = P(T < t_0)$.

- 情形 III 的拒绝域为 $W_{III} = \{t:\ |t| > t_{\frac{\alpha}{2}}(n-1)\}$，则 $t_0 \in W_{III}$ 等价于
$$P(|T| > |t_0|) \leqslant P(|T| > t_{\frac{\alpha}{2}}(n-1)) = \alpha$$
则 p 值为 $p_{III} = P(|T| > |t_0|)$.

例 8.3 有一批枪弹出厂时，其初速度 $v \sim N(950, 100)$（单位：m/s）. 经过较长时间储存，取 9 发进行测试，得样本值如下：

914 920 910 934 953 945 912 924 940

取 $\alpha = 0.05$，检验以下问题：

(1) 假设枪弹经储存后其初速度仍服从正态分布，且方差保持不变，检验这批枪弹的初速度是否发生显著降低；

(2) 假设枪弹经储存后其初速度仍服从正态分布，其方差已经改变但是真实值未知，检验这批枪弹的初速度是否有所改变.

解 计算出样本均值与方差的观测值分别为 $\bar{x} = 928$，$s^2 = 243.75$.

(1) 这是单侧检验的问题，总体 $v \sim N(950, 100)$，待检验的原假设 H_0 和备择假设 H_1 分别为
$$H_0:\ \mu \geqslant 950 \quad \text{vs} \quad H_1:\ \mu < 950$$

构造的检验统计量为
$$U = \frac{\overline{X} - \mu_0}{\sigma/\sqrt{n}}$$

其中，$\mu_0 = 950$，$\sigma^2 = 100$，且当原假设成立时，有 $U \sim N(0,1)$，且 $\mu < 950$ 应为小概率事件，其拒绝域形式为 $\{u:\ u < z_\alpha\}$，取 $\alpha = 0.05$，查表推导得到 $z_{1-\alpha} = z_{0.95} = -1.645$，所以得到的拒绝域为
$$W_1 = \{u:\ u \leqslant -1.645\}$$

经过计算得到检验统计量的观测值为
$$u_0 = \frac{\bar{x} - \mu_0}{\sigma/\sqrt{n}} = \frac{928 - 950}{10/3} \approx -6.6$$

可见 $u_0 \in W_1$，即检验统计量的观测值落入拒绝域内，此时应该拒绝原假设，认为子弹的初速度发生显著降低. 此外，计算
$$p = P(U < u_0) = P(U < -6.6) = 2.056 \times 10^{-11}$$

p 值小于 0.05 说明子弹初速度出现显著降低.

(2) 假设方差未知，考虑双侧检验问题
$$H_0:\ \mu = 950 \quad \text{vs} \quad H_1:\ \mu \neq 950$$

构造检验统计量为
$$T = \frac{\overline{X} - \mu_0}{S/\sqrt{n}}$$

当原假设成立时，有$T \sim t(8)$，查表得$t_{\frac{\alpha}{2}}(8) = t_{0.025}(8) = 2.3060$，所以拒绝域形式为
$$W_2 = \{t: \ |t| > 2.306\}$$
经过计算得到检验统计量的观测值为
$$t_0 = \frac{\overline{x} - \mu_0}{s/\sqrt{n}} = \frac{928 - 950}{\sqrt{243.75/3}} \approx -4.2275$$
显然$t_0 \in W_2$，应该拒绝原假设，认为子弹初速度有明显变化. 此外，计算p值为
$$p = P(|T| < t_0) = P(|T| < 4.2274) \approx 0.0029$$
p值小于0.05说明子弹初速度有显著的变化.

本例既讨论了σ已知时μ的检验（U检验法），也讨论了σ未知时μ的检验（T检验法）. 需要注意在不同情形下应使用不同的检验方法，关于t检验的例子还可以参考8.7节中的例8.20. 关于两种检验的R语言计算程序可见8.7节中的例8.20.

8.2.2 参数σ^2的检验

以下我们讨论当μ未知时，关于σ^2的检验问题，而关于μ已知时的情形，可以进行类似讨论. 假设$\sigma_0^2 > 0$是一个已知常数，以下我们仍然分3种情形进行讨论.

情形 I： $H_0: \sigma^2 \leqslant \sigma_0^2$ vs $H_1: \sigma^2 > \sigma_0^2$
情形 II： $H_0: \sigma^2 \geqslant \sigma_0^2$ vs $H_1: \sigma^2 < \sigma_0^2$
情形III： $H_0: \sigma^2 = \sigma_0^2$ vs $H_1: \sigma^2 \neq \sigma_0^2$

关于以上检验问题，构造的检验统计量为
$$\chi^2 = \frac{(n-1)S^2}{\sigma_0^2} \tag{8.11}$$

在H_0成立的条件下，有$\chi^2 \sim \chi^2(n-1)$. 对于给定的显著性水平α，代入样本$x_1, x_2, \cdots, x_n$，可计算出检验统计量的观测值
$$\chi_0^2 = \frac{(n-1)s^2}{\sigma_0^2} \tag{8.12}$$

于是可得到以下结论.

对于情形 I，拒绝域形式为$W_{\text{I}} = \{\chi^2: \chi^2 \geqslant \chi_\alpha^2(n-1)\}$，且$\chi_0^2 \in W_{\text{I}}$等价于
$$P\left(\chi^2 \geqslant \chi_0^2\right) \leqslant P\left(\chi^2 \geqslant \chi_\alpha^2(n-1)\right) = \alpha$$
如图8.4(a)所示，即对应的p值为$p = P\left(\chi^2 \geqslant \chi_0^2\right)$.

对于情形 II，拒绝域形式为$W_{\text{II}} = \{\chi^2: \chi^2 \leqslant \chi_{1-\alpha}^2(n-1)\}$，且$\chi_0^2 \in W_{\text{II}}$等价于
$$P\left(\chi^2 \leqslant \chi_0^2\right) \leqslant P\left(\chi^2 \leqslant \chi_{1-\alpha}^2(n-1)\right) = \alpha$$
如图8.4(b)所示，即对应的p值为$p = P\left(\chi^2 \leqslant \chi_0^2\right)$.

对于情形III，拒绝域形式为$W_{\text{III}} = \left\{\chi^2: \chi^2 < \chi_{1-\frac{\alpha}{2}}^2(n-1) \text{ 或 } \chi^2 > \chi_{\frac{\alpha}{2}}^2(n-1)\right\}$，且双侧检验的拒绝域在图像两侧，而$P(\chi^2 \leqslant \chi_0^2)$和$P(\chi^2 \geqslant \chi_0^2)$的和为1，所以两者必然有一个是不大于0.5的，此时定义的p值就应将$P(\chi^2 \leqslant \chi_0^2)$和$P(\chi^2 \geqslant \chi_0^2)$的最小值与$\frac{\alpha}{2}$进行比较. 如图8.4(c)所示，即$\chi_0^2 \in W_{\text{III}}$时对应的$p$值为
$$p = 2\min\left\{P(\chi^2 \geqslant \chi_0^2), \ P(\chi^2 \leqslant \chi_0^2)\right\}$$

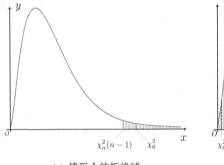

(a) 情形 I 的拒绝域　　　　　　(b) 情形 II 的拒绝域

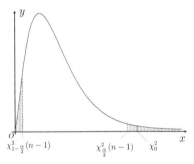

(c) 情形 III 的拒绝域

图 8.4　参数 σ^2 的检验拒绝域

例 8.4　生产某种钢材,每块钢材的重量 x 服从正态分布 $N(\mu,\sigma^2)$. 某一天从这批钢材中随机抽取25块测其重量,并计算出其样本均值与方差分别为 $\bar{x}=14.962$,$s^2=0.338$,问该厂生产的钢材重量的方差是否为 $\sigma_0^2=0.6$?

解　由题意提出假设为

$$H_0:\ \sigma^2=\sigma_0^2=0.6\quad \text{vs}\quad H_0:\ \sigma^2\neq\sigma_0^2=0.6$$

计算得检验统计量的观测值为

$$\chi_0^2=\frac{(n-1)s^2}{\sigma_0^2}=\frac{(25-1)\times 0.338}{0.6}\approx 13.52$$

若 $\alpha=0.05$,查表B.2得 $\chi_{0.025}^2(24)=39.364$,$\chi_{0.975}^2(24)=12.401$,则接受域为

$$\overline{W}_{0.05}=\{\chi^2:\ 12.401<\chi^2<39.364\}$$

此时有 $\chi_0^2\in\overline{W}$,应该接受原假设,认为方差是 $\sigma_0^2=0.6$.

若 $\alpha=0.1$,查表B.2得 $\chi_{0.05}^2(24)=36.415$,$\chi_{0.95}^2(24)=13.848$,则接受域为

$$\overline{W}_{0.1}=\{\chi^2:\ 13.848<\chi^2<36.415\}$$

此时 $\chi_0^2\notin\overline{W}$,应该拒绝原假设,认为方差 $\sigma_0^2\neq 0.6$. 设 $\chi^2\sim\chi^2(24)$,计算 p 值得

$$\begin{aligned}p&=2\min\{P(\chi^2>13.52),\ P(\chi^2<13.52)\}\\&=2\min\{0.0432,\ 0.9568\}\\&=0.0864\end{aligned}$$

可见$0.05 < p < 1$，说明在显著性水平$\alpha = 0.1$下应该拒绝原假设，在$\alpha = 0.05$下应该接受原假设.

8.3 两个正态总体参数的假设检验

与单个正态总体的假设检验不同的是，两个正态总体的参数假设检验关心的是两个样本之间是否存在显著差异，例如，两种化肥对农作物产量的影响，两种电子元件的寿命，两种加工工艺对产品质量的影响，两个地区的气候温差等场景.

设$X_1, X_2, \cdots, X_m$和$Y_1, Y_2, \cdots, Y_n$是分别来自正态总体$N(\mu_1, \sigma_1^2)$与$N(\mu_2, \sigma_2^2)$的两个独立样本，$\overline{X}$、$\overline{Y}$、S_1^2、S_2^2分别表示这两个样本的均值与方差. 由样本观测值$x_1, x_2, \cdots, x_n$计算得到的样本均值与样本方差分别为$\overline{x}$、$\overline{y}$、s_1^2、s_2^2.

8.3.1 两个正态总体均值差的假设检验

以下我们主要介绍当参数σ_1^2和σ_2^2未知，但$\sigma_1^2 = \sigma_2^2 = \sigma^2$的情形下，关于均值之差$\mu_1 - \mu_2$的双边假设检验问题（单边检验问题可以类似推导）：

$$H_0: \mu = \mu_0 \quad \text{vs} \quad H_1: \mu \neq \mu_0$$

构造检验统计量

$$T = \frac{\overline{X} - \overline{Y} - (\mu_1 - \mu_2)}{S_w\sqrt{\frac{1}{m} + \frac{1}{n}}}$$

其中，$S_w = \sqrt{\dfrac{(m-1)S_1^2 + (n-1)S_2^2}{m+n-2}}$.

当原假设H_0成立时，有$T \sim t(m+n-2)$成立，此时，将样本观测值$x_1, x_2, \cdots, x_n$代入检验统计量计算得

$$t_0 = \frac{\overline{x} - \overline{y}}{s_w\sqrt{\frac{1}{m} + \frac{1}{n}}}$$

其中，$s_w = \sqrt{\dfrac{(m-1)s_1^2 + (n-1)s_2^2}{m+n-2}}$是$S_w$的观测值. 确定显著性水平$\alpha$后，根据

$$P\left(|T| > t_{\frac{\alpha}{2}}(m+n-2)\right) = \alpha$$

确定双边假设检验的拒绝域为

$$W = \left\{t: |t| > t_{\frac{\alpha}{2}}(m+n-2)\right\}$$

当$t \in W$时等价于

$$P(|T| > t_0) = P\left(|T| > t_{\frac{\alpha}{2}}(m+n-2)\right) \leqslant \alpha$$

由此得到双边检验的p值为$p = P(|T| > |t_0|)$.

例 8.5 用两种饲料喂养两组鸡. 第1组鸡喂养甲饲料，第2组鸡喂养乙饲料，一个月后从两组鸡中各取10只，称得两组鸡的增重量（单位：kg）分别为

第1组： 1.285 1.224 1.049 0.809 0.939 1.049 0.751 0.813 1.202 0.641

第2组： 0.721 0.829 0.454 0.508 1.062 1.100 0.845 0.494 0.683 0.683

假设鸡的增重量服从正态分布，且增重量的方差相等，请检验两组鸡的平均增重量是否存在显著差异（$\alpha = 0.05$）？

解 根据题意，可设第i组鸡的增重服从正态分布$N(\mu_i, \sigma^2)$，$i = 1, 2$. 需要检验的假设为

$$H_0: \mu_1 = \mu_2 \quad \text{vs} \quad H_1: \mu_1 \neq \mu_2$$

查表B.3得$t_{0.025}(18) = 2.1009$，由此确定的拒绝域为

$$W = \{t: \ |t| > t_{0.025}(18)\} = \{t: \ |t| > 2.1009\}$$

计算样本均值与方差为

$$\bar{x} = 0.9762, \ \bar{y} = 0.7379, \ s_1^2 = 0.0486, \ s_2^2 = 0.0506$$

计算可得

$$t_0 = \frac{0.9762 - 0.7379}{\sqrt{\dfrac{(10-1) \times 0.0486 + (10-1) \times 0.0506}{10 + 10 - 2}} \sqrt{\dfrac{1}{10} + \dfrac{1}{10}}} \approx 2.3929$$

可见$t_0 \in W$，所以应该拒绝原假设，认为两组鸡的增重量有显著差别.

以上假设检验所应用的R语言计算程序可参见8.7节中的例8.22.

如果参数σ_1^2和σ_2^2是已知的，则构造检验统计量为

$$U = \frac{\overline{X} - \overline{Y} - (\mu_1 - \mu_2)}{\sqrt{\dfrac{\sigma_1^2}{m} + \dfrac{\sigma_2^2}{n}}}$$

当原假设成立时，有$U \sim N(0,1)$成立，检验方法读者可以自行推导.

8.3.2 两个正态总体方差比的假设检验

设$X_1, X_2, \cdots, X_m$是取自正态总体$X \sim N(\mu_1, \sigma_1^2)$的样本，设$Y_1, Y_2, \cdots, Y_n$是取自正态总体$Y \sim N(\mu_2, \sigma_2^2)$的样本. 在$\mu_1$、$\mu_2$未知的情形下，要检验以下问题：

$$H_0: \sigma_1^2 = \sigma_2^2 \quad \text{vs} \quad H_0: \sigma_1^2 \neq \sigma_2^2$$

构造检验统计量为

$$F = \frac{S_1^2/\sigma_1^2}{S_2^2/\sigma_2^2}$$

当原假设成立时，有$F \sim F(m-1, n-1)$. 将样本观测值代入检验统计量，得到的观测值为

$$f_0 = \frac{s_1^2}{s_2^2}$$

确定显著性水平为α，那么根据

$$P\left(\{F < F_{1-\frac{\alpha}{2}}(m-1, n-1)\} \cup \{F > F_{\frac{\alpha}{2}}(m-1, n-1)\}\right) = \alpha$$

得到关于方差比的拒绝域为

$$W = \{f: \ f < F_{1-\frac{\alpha}{2}}(m-1, n-1) \ \text{或} \ f > F_{\frac{\alpha}{2}}(m-1, n-1)\}$$

则 $f \in W$ 对应的 p 值为
$$p = 2\min\{P(F < f_0), P(F > f_0)\}$$

例 8.6 现研究某种化工材料在通电情形下的温度变化情况，在高功率和低功率下分别进行多次试验，测得通电单位体积的该材料温度（单位：℃）分别为

低功率： 645 586 552 644 604 683 708 605

高功率： 671 616 656 635 634 644 742 684 607 602

试说明不同功率下，温度方差是否有显著变化（$\alpha = 0.05$）？

解 设低功率和高功率条件下的两组样本分别来自总体 $N(\mu_1, \sigma_1^2)$ 和 $N(\mu_2, \sigma_2^2)$，要检验的假设为
$$H_0:\ \sigma_1^2 = \sigma_2^2 \quad \text{vs} \quad H_1:\ \sigma_1^2 \neq \sigma_2^2$$

作变换并查表 B.4 得 $F_{0.975}(7, 9) = \dfrac{1}{F_{0.025}(9, 7)} = \dfrac{1}{4.82} \approx 0.21$，$F_{0.025}(7, 9) = 4.20$，由此得拒绝域为 $W = \{f < 0.21\} \cup \{f > 4.20\}$，可分别计算出两组样本的方差为 $s_1^2 \approx 2659.125$，$s_2^2 \approx 1768.322$. 计算检验统计量的值为
$$f_0 = \frac{s_1^2}{s_2^2} = \frac{2659.125}{1768.322} \approx 1.504$$

可见 $f_0 \notin W$，所以应该接受原假设. 计算 p 值为
$$\begin{aligned} p &= 2\min\{P(F < 1.504),\ P(F > 1.504)\} \\ &= 2\min\{0.722,\ 0.278\} \\ &= 0.556 \end{aligned}$$

所以 $p > 0.05$，认为两组样本的方差没有显著差别.

如果两个总体中的参数 μ_1、μ_2 是已知的，则构造的检验统计量为
$$F = \frac{\dfrac{1}{\sigma_1^2}\sum_{i=1}^{m}(X_i - \mu_1)^2}{\dfrac{1}{\sigma_2^2}\sum_{j=1}^{n}(Y_j - \mu_2)^2}$$

当原假设成立时，有 $F \sim F(m-1, n-1)$ 成立，其他推导都是类似的.

8.3.3 配对样本的 t 检验

前面所讨论的两个总体是相互独立的，但有很多实际情况并不如此. 有可能两组样本来自同一个正态总体，重复测量所得到的数据，它们成对出现. 例如，为了比较一种教学方法对学生成绩的影响，在使用这种教法前后分别各进行一次考试，记第 i 名同学前后两次考试的成绩分别为 x_i、y_i，这里的 (x_i, y_i)，$i = 1, 2, \cdots, n$ 就是配对样本数据，x_i 与 y_i 是相关的. 在实际中还有很多类似的情形，例如，为了比较两种产品或两种方法之间的差异，我们常在相同的条件下做对比试验，得到一批成对的观测值，然后再对这批数据进行统计推断.

以实施新教法前后的考试成绩为例，考察配对样本中以 $X_i - Y_i$ 表示的第 i 名同学在新教法实施前后成绩的差异. 如果新教法对学生成绩没有影响（或者影响非常小），那么 $X_i - Y_i$ 就会比较小，反之则认为新教法对学生成绩有显著影响. 假设 $D_i = X_i - Y_i$ 服从正态分布 $N(\mu, \sigma^2)$，其中 μ 就是新教法实施后对成绩变化产生的平均效应，并且方差 σ^2 未知. 现在需要检验的假设为

情形 I： H_0: $\mu \leqslant 0$ vs H_1: $\mu > 0$
情形 II： H_0: $\mu \geqslant 0$ vs H_1: $\mu < 0$
情形III： H_0: $\mu = 0$ vs H_1: $\mu \neq 0$

3种情形分别表示了新教法实施后，学生成绩可能出现的显著"提升""下降"或"变化"．在原假设成立的条件下，构造检验统计量为

$$T = \frac{\overline{D}}{S_d/\sqrt{n}} \sim t(n-1)$$

其中，$\overline{D} = \frac{1}{n}\sum_{i=1}^{n}(X_i - Y_i)$，$S_d^2 = \frac{1}{n-1}\sum_{i=1}^{n}(D_i - \overline{D})^2$．观测到学生的成绩为$(x_i, y_i)$，$i = 1, 2, \cdots, n$，可计算出

$$\overline{d} = \frac{1}{n}\sum_{i=1}^{n}(x_i - y_i) = \overline{x} - \overline{y}, \quad s_d^2 = \frac{1}{n-1}\sum_{i=1}^{n}(d_i - \overline{d})^2$$

由此计算出检验统计量的观测值为

$$t_0 = \frac{\overline{d}}{s_d/\sqrt{n}}$$

情形 I 下的拒绝域为$W_{\text{I}} = \{t: t \geqslant t_\alpha(n-1)\}$，$p$值为$P(T \geqslant t_0)$．
情形 II 下的拒绝域为$W_{\text{II}} = \{t: t \leqslant -t_\alpha(n-1)\}$，$p$值为$P(T \leqslant t_0)$．
情形III下的拒绝域为$W_{\text{III}} = \{t: |t| \geqslant t_{\alpha/2}(n-1)\}$，$p$值为$P(|T| \geqslant |t_0|)$．

需要注意的是：对配对样本的数据进行假设检验时，样品的顺序是不能发生错乱的，否则检验的结果将会不准确.

例 8.7 一项研究想要探究某种新的心理治疗方法对抑郁症患者的治疗效果．研究者对10名患者在接受治疗前和治疗后进行了测试，得到10名患者的评测得分数据：
$(78,72)$ $(57,53)$ $(82,65)$ $(53,40)$ $(65,68)$ $(62,42)$ $(70,62)$ $(45,43)$ $(44,49)$ $(50,58)$
试分析新的心理治疗方法对抑郁症患者的测评得分有没有显著影响.

解 设$D_i = X_i - Y_i$，$i = 1, 2, \cdots, 10$服从正态分布$N(\mu, \sigma^2)$，其中μ是新的心理治疗方法对抑郁症患者的测评得分的主效应．根据以上讨论，需要检验的假设为

$$H_0: \mu \geqslant 0 \quad \text{vs} \quad H_1: \mu < 0$$

计算得$\overline{d} = 8.3$，$s_d^2 = 47.34$，以及检验统计量的值为

$$t_0 = \frac{8.3}{\sqrt{47.34}/\sqrt{10}} \approx 3.815$$

查表B.3变换得$t_{0.95}(9) = -t_{0.05}(9) = -1.8331$，可得拒绝域为$W = \{t: t \leqslant -1.8331\}$，所以$t_0 \notin W$，对应的$p$值为$P(T < 3.815) \approx 0.9979$．因此应该接受原假设，认为新的心理治疗方法并没有使患者评测结果显著下降. 以上计算过程可以参见8.7节中的例8.23.

综上所述，正态总体下的各种假设检验问题见表8.2.

表 8.2 正态总体下的各种假设检验

假设 H_0	条件	检验统计量	拒绝域
$\mu = \mu_0$	σ_0^2 已知	$U = \dfrac{\overline{X} - \mu}{\sigma/\sqrt{n}} \sim N(0,1)$	$\{u: |u| \geq z_{\frac{\alpha}{2}}\}$
$\mu \leq \mu_0$			$\{u: u > z_\alpha\}$
$\mu \geq \mu_0$			$\{u: u < -z_\alpha\}$
$\mu = \mu_0$	σ_0^2 未知	$T = \dfrac{\sqrt{n}(\overline{X} - \mu_0)}{S} \sim t(n-1)$	$\{t: |t| \geq t_{\frac{\alpha}{2}}(n-1)\}$
$\mu \leq \mu_0$			$\{t: t > t_\alpha(n-1)\}$
$\mu \geq \mu_0$			$\{t: t \leq -t_\alpha(n-1)\}$
$\sigma^2 = \sigma_0^2$	μ_0 已知	$\chi^2 = \dfrac{1}{\sigma_0^2} \sum\limits_{i=1}^{n}(X_i - \mu_0)^2 \sim \chi^2(n)$	$\{\chi^2: \chi^2 \leq \chi^2_{1-\frac{\alpha}{2}}(n) \text{ 或 } \chi^2 \geq \chi^2_{\frac{\alpha}{2}}(n-1)\}$
$\sigma^2 = \sigma_0^2$	μ_0 未知	$\chi^2 = \dfrac{(n-1)S^2}{\sigma_0^2} \sim \chi^2(n)$	
$\sigma^2 \leq \sigma_0^2$			$\{\chi^2: \chi^2 > \chi^2_\alpha(n-1)\}$
$\mu_1 = \mu_2$	σ_1^2、σ_2^2 未知	$U = \dfrac{\overline{X} - \overline{Y}}{\sqrt{\frac{\sigma_1^2}{m} + \frac{\sigma_2^2}{n}}} \sim N(0,1)$	$\{u: |u| > z_{\frac{\alpha}{2}}\}$
$\mu_1 \leq \mu_2$			$\{u: u > z_\alpha\}$
$\mu_1 = \mu_2$	$\sigma_1^2 = \sigma_2^2 = \sigma^2$ 未知	$T = \dfrac{\overline{X} - \overline{Y}}{S_w\sqrt{\frac{1}{m} + \frac{1}{n}}} \sim t(m+n-2)$	$\{t: |t| > t_{\frac{\alpha}{2}}(m+n-2)\}$
$\mu_1 \leq \mu_2$			$\{t: t > t_\alpha(m+n-2)\}$
$\sigma_1^2 = \sigma_2^2$	μ_1、μ_2 未知	$F = \dfrac{S_1^2/\sigma_1^2}{S_2^2/\sigma_2^2} \sim F(m-1, n-1)$	$\{f: f < F_{1-\frac{\alpha}{2}}(m-1, n-1), f > F_{\frac{\alpha}{2}}(m-1, n-1)\}$
$\sigma_1^2 \leq \sigma_2^2$			$\{f: f > F_\alpha(m-1, n-1)\}$

8.4 方差分析

在前面学习的假设检验问题中，我们研究了一个或两个正态总体情形下的样本均值与样本方差的假设检验问题. 而当试验的样本数 $k > 3$ 时，前面所用的方法已不再适用. 其原因是当 $k > 3$ 时，就要进行 $\frac{k(k-1)}{2}$ 次检验比较，这不仅工作量大，而且使精确度降低. 因此，对多个样本平均数的假设检验，需要采用一种更加适宜的统计方法，即方差分析（analysis of variance）. 方差分析现在在许多学科领域都有重要的应用，常用在农业试验、工业生产、气象预报、医学、生物学、管理科学、教育学等领域. 方差分析是统计分析的基础工具之一，学习方差分析重在领会它的统计思想和掌握其处理问题的基本方法.

8.4.1 单因子方差分析

方差分析法是开展科学研究工作的一种重要工具，其目的是将试验数据的总变异分解为来源于不同因子的相应变异，用来检验两个或两个以上样本的平均值差异的显著程度，由此判断样本是否抽取自具有同一均值的总体. 我们先通过以下例子介绍关于方差分析的基本概念.

例 8.8 试验人员分别对由3种不同材料制造的一种产品的寿命进行了测试（单位：h），所得结果如表8.3所示，试比较3种不同绝缘材料对某种电子产品寿命的影响.

表 8.3 某种材料使用寿命的抽样统计表

材料种类	实验1/h	实验2/h	实验3/h	实验4/h
A	115	116	98	83
B	103	107	118	116
C	73	89	85	97

分析 可以将对试验结果产生影响并发挥作用的自变量称为**因子**. 如果方差分析研究的是一个因子对于试验结果的影响和作用，就称之为**单因子方差分析**. 在本例中，因子就是可能影响产品使用寿命的绝缘材料. 因子的不同选择方案称之为因子的**水平**. 本例中3种不同的绝缘材料就是因子的3个水平，所以本例可看作是单因子3水平的试验.

解 设因子 A 有 a 个水平，分别为 $A_1, A_2, \cdots, A_a$，且在水平 A_i 下重复进行 $n_i, i = 1, 2, \cdots, a$ 次试验，以 y_{ij} 表示在第 i 个水平 A_i 下的第 j 次试验的观测值，可得方差分析的模型为

$$y_{ij} = \mu + \alpha_i + \varepsilon_{ij}, \quad i = 1, 2, \cdots, a, \quad j = 1, 2, \cdots, n_i \tag{8.13}$$

其中，μ 表示总平均值；$\alpha_i = \mu_i - \mu$ 表示第 i 个水平的主效应；ε_{ij} 表示随机误差，通常假定 $\varepsilon_{ij} \sim N(0, \sigma^2)$ 且各 ε_{ij} 相互独立. 记 $N = \sum_{i=1}^{a} n_i$ 表示总的试验次数. 如果在各水平下重复试验的次数相等，即 $n_1 = n_2 = \cdots = n_a$，则称模型(8.13)为平衡模型，否则为非平衡模型. 不失一般性，我们常假设

$$\sum_{i=1}^{a} n_i \alpha_i = 0 \tag{8.14}$$

若 $\sum_{i=1}^{a} n_i \alpha_i = d \neq 0$，则用 $\mu^* = \mu + \frac{d}{N}$ 和 $\alpha_i^* = \alpha_i - \frac{d}{N}$ 分别代替 μ 和 α_i，使得到的新模型

$$y_{ij} = \mu^* + \alpha_i^* + \varepsilon_{ij}$$

满足 $\sum_{i=1}^{a} n_i \alpha_i^* = 0$.

记 $y.. = \sum_{i=1}^{a} \sum_{j=1}^{n_i} y_{ij}$，$y_{i.} = \sum_{j=1}^{n_i} y_{ij}$ 分别表示观测值的总和与第 i 个水平下的观测值总和. $\overline{y}_{..} = \frac{1}{N} y_{..}$，$\overline{y}_{i.} = \frac{1}{n_i} y_{i.}$ 分别表示总平均与组间平均.

对于单因子方差分析，我们感兴趣的是因子A的a个水平效应是否有显著差异，需要检验的假设为

$$H_0: \alpha_1 = \alpha_2 = \cdots = \alpha_a = 0 \quad \text{vs} \quad H_1: \alpha_1, \alpha_2, \cdots, \alpha_a \text{不全为} 0 \tag{8.15}$$

令各次试验结果与总平均的离差平方和为总离差平方和，记作

$$SS_T = \sum_{i=1}^{a} \sum_{j=1}^{n_i} (y_{ij} - \overline{y}_{..})^2 \tag{8.16}$$

总离差平方和可以分解为两部分：

$$SS_T = \sum_{i=1}^{a} \sum_{j=1}^{n_i} (y_{ij} - \overline{y}_{..})^2 = \sum_{i=1}^{a} \sum_{j=1}^{n_i} [(y_{ij} - \overline{y}_{i.}) + (\overline{y}_{i.} - \overline{y}_{..})]^2$$
$$= \sum_{i=1}^{a} \sum_{j=1}^{n_i} (y_{ij} - \overline{y}_{i.})^2 + \sum_{i=1}^{a} \sum_{j=1}^{n_i} (\overline{y}_{i.} - \overline{y}_{..})^2$$

并记

$$SS_E = \sum_{i=1}^{a} \sum_{j=1}^{n_i} (y_{ij} - \overline{y}_{i.})^2 \tag{8.17}$$

表示同一水平下，受到随机因子影响所产生的离差平方和，简称为组内平方和. 记

$$SS_A = \sum_{i=1}^{a} \sum_{j=1}^{n_i} (\overline{y}_{i.} - \overline{y}_{..})^2 = \sum_{i=1}^{a} n_i (\overline{y}_{i.} - \overline{y}_{..})^2 \tag{8.18}$$

表示不同的样本组之间，受到变异因子的不同水平影响所产生的离差平方和，简称为组间平方和. 由此可以得到

$$SS_T = SS_E + SS_A$$

对应SS_T、SS_A和SS_E的自由度分别为$N-1$、$a-1$和$N-a$. 相应地，可得自由度之间的关系为$N-1 = (a-1) + (N-a)$. 当假设H_0成立时，有$\frac{SS_T}{\sigma^2} \sim \chi^2(N-1)$，又因有

$$\frac{SS_T}{\sigma^2} = \frac{SS_A}{\sigma^2} + \frac{SS_E}{\sigma^2}$$

由χ^2分布的性质得

$$\frac{SS_A}{\sigma^2} \sim \chi^2(a-1), \quad \frac{SS_E}{\sigma^2} \sim \chi^2(N-a)$$

且两者相互独立. 令

$$MS_A = \frac{SS_A}{a-1}, \quad MS_E = \frac{SS_E}{N-a}$$

分别为因子A与因子E的均方. 由此定义F检验统计量为

$$F = \frac{MS_A}{MS_E} = \frac{SS_A/(a-1)}{SS_E/(N-a)} \sim F(a-1, N-a) \tag{8.19}$$

于是，对于给定的显著性水平α，其拒绝域的形式为
$$W = \{f\colon f > F_\alpha(a-1, N-a)\}$$
再计算出检验统计量的观测值f_0，则$f_0 \in W$对应的p值为$p = P(F > f_0)$. 当$p < 0.05$时拒绝原假设，则各个水平的效应有显著差异，当$p < 0.01$时，认为各个水平的效应有极显著的差异.

F统计量(8.19)的直观意义明显. SS_A是因子A的组间平方和，它反映了因子各水平对试验结果的影响程度； 分母中SS_E为误差平方和， 它度量了随机误差对试验结果的影响程度. F检验是对这两部分的均值进行比较. 若MS_E较大而MS_A较小， 对应的F统计量的值应相对较小，则接受原假设，认为因子A的各水平效应相等；反之，若MS_A比MS_E大很多，则F统计量的值也会很大，相应地我们有理由拒绝原假设H_0，认为因子A的各水平效应有显著差异.

根据以上分析，我们可以用以下方差分析表（见表8.4）来显示假设检验的结果.

表 8.4　方差分析表

方差来源	平方和	自由度	均方	F值	p值
因子影响	SS_A	$a-1$	MS_A	$f_0 = \dfrac{SS_A/(a-1)}{SS_E/(N-a)}$	$p = P(F > f_0)$
误差影响	SS_E	$N-a$	MS_E		
总和	SS_T	$N-1$			

例 8.9 设有3个葡萄品种，对其随机抽样，每个品种各测定5株的单株果重（单位：kg）. 如表8.5所示，问不同品种的单株果重有无显著差异？

表 8.5　不同葡萄品种的单株果重

甲/kg	乙/kg	丙/kg
11	12	13
6	16	12
12	21	8
8	13	3
6	16	6

解　记甲、乙、丙3个葡萄品种的单株果重分别来自总体$Y_i \sim N(\mu_i, \sigma^2)$. 记$y_{ij}$是第$i$个葡萄品种的第$j$个葡萄的单株果重，$i = 1, 2, 3,\ j = 1, 2, 3, 4, 5$.

要检验假设(8.15)，计算得到
$$\overline{y}_{..} = \frac{1}{15} \sum_{i=1}^{3} \sum_{j=1}^{5} y_{ij} = \frac{1}{15} \times 163 \text{ kg} \approx 10.867 \text{ kg}$$
$$\overline{y}_{1\cdot} = \frac{1}{5} \times (11 + 6 + 12 + 8 + 6) \text{ kg} = 8.6 \text{ kg}$$
$$\overline{y}_{2\cdot} = \frac{1}{5} \times (12 + 16 + 21 + 13 + 16) \text{ kg} = 15.6 \text{ kg}$$
$$\overline{y}_{3\cdot} = \frac{1}{5} \times (13 + 12 + 8 + 3 + 6) \text{ kg} = 8.4 \text{ kg}$$

由式(8.17)和式(8.18)计算得
$$SS_A = 5 \times \left[(8.6 - 10.87)^2 + (15.6 - 10.87)^2 + (8.4 - 10.87)^2\right] \approx 168.13$$

$$\begin{aligned} SS_E &= (11-8.6)^2 + (6-8.6)^2 + \cdots + (6-8.6)^2 + \\ &\quad (12-15.6)^2 + (16-15.6)^2 + \cdots + (16-15.6)^2 + \\ &\quad (13-8.4)^2 + (12-8.4)^2 + \cdots + (6-8.4)^2 \\ &\approx 149.60 \end{aligned}$$

当原假设成立时，$F = \dfrac{SS_A/(3-1)}{SS_E/(15-3)} \sim F(2,12)$，查表得 $F_{0.05}(2,12) = 3.885$，所以拒绝域应为 $W = \{f: f > 3.885\}$. 计算得到检验统计量的观测值

$$f_0 = \frac{SS_A/(3-1)}{SS_E/(15-3)} = \frac{84.07}{12.47} \approx 6.743$$

即 $f_0 \in W$，与之对应的 p 值为 $p = P(F > 6.743) \approx 0.0109$. 所以应该拒绝原假设，说明3种果株重量有显著差异. 经过整理可得方差分析结果，如表8.6所示.

表8.6 不同葡萄品种单株果重的方差分析表

方差来源	平方和	自由度	均方	F值	p值
因子影响	168.1	2	84.07	6.743	0.0109
误差影响	149.6	12	12.47		
总和	317.7	14			

虽然样本间差异显著，但这种差异到底来自哪些水平尚且未知，需要进一步分析.

8.4.2 两因子方差分析

很多情形下试验的结果可能不止受到一个因子的影响. 例如，影响人的健康的因素有很多，如饮食、睡眠、工作、性别等，这些因素之间往往还存在各种复杂的相关性. 这里我们仅讨论没有相关性的两因子的方差分析.

如果某一试验结果受到A和B两个因子的影响. 这两个因子分别可取a和b个水平，在每一个水平组合(A_i, B_j)下进行一次独立试验，把观测值记为$y_{ij}, i=1,2,\cdots,a, j=1,2,\cdots,b$，试验的结果如表8.7所示.

表8.7 双因子分析的试验结果观测值

因子A	因子B			
	B_1	B_2	$\cdots$	B_b
A_1	y_{11}	y_{12}	$\cdots$	y_{1b}
A_2	y_{21}	y_{22}	$\cdots$	y_{2b}
$\vdots$	$\vdots$	$\vdots$		$\vdots$
A_a	y_{a1}	y_{a2}	$\cdots$	y_{ab}

假定 $y_{ij} \sim N(\mu_{ij}, \sigma^2)$ 且彼此间相互独立，把 μ_{ij} 分解为 $\mu + \alpha_i + \gamma_j$，则 y_{ij} 可以分解为

$$y_{ij} = \mu + \alpha_i + \gamma_j + \varepsilon_{ij}, \quad i = 1, 2, \cdots, a, \; j = 1, 2, \cdots, b \tag{8.20}$$

其中，μ为总平均值；α_i为因子A的第i个水平的主效应；γ_j为因子B的第j个水平的主效应；ε_{ij}为随机误差. 与单因子方差分析类似，假设因子A和因子B在各水平下的主效应之和为0，有

$$\sum_{i=1}^a \alpha_i = 0, \quad \sum_{j=1}^b \gamma_j = 0$$

令 $y_{..} = \sum_{i=1}^{a} \sum_{j=1}^{b} y_{ij}$, $y_{i.} = \sum_{j=1}^{b} y_{ij}$, $y_{.j} = \sum_{i=1}^{a} y_{ij}$, $\bar{y}_{..} = \frac{y_{..}}{ab}$, $\bar{y}_{i.} = \frac{y_{i.}}{b}$, $\bar{y}_{.j} = \frac{y_{.j}}{a}$.

两因子方差分析的原理是比较因子A的a个水平与因子B的b个水平的均值之间是否存在显著差异. 要检验的假设为

对于因子A: H_{01}: $\alpha_1 = \alpha_2 = \cdots = \alpha_a = 0$ （因子A的各个水平的影响无显著差异）;

对于因子B: H_{02}: $\gamma_1 = \gamma_2 = \cdots = \gamma_b = 0$ （因子B的各个水平的影响无显著差异）.

首先需要分解总离差平方和:

$$SS_T = \sum_{i=1}^{a} \sum_{j=1}^{b} (y_{ij} - \bar{y}_{..})^2$$
$$= \sum_{i=1}^{a} \sum_{j=1}^{b} [(y_{ij} - \bar{y}_{i.} - \bar{y}_{.j} + \bar{y}_{..}) + (\bar{y}_{i.} - \bar{y}_{..}) + (\bar{y}_{.j} - \bar{y}_{..})]^2 \tag{8.21}$$

式(8.21)的展开式中3个2倍交叉乘积项均为0. 我们令

$$SS_E = \sum_{i=1}^{a} \sum_{j=1}^{b} (y_{ij} - \bar{y}_{i.} - \bar{y}_{.j} + \bar{y}_{..})^2 \tag{8.22}$$

$$SS_A = b \sum_{i=1}^{a} (\bar{y}_{i.} - \bar{y}_{..})^2, \quad SS_B = a \sum_{j=1}^{b} (\bar{y}_{.j} - \bar{y}_{..})^2 \tag{8.23}$$

且有

$$SS_T = SS_E + SS_A + SS_B$$

其中, SS_T的自由度为$N-1$ ($N=ab$为总观测次数); SS_A和SS_B的自由度分别为$a-1$和$b-1$; 而SS_E的自由度为$(N-1)-(a-1)-(b-1)=N-a-b+1$. 当$H_{01}$成立时, SS_A与SS_E独立, 且有

$$\frac{SS_A}{\sigma^2} \sim \chi^2(a-1), \quad \frac{SS_E}{\sigma^2} \sim \chi^2(N-a-b+1)$$

于是有

$$F_A = \frac{SS_A/(a-1)}{SS_E/(N-a-b+1)} \sim F(a-1, N-a-b+1)$$

当H_{02}成立时, SS_B与SS_E独立, 且有

$$\frac{SS_B}{\sigma^2} \sim \chi^2(b-1), \quad \frac{SS_E}{\sigma^2} \sim \chi^2(N-a-b+1)$$

于是有

$$F_B = \frac{SS_B/(b-1)}{SS_E/(N-a-b+1)} \sim F(b-1, N-a-b+1)$$

根据样本观测数据可以计算得到检验统计量的值f_{0A}和f_{0B}. 此外, 根据问题的显著性水平α可以分别检验因子A和因子B的影响是否显著. 因子A和因子B的拒绝域分别为

$$W_1 = \{f_A: f_A > F_\alpha(a-1, N-a-b+1)\}$$
$$W_2 = \{f_B: f_B > F_\alpha(b-1, N-a-b+1)\}$$

对应的p值为$p_A = P(F_A > f_{0A})$和$p_B = P(F_B > f_{0A})$.

用离差平方和除以各自的自由度可得到均方差，记作

$$MS_A = SS_A/(a-1),\ MS_B = SS_B/(b-1),\ MS_E = SS_E/(N-a-b+1)$$

两因子方差分析表如表8.8所示.

表 8.8　无交互作用的两因子方差分析表

方差来源	平方和	自由度	均方	F值	p值
因子A	SS_A	$a-1$	MS_A	$f_{0A} = MS_A/MS_E$	p_A
因子B	SS_B	$b-1$	MS_B	$f_{0B} = MS_B/MS_E$	p_B
误差E	SS_E	$N-a-b+1$	MS_E		
总和	SS_T	$N-1$			

例 8.10　现有4种生长素A_1、A_2、A_3、A_4，对3类大豆品种的种子B_1、B_2、B_3进行试验，45天后测得各处理对应的平均单株产量（单位：g）列于表8.9. 试分析不同的生长素和各类种子对大豆产量有无显著影响.

表 8.9　生长素处理大豆的试验结果

生长素	B_1/g	B_2/g	B_3/g
A_1	10	9	10
A_2	2	5	4
A_3	13	14	14
A_4	12	12	13

解　此时我们需要考虑生长素和各类种子这两个因子对大豆单株产量的影响，其中因子A含有4个水平，因子B含有3个水平. 根据表中数据计算得到

$$\bar{y}_{1\cdot} = \frac{1}{3}(10+9+10)\text{ g} \approx 9.67\text{ g}, \qquad \bar{y}_{2\cdot} = \frac{1}{3}(2+5+4)\text{ g} \approx 3.67\text{ g}$$

$$\bar{y}_{3\cdot} = \frac{1}{3}(13+14+14)\text{ g} \approx 13.67\text{ g}, \quad \bar{y}_{4\cdot} = \frac{1}{3}(12+12+13)\text{ g} \approx 12.33\text{ g}$$

$$\bar{y}_{\cdot 1} = \frac{1}{4}(10+2+13+12)\text{ g} = 9.25\text{ g}, \quad \bar{y}_{\cdot 2} = \frac{1}{4}(9+5+14+12)\text{ g} = 10\text{ g}$$

$$\bar{y}_{\cdot 3} = \frac{1}{4}(10+4+14+13)\text{ g} = 10.25\text{ g}, \quad \bar{y}_{\cdot\cdot} = \frac{1}{12}(10+9+\cdots+13)\text{ g} \approx 9.83\text{ g}$$

再由式(8.22)和式(8.23)计算得

$$SS_E = (10-9.67-9.25+9.83)^2 + \cdots + (13-12.33-10.25+9.83)^2 \approx 4.52$$
$$SS_A = 3\left[(9.67-9.83)^2+(3.67-9.83)^2+(13.67-9.83)^2+(12.33-9.83)^2\right] \approx 176.90$$
$$SS_B = 4\left[(9.25-9.83)^2+(10-9.83)^2+(10.25-9.83)^2\right] \approx 2.17$$

计算出检验统计量值为

$$f_{0A} = \frac{177.00/(4-1)}{4.5/(12-3-4+1)} \approx 78.27, \quad f_{0B} = \frac{2.17/(3-1)}{4.5/(12-3-4+1)} \approx 1.45$$

在原假设成立的条件下，计算出对应的p值分别为

$$p_A = P(F_A > f_{0A}) = 3.3 \times 10^{-5}, \quad p_B = P(F_B > f_{0B}) = 0.308$$

经过整理得到方差分析表，如表8.10所示.

表 8.10 不同生长素与种子对大豆产量影响的方差分析

方差来源	平方和	自由度	均方	F值	p值
因子A	176.90	3	59	78.27	3.3×10^{-5}
因子B	2.17	2	1.08	1.45	0.308
误差E	4.52	6	0.75		
总和	183.59	11			

由此可见，因子A对大豆产量的影响是显著的，但是因子B的影响不显著. 以上计算可通过R语言实现，具体可参见8.7节中的例8.24.

8.4.3 均值的多重比较

一般多重比较要对所有a组数据作两两对比，即样本（水平）间的两两比较，其目的是分析样本（处理）间产生差异的具体原因. 在模型(8.13)下，检验的假设为

$$H_0: \alpha_i = \alpha_j \quad \text{vs} \quad H_1: \alpha_i \neq \alpha_j, \ i \neq j, \ i,j = 1,2,\cdots,a$$

检验统计量为

$$T_{ij} = \frac{\overline{y}_{i\cdot} - \overline{y}_{j\cdot}}{\sqrt{MS_E\left(\frac{1}{n_i} + \frac{1}{n_j}\right)}}, \ i \neq j, \ i,j = 1,2,\cdots,a$$

其中，$MS_E = \dfrac{SS_E}{N-a}$为误差的均方. 当原假设成立时，T_{ij}服从自由度为$N-a$的t分布，即有$T_{ij} \sim t(N-a)$. 由此得到拒绝域形式为

$$W = \left\{t: \ |t| > t_{\frac{\alpha}{2}}(N-a)\right\}$$

由样本计算出统计量的观测值t_{0ij}后，可得对第i组样本均值和第j组样本均值进行比较的t检验的p值为

$$p_{ij} = P(|T_{ij}| > |t_{0ij}|) \tag{8.24}$$

例 8.11 4个实验室试制同一型号纸张，为了比较纸张的光滑度（单位：s），每个实验室测试了8张纸进行方差分析，具体数据如表8.11所示. 试判断各实验室制的纸张光滑度是否存在显著差异？

表 8.11 各实验室的纸张光滑度数据

A_1/s	A_2/s	A_3/s	A_4/s
38.7	39.2	34.0	34.0
41.5	39.3	35.0	34.8
43.8	39.7	39.0	34.8
44.5	41.4	40.0	35.4
45.5	41.8	43.0	37.2
46.0	42.9	43.0	37.8
47.7	43.3	44.0	41.2
58.0	45.8	45.0	42.8

解 首先经F检验，得到以下结果：

方差来源	平方和	自由度	均方	F值	p值
因子A	294.9	3	98.29	6.0280	0.0027
误差E	456.6	28	16.31		
总和	751.5	31			

从结果中可看到，p值为 0.0027，而 $0.0027 < 0.05$，所以应拒绝原假设，认为4个实验室制的各纸张的光滑度之间存在显著差异.

下面我们需要分析存在差异的水平. 由式(8.24)计算得到均值的多重比较的p值，但要经过一定的较正. 常用的较正方法有霍尔姆（Holm）校正法和邦弗罗尼（Bonferroni）校正法. 如果使用霍尔姆校正法，经计算可得

$$p_{12} = 0.1660, \quad p_{13} = 0.0664, \quad p_{14} = 0.0015$$
$$p_{23} = 0.5249, \quad p_{24} = 0.1476, \quad p_{34} = 0.2658$$

如果使用邦弗罗尼校正法，经计算可得

$$p_{12} = 0.3320, \quad p_{13} = 0.0797, \quad p_{14} = 0.0015$$
$$p_{23} = 1.0000, \quad p_{24} = 0.2213, \quad p_{34} = 0.7975$$

从以上结果可以看出，当使用霍尔姆校正法时，水平1与水平2之间的p值为0.3320，有$0.3320 > 0.05$，说明实验室1与实验室2制的纸张的光滑度之间无显著差异. 类似地，水平1与水平4之间的p值为0.0015，有$0.0015 < 0.05$，说明实验室1与实验室4制的纸张的光滑度之间存在显著差异. 这样可以得到结论，实验室1与实验室4制作的纸差异最为明显，实验室2与实验室3制作的纸差异最小. 需要注意的是，使用邦弗罗尼校正法所得到的结果比使用霍尔姆校正法的结果更明显. 具体的计算程序可以参见8.7节中的例8.25.

8.5 列联表检验

在统计实践中，人们经常需要对样本进行各种各样的分类. 列联表（contingency table），又称为交叉分类表，是用来展示两个或多个分类变量之间关系的表格. 在列联表中，数据按照两个或多个变量的不同类别组合进行汇总，表中的每个单元格表示一个特定类别组合下的频数. 这种表能够直观地显示出各变量之间的关联性或独立性. 如果对样本按照两个指标变量进行复合分组，其结果就是双向列联表. 对于列联表数据，人们经常需要检验所依据分类的两个变量是否存在独立或相关关系. 有关列联表中两分类变量是否独立的检验，也是假设检验的一个重要内容，称为列联表分析或列联表检验.

8.5.1 分类数据的整理与显示

分类数据（categorical data）是按照现象的某种属性对其进行分类或分组而得到的反映事物类型的数据，又称定类数据. 例如，按照性别将人口分为男、女两类；按照经济性质将企业分为国有、集体所有制、私营和其他经济等类型.

例如，考察某师范院校的150名实习生的基本情况，统计出每个同学的性别、民族、专业、实习内容及生源地. 现在需要统计不同属性（性别、民族等）下的分类情况. 例如，在这批数据中，我们想了解男女比例是多少，各个民族的同学所占比例分别是多少，各个专业中的男女生分布情况如何等. 这就需要对这批原始数据进行再整理，并且尽可能用直观的示意图来描述.

在R语言中，可以应用函数table()和函数leftable()对定性变量进行统计分析. 经过统计后得到，数学专业的男生有30人、女生20人，男生中有30人是数学专业，17人为英语专

业，20人为中文专业. 从分类统计结果来看，数学专业的男生明显多于女生，而英语和中文专业的女生明显多于男生. 将统计的结果整理为一张二维列联表，如表8.12所示.

表 8.12　实习生的专业及性别数据

专业	性别	
	男	女
数学	30	20
英语	17	33
中文	20	30

对于两属性的统计分析，一般可以用复式条形图或堆砌条形图来表示. 需要说明的是，当因素较多时，用R语言作条形图的可视化是不理想的，并且在R语言中图像不可以直接编辑，这会使得标注无法显示完整. 也可以将R中的结果导出为Excel文件，然后在Excel中框选数据，点击"插入图示"，再选择"复式条形图"即可生成.

8.5.2 列联表的独立性检验

本书已介绍过列联表的概念，以下应用列联表进行检验.

例如，在考察色盲与性别有无关联时，一般随机抽取1000人按性别（男或女）及色觉（正常或色盲）两个属性分类，得到如下二维列联表，又称2×2表或四格表，如表8.13所示.

表 8.13　二维列联表

性别	视觉	
	正常	色盲
男	535	65
女	382	18

一般地，若总体中的个体可按两个属性A与B进行分类，设属性A有r个类$A_1, A_2, \cdots, A_r$，属性B有c个类$B_1, B_2, \cdots, B_c$，再从总体中抽取n个个体，其中n_{ij}个个体既属于A_i类，又属于B_j类，则称n_{ij}为频数，将$r \times c$个n_{ij}排列成一个r行c列的二维列联表，简称$r \times c$列联表，如表8.14所示.

表 8.14　$r \times c$列联表(频数分布)

A	B				
	B_1	B_2	B_3	$\cdots$	B_c
A_1	n_{11}	n_{12}	n_{13}	$\cdots$	n_{1c}
A_2	n_{21}	n_{22}	n_{23}	$\cdots$	n_{2c}
A_3	n_{31}	n_{32}	n_{33}	$\cdots$	n_{3c}
$\vdots$	$\vdots$	$\vdots$	$\vdots$		$\vdots$
A_r	n_{r1}	n_{r2}	n_{r3}	$\cdots$	n_{rc}

并且，$n_{i.} = \sum_{j=1}^{c} n_{ij}$称为列联表中频数分布的行和，$n_{.j} = \sum_{i=1}^{r} n_{ij}$称为列联表中频数分布的列和，$i = 1, 2, \cdots, r, j = 1, 2, \cdots, c$.

列联表分析的基本问题是考察各属性之间有无关联，即判别两属性是否独立. 如上文所述，问题是判断色盲与性别是否相关？在$r \times c$列联表中，若以$p_{i.}$表示个体属于A_i的概率，以$p_{.j}$表示个体属于B_j的概率，以p_{ij}表示个体既属于A_i又属于B_j的概率，由此可得到一个二维的离散型分布表，见表8.15.

表 8.15 $r \times c$ 列联表(频率分布)

A	B				
	B_1	B_2	B_3	$\cdots$	B_c
A_1	p_{11}	p_{12}	p_{13}	$\cdots$	p_{1c}
A_2	p_{21}	p_{22}	p_{23}	$\cdots$	p_{2c}
A_3	p_{31}	p_{32}	p_{33}	$\cdots$	p_{3c}
$\vdots$	$\vdots$	$\vdots$	$\vdots$		$\vdots$
A_r	p_{r1}	p_{r2}	p_{r3}	$\cdots$	p_{rc}

并且，$p_{i\cdot} = \sum_{j=1}^{c} p_{ij}$ 称为列联表中频率分布的行和，$p_{\cdot j} = \sum_{i=1}^{r} p_{ij}$ 称为列联表中频率分布的列和，$i = 1, 2, \cdots, r, j = 1, 2, \cdots, c$.

因此，A 与 B 两属性独立的假设可以表述为

$$H_0: \quad p_{ij} = p_{i\cdot} p_{\cdot j}, \quad i = 1, 2, \cdots, r, j = 1, 2, \cdots, c \tag{8.25}$$

其中，各个 p_{ij} 共有 rc 个参数，在原假设 H_0 成立时，这 rc 个参数由 $p_{1\cdot}, p_{2\cdot}, \cdots, p_{r\cdot}$ 和 $p_{\cdot 1}, p_{\cdot 2}, \cdots, p_{\cdot c}$ 所决定，并且在这后 $r+c$ 个参数中存在两个约束条件 $\sum_{j=1}^{c} p_{\cdot j} = 1$，$\sum_{i=1}^{r} p_{i\cdot} = 1$. 所以，此时 p_{ij} 实际上由 $r+c-2$ 个独立参数所确定. 构造 χ^2 检验统计量为

$$\chi^2 = \sum_{i=1}^{r} \sum_{j=1}^{c} \frac{(n_{ij} - n\hat{p}_{ij})^2}{n\hat{p}_{ij}} \tag{8.26}$$

在原假设 H_0 成立的条件下，上式近似服从自由度为 $rc - (r+c-2) - 1 = (r-1)(c-1)$ 的 χ^2 分布. 其中 $\hat{p}_{ij}$ 是在原假设 H_0 成立的条件下得到 p_{ij} 的最大似然估计，其表达式为

$$\hat{p}_{ij} = \hat{p}_{i\cdot} \hat{p}_{\cdot j} = \frac{n_{i\cdot}}{n} \times \frac{n_{\cdot j}}{n}$$

对给定的显著性水平 $\alpha (0 < \alpha < 1)$，检验的拒绝域为

$$W = \left\{ \chi^2 : \; \chi^2 > \chi^2_{\alpha}((r-1)(c-1)) \right\}$$

对于 2×2 列联表，所统计的数据只有两个属性，并且每个属性都只有两种情形，我们可以简单将其分为4类，即 AB、$A\overline{B}$、$\overline{A}B$、$\overline{A}\overline{B}$，所构成的 2×2 列联表，如表8.16所示.

表 8.16 2×2 列联表

属性1	属性2	
	B	$\overline{B}$
A	a	c
$\overline{A}$	b	d

其中，$n = a + b + c + d$ 是样本容量.

由式(8.26)，2×2 列联表对应 $r = 2$，$c = 2$，即有2行2列.

$$\hat{p}_{11} = \hat{p}_{1\cdot} \hat{p}_{\cdot 1} = \frac{a+b}{n} \times \frac{a+c}{n} = \frac{(a+b)(a+c)}{n^2}$$

$$n\hat{p}_{11} = \frac{(a+b)(a+c)}{n}$$

$$n_{11} - n\hat{p}_{11} = a - \frac{(a+b)(a+c)}{n}$$
$$= \frac{an - (a+b)(a+c)}{n}$$
$$= \frac{a(a+b+c+d) - (a+b)(a+c)}{n}$$
$$= \frac{ad - bc}{n}$$

类似地，可得

$$\hat{p}_{12} = \hat{p}_{1.}\hat{p}_{.2} = \frac{(a+b)(b+d)}{n^2}, \quad n\hat{p}_{12} = \frac{(a+b)(b+d)}{n}, \quad n_{12} - n\hat{p}_{12} = \frac{bc - ad}{n}$$

$$\hat{p}_{21} = \hat{p}_{2.}\hat{p}_{.1} = \frac{(c+d)(a+c)}{n^2}, \quad n\hat{p}_{21} = \frac{(c+d)(a+c)}{n}, \quad n_{21} - n\hat{p}_{21} = \frac{bc - ad}{n}$$

$$\hat{p}_{22} = \hat{p}_{2.}\hat{p}_{.2} = \frac{(c+d)(b+d)}{n^2}, \quad n\hat{p}_{22} = \frac{(c+d)(b+d)}{n}, \quad n_{22} - n\hat{p}_{22} = \frac{ad - bc}{n}$$

$$\frac{(n_{11} - n\hat{p}_{11})^2}{n\hat{p}_{11}} = \frac{(ad - bc)^2}{n^2} \times \frac{n}{(a+b)(a+c)} = \frac{(ad - bc)^2}{n(a+b)(a+c)}$$

$$\frac{(n_{12} - n\hat{p}_{12})^2}{n\hat{p}_{12}} = \frac{(bc - ad)^2}{n^2} \times \frac{n}{(a+b)(b+d)} = \frac{(bc - ad)^2}{n(a+b)(b+d)}$$

$$\frac{(n_{21} - n\hat{p}_{21})^2}{n\hat{p}_{21}} = \frac{(bc - ad)^2}{n^2} \times \frac{n}{(c+d)(a+c)} = \frac{(bc - ad)^2}{n(c+d)(a+c)}$$

$$\frac{(n_{22} - n\hat{p}_{22})^2}{n\hat{p}_{22}} = \frac{(ad - bc)^2}{n^2} \times \frac{n}{(c+d)(b+d)} = \frac{(bc - ad)^2}{n(c+d)(b+d)}$$

将以上式子相加，可得

$$\sum_{i=1}^{2}\sum_{j=1}^{2} \frac{(n_{ij} - n\hat{p}_{ij})^2}{n\hat{p}_{ij}}$$
$$= \frac{(ad-bc)^2}{n(a+b)(a+c)} + \frac{(bc-ad)^2}{n(a+b)(b+d)} + \frac{(bc-ad)^2}{n(c+d)(a+c)} + \frac{(bc-ad)^2}{n(c+d)(b+d)}$$
$$= \frac{(ad-bc)^2}{n}\left[\frac{1}{(a+b)(a+c)} + \frac{1}{(a+b)(b+d)} + \frac{1}{(c+d)(a+c)} + \frac{1}{(c+d)(b+d)}\right]$$
$$= \frac{(ad-bc)^2}{n} \times \frac{(b+d)(c+d) + (a+c)(c+d) + (a+b)(b+d) + (a+b)(a+c)}{(a+b)(a+c)(c+d)(b+d)}$$
$$= \frac{(ad-bc)^2}{n} \times \frac{(c+d)(a+b+c+d) + (a+b)(a+b+c+d)}{(a+b)(a+c)(c+d)(b+d)}$$
$$= \frac{(ad-bc)^2}{n} \times \frac{(a+b+c+d)^2}{(a+b)(a+c)(c+d)(b+d)}$$
$$= \frac{n(ad-bc)^2}{(a+b)(a+c)(c+d)(b+d)}$$

这就是2×2列联表的χ^2检验统计量，若两个属性A与B是独立的，即当原假设成立时，令

$$\chi_0^2 = \frac{n(ad-bc)^2}{(a+b)(a+c)(c+d)(b+d)} \tag{8.27}$$

是近似服从自由度为$(r-1)(c-1) = (2-1)(2-1) = 1$的$\chi^2$分布，则拒绝域为$W = \{\chi^2 > \chi^2_\alpha(1)\}$. 当$\alpha = 0.1, 0.05, 0.01, 0.005, 0.001$时，可以由$P\left(\chi^2 \geqslant \chi^2_\alpha(1)\right) = \alpha$，求得$\chi^2$的上分位点值，分别为2.706、3.841、6.635、7.879、10.828，于是得到自由度为1的χ^2分布的密度函数，见图8.5，并且标注出0.1、0.05、0.01、0.005、0.001对应的上分位点的位置.

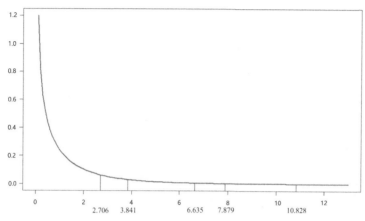

图 8.5　自由度为1的χ^2分布的密度函数示意图

例 8.12　为了研究阅读习惯与幸福程度之间的关系，调查了150个人，得到如下数据，见表8.17. 试分析"阅读量多少"与"幸福感强弱"是否独立.

表 8.17　阅读量与幸福感的数据调查表

阅读量	幸福感	
	强	弱
多	54	18
少	36	42

解　由式(8.27)，可计算得

$$\chi_0^2 = \frac{150 \times (54 \times 42 - 18 \times 36)^2}{90 \times 60 \times 72 \times 78} \approx 12.981$$

经查表B.2可得$\chi^2_{0.05}(1) = 3.841$，且经计算得

$$P(\chi^2 > 12.981) \approx 0.0003147 < 0.05$$

因此，说明应该拒绝原假设，认为"阅读多少"与"幸福感强弱"是不独立的. 以上计算过程可参见8.7节中的例8.26.

8.5.3　辛普森悖论

辛普森悖论为英国统计学家爱德华·H.辛普森（Edward H.Simpson）于1951年提出的悖论，即在某个条件下的两组数据，分别讨论时都能够满足某种性质，可是一旦合并考虑，却可能导致得出相反的结论.

例 8.13　考察一所美国高校中的两个学院，即法学院和商学院，在新学期招生时，统计数据如表8.18所示，试判断在新学期招生中这两个学院是否存在性别歧视?

表 8.18　按性别统计的录取人数

录取结果	学生性别	
	男	女
录取	209	143
不录取	95	110

解 由表 8.18 的统计数据计算可得,男生的录取率为 68.8%,明显高于女生的录取率 56.5%. 从这个结果是否就能得出结论,认为男生录取率高于女生,判断该校存在性别歧视呢? 为了进一步分析,将以上数据按学院分类再进行统计,得到以下表 8.19 的结果.

表 8.19　按学院和性别统计的录取人数

录取结果	录取学生			
	法学院男生	法学院女生	商学院男生	商学院女生
录取	8	51	201	92
未录取	45	101	50	9

从上表显示的数据计算可得,法学院男生的录取率为 $\frac{8}{53} \approx 15.1\%$,女生的录取率为 $\frac{51}{152} \approx 33.6\%$. 同理,商学院男生的录取率为 80.1%,女生的录取率为 91.1%. 无论在法学院还是在商学院,女生的录取比例都高于男生,由此得到的结论与总体女生录取率较低的结论相悖.

上面例子说明,简单地将分组资料相加汇总,不一定能反映真实情况. 就上述例子录取率与性别来说,导致辛普森悖论有两个原因:

(1) 两个分组的录取率相差很大. 一方面,法学院女生的录取率 33.6% 很低,而商学院女生的录取率 91.1% 却很高. 另一方面,两种性别的申请者分布比重却相反,男生偏爱申请商学院,报考商学院的男生有 251 人,报考法学院的有 53 人,所以报考商学院的男生占 82.6%,报考法学院的男生占 17.4%. 从数量上来说,录取率低的法学院,因为男生申请的数量少,所以不录取的男生相对很少. 而录取率很高的商学院虽然录取了很多男生,但是申请者却不多. 使得最后汇总的时候,女生在数量上反而占优势.

(2) 性别并非是录取率高低的唯一因素,甚至可能是毫无影响的,至于在法、商学院中出现的比率差可能属于随机事件,又或者是受到其他因素影响,譬如学生的入学成绩使得刚好出现这种录取比例,使人想当然地误认为这是由性别差异而造成的.

辛普森悖论与其他一些统计概念不同,它并非是人为提出的纯理论概念,而是在现实生活中实实在在发生的现象. 有很多著名的辛普森悖论案例,其中一个案例是关于两种肾结石治疗方案效果的数据.

例 8.14 对 700 个患肾结石的患者分别采用两种治疗方案治疗. 单独看治疗效果方面的数据,A 疗法对治疗两种大小的肾结石的效果都比 B 疗法更好,但是将数据合并后发现,B 疗法针对所有情况的疗效更好. 以下展示了康复率,见表 8.20. 请判断哪种疗法的治疗效果更好?

表 8.20　两种治疗方案治疗效果比对

结石类型	A 疗法			B 疗法		
	治疗人数	治愈人数	治愈率	治疗人数	治愈人数	治愈率
小结石	87	81	93.1%	270	234	86.7%
大结石	263	192	73.0%	80	55	68.8%

解 从表8.20的结果可见，康复率受到疗法和结石大小（病症严重性）的双重影响. 此外，疗法的选择取决于结石的大小，从而结石大小是一个混淆因子. 要找到究竟哪种疗法效果更好，我们需要控制混淆因子，进行分组对比康复率，而非对不同的群组数据进行简单合并. 这样，我们得出的结论是A疗法更好.

辛普森悖论的重要性在于它揭示了我们看到的数据并非全貌，做判断时不能满足于展示的数字或图表，而需要考虑整个数据生成过程，并考虑因果模型. 一旦我们理解了数据产生的机制，就能从图表之外的角度来考虑问题，找到其他影响因素. 在这里我们要强调因果思考模式的重要性，因为它能防范我们从数据中得出错误结论. 除了使用数据，我们还需要运用经验和专业知识，或者向专家学习，来更好地进行决策.

8.6 非参数检验简介

在参数统计学中，常用的基本统计量中的很大一部分内容是和正态分布理论相关的. 总体的分布形式或分布族往往是给定的或者是假定的，所不知道的仅仅是一些参数的值或它们的范围，所以参数统计的任务就是对参数进行点估计或区间估计，或者是对某些参数值进行各种检验. 然而，在实际生活中，对总体分布的假设并不是能随便做出的. 有时，数据并不是来自所假定分布的总体；或者，数据根本不是来自一个总体. 还有可能，数据由于种种原因被严重污染. 因此，在假定总体分布的情况下进行推断就可能产生错误的结论. 于是，人们希望在不假定总体分布的情况下，尽量从数据本身来获得所需要的信息，这就是非参数检验的宗旨.

8.6.1 秩统计量

由于非参数方法通常并不假定总体分布，因此观测值的顺序及性质常作为研究的对象. 对于样本 $X_1, X_2, \cdots, X_n$，如果按照升序排列，得到 $X_{(1)} \leqslant X_{(2)} \leqslant \cdots \leqslant X_{(n)}$，则称 $X_{(r)}$ 为第 r 个顺序统计量，$R = X_{(n)} - X_{(1)}$ 为极差.

定理 8.1 设总体 X 的密度函数为 $f(x)$，分布函数为 $F(x)$，$X_1, X_2, \cdots, X_n$ 为取自总体的样本，则第 k 个顺序统计量 $X_{(k)}$ 的密度函数为

$$f_k(x) = \frac{n!}{(k-1)!(n-k)!} [F(x)]^{k-1} [1-F(x)]^{n-k} f(x)$$

特别地，$f_1(x) = n[1-F(x)]^{n-1} f(x)$，$f_n(x) = n[F(x)]^{n-1} f(x)$.

证明省略.

定义 8.1 设 $X_1, X_2, \cdots, X_n$ 是来自总体 X 的样本，记 R_i 为样本点 X_i 的秩，即

$$R_i = \sum_{j \neq i}^{n} I(X_j \leqslant X_i)$$

其中，$I(\cdot)$ 是示性函数. i 固定时，R_i 表示样本中小于或等于 X_i 的 X_j 的个数.

秩统计量的分布和数字特征有以下性质：

(1) $R_1, R_2, \cdots, R_n$ 的联合分布为 $P(R_1 = i_1, R_2 = i_2, \cdots, R_n = i_n) = \dfrac{1}{n!}$；

(2) R_i 的概率分布为 $P(R_i = r) = \dfrac{1}{n}$，$r = 1, 2, \cdots, n$；

(3) R_i 的数学期望为 $E(R_i) = \dfrac{n+1}{2}$, $i = 1, 2, \cdots, n$;

(4) R_i 的方差为 $D(R_i) = \dfrac{(n+1)(n-1)}{12}$, $i = 1, 2, \cdots, n$.

定义 8.2 设 R_i^+ 为 $|X_1|, |X_2|, \cdots, |X_n|$ 中的秩, 定义 $a_n^+(\cdot)$ 为整数 $1, 2, \cdots, n$ 上的非减函数, 满足 $0 \leqslant a_n^+(1) \leqslant \cdots \leqslant a_n^+(n)$, 则称

$$S_n^+ = \sum_{i=1}^n a_n^+(R_i^+) I(X_i > 0)$$

为线性符号秩统计量.

如果 $X_1, X_2, \cdots, X_n$ 为独立同分布的连续型随机变量, 并有关于0的对称分布, 则

$$E(S_n^+) = \sum_{i=1}^n a_n^+(R_i^+) E\left[I(X_i > 0)\right] = \frac{1}{2} \sum_{i=1}^n a_n^+(R_i^+)$$

$$D(S_n^+) = \frac{1}{4} \sum_{i=1}^n [a_n^+(R_i^+)]^2$$

8.6.2 符号检验

符号检验（sign test）是利用正号和负号的数目对假设做出判定的非参数方法. 在实际应用中, 均值、中位数、众数等都可作为总体的位置参数, 它们都是数据总体中心位置的度量. 本节将主要学习总体位置参数的符号检验.

1. 单样本符号检验

假设总体 X 的中位数 M_0 为分布的中心, 则样本 $X_1, X_2, \cdots, X_n$ 取大于 M_0 的概率应该与取小于等于 M_0 的概率相等, 即

$$P(X \leqslant M_0) = P(X > M_0) = \frac{1}{2}$$

此时考虑检验的假设为

情形 I： H_0: $M = M_0$ vs H_1: $M > M_0$

情形 II： H_0: $M = M_0$ vs H_1: $M < M_0$

情形 III： H_0: $M = M_0$ vs H_1: $M \neq M_0$

即总体的中位数是否为 M_0 或是大于（小于）M_0. 所研究的问题, 可以看作是只有两种可能："成功"或"失败". 成功为"$+$", 即大于中位数 M_0; 失败为"$-$", 即小于中位数 M_0. 令 S^+ 为得正符号的数目; S^- 为得负符号的数目.

对于样本 $X_1, X_2, \cdots, X_n$, S^+ 也可以表示为

$$S^+ = \sum_{i=1}^n I(X_i \geqslant M_0), \quad S^- = n - S^+$$

将样本的观测值 $x_1, x_2, \cdots, x_n$ 代入上式, 计算得到 S^+ 和 S^- 的观测值为 s^+ 和 s^-. 当原假设为真时, S^+ 及 S^- 均服从二项分布 $B(n, 0.5)$, 并且 s^+ 及 s^- 与 $\dfrac{n}{2}$ 相差不应该太大, 当 s^+ 过小或过大, 就说明原假设可能出了问题. 所以 S^+ 及 S^- 可以作为检验统计量. 对于给定的显著性水平 α, 对于以上3种形式的假设检验, 有以下结论.

(1) 对于情形 I 的检验

$$H_0: M = M_0 \quad \text{vs} \quad H_1: M > M_0$$

如果 $M > M_0$，一般来说，这时候观察到大于 M_0 的样本数量就会比较多，小于 M_0 的样本数量会比较少，即 s^+ 比较大. 所以当 s^+ 比较大时就应该拒绝原假设，认为 $M > M_0$. 从而检验水平为 α 的拒绝域为 $W_{\mathrm{I}} = \{s^+: s^+ \geqslant c_\alpha\}$，其中 c_α 由以下条件确定.

$$c_\alpha = \inf\left\{c^*: P(S^+ \geqslant c^*) = \sum_{i=c^*}^{n} \mathrm{C}_n^i \left(\frac{1}{2}\right)^n \leqslant \alpha\right\} \tag{8.28}$$

对应的 p 值为

$$p = P(S^+ \geqslant s^+ | H_0)$$

p 值越小说明 s^+ 越大，此时应该拒绝原假设，认为 $M > M_0$.

(2) 对于情形 II 的检验

$$H_0: M = M_0 \quad \text{vs} \quad H_1: M < M_0$$

如果 $M < M_0$，一般来说，此时观测值中大于 M_0 的样本数量就会比较少，小于 M_0 的样本数量就会比较多，即 s^+ 会比较小. 所以当 s^+ 比较小时就拒绝原假设，认为 $M < M_0$. 从而检验水平为 α 的拒绝域为 $W_{\mathrm{II}} = \{s^+: s^+ < d_\alpha\}$，其中 d_α 由以下条件确定.

$$d_\alpha = \inf\left\{d^*: P(S^+ \leqslant d^*) = \sum_{i=0}^{d^*} \mathrm{C}_n^i \left(\frac{1}{2}\right)^n \leqslant \alpha\right\} \tag{8.29}$$

对应的 p 值为

$$p = P(S^+ \leqslant s^+ | H_0)$$

p 值越小说明 s^+ 越小，此时应拒绝原假设，认为 $M < M_0$.

(3) 对于情形 III 的检验

$$H_0: M = M_0 \quad \text{vs} \quad H_1: M \neq M_0$$

如果 $M = M_0$，一般来说，此时观测值中大于 M_0 和小于 M_0 的样本数量差别不会太大. 所以当 s^+ 比较大或比较小时就拒绝原假设，认为 $M \neq M_0$，从而检验水平为 α 的拒绝域为 $W_{\mathrm{III}} = \{s^+: s^+ > c_{\frac{\alpha}{2}} \text{ 或 } s^+ < d_{\frac{\alpha}{2}}\}$. 当 $s^+ > \frac{n}{2}$ 时，对应的 $p = 2P(S^+ \geqslant s^+ | H_0)$，当 $s^+ < \frac{n}{2}$ 时，对应的 $p = 2P(S^+ \leqslant s^+ | H_0)$.

p 值越小说明 s^+ 越小，此时应拒绝原假设，认为 $M \neq M_0$.

以上3种情形下，当 $p \leqslant \alpha$ 时，则应该拒绝原假设；如果 $p > \alpha$，则在水平 α 下接受原假设.

例 8.15 某厂生产一种零件，规定该零件直径长度的中位数是 10 mm. 现随机地从正在运行的生产线上选取20个零件进行测量，结果为

10.6 10.7 10.8 9.4 9.1 9.9 9.6 9.7 10.1 9.6

9.70 10.4 10.3 9.1 10.3 10.4 9.9 9.4 9.5 10.9

若产品长度真正的中位数大于或小于 10 mm，则生产过程需要调整. 试利用检验样本数据判断生产过程是否需要调整？

解 这是一个双侧检验，应建立假设

$$H_0: M = 10 \quad \text{vs} \quad H_1: M \neq 10$$

为了对假设做出判定，计算得检验统计量 S^+ 或 S^- 的观测值

$$s^+ = \sum_{i=1}^{20} I(x_i > 10) = 9, \quad s^- = 20 - 9 = 11$$

原假设成立时有 $S^+ \sim B\left(20, \dfrac{1}{2}\right)$，再计算 p 值，可得

$$p = 2P(S^+ \leqslant 9) = 2\sum_{i=0}^{9} C_{20}^{i} \left(\dfrac{1}{2}\right)^{20} \approx 0.82$$

由此可知 $p \approx 0.82 > 0.05$，所以应接受原假设，认为中位数为10。

2. 配对样本符号检验

设总体 X 和 Y 的分布函数分别为 $F(x)$ 和 $F(y)$，从两个总体得随机配对样本数据 (X_1, Y_1), (X_2, Y_2), $\cdots$, (X_n, Y_n)，设 M_X 与 M_Y 分别表示两样本的中位数。以下将研究 X 和 Y 是否具有相同的分布函数，即检验 $H_0: F(x) = F(y)$。如果两个总体具有相同的分布，则其中位数应该相等，所以检验的假设为

$$H_0: M_X = M_Y \quad \text{vs} \quad H_1: M_X > M_Y$$
$$H_0: M_X = M_Y \quad \text{vs} \quad H_1: M_X < M_Y$$
$$H_0: M_X = M_Y \quad \text{vs} \quad H_1: M_X \neq M_Y$$

与单样本的符号检验一样，也定义 S^+ 和 S^- 为检验的统计量，令

$$S^+ = \sum_{i=1}^{n} I(X_i > Y_i)$$

为样本中 $X_i > Y_i$，$i = 1, 2, \cdots, n$ 的数目。S^+ 和 S^- 的抽样分布为二项分布 $B(n, \dfrac{1}{2})$。

将样本观测值 (x_1, y_1), (x_2, y_2), $\cdots$, (x_n, y_n) 代入检验统计量，得到检验统计量的观测值为 s^+。如果 s^+ 大小适中，与 $\dfrac{n}{2}$ 相差不大，则支持原假设。

- 如果 s^+ 比较大，则拒绝原假设，接受 $H_1: M_X > M_Y$，对应的 $p = P(S^+ \geqslant s^+ | H_0)$。

- 如果 s^+ 比较小，则拒绝原假设，接受 $H_1: M_X < M_Y$，对应的 $p = 2P(S^+ < s^+ | H_0)$。

- 如果 s^+ 比较大或比较小的时候就拒绝原假设，接受 $H_1: M_X \neq M_Y$。当 $s^+ > \dfrac{n}{2}$ 时，对应的 $p = 2P(S^+ > s^+ | H_0)$；当 $s^+ < \dfrac{n}{2}$ 时，对应的 $p = 2P(S^+ < s^+ | H_0)$。

例 8.16 从实施适时管理（just-in-time，JIT）的企业中，随机抽取20家进行效益分析，他们在实施JIT前后3年的平均资产报酬率如表8.21所示。在 $\alpha = 0.05$ 的显著性水平下，判断企业在实施JIT前后其平均资产报酬率是否有显著降低？

表 8.21　20家公司实施JIT前后的平均资产报酬率对比

公司序号	实施JIT前/万元	实施JIT后/万元	符号	公司序号	实施JIT前/万元	实施JIT后/万元	符号
1	15.8	14.6	+	11	14.7	14.4	+
2	14.9	15.5	−	12	14.7	14.3	+
3	15.2	15.5	−	13	14.7	14.9	−
4	15.8	14.7	+	14	15.0	15.5	−
5	15.5	15.2	+	15	14.9	14.3	+
6	14.6	14.8	−	16	14.9	14.5	+
7	15.0	14.8	+	17	15.3	14.6	+
8	14.9	14.6	+	18	14.6	14.8	−
9	15.1	15.3	−	19	15.5	15.2	+
10	15.5	15.4	+	20	15.5	15.0	+

解　设X和Y分别是实施JIT前后平均资产报酬率的总体，现检验两个总体中位数M_X、M_Y的假设为

$$H_0: M_X = M_Y \quad \text{vs} \quad H_1: M_X > M_Y$$

经过计算得$s^+ = 13$和$s^- = 7$，且

$$P(S^+ > s^+ | H_0) = \sum_{i=13}^{20} C_{20}^i \left(\frac{1}{2}\right)^{20} \approx 0.1316$$

由此可知$p = 0.1316 > 0.05$，在$\alpha = 0.05$下接受原假设.

以上问题如果考虑双边检验，即设备择假设为$H_1: M_X \neq M_Y$. 此时计算p值，令$k = \min\{s^+, s^-\} = 7$，计算双边检验对应的$p = 2 \times \sum_{i=0}^{7} C_{20}^i \times (\frac{1}{2})^{20} \approx 0.2632 > 0.05$，所以应该接受原假设，即认为企业在实施JIT前后的资产报酬率没有显著差异.

8.6.3　威尔科克森符号秩检验

与符号检验相比，威尔科克森符号秩检验（Wilcoxon's signed rank test）不仅利用了观测值与零假设的中心位置之差的符号，而且还利用了这些差的绝对值的大小. 符号检验只考虑S^+、S^-，即在中心左右的样本的个数，而没有考虑与中心的偏离程度. 威尔科克森符号秩检验不仅考虑在中心左右的样本个数，还考虑它们的偏离程度. 因此，基于数据$X_1, X_2, \cdots, X_n$利用了其中更多的信息，不仅判定了观测值在中心位置的哪一边，而且把各观测值距离中心远近的信息也考虑进去，使检验结果更加精确.

1.单样本的威尔科克森符号秩检验

检验假定样本点$X_1, X_2, \cdots, X_n$来自连续对称总体分布（符号检验不需要这个假定），此时总体中位数等于均值. 需要检验的假设为

$$H_0: M = M_0 \quad \text{vs} \quad H_1: M < M_0$$
$$H_0: M = M_0 \quad \text{vs} \quad H_1: M > M_0$$
$$H_0: M = M_0 \quad \text{vs} \quad H_1: M \neq M_0$$

例 8.17　下面是10个随机抽取的欧洲城镇每人每年平均消费的酒量（相当于纯酒精数，单位：L）.

4.12　5.81　7.63　9.74　10.39　11.92　12.32　12.89　13.54　14.45

试利用此数据检验消费量的中位数是否为8 L?

解 现在需要检验的假设为

$$H_0: M = M_0 = 8 \quad \text{vs} \quad H_1: M > M_0 = 8$$

事实上，为了对假设做出判定，需要从总体中随机抽取一个样本 $X_1, X_2, \cdots, X_n$，得到 n 个观测值，记作 $x_1, x_2, \cdots, x_n$。它们与假设中位数的差值记为 $D_i = X_i - M_0$, $i = 1, 2, \cdots, n$。如果 H_0 为真，那么观测值应为关于零的对称分布。这时，对于观测值 $d_i = x_i - M_0$ 来说，正的差值与负的差值应近似相等，为了借助等级大小做判定，先忽略符号，而取绝对值 $|d_i|$，对 $|d_i|$ 的大小分等级。

使用威尔科克森符号秩检验的步骤：

(1) 对 $i = 1, 2, \cdots, n$，$M_0 = 8$，计算 $|x_i - M_0|$，它们代表这些样本点到 M_0 的距离。在本例中，计算 $d_1, d_2, \cdots, d_{10}$ 分别为

3.88　2.19　0.37　1.74　2.39　3.92　4.32　4.89　5.54　6.45。

(2) 把上面的 n 个绝对值排序，并找出它们的 n 个秩。本例中数据的秩 $R_1, R_2, \cdots, R_{10}$ 分别为

5　3　1　2　4　6　7　8　9　10

(3) 令 W^+ 和 W^- 为秩和，即

$$W^+ = \sum_{i=1}^{n} R_i I(X_i - M_0 > 0), \quad W^- = \sum_{i=1}^{n} R_i I(X_i - M_0 < 0)$$

其中，R_i 是 $|X_i - M_0|$，$i = 1, 2, \cdots, n$ 的秩；$W^+ + W^- = \dfrac{n(n+1)}{2}$。

考虑到秩 $\{R_1, R_2, \cdots, R_n\} = \{1, 2, \cdots, n\}$，令 $X_i - M_0 < 0$ 对应的秩为负，$X_i - M_0 > 0$ 对应的秩为正，计算带有符号的秩。这里 W^+ 和 W^- 服从威尔科克森分布。关于威尔科克森分布可以参见相关非参数统计的教材，对于其他情形的检验可以进行类似的推导得到。

- 对于双侧检验

$$H_0: M = M_0 \quad \text{vs} \quad H_1: M \neq M_0$$

在原假设为真的条件下，W^+ 与 W^- 应该差不多。因而当其中之一很小时，应怀疑零假设。在此取检验统计量 $W = \min\{W^+, W^-\}$。

- 对于右侧检验

$$H_0: M = M_0 \quad \text{vs} \quad H_1: M > M_0$$

取检验统计量 $W = W^-$，当 W^- 过小时，应怀疑零假设，拒绝域的形式为 $W_I = \{W^- < c\}$，对应的 $p = P(W < w^-)$。

- 对于左侧检验

$$H_0: M = M_0 \quad \text{vs} \quad H_1: M < M_0$$

取检验统计量为 $W = W^+$，当 W^+ 过小时，应怀疑零假设，拒绝域的形式为 $W_I = \{W^+ < d\}$，对应的 $p = P(W < w^+)$。

经计算

$$w^+ = 2 + 4 + 6 + 7 + 8 + 9 + 10 = 46, \quad w^- = 5 + 3 + 1 = 9$$

于是由威尔科克森分布，计算检验

$$H_0:\ M = M_0 = 8 \quad \text{vs} \quad H_1:\ M > M_0 = 8$$

所得的 p 值为0.03223.

如果要检验

$$H_0:\ M = M_0 = 11 \quad \text{vs} \quad H_1:\ M \neq M_0 = 11$$

经计算 p 值为0.8457. 以上计算过程可见8.7节中的例8.27.

从两组结果中可以看到，当假设中位数 $M = 8$ 时，进行单边检验，得到的 p 值是小于0.05的，故拒绝零假设，认为中位数不是8；当中位数 $M = 11$ 时，进行双边检验，p 值为0.8457，有 $0.8457 > 0.05$，故不能拒绝零假设，认为中位数可能为11.

当样本容量很大时，可利用正态分布近似，利用线性符号秩的概念有

$$E(W^+) = \sum_{i=1}^{n} E\left[R_i I(X_i - M_0 > 0)\right] = \frac{1}{2}\sum_{i=1}^{n} i = \frac{n(n+1)}{4}$$

$$D(W^+) = \sum_{i=1}^{n} D\left[R_i I(X_i - M_0 > 0)\right] = \frac{1}{4}\sum_{i=1}^{n} i^2 = \frac{n(n+1)(2n+1)}{24}$$

同理有 $E(W^-) = \dfrac{n(n+1)}{4}$，$D(W^-) = \dfrac{n(n+1)(2n+1)}{24}$. 可利用正态分布构造检验统计量为

$$U = \frac{W \pm 0.5 - n(n+1)/4}{\sqrt{n(n+1)(2n+1)/24}} \sim N(0,1)$$

在许多情况下，数据中有相同的数字，称为结. 结中数字的秩为它们按升幂排列后位置的平均值，比如2.5、3.1、3.1、6.3、10.4 这5个数的秩为1、2.5、2.5、4、5. 也就是说，处于第二和第三位置的两个3.1得到秩 $\dfrac{2+3}{2}=2.5$. 这样的秩称为中间秩. 如果结多了，零分布的大样本公式就不准确了. 因此，在公式中往往要作修正.

$$U = \frac{W - n(n+1)/4}{\sqrt{n(n+1)(2n+1)/24 - \sum\limits_{i=1}^{g}(\tau_i^3 - \tau_i)/48}} \sim N(0,1)$$

其中，τ_i 表示第 i 个结的相同观测值的个数；g 表示结的个数.

2.两配对样本的威尔科克森符号秩检验

与符号配对检验类似，两配对样本的威尔科克森符号秩检验也可检验两样本的中位数是否相等，并且它既考虑了正、负号，又考虑了两者差值的大小. 对于两个总体的随机配对样本数据 $(x_1,y_1),(x_2,y_2),\cdots,(x_n,y_n)$，如果两个总体具有相同的分布，则其中位数应该相等，所以检验的假设为

$$H_0:\ M_X = M_Y \quad \text{vs} \quad H_1:\ M_X \neq M_Y$$
$$H_0:\ M_X = M_Y \quad \text{vs} \quad H_1:\ M_X > M_Y$$
$$H_0:\ M_X = M_Y \quad \text{vs} \quad H_1:\ M_X < M_Y$$

两配对样本威尔科克森符号秩检验的步骤：

(1)先计算各观察值对的偏差 $D_i = X_i - Y_i$，再计算偏差的绝对值 $|d_i| = |x_i - y_i|$，等价于检验数据 $|d_1|,|d_2|,\cdots,|d_n|$ 的中位数 M_d 与0的偏差是否较大；

(2)按偏差绝对值的大小排序，考虑各偏差的符号，由绝对值偏差的秩得到符号秩；

(3)分别计算正、负符号秩的和W^+与W^-，并令$k = \min\{W^+, W^-\}$，再根据假设计算出对应的显著性值.

例 8.18 现从某地证券交易所的上市公司中随机抽取10家，观察其2023年年终财务报告公布前后3日的平均股价，如表8.22所示，试问上市公司公报对这10家上市公司的股价是否有显著影响？

表 8.22　10家上市公司的股价年报前后数据对比

公司序号	年报公布前/元	年报公布后/元
1	15	17
2	21	18
3	18	25
4	13	16
5	35	40
6	10	8
7	17	21
8	23	31
9	14	22
10	25	25

解　设年报公布前的数据为x_i，$i = 1, 2, \cdots, 10$，年报公布后的数据为y_i，$i = 1, 2, \cdots, 10$. 考虑检验问题：$H_0: M_X = M_Y$ vs $H_1: M_X \neq M_Y$.

计算观察值对的偏差为

序号	D_i	符号	$|D_i|$	$|D_i|$秩
1	-2	$-$	2	1.5
2	3	$+$	3	3.5
3	-7	$-$	7	7.0
4	-3	$-$	3	3.5
5	-5	$-$	5	6.0
6	2	$+$	2	1.5
7	-4	$-$	4	5.0
8	-8	$-$	8	8.5
9	-8	$-$	8	8.5
10	0		0	

计算可得，正符号的秩和为$W^+ = 5$，$W^- = 40$，取检验统计量W^+检验p值，从而可得$2P(W^+ \leqslant 5) = 0.038$，由$0.038 < 0.05$，故拒绝原假设.

3.非配对样本秩和检验

设$x_1, x_2, \cdots, x_m$和$y_1, y_2, \cdots, y_n$分别为从两个连续总体$F(x)$和$F(y)$中随机抽取出来的样本. 设M_X与M_Y分别表示两样本的中位数，我们关心两个总体是否有相同的分布形状，或者它们的中位数是否相等. 现在需要检验的假设形式为

$$H_0: M_X = M_Y \quad \text{vs} \quad H_1: M_X \neq M_Y$$
$$H_0: M_X = M_Y \quad \text{vs} \quad H_1: M_X > M_Y$$
$$H_0: M_X = M_Y \quad \text{vs} \quad H_1: M_X < M_Y$$

只是两个样本的容量有可能不相等. 对于这类检验问题用到的方法是穆德（Mood）中位数检验，这里不再详细介绍.

例 8.19 使用两种不同的稻种在土质相同的试验田上进行种植，将试验田划分为若干块，收割时记录下两种稻种的平均亩产量（单位：kg），如下所示. 请尝试比较两种稻种的亩产量有无差异.

A 稻种： 510.7 548.9 548.6 597.6 554.3 615.6 543.1 554.1

B 稻种： 610.3 695.6 665.3 668.3 643.6 650.0 649.7 532.1 541.5 553

解 本例中我们需要检验的假设为单边假设，即认为B稻种的亩产量高于A稻种：

$$H_0: M_A = M_B \quad \text{vs} \quad H_1: M_A < M_B$$

计算可得A、B混合样本的中位数 $M_{AB} = 575.95$，如下所示.

数目类型	样本A	样本B	总和
观察值大于 M_{AB} 的数目	2	7	9
观察值小于 M_{AB} 的数目	6	3	9

根据上表的结果，仍采用威尔科克森符号秩检验，得到 p 值为0.0338，具体计算结果见例8.27，有 $0.0338 < 0.05$，故拒绝原假设，认为B稻种的亩产量高于A稻种的亩产量.

8.7 R语言在假设检验中的应用

本节主要讨论R语言在假设检验中的应用，主要包括正态总体下的假设检验和非参数检验.

1. 单正态总体的均值检验

R语言中包含了 u 检验和 t 检验的程序，分别用于总体方差已知和未知的情况. 关于 u 检验要加载BSDA包，使用函数z.test()，其调用格式为

```
z.test(x, y = NULL, alternative =c("two.sided", "less","greater"),
    mu = 0, sigma.x = NULL, sigma.y = NULL,
    conf.level = 0.95,...)
```

其中，x为样本数据；sigma.x为已知的标准差； mu为假设初值，默认为0；conf.level为默认输出的95%的置信区间；alternative有3个选项，分别对应了3种形式.

形式I，假设总体均值大于或等于 mu，对应 alternative= less；形式II，假设总体均值小于或等于 mu，对应 alternative=greater；形式III，假设总体均值等于 mu，对应alternative= two.sided.

t 检验直接调用函数即可，调用格式为

```
t.test(x, y = NULL, alternative = c("two.sided", "less", "greater"),
    mu = 0, paired = FALSE, var.equal = FALSE,
    conf.level = 0.95, ...)
```

其中，y为缺省项，其他参数同函数z.test().

例 8.20 编写R语言程序实现例8.3中的正态总体假设检验.

解 对于例8.3，问题(1)的总体方差$\sigma^2 = 100$已知；问题(2)的总体方差σ^2未知. 因此，对于问题(1)可以使用函数z.test()进行检验，而对于问题(2)可以使用函数t.test()进行检验.

首先，运行程序，输入数据

```
> x=c(914,920,910,934,953,945,912,924,940)
```

然后，对于问题(1)，输入并运行如下命令，即可得到检验结果.

```
> library(BSDA)
> z.test(x,mu=950,sigma.x=10,alternative="less")
        One-sample z-test
data:  x
z = -6.6, p-value = 2.056e-11
alternative hypothesis: true mean is less than 950
95 percent confidence interval:
     NA 933.4828
sample estimates:
mean of x
      928
```

同样，对于问题(2)，输入并运行如下命令，即可得到检验结果.

```
> t.test(x,mu=950)
        One Sample t-test
data:  x
t = -4.2274, df = 8, p-value = 0.002887
alternative hypothesis: true mean is not equal to 950
95 percent confidence interval:
 915.9992 940.0008
sample estimates:
mean of x
      928
```

以上输出One-sample z-test和One Sample t-test分别是例8.3中问题(1)和(2)的计算结果，其中的$z = -6.6$，$t = -4.2274$，分别是检验统计量U和T的观测值，p-value就是最后计算出的p值. mu为假设初值，缺省时默认为0，conf.level为默认输出的95%的置信区间.

例8.21 设母猪的怀孕期为117 d，今抽测10头母猪的怀孕期（单位：d）分别为

116　115　113　112　114　117　115　116　114　113

试检验所得样本的均值与总体均值117 d有无显著差异.

解 以下做3个假设检验：

$$H_0: \mu = 117 \quad \text{vs} \quad H_1: \mu \neq 117$$

$$H_0: \mu \leqslant 117 \quad \text{vs} \quad H_1: \mu > 117$$

$$H_0: \mu \geqslant 117 \quad \text{vs} \quad H_1: \mu < 117$$

对第一组假设，做双边假设检验，可得

```
> x=c(116,115,113,112,114,117,115,116,114,113)
> t.test(x,mu=117)
         One Sample t-test
data:  x
t = -5, df = 9, p-value = 0.000739
alternative hypothesis: true mean is not equal to 117
95 percent confidence interval:
 113.3689 115.6311
sample estimates:
mean of x
    114.5
```

以上结果中，df表示t分布的自由度，p-value值是检验的p值为0.000739，明显小于0.05，说明样本均值与总体均值之间存在显著差异，否定原假设.

对第二组假设，运行t.test(x,mu=117,alternative="greater")，得p-value=0.9996，说明样本均值与总体均值之间差异不显著，即接受原假设认为$\mu \leqslant 117$，从数据中也可以看出，样本均值为114.5 d，明显小于117 d.

然后，对第三组假设，运行t.test(x,mu=117,alternative=less)，得p-value≈0.0004. 而0.0004<0.05，说明样本均值与总体均值之间差异显著，即拒绝原假设，接受备择假设，认为$\mu < 117$.

2. 两个正态总体的参数检验

在R语言中，两个正态总体均值之差的检验，可以直接使用函数t.test()实现.

例 8.22 编写R语言程序实现例8.5中的两个正态总体均值之差的检验.

解 首先，分别录入两样本数据.

```
> x=c(1.285,1.224,1.049,0.809,0.939,1.049,0.751,0.813,1.202,0.641)
> y=c(0.721,0.829,0.454,0.508,1.062,1.100,0.845,0.494,0.683,0.683)
```

然后，运行程序，可得例8.5中的结果.

```
> t.test(x,y)
         Welch Two Sample t-test
data:  x and y
t = 2.3929, df = 17.993, p-value = 0.02783
alternative hypothesis: true difference in means is not equal to 0
95 percent confidence interval:
 0.02907009 0.44752991
```

```
sample estimates:
mean of x mean of y
   0.9762    0.7379
```

3. 配对样本的t检验

在R语言中，配对样本的t检验可以通过在函数t.test()中设置参数paired=TRUE实现.

例 8.23 编写R语言程序实现例8.7中的两个配对样本的t检验.

解 首先，运行程序，录入两配对样本数据.

```
> x=c(78,57,82,53,65,62,70,45,44,50)
> y=c(72,53,65,40,68,42,62,43,36,42)
```

然后，运行程序，可得例8.7中的结果.

```
> t.test(x,y,paired=TRUE,alternative="less")
#注意这里的配对参数,paired要定义为TRUE
        Paired t-test
data:  x and y
t = 3.8146, df = 9, p-value = 0.9979
alternative hypothesis: true mean difference is less than 0
95 percent confidence interval:
     -Inf 12.28863
sample estimates:
mean difference
            8.3
```

4. 单因子方差分析

在R语言中，使用函数aov()进行方差分析，其调用格式为

```
aov(formula,data=NULL,projections=FALSE,qr=TRUE,contrasts=NULL,...)
```

其中，formula是方差分析公式，data是数据框，其他可见R中的帮助. 再将aov的结果代入函数summary()，得到方差分析表.

为了直观地反映方差分析的结果，在R语言中使用自编函数.

```
anova.tab=function(fm){
tab=summary(fm)
k=length(tab[[1]])-2
temp=c(sum(tab[[1]][,1]),sum(tab[[1]][,2]),rep(NA,k))
tab[[1]]["Total",]=temp
tab}
```

例 8.24 编写R语言程序实现例8.10中的方差分析.

解 首先，运行程序，录入因子数据，并使用函数gl()生成因子，然后可以再使用函数data.frame()建立数据框.

```
> x0=c(10,9,10,2,5,4,13,14,14,12,12,13)
> A=gl(4,3)
> B=gl(3,1,12)
> X=data.frame(x0,A,B)
```

然后，运行自编函数anova.tab().最后，输入并运行如下命令，可得表8.10中的结果.

```
> aov.x0=aov(x0~A+B,data=X)
> anova.tab(aov.x0)
            Df  Sum Sq  Mean Sq  F value    Pr(>F)
A            3  177.00    59.00   78.667   3.3e-05 ***
B            2    2.17     1.08    1.444     0.308
Residuals    6    4.50     0.75
Total       11  183.67
```

注：这里由于R语言中的四舍五入，导致与表8.10中的数据存在一点偏差.

5. 均值的多重比较

在R中函数pairwise.t.test()可用于多重均值比较，其调用格式为

pairwise.t.test(x,g,p.adjust.method,pool.sd=TRUE,...)

其中，x是由数据构成的向量或列表；g是由因子构成的向量；p.adjust.method是p值调整方法. 由于两水平之间均值比较的本质是t检验，而t检验最多只能用于两个样本（水平）的比较，当样本数（水平数）$a \geqslant 3$时，该方法的标准较低，易犯第一类错误，因此难以保证试验结果的可靠性. 当结果需要多次校正时，一般使用邦弗罗尼校正法.

例8.25 编写R语言程序实现例8.11中均值的多重比较.

解 首先录入4个水平下的样本数据，并使用函数gl()生成因子，使用函数data.frame()建立数据框.

```
> x=c(38.7,41.5,43.8,44.5,45.5,46,47.7,58,39.2,39.3,
+     39.7,41.4,41.8,42.9,43.3,45.8,34,35,39,40,43,
+     43,44,45,34,34.8,34.8,35.4,37.2,37.8,41.2,42.8)
> A=gl(4,8)
> paper=data.frame(x,A)
```

然后，运行如下程序，可得方差分析表.

```
> paper.aov=aov(x~A,paper)
> summary(paper.aov)
            Df  Sum Sq  Mean Sq  F value  Pr(>F)
A            3   294.9    98.29    6.028  0.00266 **
Residuals   28   456.6    16.31
```

从结果中可看到，Pr(>F)=0.00266<0.05，应拒绝原假设，认为4个实验室制的各纸张的光滑度之间存在显著差异. 下面分析存在差异的水平.

使用函数pairwise.t.test()进行检验，缺省p.adjust.method项，默认使用霍尔姆校正法.

运行如下程序，可得该方法下均值的多重比较的p值.

```
> pairwise.t.test(x,A)
        Pairwise comparisons using t tests with pooled SD
data:    x and A
       1       2       3
2   0.1660    -       -
3   0.0664  0.5249    -
4   0.0015  0.1476  0.2658
P value adjustment method: holm
```

若选择adjust.method=bonferroni，则输出下列结果：

```
> pairwise.t.test(x,A,p.adjust.method="bonferroni")
        Pairwise comparisons using t tests with pooled SD
data:    x and A
       1       2       3
2   0.3320    -       -
3   0.0797  1.0000    -
4   0.0015  0.2213  0.7975
P value adjustment method: bonferroni
```

6. 列联表检验

在R语言中可以使用函数chisq.test( )进行检验，其调用格式为

```
chisq.test(x, y = NULL, correct = TRUE,...)
```

其中，参数x为列联表数据，一般应为矩阵，其元素为非负整数.

例 8.26 编写R语言程序实现例8.12中的列联表检验.

解 首先，将列联表数据按矩阵形式输入，运行程序.

```
> R=matrix(c(54,36,18,42),2) #生成一个2阶矩阵,对应列联表中的数据
```

然后，利用函数chisq.test( )进行检验，输入并运行如下命令，可得例8.12中的结果.

```
> chisq.test(R,correct=FALSE)  #correct参数为FALSE，表示不进行连续性校正
        Pearson's Chi-squared test
data:  R
X-squared = 12.981, df = 1, p-value = 0.0003147
> chisq.test(R)
        Pearson's Chi-squared test with Yates' continuity correction
data:  R
X-squared = 11.807, df = 1, p-value = 0.0005902
```

7. 非参数检验中的应用

在R语言中,和排序相关的函数主要有3个: sort(), rank(), order(). sort(x)表示对向量x进行排序,其返回值是排序后的数值向量. rank()是求秩的函数,其返回值是这个向量中对应元素的"排名". 而order()也是R语言中的一种排序函数,其返回值为排序后向量的各元素在原向量中的索引,默认升序. 例如:

```
> a <- c(3,9,16,6,7,4,22,5,10,13)
#sort()默认元素从小到大(升序)排序, 等同于decreasing=FALSE
> sort(a)
 [1]  3  4  5  6  7  9 10 13 16 22
> sort(a,decreasing = F)
 [1]  3  4  5  6  7  9 10 13 16 22
#decreasing=TRUE,将元素从大到小(降序)排序
> sort(a,decreasing = T)
 [1] 22 16 13 10  9  7  6  5  4  3
> a <- c(3,9,16,6,7,4,22,5,10,13)
> order(a)
 [1]  1  6  8  4  5  2  9 10  3  7
#说明: 在向量a中, 3是第一小的数, 位置下标为1; 4是第二小的数, 位置下标为6; 最大的数是22, 位置下标为7
> a[order(a)]
 [1]  3  4  5  6  7  9 10 13 16 22
#a[order(a)] 等同于sort(a)
> a
 [1]  3  9 16  6  7  4 22  5 10 13
> sort(a)
 [1]  3  4  5  6  7  9 10 13 16 22
> rank(a)
 [1]  1  6  9  4  5  2 10  3  7  8
```

#说明: 向量a中的第一个数为3, 是最小的, 故排名为1; 第二个数是9, 是第六小的数, 排名为6

在R语言中也可以使用函数wilcox.test()进行检验, 其使用格式为

```
wilcox.test(x, y = NULL,    #x一组数据, y一组数据
        alternative = c("two.sided", "less", "greater"))
```

默认参数alternative为双侧检验, 也可分别使用less或greater进行单侧检验.

例 8.27 讨论以下两个问题:
(1) 例8.17中的单样本威尔科克森符号秩检验的R语言实现;
(2) 例8.18中的两配对样本和例8.19非配对样本的威尔科克森符号秩检验的R语言实现.

解 首先分析问题(1). 先输入数据, 运行程序.

```
> y=c(4.12,5.81,7.63,9.74,10.39,11.92,12.32,12.89,13.54,14.45)
```

然后,对数据分别进行威尔科克森符号秩单侧检验和双侧检验,参数alternative选择greater和two.sided,输入并运行如下命令,可得例8.17中的结果.

```
> wilcox.test(y,mu=8,alternative="greater")
        Wilcoxon signed rank test
data:  y
V = 46, p-value = 0.03223
alternative hypothesis: true location is greater than 8

> wilcox.test(y,mu=11,alternative="two.side")
        Wilcoxon signed rank test
data:  y
V = 25, p-value = 0.8457
alternative hypothesis: true location is not equal to 11
```

对于问题(2)的配对样本,仍然先录入两样本数据,运行程序.

```
> x=c(15,21,18,13,35,10,17,23,14,25)
> y=c(17,18,25,16,40,8,21,31,22,25)
```

然后,同样使用函数wilcox.test()进行检验,输入并运行如下命令,可得例8.18中的结果.

```
> wilcox.test(x,y)
        Wilcoxon rank sum test with continuity correction
data:  x and y
W = 36.5, p-value = 0.3245
alternative hypothesis: true location shi\left is not equal to 0
```

而对于问题(2)中的非配对样本,仍然先录入两样本数据,运行程序.

```
> x=c(510.7,548.9,548.6,597.6,554.3,615.6,543.1,554.1)
> y=c(610.3,695.6,665.3,668.3,643.6,650,649.7,532.1,541.5,553)
```

然后,同样使用函数wilcox.test()进行检验,但需要注意的是,参数alternative选择less进行单侧检验,输入并运行如下命令,可得例8.19中的结果.

```
> wilcox.test(x,y,alternativ="less")
        Wilcoxon rank sum test
data:  x and y
W = 19, p-value = 0.0338
alternative hypothesis: true location shi\left is less than 0
```

习题 8

1. 如何理解假设检验所作出的"拒绝原假设 H_0"和"接受原假设 H_0"的判断?

2. 在假设检验中,如果检验结果是接受原假设,则检验可能犯哪一类错误?若检验结果是拒绝原假设,则又有可能犯哪一类错误?

3. 试说明犯第一类错误的概率 α 与犯第二类错误的概率 β 之间的关系.

4. 在假设检验中,如何理解指定的显著性水平 α?

5. 在假设检验中,如何确定原假设 H_0 和备择假设 H_1?

6. 假设检验的基本步骤有哪些?

7. 设 $x_1, x_2, \cdots, x_n$ 为来自正态分布 $N(\mu, 1)$ 的样本观测值,考虑检验问题
$$H_0: \mu = 2 \quad \text{vs} \quad H_1: \mu = 3$$
拒绝域为 $W = \{\bar{x} \geq 0.98\}$,求此检验的两类错误概率.

8. 设 $x_1, x_2, \cdots, x_{16}$ 是来自正态总体 $N(\mu, 4)$ 的样本,考虑检验问题
$$H_0: \mu = 6 \quad \text{vs} \quad H_1: \mu \neq 6$$
拒绝域取为 $W = \{x: |x - 6| \geq c\}$,试求 c,使得检验的显著性水平为0.05,并求该检验在 $\mu = 6.5$ 处犯第二类错误的概率.

9. 设总体服从均匀分布 $U(0, \theta)$,$x_1, x_2, \cdots, x_n$ 是样本,考虑检验问题
$$H_0: \theta \geq 3 \quad \text{vs} \quad H_1: \theta < 3$$
拒绝域取为 $W = \{x_n \leq 2.5\}$,求检验犯第一类错误的最大值 α?若要使该最大值 α 不超过0.05,n 至少应取多大?

10. 设 $x_1, x_2, \cdots, x_{20}$ 是来自0–1总体 $B(1, p)$ 的样本,考虑检验问题
$$H_0: p = 0.2 \quad \text{vs} \quad H_1: p \neq 0.2$$
取拒绝域为 $W = \left\{ (x_1, x_2, \cdots, x_{20}): \sum_{i=1}^{20} x_i \geq 7 \text{ 或 } \sum_{i=1}^{20} x_i \leq 1 \right\}$,求在 $p=0.05$ 时犯第二类错误的概率.

11. 要求从核电站冷凝塔中流出来水的平均水温不能超过 $100\,^\circ\mathrm{C}$,根据过去的经验发现,水温标准差为 $2\,^\circ\mathrm{C}$. 研究人员随机抽取了 9 天记录的水温观测值,计算出水温平均值为 $98\,^\circ\mathrm{C}$.

    (1) $\alpha = 0.05$ 时,试检验水温是否符合要求?

    (2) 求检验的 p 值是多少?

    (3) 如果真实平均水温为 $104\,^\circ\mathrm{C}$,当 $\alpha = 0.05$ 时,拒绝原假设的概率是多少?

12. 由经验知某零件质量的均值是15 g，技术革新后，抽出6个零件（单位： g），测得质量为
    14.7 15.1 14.8 15.0 15.2 14.6
    已知方差不变，问平均质量是否仍为15 g（α=0.05）？

13. 要求一种元件的平均使用寿命不得低于1000 h，生产者从这批元件中随机抽取25件，测得其寿命的平均值为950 h. 已知这种元件的寿命服从标准差为 $\sigma = 100$ h 的正态分布. 试在显著性水平 $\alpha = 0.05$ 下确定这批元件是否合格？若总体均值为 μ，即需检验假设
    $$H_0: \mu \geqslant 1000 \quad \text{vs} \quad H_1: \mu < 1000$$

14. 化肥厂用自动包装机包装化肥，每包的质量服从正态分布，其平均质量为100 kg，标准差为1.2 kg. 某日开工后，为了确定当天包装机工作是否正常，现随机抽取9袋化肥，称得质量如下：
    99.3 98.7 100.5 101.2 98.3 99.7 99.5 102.1 100.5
    设方差稳定不变，问当天包装机是否正常工作（α=0.05）？

15. 从某批食品中随机抽取12袋，测定其蛋白质的含量（%），测定结果如下：
    23 24 25 24 22 27 26 24 25 28 26 23
    假定该食品每袋蛋白质的含量 X 服从正态分布 $N(\mu, \sigma^2)$，包装袋上标明蛋白质的含量为25%.
    (1) 问该批食品的蛋白质含量是否达标（$\alpha = 0.05$）？
    (2) 你的判断结果可能会发生哪一类错误？说明该错误的实际含义.

16. 从一批钢管中抽取10根，测得其内径（单位：mm）为
    100.36 100.31 99.99 100.11 100.64 100.85 99.42 99.91 99.35 100.10
    设这批钢管的内径服从正态分布 $N(\mu, \sigma^2)$，试分别在下列条件下检验假设（α=0.05）.
    $$H_0: \mu = 100 \quad \text{vs} \quad H_1: \mu > 100$$
    (1) 已知 σ=0.5;
    (2) σ 未知.

17. 考察一鱼塘中鱼的含汞量，现随机地取10条鱼测得各条鱼的含汞量（单位：mg）为
    0.8 1.6 0.9 0.8 1.2 0.4 0.7 1.0 1.2 1.1
    设鱼的含汞量服从正态分布 $N(\mu, \sigma^2)$，取 $\alpha = 0.10$，试检验假设
    $$H_0: \mu \leqslant 1.2 \quad \text{vs} \quad H_1: \mu > 1.2$$

18. 已知某炼铁厂每100 g铁水中含碳量服从正态分布 $N(4.55, 0.108^2)$. 现在测定了9炉铁水，其平均含碳量为4.484 g，如果铁水含碳量的方差没有变化，可否认为现在生产的铁水的平均含碳量仍为4.55 g（α=0.05）？

19. 设在木材中抽出100根，测其小头直径，得到样本平均数为 $\bar{x} = 11.2$ cm，样本标准差为 s=2.6 cm. 问该批木材小头的平均直径能否认为不低于12 cm（α=0.05）？

20. 如果一个矩形的宽度 w 与长度 l 的比 $\frac{w}{l} = \frac{1}{2}(\sqrt{5} - 1) \approx 0.618$，这样的矩形称为黄金矩形. 下面列出了从某工艺品工厂随机抽取的20个矩形的宽度与长度的比值：

0.693　0.749　0.654　0.670　0.662　0.672　0.615　0.606　0.690　0.628
0.668　0.611　0.606　0.609　0.553　0.570　0.844　0.576　0.933　0.630

设该工厂生产的矩形的宽度与长度的比值总体服从正态分布，其均值为μ，试检验假设（α=0.05）

$$H_0: \mu = 0.618 \quad \text{vs} \quad H_1: \mu \neq 0.618$$

21. 已知维纶纤度在正常条件下服从正态分布，且标准差为 0.048 tex. 现从某一天的产品中随机抽取 5 根维纶，测得其纤度（单位：tex）为

    1.32　1.55　1.36　1.40　1.44

    问这一天维纶纤度的总体标准差是否正常（$\alpha = 0.05$）？

22. 自来水厂水源浊度（单位：mg/L）服从正态分布$N(\mu, \sigma^2)$，$\sigma^2 = 0.5^2$，对水源周边环境进行整治后，为检验水源浊度是否有所改善，取水样12个，分别测量浊度，得$\bar{x} = 1.75$ mg/L，问浊度均值是否低于标准值2.0 mg/L（α=0.05）？

23. 医生测得10例某种慢性病患者的脉搏（单位：次/min）为

    54　67　68　78　70　66　67　70　65　69

    试问患者的脉搏均值与正常人的脉搏均值72次/min是否有显著的差异（α=0.05）？

24. 下面列出的是从某工厂中随机选取的20只部件的装配时间（单位：min）：

    9.8　10.4　10.6　9.6　9.7　9.9　10.9　11.1　9.6　10.2
    10.3　9.6　9.9　11.2　10.6　9.8　10.5　10.1　10.5　9.7

    设装配时间总体服从正态分布$N(\mu, \sigma^2)$，μ、σ^2均未知. 是否可以认为装配时间的均值μ显著大于10（α=0.05）？

25. 杜鹃总是把蛋生在别的鸟巢中，现从两种鸟巢中得到杜鹃蛋24个，其中有9个来自一种鸟巢，测得杜鹃蛋的长度（单位：mm）如下：
    21.2　21.6　21.9　22.0　22.0　22.2　22.8　22.9　23.2
    剩下的15个来自另一种鸟巢，测度杜鹃蛋的长度如下：
    19.8　20.0　20.3　20.8　20.9　20.9　21.0　21.0
    21.0　21.2　21.5　22.0　22.0　22.1　22.3
    假设两种鸟巢中蛋的长度都服从正态分布，且方差相同. 问在显著性水平$\alpha = 0.05$下，判别两个鸟巢中蛋的长度差异是否明显.

26. 某地区教育负责人想知道某年城市中学生英语学科的平均成绩是否比农村中学的英语平均成绩高. 已知考试成绩服从正态分布且方差大致相同，现抽取某一次考试的成绩分别为
    城市：　85　75　92　78　88　94　85　89　78　91
    农村：　88　78　91　83　92　96　88　97　83　93
    取显著性水平$\alpha = 0.05$，试做检验.

27. 假设机器A和机器B都生产钢管，要检验A和B所生产的钢管的内径稳定程度. 设它们所生产

钢管的内径（单位：mm）分别为 X 和 Y，都服从正态分布

$$X \sim N(\mu_1, \sigma_1^2), \quad Y \sim N(\mu_2, \sigma_2^2)$$

设两样本相互独立，先从A生产的钢管中抽出18根，测度 $s_1^2 = 0.34$；再从B生产的钢管中抽出13根，测度 $s_2^2 = 0.29$。问在显著性水平 $\alpha = 0.1$ 下，能否认为两台机器所生产的钢管其内径的稳定程度（即方差）相同？

28. 从高二年级随机抽取两个小组，在数学教学中，实验组采用启发式教学法，普通组采用传统教学法．期末统一进行测验，成绩如下：

实验组：　66 69 64 58 65 56 58 45 55 63
普通组：　58 60 59 57 41 38 52 46 51 49

假设实验组和普通组学生的数学成绩分别服从正态分布 $N(\mu_1, \sigma_1^2)$ 和 $N(\mu_2, \sigma_2^2)$，且相互独立，其中 μ_1、μ_2、σ_1^2、σ_2^2 均未知．

(1) 在显著性水平 $\alpha = 0.05$ 下，检验假设 H_0：$\sigma_1^2 = \sigma_2^2$　vs　H_1：$\sigma_1^2 \neq \sigma_2^2$；

(2) 若接受 H_0，接着在 $\alpha = 0.05$ 下检验假设 H_0'：$\mu_1 \leq \mu_2$　vs　H_1'：$\mu_1 > \mu_2$．

29. 下表是抽样调查老、中、青三代对某影片的评价．

评价程度	年龄段		
	老	中	青
评价很高	45	39	21
评价一般	47	26	22

请绘制分类条形图，并判断这些被调查者对影片的评价是否与他们的年龄相关．

30. 一种原料来自3个不同的地区，原料质量被分为3个不同等级．从这批原料中随机抽取500件进行检验，结果如下所示．

地区	级别		
	一级/件	二级/件	三级/件
甲地区	52	64	24
乙地区	60	59	52
丙地区	50	65	74

试检验各个地区和原料质量之间是否存在依赖关系．

31. 对1031名献血者的血液按血型（A、B、AB、O）和按（Rh^+、Rh^-）分类，可得如下的列联表．试在 $\alpha = 0.05$ 下，检验假设 H_0：血型和Rh因子是相互独立的，H_1：血型和Rh因子不相互独立．

Rh因子	血型			
	A	B	AB	O
Rh^+	360	106	47	475
Rh^-	26	13	2	2

32. 某汽车贸易公司某年度销售某种型号的小轿车500辆，共有6种颜色（黑、棕、白、红、黄、蓝），汽车购买者的性别和所购买汽车的颜色数据整理如下. 问性别与所购买汽车的颜色有显著的关系吗？

性别	汽车颜色					
	黑	棕	白	红	黄	蓝
男	82	63	38	25	25	47
女	38	50	40	45	20	27

33. 某公司的设计部门为了检验目标市场对3种手机款式的偏好是否相同，随机地从目标市场中抽取36名消费者进行调研，得到他们对3种手机款式的偏好数据如下所示.

款式	偏好程度		
	喜欢	一般	不喜欢
款式1	1	8	3
款式2	4	5	2
款式3	6	2	5

试用假设检验的方法对消费者关于不同手机款式的偏好度是否相同做出评价.

34. 有一项研究课题，研究人的左右足大小的相异性，得到以下的比较数据（单位：人），其中 L、R 分别对应左右足的长度.

性别	左右足的关系比较		
	$L > R$	$L = R$	$L < R$
男	2	10	28
女	55	18	14

试检验假设 H_0：人的左右足大小的相异性与人的性别是相互独立的（$\alpha = 0.05$）.

35. 为考察维生素C是否有防冷的作用，随机地选择了279名滑雪者，一部分人服用维生素C，另一部分人服用安慰剂，得到以下的试验结果（人数）：

服用品种	防冻功效	
	防冻	不防冻
维生素C	17	122
安慰剂	31	109

试检验假设 H_0：服用维生素C与防冷相互独立（$\alpha = 0.05$）.

36. 3家供应商提供的零件合格与不合格的情况如下：

供应商	零件质量		
	良好	小缺陷	大缺陷
A	90	3	7
B	170	18	7
C	135	6	9

取 $\alpha = 0.05$，检验供应商与零件质量的独立性. 你的分析结果能告诉采购部门什么？

37. 某烟厂称其生产的每支香烟的尼古丁含量在1.5 mg以下. 现从烟厂中随机抽取几支香烟，测定其尼古丁含量（单位：mg）分别为

    1.67 1.22 1.30 1.72 1.38 0.86 1.03 1.51 1.44 1.35 0.75 1.79

    该烟厂所说的尼古丁含量是否比实际要少？求检验的p值，并写出结论.

38. 为了比较用来做鞋子后跟的两种材料的质量，现选取15个男子（他们的生活条件各不相同），每人穿着一双新鞋，其中一只以材料A做后跟，另一只以材料B做后跟，其厚度均为10 mm. 过了一个月再测量鞋跟厚度，得到数据如下：

序号	材料A/mm	材料B/mm	序号	材料A/mm	材料B/mm
1	6.6	7.4	9	7.8	7.0
2	7.0	5.4	10	7.5	6.5
3	8.3	8.8	11	6.1	4.4
4	8.2	8.0	12	8.9	7.7
5	5.2	6.8	13	6.1	4.2
6	9.3	9.1	14	9.4	9.4
7	7.9	6.3	15	9.1	9.1
8	8.5	7.5			

    问是否可以认定以材料A制成的后跟比材料B的耐穿？

    (1) 设$d_i = x_i - y_i$（$i = 1, 2, \cdots, 15$）来自正态总体，结论是什么？

    (2) 采用威尔科克森符号秩检验方法检验，结论是什么？

39. 10名学生到英语培训班学习，培训前后各进行了一次水平测验，x_i表示入学前成绩，y_i表示入学后成绩，$z_i = y_i - x_i, i = 1, 2, \cdots, 10$，具体数据如下：

i	x_i	y_i	z_i	i	x_i	y_i	z_i
1	76	81	5	6	69	63	−6
2	71	85	14	7	65	83	18
3	70	70	0	8	26	33	7
4	57	52	−5	9	59	62	3
5	49	52	3	10	83	84	1

    (1) 假设测验成绩服从正态分布，问学生的培训效果是否显著？

    (2) 不假定总体分布，采用符号检验方法检验学生的培训效果是否显著？

    (3) 采用威尔科克森符号秩检验方法检验学生的培训效果是否显著？3种检验方法得出的结论相同吗？

40. 某饮料商用两种不同配方推出了两种新的饮料. 现抽取10位消费者，让他们分别品尝两种饮料并加以评分，从不喜欢到喜欢，评分由1~10，评分结果如下：

品尝者	A饮料	B饮料	品尝者	A饮料	B饮料
1	10	6	6	5	6
2	8	5	7	1	4
3	6	2	8	3	5
4	8	2	9	9	9
5	7	4	10	7	8

问两种饮料评分是否有显著差异?

(1) 采用符号检验方法作检验;

(2) 采用威尔科克森符号秩检验方法作检验.

41. 某厂生产一种零件,规定该零件直径长度的中位数是10 mm. 现随机地从正在生产的生产线上选取20个零件(单位:mm)进行测量,结果为

10.6 10.7 10.8 9.4 9.1 9.9 9.6 9.7 10.1 9.6
9.7 10.4 10.3 9.1 10.3 10.4 9.9 9.4 9.5 10.9

若产品长度真正的中位数大于或小于10 mm,则生产过程需要调整. 通过样本数据,试判定生产过程是否需要调整?

42. 从某种电子元件的生产线中随机抽取15个样品,在加大电压的方式下进行试验. 现观测15个元件的失效时间记录如下:

190.6 233.7 273.2 40.6 329.4 224.3 48.0 452.0
382.1 662.7 162.6 389.6 237.4 502.3 124.9

这种电子元件的寿命中位数是231,考虑以下检验问题

$$H_0: M = 231 \quad vs \quad H_1: M > 231$$

43. 在某保险种类中,一次关于2020年的索赔数额(单位:元)的随机抽样为(按升幂排列)

4632 4728 5052 5064 5484 6972 7596 9480
14760 15012 18720 21240 22836 52788 67200

已知2019年该险种的索赔数额的中位数为5064元.

(1) 2020年索赔的中位数比前一年的金额是否有所变化?能否用单侧检验回答这个问题?

(2) 利用威尔科克森符号秩检验来回答(1)的问题(利用精确的和正态近似两种方法).

第9章 相关分析与回归分析

在日常生活与科学研究中，理解事物之间的内在联系是一项至关重要的工作。这种内在联系，有的清晰可辨，即直接而明确地描述了两个或多个变量之间的确定性联系，这种关系通常可以用函数表示。然而，现实世界中存在更多的是非确定性的关系，即变量之间虽然存在联系，但并非准确对应。这时，我们就需要借助相关分析来探索它们之间的关联程度，并进一步通过回归分析建立数学模型，在给定自变量取值的情况下，预测因变量的可能取值范围。

9.1 相关分析

相关关系是指变量之间存在着非确定性依存关系，即当一个或一组变量每取一个值时，相应的另一个变量可能有多个不同的值与之对应. 相关分析就是在定性分析的基础上，利用编制相关表、绘制相关图、计算相关系数等方法，来判断现象之间相关的方向、形态及密切程度.

9.1.1 相关分析的基本概念

相关关系按涉及变量的多少可分为单相关和复相关. 单相关是考虑两个变量之间存在的相关关系，即一个因变量与一个自变量之间的相依关系，因此也称为一元相关. 相应地，复相关研究多个变量之间的相依关系，也称多元相关.

按相关关系的形式可分为直线相关和曲线相关. 当自变量X的取值每变动一个单位，因变量Y的取值则随即发生大致均等的变化时，这就是直线相关，或一元线性相关；当自变量X的取值每变动一个单位，因变量Y的取值则随之发生不均等的变化时，这就可能是曲线相关，或者其他类型的相关关系，亦称为一元非线性相关. 在进行相关分析之前可以先作出不同变量之间的散点图，通过观察散点的变化情况直观地了解变量之间的关系和相关程度.

例 9.1 考察人的身高、体重和月消费情况三者之间的相关关系. 现随机抽查20人，得到以下数据，请考察3个变量之间的关系.

表 9.1 20人的身高、体重、月消费数据

身高/cm	体重/kg	月消费/元	身高/cm	体重/kg	月消费/元
147	48	3256	161	37	4296
169	66	3111	141	77	850
163	57	223	206	91	2300
161	62	4378	148	66	1430
124	39	2328	159	61	687
126	33	497	125	72	2952
162	69	1383	132	34	799
211	81	3381	195	110	114
165	59	3219	188	58	1622
162	61	1841	185	60	2781

解 以X_1、X_2、X_3分别表示身高、体重、月消费这3个变量. 将它们两两组合绘制出散点图, 如图9.1所示. 9.4节中例9.8给出了相关程序.

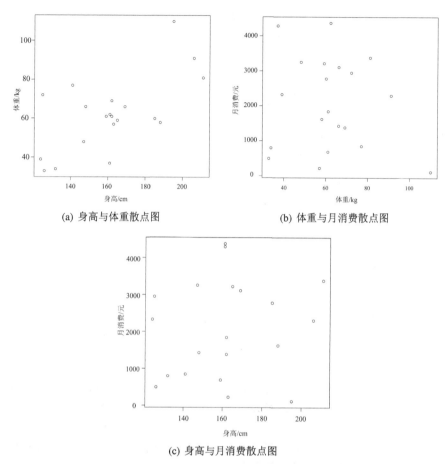

(a) 身高与体重散点图

(b) 体重与月消费散点图

(c) 身高与月消费散点图

图 9.1 身高、体重、月消费两两关系的散点图

从图中可看出,身高和体重两个变量呈正相关(身高越高的人体重往往越重),且近似为线性关系,而月消费与身高和体重之间都没有明显的相关性. 虽然由散点图能直观地了解变量间的相关程度, 但如何度量两个变量之间相关性的强弱, 仅凭散点图还是不够的, 这就需要对变量进行定量分析, 最常用的方法是利用相关系数来度量.

9.1.2 相关系数

线性相关是变量之间最常见的相关关系. 设有两个总体X、Y, 反映这两个总体间线性相关密切程度的统计指标就是相关系数, 用ρ表示, 计算公式为

$$\rho = \frac{\text{Cov}(X,Y)}{\sigma_X \sigma_Y} \tag{9.1}$$

其中, $\text{Cov}(X,Y)$为X与Y的协方差; σ_X和σ_Y分别为X与Y的标准差; $|\rho| \leqslant 1$. 当$0 < |\rho| < 1$时, 表示两变量X与Y间存在不同程度的线性相关; 若$|\rho|$越接近1, 说明X与Y的相关程度越高; 若$|\rho|$越接近0, 说明X与Y的相关程度越低.

若两个随机变量的观测值为$(x_1,y_1),(x_2,y_2),\cdots,(x_n,y_n)$, 可计算出两组样本的均值分别

为 $\bar{x} = \frac{1}{n}\sum_{i=1}^{n} x_i$, $\bar{y} = \frac{1}{n}\sum_{i=1}^{n} y_i$，记

$$l_{xx} = \sum_{i=1}^{n}(x_i - \bar{x})^2 = \sum_{i=1}^{n} x_i^2 - n\bar{x}^2 \tag{9.2}$$

$$l_{yy} = \sum_{i=1}^{n}(y_i - \bar{y})^2 = \sum_{i=1}^{n} y_i^2 - n\bar{y}^2 \tag{9.3}$$

$$l_{xy} = \sum_{i=1}^{n}(x_i - \bar{x})(y_i - \bar{y}) = \sum_{i=1}^{n} x_i y_i - n\bar{x}\bar{y} \tag{9.4}$$

则样本相关系数r的计算公式为

$$r = \frac{\sum_{i=1}^{n}(x_i - \bar{x})(y_i - \bar{y})}{\sqrt{\sum_{i=1}^{n}(x_i - \bar{x})^2 \sum_{i=1}^{n}(y_i - \bar{y})^2}} = \frac{l_{xy}}{\sqrt{l_{xx} l_{yy}}} \tag{9.5}$$

如果将两组样本的观测值视作向量 $\boldsymbol{x} = (x_1, x_2, \cdots, x_n)^{\mathrm{T}}$，$\boldsymbol{y} = (y_1, y_2, \cdots, y_n)^{\mathrm{T}}$，将两个向量平移后（也称为中心化）得到

$$\boldsymbol{x}_0 = (x_1 - \bar{x}, x_2 - \bar{x}, \cdots, x_n - \bar{x})^{\mathrm{T}}, \quad \boldsymbol{y}_0 = (y_1 - \bar{y}, y_2 - \bar{y}, \cdots, y_n - \bar{y})^{\mathrm{T}}$$

在式(9.5)中，相关系数的另一种表示为

$$r = \frac{\boldsymbol{x}_0 \cdot \boldsymbol{y}_0}{\sqrt{|\boldsymbol{x}_0|^2 |\boldsymbol{y}_0|^2}} = \cos\langle \boldsymbol{x}_0, \boldsymbol{y}_0 \rangle \tag{9.6}$$

其中，$\langle \boldsymbol{x}_0, \boldsymbol{y}_0 \rangle$ 表示n维空间中向量$\boldsymbol{x}_0$与向量$\boldsymbol{y}_0$的夹角；$|\boldsymbol{x}_0|$表示向量$\boldsymbol{x}_0$的模；$\boldsymbol{x}_0 \cdot \boldsymbol{y}_0 = l_{xy}$表示$\boldsymbol{x}_0$和$\boldsymbol{y}_0$的内积. 所以式(9.6)表示的相关系数其实是$n$维空间中两个中心化后的向量的夹角余弦值.

例 9.2 表9.2是16家工厂一年内能源消耗量和工业总产值的数据. 计算工业总产值与能源消耗量之间的相关系数，并判断这两个变量是否相关.

表 9.2　16家工厂一年内能源消耗量和工业总产值数据

序号	能源消耗量/Mt	工业总产值/亿元	序号	能源消耗量/Mt	工业总产值/亿元
1	3.5	24	9	6.2	41
2	3.8	25	10	6.4	40
3	4.0	24	11	6.5	47
4	4.2	28	12	6.8	50
5	4.9	32	13	6.9	49
6	5.2	31	14	7.1	51
7	5.4	37	15	7.2	48
8	5.9	40	16	7.6	58

解 按照式(9.5)或式(9.6)计算可得相关系数为 $r = 0.9757$. 再绘制两组数据的散点图如图9.2所示. 从图中可以看出，工业总产值与能源消耗量之间存在高度的正相关关系.

需要注意的是，相关系数的大小与数据组数有密切的关系. 当n较小时，相关系数的波动比较大；当n较大时，相关系数的绝对值容易偏小，并且相关系数只度量变量间的线性关系. 因此，弱相关不一定表明变量间没有关系. 极端值可能影响相关系数，同时需要注意相关关系成立的

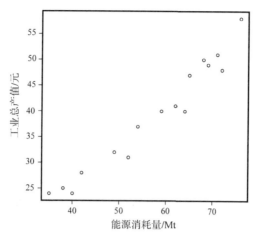

图 9.2 一年内能源消耗量和工业总产值的散点图

数据范围,这就需要对相关性进行检验.

相关系数与其他统计量一样,也会受到抽样误差的影响.假设两组样本的观测值 $x_1, x_2, \cdots, x_n$ 和 $y_1, y_2, \cdots, y_n$ 都取自正态总体,现需要检验的假设是

$$H_0: \rho = 0 \quad \text{vs} \quad H_1: \rho \neq 0$$

当原假设成立时,对 X、Y 进行相关性检验的统计量为

$$T = \frac{r\sqrt{n-2}}{\sqrt{1-r^2}} \sim t(n-2)$$

对于给定的显著性水平,相关性双侧检验的拒绝域形式为 $W = \{|T| > t_{\frac{\alpha}{2}}(n-2)\}$.

在例 9.2 中,对相关性做双侧检验计算得到检验统计量的观测值为

$$t_0 = \frac{0.9757 \times \sqrt{16-2}}{\sqrt{1-0.9757^2}} \approx 16.666$$

由此计算出 p 值,$p = P(|T| > 16.666) \approx 1.254 \times 10^{-10}$,所以拒绝原假设,认为两变量显著相关.9.5 节中例 9.8 给出了相关的 R 程序.

9.1.3 相关系数矩阵

相关系数矩阵主要展示三个或三个以上变量之间存在的相关关系,通常涉及一个因变量与两个或更多个自变量,这种关系也称为多元相关.

对于 p 个随机变量 $X_1, X_2, \cdots, X_p$,设 $\boldsymbol{\mu}$ 和 $\boldsymbol{\Sigma}$ 分别为随机向量 $\boldsymbol{X} = (X_1, X_2, \cdots, X_p)^{\mathrm{T}}$ 的均值向量与协方差矩阵,即

$$\boldsymbol{\mu} = E(\boldsymbol{X}) = (E(X_1), E(X_2), \cdots, E(X_p))^{\mathrm{T}}$$

$$\boldsymbol{\Sigma} = \text{Cov}(\boldsymbol{X}) = \begin{bmatrix} D(X_1) & \text{Cov}(X_1, X_2) & \cdots & \text{Cov}(X_1, X_p) \\ \text{Cov}(X_2, X_1) & D(X_2) & \cdots & \text{Cov}(X_2, X_p) \\ \vdots & \vdots & & \vdots \\ \text{Cov}(X_p, X_1) & \text{Cov}(X_p, X_2) & \cdots & D(X_p) \end{bmatrix}$$

易知, $\boldsymbol{\Sigma}$ 为非负定的对称矩阵. 对 $X_1, X_2, \cdots, X_p$ 进行 n 次观测, 记第 i 个样本观测值为
$$\boldsymbol{x}_i = (x_{i1}, x_{i2}, \cdots, x_{in})^{\mathrm{T}}$$
这样就构成一个 n 行 p 列的数据矩阵, 记作

$$\boldsymbol{X} = \begin{bmatrix} x_{11} & x_{21} & \cdots & x_{p1} \\ x_{12} & x_{22} & \cdots & x_{p2} \\ \vdots & \vdots & & \vdots \\ x_{1n} & x_{2n} & \cdots & x_{pn} \end{bmatrix}$$

此时要考虑任意两个变量之间的相关关系, 可以将任意两个变量的相关系数构成矩阵, 这个矩阵称为相关系数矩阵, 记作

$$\boldsymbol{R} = \begin{bmatrix} r_{11} & r_{12} & \cdots & r_{1p} \\ r_{21} & r_{22} & \cdots & r_{2p} \\ \vdots & \vdots & & \vdots \\ r_{p1} & r_{p2} & \cdots & r_{pp} \end{bmatrix} = (r_{ij})_{p \times p}$$

记第 i 个变量的样本均值为 $\bar{x}_i = \dfrac{1}{n} \sum\limits_{t=1}^{n} x_{it}$, 则 r_{ij} 表示两个变量 x_i 与 x_j 之间的相关系数, 即

$$r_{ij} = \frac{\sum\limits_{t=1}^{n} (x_{it} - \bar{x}_i)(x_{jt} - \bar{x}_j)}{\sqrt{\sum\limits_{t=1}^{n} (x_{it} - \bar{x}_i)^2 \sum\limits_{t=1}^{n} (x_{jt} - \bar{x}_j)^2}}, \quad i, j = 1, 2, \cdots, p \tag{9.7}$$

同理, 以 r_{ij} 来衡量 x_i 与 x_j 之间的线性关系强弱. 在分析多个变量的相关关系时, 可以先写出变量间对应的散点图矩阵, 再求出相关系数矩阵.

例 9.3 现考察某学校初三年级学生的成绩情况, 从该年级中抽查30名学生, 记录下他们5门课程考试的成绩, 如表9.3所示. 试分析这几门课程之间的相关性.

表9.3　30名学生考试成绩数据

序号	数学	英语	物理	化学	语文	序号	数学	英语	物理	化学	语文
1	65	59	68	33	70	16	67	53	70	59	66
2	89	35	96	21	58	17	68	52	76	39	67
3	93	28	90	28	59	18	65	55	70	66	68
4	53	69	55	46	78	19	83	37	89	56	58
5	47	71	50	61	74	20	95	25	95	87	52
6	65	56	68	60	68	21	56	66	60	64	73
7	42	79	43	67	80	22	54	77	55	64	78
8	33	83	35	69	81	23	53	65	54	61	73
9	24	92	30	61	86	24	75	48	80	46	64
10	25	90	21	63	88	25	86	35	92	43	55
11	76	44	28	61	61	26	72	49	75	33	66
12	83	37	89	63	60	27	68	55	72	39	69
13	92	38	98	50	59	28	69	61	73	37	72
14	18	90	50	65	85	29	67	55	70	50	73
15	98	22	90	53	35	30	65	59	68	80	75

解 根据式(9.8)计算相关系数矩阵为

$$\begin{array}{c c} & \begin{array}{c c c c c} 数学 & 英语 & 物理 & 化学 & 语文 \end{array} \\ \begin{array}{c} 数学 \\ 英语 \\ 物理 \\ 化学 \\ 语文 \end{array} & \left[\begin{array}{c c c c c} 1 & -0.9805 & 0.8594 & -0.3452 & -0.9205 \\ -0.9805 & 1 & -0.8469 & 0.3071 & 0.9514 \\ 0.8594 & -0.8469 & 1 & -0.3778 & -0.7787 \\ -0.3452 & 0.3071 & -0.3778 & 1 & 0.2426 \\ -0.9205 & 0.9514 & -0.7787 & 0.2426 & 1 \end{array} \right] \end{array}$$

相关系数矩阵是一个对称矩阵.

通过以上结果可以发现,数学与英语两科目的负相关程度较明显,英语与语文的正相关程度最明显.由矩阵散点图观察各科成绩之间的线性相关程度,如图9.3所示.

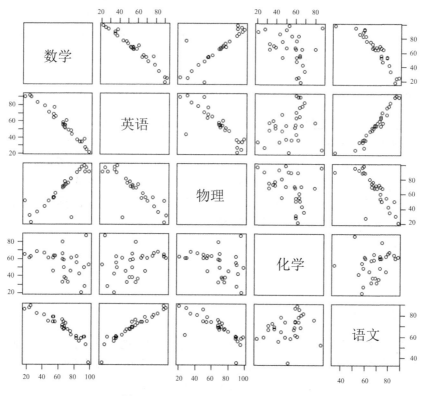

图 9.3　5门课程的相关关系散点图

通过上图能够清楚地看到,第一行描述数学与英语、语文呈负相关,与物理呈正相关,与化学相关程度不高;第五行描述语文与数学、物理呈负相关,与英语呈正相关,与化学相关程度不明显.从以上分析可知,该校初三年级学生偏科情况比较严重,即理科好的同学往往文科都比较弱,而化学与其他学科都没有明显的相关关系.

类似单相关的情况,我们对复相关关系仍需要做假设检验,在正态总体的条件下,以

$$\rho_{ij} = \frac{\operatorname{Cov}(X_i, X_j)}{\sqrt{D(X_i)D(X_j)}}, \ i,j = 1, 2, \cdots, p$$

表示总体之间的相关系数，随着样本容量的增大，r_{ij}依概率收敛于ρ_{ij}. 需要检验的假设为

$$H_0: \rho_{ij} = 0 \quad \text{vs} \quad H_1: \rho_{ij} \neq 0$$

对X_i与X_j进行相关性检验的统计量为

$$T_{ij} = \frac{r_{ij}\sqrt{n-2}}{\sqrt{1-r_{ij}^2}} \sim t(n-2)$$

所以，对于给定的显著性水平，相关性双侧检验的拒绝域形式为$W_{ij} = \left\{|T_{ij}| > t_{\frac{\alpha}{2}}(n-2)\right\}$，由观测数据计算出检验统计量的观测值$t_{0ij}$，对应的$p$值为$p_{ij} = P(|T| > |t_{0ij}|)$.

考虑生成的是一个矩阵$\boldsymbol{T} = (p_{ij})_{p \times p}$，对应的元素$p_{ij}$就是对$X_i$与$X_j$进行相关性检验的$p$值. 例如在例9.3中，对其中的相关关系进行检验，计算得到相关检验的p值矩阵为

	数学	英语	物理	化学	语文
数学	0	2.448×10^{-21}	1.181×10^{-9}	6.173×10^{-2}	6.062×10^{-13}
英语	2.448×10^{-21}	0	3.632×10^{-9}	9.874×10^{-2}	8.882×10^{-16}
物理	1.181×10^{-9}	3.632×10^{-9}	0	3.958×10^{-2}	4.019×10^{-7}
化学	6.173×10^{-2}	9.874×10^{-2}	3.958×10^{-2}	0	1.964×10^{-1}
语文	6.062×10^{-13}	8.882×10^{-16}	4.019×10^{-7}	1.964×10^{-1}	0

这里的矩阵主对角线元素全为0，即自相关系数为1，p值为0说明两个变量完全相关. 相关检验的p值矩阵为对称矩阵. 在以上结果中，$p_{54} = p_{45} = 0.1964 > 0.05$，说明$X_4$与$X_5$之间的相关关系不显著，接受原假设认为两者之间不存在相关关系. 此外，第4行及第4列的元素值普遍大于0.05，说明X_4与其余变量之间的相关关系不显著，即化学与其他课程之间的相关关系不明显，与之前得到的结论是一致的. 而其余的显著性水平都小于0.05，说明除了X_4之外的其余变量之间都存在一定的相关关系. 9.5节中例9.8给出了相应的R程序.

9.2 一元线性回归

相关分析是测定变量之间关系密切程度的方法，所使用的工具是相关系数. 而回归分析则侧重于考察变量之间的数量变化规律，并通过一定的数学表达式来描述变量之间的关系，进而确定一个或者几个变量的变化对另一个特定变量的影响程度.

9.2.1 一元线性回归模型的参数估计

统计学发展到今天已经有许多比较成熟的统计方法，回归分析是其中理论完善、应用最为广泛的方法之一. 描述两个变量x与y之间的线性关系式可表示为

$$y = \beta_0 + \beta_1 x + \varepsilon \tag{9.8}$$

其中，因变量y中的一部分是由x的变化引起的y线性变化的部分，即$\beta_0 + \beta_1 x$; 另一部分是由其他一切随机因素引起的，记为ε. 上式称为y对x的一元线性回归模型，y称为因变量，x称为自变量，其中，β_0、β_1是未知参数，称为回归参数，表示随机因素的影响；ε是一随机变

量. 一般假设
$$E(\varepsilon) = 0, \quad D(\varepsilon) = \sigma^2, \quad \varepsilon \sim N(0, \sigma^2)$$

以上假设也称为高斯–马尔可夫（Gauss-Markov）假设.

现假设有一组试验数据 (x_i, y_i), $i = 1, 2, \cdots, n$, 并假设 y_i, $i = 1, 2, \cdots, n$ 是相互独立的随机变量, 则有

$$y_i = \beta_0 + \beta_1 x_i + \varepsilon_i, \quad i = 1, 2, \cdots, n \tag{9.9}$$

其中, ε_i 是相互独立的, 且 $\varepsilon_i \sim N(0, \sigma^2)$; $y_i \sim N(\beta_0 + \beta_1 x_i, \sigma^2)$.

若用 $\hat{\beta}_0$、$\hat{\beta}_1$ 分别表示 β_0、β_1 的估计值, 则称

$$\hat{y} = \hat{\beta}_0 + \hat{\beta}_1 x$$

为 y 关于 x 的一元线性回归方程或经验回归方程. 根据数据 (x_i, y_i), $i = 1, 2, \cdots, n$ 来求 β_0、β_1 的估计值, 通常采用最小二乘法, 建立回归方程的过程称之为拟合. 用 β_0、β_1 的一组估计值 $\hat{\beta}_0$、$\hat{\beta}_1$ 使其随机误差 ε_i 的平方和达到最小, 即使 y_i 与 $\hat{y}_i = \hat{\beta}_0 + \hat{\beta}_1 x_i$ 的拟合最佳. 记

$$Q(\beta_0, \beta_1) = \sum_{i=1}^{n} (y_i - \beta_0 - \beta_1 x_i)^2$$

则

$$Q\left(\hat{\beta}_0, \hat{\beta}_1\right) = \min_{\beta_0, \beta_1} Q(\beta_0, \beta_1) = \sum_{i=1}^{n} (y_i - \hat{\beta}_0 - \hat{\beta}_1 x_i)^2$$

显然 $Q(\beta_0, \beta_1) \geqslant 0$, 且关于 β_0、β_1 可微, 则由多元函数存在极值的必要条件得

$$\begin{cases} \left.\dfrac{\partial Q}{\partial \beta_0}\right|_{(\hat{\beta}_0, \hat{\beta}_1)} = -2\sum_{i=1}^{n}(y_i - \hat{\beta}_0 - \hat{\beta}_1 x_i) = 0 \\ \left.\dfrac{\partial Q}{\partial \beta_1}\right|_{(\hat{\beta}_0, \hat{\beta}_1)} = -2\sum_{i=1}^{n}(y_i - \hat{\beta}_0 - \hat{\beta}_1 x_i)x_i = 0 \end{cases}$$

此方程组称为正规方程组, 求解可得

$$\hat{\beta}_0 = \bar{y} - \hat{\beta}_1 \bar{x}, \quad \hat{\beta}_1 = \frac{l_{xy}}{l_{xx}} \tag{9.10}$$

其中, $\bar{y} = \dfrac{1}{n}\sum_{i=1}^{n} y_i$; $\bar{x} = \dfrac{1}{n}\sum_{i=1}^{n} x_i$; $l_{xx} = \sum_{i=1}^{n}(x_i - \bar{x})^2$; $l_{xy} = \sum_{i=1}^{n}(x_i - \bar{x})(y_i - \bar{y})$. 称 $\hat{\beta}_0$、$\hat{\beta}_1$ 为 β_0、β_1 的最小二乘估计.

例 9.4 在硝酸钠（$NaNO_3$）的溶解度试验中, 测得在不同温度 x（单位: ℃）下, 溶解于 100 份水中的硝酸钠份数 y 的数据如下:

$x/℃$	0	4	10	15	21	29	36	61	68
y	66.7	71.0	76.3	80.6	85.7	92.9	99.4	113.6	125.1

对以上数据进行拟合, 求 y 关于 x 的一元线性回归方程.

解 由式 (9.10) 计算得 $\bar{x} \approx 27.111$ ℃, $\bar{y} = 90.144$, $l_{xx} \approx 4648.889$, $l_{xy} \approx 3769.356$. 由此可解得

$$\hat{\beta}_1 = \frac{l_{xy}}{l_{xx}} = \frac{3769.356}{4648.889} \approx 0.8108$$

$$\hat{\beta}_0 = \bar{y} - \hat{\beta}_1 \bar{x} = 90.144 - 0.8108 \times 27.111 \approx 68.1625$$

由 $\hat{\beta}_0$ 与 $\hat{\beta}_1$ 的计算公式, 可以在R语言中计算出 l_{xy}、l_{xx} 及 l_{yy}. 这样, 我们可以得到一元线性回归方程为

$$y = \hat{\beta}_0 + \hat{\beta}_1 x = 68.1625 + 0.8108x$$

然后作出 x、y 的散点图9.4, 在图中添加回归直线.

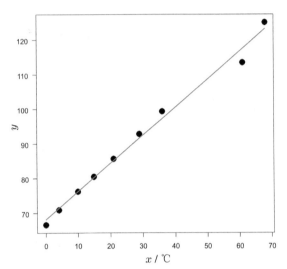

图 9.4　不同温度下硝酸钠溶解度的散点图及回归直线

从图9.4可见, 散点近似分布在回归直线附近, 说明拟合效果很好.

在高斯–马尔可夫假设的条件下, 回归系数 β_0、β_1 的最小二乘估计具有以下性质:

(1) $\hat{\beta}_0 \sim N\left(\beta_0, \left(\dfrac{1}{n} + \dfrac{\bar{x}^2}{l_{xx}}\right)\sigma^2\right)$;

(2) $\hat{\beta}_1 \sim N\left(\beta_1, \dfrac{\sigma^2}{l_{xx}}\right)$;

(3) $\text{Cov}(\hat{\beta}_0, \hat{\beta}_1) = -\dfrac{\bar{x}}{l_{xx}}\sigma^2$.

由以上性质可以构造枢轴量, 再根据第7章区间估计的方法求得回归系数的区间估计. 比如在例9.4中, 可以得到回归系数的0.95和0.9置信区间, 其中 β_0 和 β_1 的0.95 置信区间分别为 (65.7193 , 70.6058) 和 (0.74174 , 0.87987). 以上性质及置信区间的推导可以参见回归分析的相关参考书.

9.2.2　一元线性回归模型的统计检验

根据变量样本观测值, 使用最小二乘法求得的关于样本的回归方程, 作为总体回归方程的近似. 要检验这种近似是否恰当, 等价于检验自变量对因变量的影响是否显著, 在一元线性回归模型(9.9)中要检验的假设为

$$H_0: \beta_1 = 0 \quad \text{vs} \quad H_1: \beta_1 \neq 0$$

在正态性假设 $\varepsilon_i \sim N(0, \sigma^2)$ 的基础上, 构造检验统计量, 在一元线性回归分析中有3种等价的检验.

1. F 检验

总偏差平方和为观测值 $y_1, y_2, \cdots, y_n$ 与 $\bar{y}$ 的偏差平方和，记为

$$SS_{\text{T}} = \sum_{i=1}^{n}(y_i - \bar{y})^2$$

其中，$\bar{y} = \dfrac{1}{n}\sum\limits_{i=1}^{n} y_i$. 造成这一差异的原因有如下两个方面.

(1) 由于假设 $H_0 : \beta_1 = 0$ 不真，从而对不同的 x 值，$E(y)$ 随 x 的变化而变化，记这一偏差平方和为 $SS_{\text{R}} = \sum\limits_{i=1}^{n}(\hat{y}_i - \bar{y})^2$，且

$$\begin{aligned}
SS_{\text{R}} &= \sum_{i=1}^{n}(\hat{y}_i - \bar{y})^2 = \sum_{i=1}^{n}(\hat{\beta}_0 + \hat{\beta}_1 x_i - \bar{y})^2 \\
&= \sum_{i=1}^{n}[\bar{y} + \hat{\beta}_1(x_i - \bar{x}) - \bar{y}]^2 \\
&= \sum_{i=1}^{n} \hat{\beta}_1^2 (x_i - \bar{x})^2 \\
&= \hat{\beta}_1^2 l_{xx}
\end{aligned}$$

所以有

$$\begin{aligned}
E(SS_{\text{R}}) &= E\left(\hat{\beta}_1^2 l_{xx}\right) = l_{xx}\left[\left(E(\hat{\beta}_1)\right)^2 + D(\hat{\beta}_1)\right] \\
&= \beta_1^2 l_{xx} + \sigma^2
\end{aligned}$$

这表明 SS_{R} 中除了有误差波动外，还有由 $\beta_1 \neq 0$ 所引起的数据间的差异，称 SS_{R} 为回归平方和，其自由度为 1.

(2) 由其他一切随机因素引起的误差，其平方和称为残差平方和，记为

$$SS_{\text{E}} = \sum_{i=1}^{n}(y_i - \hat{y}_i)^2$$

其中，$\dfrac{SS_{\text{E}}}{\sigma^2} \sim \chi^2(n-2)$，所以 $E\left(\dfrac{SS_{\text{E}}}{\sigma^2}\right) = n-2$，从而 σ^2 的一个无偏估计可表示为 $\hat{\sigma}^2 = \dfrac{SS_{\text{E}}}{n-2}$. 并且残差平方和可以按以下方式进行分解.

$$\begin{aligned}
SS_{\text{E}} &= \sum_{i=1}^{n}(y_i - \hat{y}_i)^2 = \sum_{i=1}^{n}(y_i - \hat{\beta}_0 - \hat{\beta}_1 x_i)^2 \\
&= \sum_{i=1}^{n}\left[y_i - \bar{y} - \hat{\beta}_1(x_i - \bar{x})\right]^2 \\
&= \sum_{i=1}^{n}(y_i - \bar{y})^2 - 2\hat{\beta}_1 \sum_{i=1}^{n}(y_i - \bar{y})(x_i - \bar{x}) + \hat{\beta}_1^2 \sum_{i=1}^{n}(x_i - \bar{x})^2 \\
&= SS_{\text{T}} - 2\hat{\beta}_1 l_{xy} + \hat{\beta}_1^2 l_{xx} \\
&= SS_{\text{T}} - SS_{\text{R}}
\end{aligned}$$

回归平方和 $SS_{\text{R}} = \sum\limits_{i=1}^{n}(\hat{y}_i - \bar{y})^2$ 与残差平方和 $SS_{\text{E}} = \sum\limits_{i=1}^{n}(y_i - \hat{y}_i)^2$ 之间是相互独立的，且

由 $\hat{\beta}_0$、$\hat{\beta}_1$ 的性质可以证明：

在 $H_0: \beta_1 = 0$ 成立的假设下，当 $E(SS_R) = \sigma^2$，$E(MS_E) = E\left(\dfrac{SS_E}{n-2}\right) = \sigma^2$，此时有

$$\frac{SS_T}{\sigma^2} \sim \chi^2(n-1), \quad \frac{SS_R}{\sigma^2} \sim \chi^2(1), \quad \frac{SS_E}{\sigma^2} \sim \chi^2(n-2)$$

这时，构造的 F 检验统计量为

$$F = \frac{MS_R}{MS_E} = \frac{SS_R}{SS_E/(n-2)} \sim F(1, n-2) \tag{9.11}$$

由式(9.11)计算出检验统计量的观测值为 f_0，在原假设 $H_0: \beta_1 = 0$ 成立的条件下，给定一个模型的显著性水平 α，拒绝域为 $W = \{f : f > F_\alpha(1, n-2)\}$，对应的 p 值为 $p = P(F \geqslant f_0)$。检验统计量落入拒绝域 $f_0 \in W$ 等价于 $P(F \geqslant f_0) \leqslant P(F \geqslant F_\alpha(1, n-2)) = \alpha$，即当 p 值 $\leqslant \alpha$ 时则说明 $\beta_1 = 0$ 的假设不成立，即模型中一次项 $\beta_1 x$ 是必要的。换言之，模型对水平 α 是显著的。计算过程可用方差分析表描述，见表9.4。

表 9.4 方差分析表

方差来源	方差平方和	自由度	均方差	F 统计量
回归平方和	$SS_R = \sum(\hat{y}_i - \bar{y})^2$	1	$MS_R = SS_R$	
残差平方和	$SS_E = \sum(y_i - \hat{y}_i)^2$	$n-2$	$MS_E = \dfrac{SS_E}{n-2}$	$f_0 = \dfrac{MS_R}{MS_E}$
总平方和	$SS_T = \sum(y_i - \bar{y})^2$	$n-1$	$\dfrac{SS_T}{n-1}$	

在例9.4中，只需将回归模型代入函数中，经过计算得到的结果可整理为表9.5。结果显示，$p = 2.02 \times 10^{-8} < 0.05$，所以认为模型显著。

表 9.5 $NaNO_3$ 的溶解度试验方差分析表

方差来源	方差平方和	自由度	均方差	F 统计量	p 值
回归平方和(SS_R)	3056.22	1	3056.22	770.68	2.02×10^{-8}
残差平方和(SS_E)	27.76	7	3.97		

2. t 检验

由于

$$\hat{\beta}_1 \sim N\left(\beta_1, \frac{\sigma^2}{l_{xx}}\right), \quad \frac{(n-2)\hat{\sigma}^2}{\sigma^2} = \frac{SS_E}{\sigma^2} \sim \chi^2(n-2)$$

且 $\hat{\beta}_1$ 与 SS_E 是相互独立的。

在原假设 $H_0: \beta_1 = 0$ 成立的条件下，构造的检验统计量为

$$T = \frac{\dfrac{\hat{\beta}_1 - \beta_1}{\sqrt{\sigma^2/l_{xx}}}}{\sqrt{\dfrac{(n-2)\hat{\sigma}^2}{\sigma^2} \Big/ (n-2)}} = \frac{\hat{\beta}_1}{\hat{\sigma}}\sqrt{l_{xx}} \tag{9.12}$$

其中，$\hat{\sigma} = \sqrt{\dfrac{1}{n-2}SS_E}$。

在 H_0 成立的条件下，$T \sim t(n-2)$。通过查表得临界值 $t_{\frac{\alpha}{2}}(n-2)$，由此确定的拒绝域为 $W = \{t : |t| > t_{\frac{\alpha}{2}}(n-2)\}$。由样本观测值计算统计量的值 t_0，则显著性 p 值为 $p = P(|t| > |t_0|)$。当 $p \leqslant \alpha$ 时则拒绝 H_0，接受 H_1，认为 $\hat{\beta} \neq 0$，即模型是显著的；反之则接受 H_0，认为模型中因变量只受到随机误差 ε 的影响，模型是不显著的。

对例9.4中的数据作t检验. 由一元线性回归方程$y = \hat{\beta}_0 + \hat{\beta}_1 x = 68.1625 + 0.8108x$, 分别计算出$SS_E$、$\hat{\sigma}$和$l_{xx}$.

$$SS_E = \sum_{i=1}^{9}(y_i - \hat{y}_i)^2 = 27.759$$

$$\hat{\sigma} = \sqrt{\frac{1}{n-2}SS_E} = \sqrt{\frac{27.759}{8}} \approx 1.9914$$

$$l_{xx} = \sum_{i=1}^{9}(x_i - \bar{x})^2 \approx 4648.889$$

由此计算得检验统计值为

$$t_0 = \frac{\hat{\beta}_1}{\hat{\sigma}}\sqrt{l_{xx}} = \frac{0.8108}{1.9914} \times \sqrt{4648.889} \approx 27.761$$

查附表3得$t_{0.025}(7) \approx 2.365$, 所以在显著性水平$\alpha = 0.05$下的拒绝域为

$$W = \{t : |t| > 2.365\}$$

从而可得

$$p = P(|T| > t_0) = P(|T| > 27.761) \approx 2.02 \times 10^{-8} < \alpha$$

所以应该拒绝原假设，认为模型是显著的.

3. r检验

二维样本(x_i, y_i), $i = 1, 2, \cdots, n$的相关系数的定义为

$$r = \frac{\sum\limits_{i=1}^{n}(x_i - \bar{x})(y_i - \bar{y})}{\sqrt{\sum\limits_{i=1}^{n}(x_i - \bar{x})^2 \sum\limits_{i=1}^{n}(y_i - \bar{y})^2}} = \frac{l_{xy}}{\sqrt{l_{xx}l_{yy}}} \tag{9.13}$$

且r与β_1之间有如下关系：

$$r = \frac{l_{xy}}{\sqrt{l_{xx}l_{yy}}} = \frac{l_{xy}}{l_{xx}}\sqrt{\frac{l_{xx}}{l_{yy}}} = \hat{\beta}_1\sqrt{\frac{l_{xx}}{l_{yy}}}$$

直观上，当H_0为真时，$|\hat{\beta}_1|$理论上应该比较小，当$|r|$比较大时，应该拒绝H_0. 即拒绝域为$W = \{|r| \geqslant c\}$，其中c是满足$P(|r| \geqslant c) = \alpha$的常数.

由回归平方和与残差平方和的意义可知，如果在总的回归平方和中，回归平方和所占比重越大，则线性回归效果就越好，说明回归直线与样本观测值的拟合程度越好. 如果剩余平方和所占比重大，则说明回归直线与样本观测值的拟合程度不理想. 相关系数的检验恰恰符合这一思想，因此可以作为检验的依据和方法. 由此定义的判定系数为

$$R^2 = \frac{SS_R}{SS_T} = \frac{\sum(\hat{y}_i - \bar{y})^2}{\sum(y_i - \bar{y})^2}$$

其中，$0 \leqslant R^2 \leqslant 1$. 若$R^2 = 1$, 说明全部样本观测值均在回归直线上，观测$y_i$与回归值$\hat{y}_i$完全拟合. 若$R^2 = 0$, 说明完全不拟合，$\hat{y}_i = \bar{y}$, 线性模型完全不能解释变量. R^2越接近1, 说明拟合效果越好.

F 检验、t 检验及 r 检验三者之间具有密切的关系，可以由下面的式子来展现.

$$t^2 = F, \quad r^2 = \frac{1}{1+(n-2)/F}$$

由此可见三者在一元线性回归分析中是等价的. 因而，对于一元线性回归，实际上只需要做其中一种检验即可. 所以在一元线性回归中，三种显著性检验是等价的，但是在多元情形下却不是如此.

9.2.3 一元线性回归模型的预测

预测是回归分析应用的重要方面. 预测可分为点预测和区间预测两类.

1. 点预测

点预测是指当 $x = x_0$ 时，利用样本回归方程 $\hat{y} = \hat{\beta}_0 + \hat{\beta}_1 x$，求出相应的样本拟合值 $\hat{y}_0$，以此作为因变量个别值 y_0 和均值 $E(y_0)$ 的估计. 可以证明，在 $x = x_0$ 时，由样本回归方程计算的 $\hat{y}_0$ 是总体均值 $E(y_0)$ 的无偏估计. 因此可以用 $\hat{y}_0$ 作为 $E(y_0)$ 和 y_0 的点预测.

2. 区间预测

由于抽样波动的影响，以及随机扰动项的零均值假设不完全与实际相符，因此点预测值 $\hat{y}_0$ 与因变量个别值 y_0 及其均值 $E(y_0)$ 都存在一定的误差. 在此基础上，以一定的概率把握误差的范围，从而确定 y_0 的波动范围，则称该范围是对于 y_0 的区间预测.

定义残差为

$$e_0 = y_0 - \hat{y}_0$$

由一元线性回归模型的基本假设可知 e_0 服从正态分布，且 y_0 与 $\hat{y}_0$ 相互独立，计算 e_0 的期望和方差为

$$E(e_0) = E(y_0 - \hat{y}_0) = 0$$

$$D(e_0) = D(y_0 - \hat{y}_0) = \sigma^2 \left[1 + \frac{1}{n} + \frac{(x_0 - \bar{x})^2}{l_{xx}} \right]$$

从而有 $e_0 \sim N\left(0, \sigma^2 \left[1 + \frac{1}{n} + \frac{(x_0 - \bar{x})^2}{l_{xx}}\right]\right)$. 将 e_0 标准化，可得

$$\frac{e_0 - 0}{\sigma \sqrt{1 + \frac{1}{n} + \frac{(x_0 - \bar{x})^2}{l_{xx}}}} \sim N(0, 1)$$

用 $\hat{\sigma}$ 代替 σ，由样本分布理论及 e_0 的定义，有

$$\frac{y_0 - \hat{y}_0}{\hat{\sigma} \sqrt{1 + \frac{1}{n} + \frac{(x_0 - \bar{x})^2}{l_{xx}}}} \sim t(n-2)$$

由此可得 y_0 的预测区间为

$$\left(\hat{y}_0 - t_{\frac{\alpha}{2}}(n-2) \hat{\sigma} \sqrt{1 + \frac{1}{n} + \frac{(x_0 - \bar{x})^2}{l_{xx}}}, \hat{y}_0 + t_{\frac{\alpha}{2}}(n-2) \hat{\sigma} \sqrt{1 + \frac{1}{n} + \frac{(x_0 - \bar{x})^2}{l_{xx}}} \right)$$

其中，α 为显著性水平.

9.3 多元线性回归

一元线性回归分析讨论的回归问题只涉及一个自变量，但在实际问题中，影响因变量的因素往往有多个. 在许多场合，仅仅考虑单个变量是不够的，还需要就一个因变量与多个自变量的联系进行考察，才能获得比较满意的结果, 这就产生了测定多因素之间相关关系的问题. 在线性相关的条件下，两个或两个以上自变量对一个因变量的数量变化关系问题，称为多元线性回归分析，表示这一数量关系的数学公式称为多元线性回归模型.

9.3.1 多元线性回归模型

设 y 是一个可观测的随机变量，它受到 p 个非随机因素 $x_1, x_2, \cdots, x_p$ 和随机因素 ε 的影响，若 y 与 $x_1, x_2, \cdots, x_p$ 有如下线性关系

$$y = \beta_0 + \beta_1 x_1 + \cdots + \beta_p x_p + \varepsilon \tag{9.14}$$

其中，$\beta_0, \beta_1, \cdots, \beta_p$ 是 $p+1$ 个未知参数；ε 是不可测的随机误差，且通常假定 $\varepsilon \sim N(0, \sigma^2)$. 我们则称式(9.14)为多元线性回归模型，称 y 为因变量，$x_1, x_2, \cdots, x_p$ 为自变量，并且称

$$E(y) = \beta_0 + \beta_1 x_1 + \cdots + \beta_p x_p \tag{9.15}$$

为理论回归方程.

对于一个实际问题，要建立多元线性回归模型，首先要估计出未知参数 $\beta_0, \beta_1, \cdots, \beta_p$，为此我们要进行 n 次独立观测，得到 n 组样本数据 $(x_{i1}, x_{i2}, \cdots, x_{ip}; y_i)$, $i = 1, 2, \cdots, n$，即有

$$\begin{cases} y_1 = \beta_0 + \beta_1 x_{11} + \beta_2 x_{12} + \cdots + \beta_p x_{1p} + \varepsilon_1 \\ y_2 = \beta_0 + \beta_1 x_{21} + \beta_2 x_{22} + \cdots + \beta_p x_{2p} + \varepsilon_2 \\ \quad\quad\quad\quad\quad\quad \cdots \cdots \\ y_n = \beta_0 + \beta_1 x_{n1} + \beta_2 x_{n2} + \cdots + \beta_p x_{np} + \varepsilon_n \end{cases} \tag{9.16}$$

其中，$\varepsilon_1, \varepsilon_2, \cdots, \varepsilon_n$ 相互独立且均服从 $N(0, \sigma^2)$.

式(9.16)又可表示成矩阵形式：

$$\boldsymbol{Y} = \boldsymbol{X}\boldsymbol{\beta} + \boldsymbol{\varepsilon} \tag{9.17}$$

其中，$\boldsymbol{Y} = (y_1, y_2, \cdots, y_n)^{\mathrm{T}}$；$\boldsymbol{\beta} = (\beta_0, \beta_1, \cdots, \beta_p)^{\mathrm{T}}$；$\boldsymbol{\varepsilon} = (\varepsilon_1, \varepsilon_2, \cdots, \varepsilon_n)^{\mathrm{T}}$，$\boldsymbol{\varepsilon} \sim N_n(\boldsymbol{0}, \sigma^2 \boldsymbol{I}_n)$，$\boldsymbol{I}_n$ 为 n 阶单位矩阵.

$$\boldsymbol{X} = \begin{bmatrix} 1 & x_{11} & x_{12} & \cdots & x_{1p} \\ 1 & x_{21} & x_{22} & \cdots & x_{2p} \\ \vdots & \vdots & \vdots & & \vdots \\ 1 & x_{n1} & x_{n2} & \cdots & x_{np} \end{bmatrix}$$

将此 $n \times (p+1)$ 阶矩阵 $\boldsymbol{X}$ 称为设计矩阵，并假设它是列满秩的，即 $\mathrm{rank}(\boldsymbol{X}) = p+1$.

由模型(9.16)及多元正态分布的性质可知，$\boldsymbol{Y}$ 仍服从 n 维正态分布，它的期望向量为 $\boldsymbol{X}\boldsymbol{\beta}$，协方差阵为 $\sigma^2 \boldsymbol{I}_n$，即 $\boldsymbol{Y} \sim N_n(\boldsymbol{X}\boldsymbol{\beta}, \sigma^2 \boldsymbol{I}_n)$.

9.3.2 参数的最小二乘估计及其性质

与一元线性回归类似，多元线性回归方程中的未知参数 $\beta_0, \beta_1, \cdots, \beta_p$ 仍然可用最小二乘法

来估计，即我们选择 $\boldsymbol{\beta} = (\beta_0, \beta_1, \cdots, \beta_p)^{\mathrm{T}}$ 使误差平方和

$$\begin{aligned} Q(\boldsymbol{\beta}) &= \sum_{i=1}^{n} \varepsilon_i^2 = (\boldsymbol{Y} - \boldsymbol{X}\boldsymbol{\beta})^{\mathrm{T}}(\boldsymbol{Y} - \boldsymbol{X}\boldsymbol{\beta}) \\ &= \sum_{i=1}^{n} (y_i - \beta_0 - \beta_1 x_{i1} - \beta_2 x_{i2} - \cdots - \beta_p x_{ip})^2 \end{aligned}$$

达到最小. 由于 $Q(\boldsymbol{\beta})$ 是关于 $\beta_0, \beta_1, \cdots, \beta_p$ 的非负二次函数，因而必定存在最小值，利用微积分中求极值的方法，可得

$$\begin{cases} \dfrac{\partial Q(\hat{\boldsymbol{\beta}})}{\partial \beta_0} = -2 \sum_{i=1}^{n} (y_i - \hat{\beta}_0 - \hat{\beta}_1 x_{i1} - \hat{\beta}_2 x_{i2} - \cdots - \hat{\beta}_p x_{ip}) = 0 \\ \dfrac{\partial Q(\hat{\boldsymbol{\beta}})}{\partial \beta_1} = -2 \sum_{i=1}^{n} (y_i - \hat{\beta}_0 - \hat{\beta}_1 x_{i1} - \hat{\beta}_2 x_{i2} - \cdots - \hat{\beta}_p x_{ip}) x_{i1} = 0 \\ \qquad \cdots\cdots \\ \dfrac{\partial Q(\hat{\boldsymbol{\beta}})}{\partial \beta_p} = -2 \sum_{i=1}^{n} (y_i - \hat{\beta}_0 - \hat{\beta}_1 x_{i1} - \hat{\beta}_2 x_{i2} - \cdots - \hat{\beta}_p x_{ip}) x_{ip} = 0 \end{cases}$$

其中，$\hat{\beta}_i$ 是 β_i 的最小二乘估计，$i = 0, 1, \cdots, p$. 上述对 $Q(\boldsymbol{\beta})$ 求偏导，求得正规方程组的过程可用矩阵代数运算进行，得到正规方程组的矩阵表示：

$$\boldsymbol{X}^{\mathrm{T}}(\boldsymbol{Y} - \boldsymbol{X}\hat{\boldsymbol{\beta}}) = \boldsymbol{0}$$

移项得

$$\boldsymbol{X}^{\mathrm{T}}\boldsymbol{X}\hat{\boldsymbol{\beta}} = \boldsymbol{X}^{\mathrm{T}}\boldsymbol{Y} \tag{9.18}$$

称此方程组为正规方程组. 依据假定 $\mathrm{rank}(\boldsymbol{X}) = p + 1$，所以 $\mathrm{rank}(\boldsymbol{X}^{\mathrm{T}}\boldsymbol{X}) = \mathrm{rank}(\boldsymbol{X}) = p + 1$. 故 $(\boldsymbol{X}^{\mathrm{T}}\boldsymbol{X})^{-1}$ 存在. 解正规方程组(9.18)得

$$\hat{\boldsymbol{\beta}} = (\boldsymbol{X}^{\mathrm{T}}\boldsymbol{X})^{-1}\boldsymbol{X}^{\mathrm{T}}\boldsymbol{Y} \tag{9.19}$$

称 $\hat{y} = \hat{\beta}_0 + \hat{\beta}_1 x_1 + \hat{\beta}_2 x_2 + \cdots + \hat{\beta}_p x_p$ 为经验回归方程.

计算误差方差 σ^2 的估计，将自变量的各组观测值代入回归方程，可得因变量的估计量（拟合值）为 $\hat{\boldsymbol{Y}} = \boldsymbol{X}\hat{\boldsymbol{\beta}}$. 向量

$$\boldsymbol{e} = \boldsymbol{Y} - \hat{\boldsymbol{Y}} = \boldsymbol{Y} - \boldsymbol{X}\hat{\boldsymbol{\beta}} = [\boldsymbol{I}_n - \boldsymbol{X}(\boldsymbol{X}^{\mathrm{T}}\boldsymbol{X})^{-1}\boldsymbol{X}^{\mathrm{T}}]\boldsymbol{Y} = (\boldsymbol{I}_n - \boldsymbol{H})\boldsymbol{Y}$$

称为残差向量，其中，$\boldsymbol{H} = \boldsymbol{X}(\boldsymbol{X}^{\mathrm{T}}\boldsymbol{X})^{-1}\boldsymbol{X}^{\mathrm{T}}$ 为 n 阶对称幂等矩阵，称

$$\boldsymbol{e}^{\mathrm{T}}\boldsymbol{e} = \boldsymbol{Y}^{\mathrm{T}}(\boldsymbol{I}_n - \boldsymbol{H})\boldsymbol{Y} = \boldsymbol{Y}^{\mathrm{T}}\boldsymbol{Y} - \hat{\boldsymbol{\beta}}^{\mathrm{T}}\boldsymbol{X}^{\mathrm{T}}\boldsymbol{Y}$$

为残差平方和.

记 $\boldsymbol{\varepsilon} = (\varepsilon_1, \varepsilon_2, \cdots, \varepsilon_n)^{\mathrm{T}}$ 为随机误差向量. 由于 $E(\boldsymbol{Y}) = \boldsymbol{X}\boldsymbol{\beta}$ 且 $(\boldsymbol{I}_n - \boldsymbol{H})\boldsymbol{X} = \boldsymbol{O}$，则

$$\begin{aligned} E(\boldsymbol{e}^{\mathrm{T}}\boldsymbol{e}) &= E\{\mathrm{tr}[\boldsymbol{\varepsilon}^{\mathrm{T}}(\boldsymbol{I}_n - \boldsymbol{H})\boldsymbol{\varepsilon}]\} = \mathrm{tr}[(\boldsymbol{I}_n - \boldsymbol{H})E(\boldsymbol{\varepsilon}\boldsymbol{\varepsilon}^{\mathrm{T}})] \\ &= \sigma^2 \mathrm{tr}[\boldsymbol{I}_n - \boldsymbol{X}(\boldsymbol{X}^{\mathrm{T}}\boldsymbol{X})^{-1}\boldsymbol{X}^{\mathrm{T}}] \\ &= \sigma^2\{n - \mathrm{tr}[(\boldsymbol{X}^{\mathrm{T}}\boldsymbol{X})^{-1}\boldsymbol{X}^{\mathrm{T}}\boldsymbol{X}]\} \\ &= \sigma^2(n - p - 1) \end{aligned}$$

从而 $\hat{\sigma}^2 = \dfrac{1}{n-p-1} e^{\mathrm{T}} e$ 为 σ^2 的一个无偏估计.

9.3.3 回归方程的显著性检验

1. F 检验

线性回归模型的 F 检验就是检验总体回归方程是否显著，即检验的假设为

$$H_0: \beta_1 = \beta_2 = \cdots = \beta_p = 0 \quad \text{vs} \quad H_1: \beta_i \text{不全为} 0, \ i=1,2,\cdots,p$$

若 Y 与 $X_i = (x_{i1}, \cdots, x_{in})^{\mathrm{T}}$，$i = 1, 2, \cdots, p$ 之间线性关系显著，就拒绝 H_0，否则接受 H_0.

记观测值的均值为 $\bar{y} = \dfrac{1}{n} \sum\limits_{i=1}^{n} y_i$，其总离差平方和为 SS_{T}，即

$$\begin{aligned} SS_{\mathrm{T}} &= \sum_{i=1}^{n}(y_i - \bar{y})^2 = \sum_{i=1}^{n}(y_i - \hat{y}_i + \hat{y}_i - \bar{y})^2 \\ &= \sum_{i=1}^{n}(y_i - \hat{y}_i)^2 + \sum_{i=1}^{n}(\hat{y}_i - \bar{y})^2 \\ &= SS_{\mathrm{E}} + SS_{\mathrm{R}} \end{aligned}$$

以上计算中，在 H_0 成立的条件下交叉项为 0. 其残差平方和与回归平方和分别为

$$SS_{\mathrm{E}} = \sum_{i=1}^{n}(y_i - \hat{y}_i)^2 = \left(\boldsymbol{Y} - \boldsymbol{X}\hat{\boldsymbol{\beta}}\right)^{\mathrm{T}} \left(\boldsymbol{Y} - X\hat{\boldsymbol{\beta}}\right) = \boldsymbol{Y}^{\mathrm{T}}\boldsymbol{Y} - \boldsymbol{Y}^{\mathrm{T}} \boldsymbol{X}\hat{\boldsymbol{\beta}}$$

$$SS_{\mathrm{R}} = \sum_{i=1}^{n}(\hat{y}_i - \bar{y})^2 = \hat{\boldsymbol{\beta}}^{\mathrm{T}} \boldsymbol{X}^{\mathrm{T}} \boldsymbol{Y} - n \bar{y}^2$$

其中，$\boldsymbol{Y} = (y_1, y_2, \cdots, y_n)^{\mathrm{T}}$ 为观测值向量，则总离差平方和 $SS_{\mathrm{T}} = \boldsymbol{Y}^{\mathrm{T}} \boldsymbol{Y} - n \bar{y}^2$. 可以证明上述模型中，当原假设成立时，$SS_{\mathrm{R}}$ 与 SS_{E} 相互独立，且有

$$\frac{SS_{\mathrm{R}}}{\sigma^2} \sim \chi^2(p), \ \frac{SS_{\mathrm{E}}}{\sigma^2} \sim \chi^2(n-p-1)$$

构造 F 统计量，可得

$$F = \frac{MS_{\mathrm{R}}}{MS_{\mathrm{E}}} = \frac{SS_{\mathrm{R}}/p}{SS_{\mathrm{E}}/(n-p-1)} \sim F(p, n-p-1)$$

其中，$MS_{\mathrm{R}} = \dfrac{SS_{\mathrm{R}}}{p}$，$MS_{\mathrm{E}} = \dfrac{SS_{\mathrm{E}}}{n-p-1}$ 为相应的均方差.

在给定的显著性水平 α 下，拒绝域的形式为 $W = \{f: f > F_\alpha(p, n-p-1)\}$，由样本计算出检验统计量的观测值 f_0，对应的 p 值为 $p = P(F > f_0)$，多元线性回归的方差分析见表 9.6.

表 9.6 多元线性回归的方差分析

方差来源	平方和	自由度	均方	F 值
回归平方和	SS_{R}	p	$MS_{\mathrm{R}} = \dfrac{SS_{\mathrm{R}}}{p}$	$f_0 = \dfrac{MS_{\mathrm{R}}}{MS_{\mathrm{E}}}$
残差平方和	SS_{E}	$n-p-1$	$MS_{\mathrm{E}} = \dfrac{SS_{\mathrm{E}}}{n-p-1}$	
总和	SS_{T}	$n-1$		

2. t 检验

t 检验是检验自变量 x_j，$j = 1, 2, \cdots, p$ 对因变量 y 的线性作用是否显著的一种统计检验. 虽

然已经由 F 检验对总体回归方程的显著性做了检验，但在多元回归分析中，总体回归方程的显著性还不能说明每个自变量 x_j 对因变量 y 的影响都是重要的. 这就需要对每个自变量都进行检验，即

$$H_{0j}:\ \beta_j = 0 \quad \text{vs} \quad H_{1j}:\ \beta_j \neq 0, j = 1, 2, \cdots, p$$

在 H_0 成立的条件下，检验统计量为

$$t_j = \frac{\hat{\beta}_j}{\hat{\sigma}\sqrt{C_{jj}}} \sim t(n - p - 1)$$

其中，C_{jj} 是 $(\boldsymbol{X}^\mathrm{T}\boldsymbol{X})^{-1}$ 主对角线上第 j 个元素. 给定显著性水平 α，拒绝域形式为

$$W = \left\{ |t| > t_{\frac{\alpha}{2}}(n - p - 1) \right\}$$

当 $t_j \in W$ 时，认为 x_j 对 y 有显著性作用. 对于估计量 $\hat{\beta}_j$，我们还想了解它与 β_j 的接近程度，这就需要确定 β_j 的置信区间. 由于

$$t_j = \frac{\hat{\beta}_j - \beta_j}{\hat{\sigma}\sqrt{C_{jj}}} \sim t(n - p - 1)$$

因而有

$$P\left(|t_j| < t_{\frac{\alpha}{2}}(n - p - 1)\right) = 1 - \alpha$$

即得 β_j 的置信水平为 $1 - \alpha$ 的置信区间为

$$\left(\hat{\beta}_j - t_{\frac{\alpha}{2}}(n - p - 1)\hat{\sigma}\sqrt{C_{jj}},\ \hat{\beta}_j + t_{\frac{\alpha}{2}}(n - p - 1)\hat{\sigma}\sqrt{C_{jj}} \right)$$

例 9.5 为了了解某地区的总货运量与农业、工业及基建投资之间的关系，收集从2000年至2020年的数据如表9.7所示. 其中，y 表示货运量，x_1 表示农业总产值，x_2 表示工业总产值，x_3 表示基建投资. 现应用多元线性回归分析总货运量与农业、工业及基建投资之间的关系.

表 9.7 某地区历年货运量、农业、工业、基建投资数据

年份	货运量/kt	农业总产值/亿元	工业总产值/亿元	基建投资/亿元
2000	29993.7	63.30	128.51	4.39
2001	38901.8	71.21	133.59	13.24
2002	47996.2	72.32	138.01	21.59
2003	54749.2	78.02	139.69	28.41
2004	58472.9	87.43	139.82	32.23
2005	63320.5	90.71	142.18	36.79
2006	65271.0	96.49	147.50	37.43
2007	75699.0	103.62	157.41	47.09
2008	77412.3	104.56	159.45	48.66
2009	81828.3	112.38	160.00	53.65
2010	86949.2	115.12	161.54	57.98
2011	88127.6	121.43	165.60	59.32
2012	92661.6	130.44	168.00	62.48
2013	99942.2	132.38	177.82	68.40
2014	109676.0	134.42	187.63	78.06
2015	115307.9	143.44	190.24	83.81
2016	124485.3	152.03	198.59	91.50
2017	133711.2	153.49	205.26	100.30
2018	142868.5	163.09	206.04	109.44
2019	147864.5	163.97	211.78	114.88
2020	157033.0	172.87	215.09	123.37

解 根据数据建立多元线性回归模型,由式(9.19)计算得到线性回归方程为

$$y = 598.567 + 5.368x_1 + 13.001x_2 + 92.298x_3$$

要考察该线性回归方程是否有意义,还有待进行显著性检验.

表 9.8　多元线性回归方差分析

平方和	自由度	均方	F值
$SS_R = 2268462080$	3	$MS_R = 89487360$	$f_0 = 63669.39$
$SS_E = 23893.51$	17	$MS_E = 1405.501$	
$SS_T = 268485974$	20		

查表可得$F_{0.05}(3,17) = 3.1967$,且$p = P(F > f_0) \approx 0$,所以模型达到显著.关于本例的计算过程可见9.5节的例9.9.

9.4　非参数回归简介

非参数回归是在数据并不满足高斯–马尔可夫假设的条件下进行的,该方法使用方便,应用也越来越广泛.

9.4.1　非参数回归模型

本节只讨论一元非参数回归模型. 之前学习了一元线性回归模型,其一般形式为

$$Y = m(X) = \beta_0 + \beta_1 X + \varepsilon$$

其中,ε为随机误差;因变量Y与自变量X存在某种近似的函数关系$m(X)$. 假设X与Y都是随机变量,当$m(X)$不是线性函数时,基于最小二乘法的回归效果并不好,非参数回归就是在对$m(X)$的形式不做任何假设的前提下研究估计$m(X)$.

回归函数$m(x)$定义为在给定 $X = x$ 的条件下,Y 的条件期望,即

$$m(x) = E(Y|X = x)$$

进一步假设$E(\varepsilon|X = x) = 0$,$D(\varepsilon|X = x) = \sigma^2(x)$.

设(y_i, x_i),$i = 1, 2, \cdots, n$为来自总体(Y, X)的一个容量为n的独立同分布的样本. 现基于观测值(y_i, x_i),$i = 1, 2, \cdots, n$估计$m(x)$,并对其进行有关的统计推断. 非参数回归模型的拟合方法主要有3种:核方法、局部多项式方法、样条方法. 本节我们主要介绍核方法,为此先给出核函数的定义.

定义 9.1 设$K(x)$为一个概率密度函数,$h > 0$为给定的常数,$f(x)$为总体的密度函数,则

$$\hat{f}_n(x) = \frac{1}{nh} \sum_{i=1}^{n} K\left(\frac{x - x_i}{h}\right)$$

称为$f(x)$的核估计. 其中,函数$K(x)$称为核;h称为窗宽,也称为光滑参数,h越大,估计出的密度函数则越平滑.

核函数通常满足对称性及$\int K(x)\mathrm{d}x = 1$,采用在原点有单峰的密度函数. 核密度估计的实质是对样本点施加不同的权重,用加权来代替通常的记数,则核函数即为权函数. 该估计利用

数据点x_i到x的距离$|x-x_i|$来决定x_i在估计点x的密度时起的作用. 离x越近的点加的权重越大.

在实际的应用中，常用的核函数有：

(1) 均匀核：$K(u) = \dfrac{1}{2}I(-1 \leqslant u \leqslant 1)$；

(2) 三角形核：$K(u) = (1-|u|)_+$，其中$(1-|u|)_+$表示函数$(1-|u|)$的正部，下同；

(3) 叶帕涅奇尼科夫（Epanechnikov）核：$K(u) = 0.75(1-u^2)_+$；

(4) 四次方核：$K(u) = \dfrac{15}{16}\left[(1-|u|^2)_+\right]^2$；

(5) 六次方核：$K(u) = \dfrac{70}{81}\left[(1-|u|^3)_+\right]^2$；

(6) 高斯核：$K(u) = \dfrac{1}{\sqrt{2\pi}}\mathrm{e}^{-\frac{u^2}{2}}$；

(7) 余弦核：$K(u) = \dfrac{1}{2}\cos uI\left(|u| \leqslant \dfrac{\pi}{2}\right)$.

对回归函数$m(x)$的估计，常见的有纳达赖斯–沃森（Nadaraya-Watson）核估计方法与加瑟–米勒（Gasser-Müller）核估计方法.

9.4.2 核估计方法

1. Nadaraya-Watson核估计

设$K(t)$为给定的核函数，令

$$K_h(t) = \frac{1}{h}K\left(\frac{t}{h}\right)$$

对于观测数据(y_i, x_i)，$i=1,2,\cdots,n$，回归函数$m(x)$在x_0点的Nadaraya-Watson核估计为

$$\hat{m}_{\mathrm{NW}}(x_0) = \frac{\sum_{i=1}^{n} K_h(x_i - x_0)y_i}{\sum_{i=1}^{n} K_h(x_i - x_0)} = \frac{\sum_{i=1}^{n} K\left(\dfrac{x_i - x_0}{h}\right) y_i}{\sum_{i=1}^{n} K\left(\dfrac{x_i - x_0}{h}\right)} \tag{9.20}$$

可以看出，对$m(x) = E(Y|X=x)$的估计，是密度函数估计的一种自然推广，一般也称为权函数估计，有

$$\hat{m}_{\mathrm{NW}}(x_0) = \sum_{i=1}^{n} W_i(x_0) y_i$$

其中，$W_i(x_0) = \dfrac{K\left(\dfrac{x_i - x_0}{h}\right)}{\sum_{i=1}^{n} K\left(\dfrac{x_i - x_0}{h}\right)}$. 得到观测值$(y_i, x_i)$后，$i=1,2,\cdots,n$，对于任意$x_0$代入式(9.20)即可得到点$x_0$处的预测值.

例9.6 设有回归模型

$$y = x + 5\cos 3\pi x + \varepsilon$$

在此取样本容量$n=100$且自变量x在区间$[0,3]$上等间隔取值，误差$\varepsilon \sim N(0, 0.2^2)$. 基于数据$(y_i, x_i)$，$i=1,2,\cdots,100$，利用Nadaraya-Watson核估计方法，绘出在取不同的窗宽参数$h_1=0.1$，$h_2=0.05$，$h_3=0.025$时的拟合曲线.

解 例如在$h_1=0.1$情形下，按照式(9.20)代入计算$\hat{m}_{\mathrm{NW}}(2.9) \approx 2.4621$，计算出每个点处的Nadaraya-Watson核估计值$\hat{y}_i$，再绘制出不同窗宽情形下的拟合曲线图，如图9.5所示.

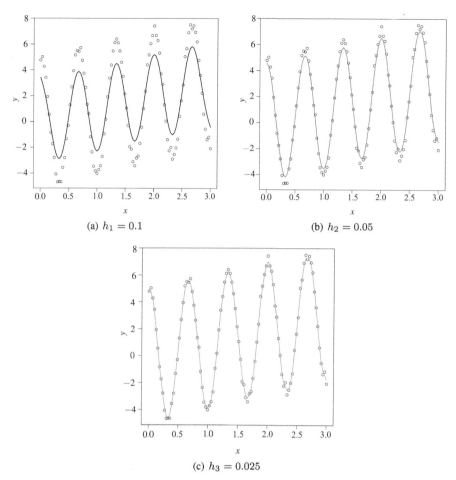

图 9.5 不同窗宽下的Nadaraya-Watson核估计拟合

有时候,使用Nadaraya-Watson核估计方法拟合数据时,可能会在边界处拟合效果不佳,这种情况称之为边界效应. 为了克服核估计在边界处出现的拟合效果不佳的情况,一般采用局部多项式、半参数模型等方法进行拟合.

2. Gasser-Müller核估计

为了便于统计推断,Gasser-Müller(1984)剔除了如下关于回归函数的核估计方法:假设自变量取值已经按从小到大排列,对于回归函数$m(x)$在x_0点的Gasser-Müller核估计为

$$\hat{m}_{\text{GM}}(x_0) = \sum_{i=1}^{n}\left[\int_{s_{i-1}}^{s_i} K_h(t-x_0)\mathrm{d}t\right] y_i \tag{9.21}$$

其中,$s_i = \dfrac{x_i + x_{i+2}}{2}$,$x_0 = -\infty$,$x_{n+1} = +\infty$. 该估计仍然是因变量观察值的加权平均,这里的权函数相当于$W_i(x_0) = \int_{s_{i-1}}^{s_i} K_h(t-x_0)\mathrm{d}t$.

例 9.7 以例9.6中数据为例,利用Gasser–Müller核估计方法绘出在取不同的窗宽参数$h_1 = 0.1$,$h_2 = 0.05$,$h_3 = 0.01$时的拟合曲线.

解 如图9.6所示,可以看到窗宽越大,估计越光滑,误差越大;窗宽越小,估计越不光滑,但拟合优度有提高,却也容易过拟合.

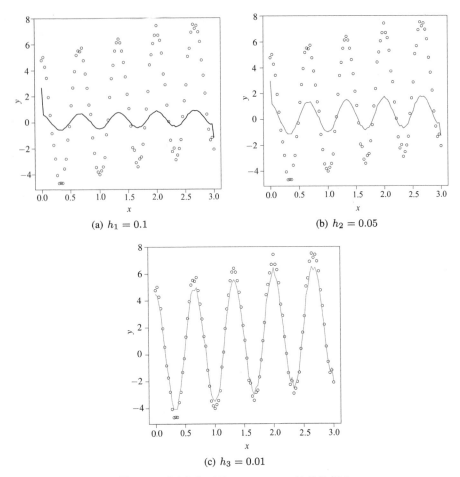

图 9.6 不同窗宽下的Gasser-Müller核估计拟合

关于本节非参数回归的绘图及计算可见9.5节中的例9.10.

9.5 R语言在回归分析与相关分析中的应用

例 9.8 根据9.1节中分析以下问题：
(1)在例9.1中，绘制出不同变量之间的散点图，观察其相关程度的强弱；
(2)在例9.2中，计算出工业总产值与能源消耗量之间的相关系数，并对相关系数进行检验；
(3)在例9.3中，计算各科成绩之间的相关系数，并对其进行相关性检验.

解 (1)将数据导入R语言中，运行函数plot()绘制散点图.

```
> w=matrix(c(147,48,3256 ,169,66,3111 ,163,57,223 ,161,62,4378,
             124,39,2328 ,126,33,497   ,162,69,1383, 211,81,3381,
             165,59,3219 ,162,61,1841 ,161,37,4296 ,141,77,850 ,
```

```
                206,91,2300, 148,66,1430 ,159,61,687 ,125,72,2952,
                132,34,799 ,195,110,114, 188,58,1622 ,185,60,2781),
                ,3,byrow=TRUE)
> z=data.frame("身高"=w[,1],"体重"=w[,2],"月消费"=w[,3])
> op=par(mfrow=c(1,3))
> plot(z[,c(1,2)])
> plot(z[,c(2,3)])
> plot(z[,c(1,3)])
> par(op)
```

(2)将两组数据录入，运行函数cor()计算相关系数.

```
> x=c(35,38,40,42,49,52,54,59,62,64,65,68,69,71,72,76)
> y=c(24,25,24,28,32,31,37,40,41,40,47,50,49,51,48,58)
> z=data.frame("能源消耗量"=x,"工业总产值"=y)
> plot(z)
> cor(x,y)
[1] 0.9757128
```

经过计算可得相关系数为0.9757128. 这里还可以利用相关系数的定义来求解，即

```
> r=cov(x,y)/(sd(x)*sd(y));r
[1] 0.9757128
```

在R语言中可使用函数cor.test()进行相关性显著性检验，其调用格式为

```
cor.text(x, y, alternative=c("two.sided", "less", "greater"),
method=c("pearson", "kendall", "spearman"),
exact=NULL, conf.level=0.95...)
```

其中，x、y为长度相同的向量，即两个样本; alternative 的使用方法与之前使用的检验函数一样，三种检验分别是双侧检验、右检验、左检验; conf.level 默认的显著性水平为0.95.

在例9.2中，做相关性双侧检验.

```
> cor.test(x,y)
        Pearson's product-moment correlation
data:  x and y
t = 16.6662, df = 14, p-value = 1.254e-10
alternative hypothesis: true correlation is not equal to 0
95 percent confidence interval:
 0.9296453   0.9917448
sample estimates:
      cor
0.9757128
```

从结果中可知，由于p-value = 1.254e-10<0.05，所以拒绝原假设，认为两变量显著相关．在confidence interval中给出的相关系数的0.95双侧置信区间为(0.9296453, 0.9917448)．

(3)在Excel中将数据复制，运行以下程序将数据录入R语言，计算相关系数矩阵．

```
> w=read.table("clipboard", header = T, sep = '\t')
> cor(w)
```

	数学	英语	物理	化学	语文
数学	1.0000000	-0.9805292	0.8595492	-0.3451917	-0.9204757
英语	-0.9805292	1.0000000	-0.8469220	0.3071456	0.9514183
物理	0.8595492	-0.8469220	1.0000000	-0.3777555	-0.7787482
化学	-0.3451917	0.3071456	-0.3777555	1.0000000	0.2426453
语文	-0.9204757	0.9514183	-0.7787482	0.2426453	1.0000000

通过以上结果可以发现，数学与英语两科目负相关程度较明显，英语与语文的正相关性最明显．下面可以使用pairs(w)作出矩阵散点图．

在R语言中，对多元相关检验没有直接可调用的函数，可以利用两变量相关检验的函数cor.test()，调用其中的结果p-value作为输出，编写程序为

```
corr.test=function(x){
options(digits=4)
n=ncol(w)
k=array(0,c(n,n))
for(i in 1:n){
for(j in 1:n){
x1=x[,i]
x2=x[,j]
z=cor.test(x1,x2)
k[i,j]=z$p.value}}
k}
```

该函数生成的是一个矩阵：$\boldsymbol{T} = (t_{ij})_{p \times p}$．

对应的元素t_{ij}为变量x_i与x_j相关性检验的显著性值．例如在例9.3中，对其中的相关关系进行检验，运行以下程序．

```
> corr.test(w)
         [,1]       [,2]       [,3]       [,4]       [,5]
[1,]  0.000e+00  2.448e-21  1.181e-09  0.06173    6.062e-13
[2,]  2.448e-21  0.000e+00  3.632e-09  0.09874    8.882e-16
[3,]  1.181e-09  3.632e-09  0.000e+00  0.03958    4.019e-07
[4,]  6.173e-02  9.874e-02  3.958e-02  0.00000    1.964e-01
[5,]  6.062e-13  8.882e-16  4.019e-07  0.19637    0.000e+00
```

例 9.9 在例9.5中，使用函数lm()进行回归分析，并求出回归参数的0.95置信区间．

解 首先录入数据，再运行以下检验程序.

```
> y=c(29993.7,38901.8,47996.2,54749.2,58472.9,63320.5,65271.0,
+ 75699.0,77412.3,81828.3,86949.2,88127.6,92661.6,99942.2,
+ 109676.0,115307.9,124485.3,133711.2,142868.5,
+ 147864.5 ,157033.0)#货运量
> x1=c(63.30,71.21,72.32,78.02,87.43,90.71,96.49,103.62,104.56,
+ 112.38,115.12,121.43,130.44,132.38,134.42,143.44,152.03,
+ 153.49,163.09,163.97,172.87)#农业总产值
> x2=c(128.51,133.59,138.01,139.69,139.82,142.18,147.50,
+ 157.41,159.45,160,161.54,165.60,168,177.82,187.63,
+ 190.24,198.59,205.26,206.04,211.78,215.09)#工业总产值
> x3=c(4.39,13.24,21.59,28.41,32.23,36.79,37.43,47.09,
+ 48.66,53.65,57.98,59.32,62.48,68.4,78.06,83.81,91.50,
+ 100.3,109.44,114.88,123.37)# 基建投资
> lm.y=lm(y~x1+x2+x3)#运行回归分析程序
> summary(lm.y)

Call:
lm(formula = y ~ x1 + x2 + x3)
Residuals:
    Min     1Q  Median      3Q     Max
-65.628 -14.877   6.856  22.676  60.124
Coefficients:
            Estimate Std. Error t value Pr(>|t|)
(Intercept)  598.567    266.181   2.249  0.03808 *
x1             5.368      1.795   2.990  0.00823 **
x2            13.001      2.274   5.718 2.51e-05 ***
x3            92.298      2.237  41.253  < 2e-16 ***
---
Signif. codes:  0 '***' 0.001 '**' 0.01 '*' 0.05 '.' 0.1 ' ' 1

Residual standard error: 37.49 on 17 degrees of freedom
Multiple R-squared:  0.9999,    Adjusted R-squared:  0.9999
F-statistic: 6.367e+04 on 3 and 17 DF,  p-value: < 2.2e-16
```

上述结果显示各个变量的显著性值都小于0.05，说明各个变量对因变量都有不同程度的影响，即模型显著. 函数anova()给出的结果是对每个回归系数都进行了检验，也可以运行函数summary()进行检验. 以上结果显示，常数项Intercept及各项参数的估计值的显著性值都小于0.05，说明该回归方程达到显著. 下面求出回归参数的0.95置信区间.

```
> confint(lm.y, level=0.95)
```

	2.5 %	97.5 %
(Intercept)	36.974823	1160.158758
x1	1.580112	9.155833
x2	8.203589	17.797518
x3	87.577207	97.018083

从以上结果中可知，β_2 的置信区间最短，说明 β_2 的显著性最高，与 summary(lm.con) 的结果中显示的 Pr(>|t|)< 2e-16 所描述的是同一现象.

例 9.10 在非参数回归中，编写两个函数用于计算 Nadaraya-Watson 核估计和 Gasser-Müller 核估计. 在例 9.6 和例 9.7 中，绘制非参数回归曲线.

解 分别计算两种核估计方法.

```
#Nadaraya-Watson核估计
NW.estim=function(t0,x,y,h=0.5){
sum(dnorm((x-t0)/h)*y)/sum(dnorm((x-t0)/h))}


#Gasser-Müller核估计
GM.estim=function(t0,x,y,h=0.5){
n=length(y)
s=c(-Inf, 0.5 * (x[-n] + x[-1]), Inf)
a=numeric(n)
for (i in 1:n) {
Kh=function(z, h, x) {dnorm((x - z)/h)/h}
a[i]=integrate(Kh, s[i], s[i + 1], h = h, x = t0)$value
}
sum(a*y)
}
```

运行以下程序可以得到两种非参数回归的拟合曲线.

```
> x=seq(0,3,0.05)
> y=x+5*cos(3*pi*x)+rnorm(length(x),0,0.2)
> plot(x,y)
> z=0
> for(i in 1:length(x)){+ z[i]=NW.estim(x[i],x,y,h=0.05)}
#修改其中的窗宽参数h可以绘制不同拟合曲线
> lines(x,z,col=3,lwd=2)
> z1=0
> for(i in 1:length(x)){z1[i]=GM.estim(x[i],x,y,h=0.1)}
#修改其中的窗宽参数h可以绘制不同拟合曲线
> lines(x,z1,col=2,lwd=2)
```

习题 9

1. 为考察某种纤维的耐水性能，安排了一组试验，测得其甲醇浓度 x 及相应的"纯度" y，数据如下：

x/%	18	20	22	24	26	28	30
y/%	26.86	28.35	28.75	28.87	29.75	30.00	30.36

   (1) 作散点图；

   (2) 求样本相关系数；

   (3) 建立一元线性回归方程；

   (4) 对建立的回归方程作显著性检验（$\alpha = 0.01$）.

2. 现收集了16组合金钢中的碳含量 x 及强度 y 的数据，由其取值求得

   $$\bar{x} = 0.125,\ \bar{y} = 45.7886,\ l_{xx} = 0.3024,\ l_{xy} = 25.5218,\ l_{yy} = 2432.4566$$

   (1) 建立 y 关于 x 的一元线性回归方程 $\hat{y} = \hat{\beta}_0 + \hat{\beta}_1 x$；

   (2) 写出 $\hat{\beta}_0$ 和 $\hat{\beta}_1$ 的分布；

   (3) 求 $\hat{\beta}_0$ 和 $\hat{\beta}_1$ 的相关系数；

   (4) 列出对回归方程作显著性检验的方差分析表（$\alpha = 0.05$）；

   (5) 给出 β_1 的 0.95 置信区间；

   (6) 在 $x = 0.15$ 时求对应的 y 的 0.95 预测区间.

3. 测得弹簧形变 x 和相应的外力 y 对应的一组数据如下：

x/cm	1.0	1.2	1.4	1.6	1.8	2.0	2.2	2.4	2.8	3.0
y/N	3.08	3.76	4.31	5.02	5.51	6.25	6.74	7.40	8.54	9.24

   由胡克定律知 $\hat{y} = kx$，试估计 k，并在 $x = 2.6$ cm 处给出相应的外力 y 的 0.95 预测区间.

4. 假设回归直线过原点，即一元线性回归模型为

   $$y_i = \beta x_i + \epsilon_i, \quad i = 1, 2, \cdots, n$$

   $E(\epsilon_i) = 0$，$\mathrm{Var}(\epsilon_i) = \sigma^2$，各观测值相互独立.

   (1) 写出 β 的最小二乘估计和 σ^2 的无偏估计；

   (2) 对给定的 x_0，其对应的因变量均值的估计为 $\hat{y}_0$，求 $\mathrm{Var}(\hat{y}_0)$.

5. 设回归模型为

   $$y_i = \beta_0 + \beta_1 x_i + \epsilon_i, \quad i = 1, 2, \cdots, n$$

   各 ϵ_i 独立同分布，其分布为 $N(0, \sigma^2)$. 试求 β_0、β_1 的最大似然估计，它们与其最小二乘估计一致吗？

6. 考察某一种物质在水中的溶解度的问题时，可得到溶解质量与温度的数据如下表所示.

温度x/℃	0	4	10	15	21	29	36	51	68
溶解质量y/g	66.7	71.0	76.3	80.6	85.7	92.9	99.4	113.6	125.1

已知y服从一元正态线性模型

$$y = a + bx + \epsilon, \quad \epsilon \sim N(0, \sigma^2)$$

试给出未知参数a、b和σ^2的估计.

7. 某物种的繁殖量与月份之间的关系如下表所示.

月份x/月	2	4	6	8	10
繁殖量y/只	66	120	210	270	320

已知它们之间服从正态线性模型且回归函数为$\mu(x) = \beta_0 + \beta_1 x$，试求参数$\beta_0$和$\beta_1$的估计，并检验$\beta_1$是否等于0（取$\alpha = 0.05$）.

8. 测得某种合成材料的强度y与其拉伸倍数x的关系如下所示:

拉伸倍数x	2.0	2.5	2.7	3.5	4.0	4.5	5.2	6.3	7.1	8.0	9.0	10.0
强度y/MPa	1.3	2.5	2.5	2.7	3.5	4.2	5.0	6.4	6.3	7.0	8.0	8.1

(1) 求y对x的经验回归方程;

(2) 检验回归直线的显著性（$\alpha = 0.05$）;

(3) 当$x_0 = 6$时，求y_0的预测值和预测区间（置信度为0.95）.

9. 令y表示一名妇女生育孩子的生育率，x表示该妇女接受教育的年数. 生育率对教育年数的简单回归模型为$y = a + bx + \epsilon$.

(1) 随机干扰项ϵ包含什么样的因素? 它们可能与教育水平相关吗?

(2) 在其他条件不变的情况下，上述随机回归分析能否揭示教育对生育率的影响? 请解释.

10. 为考察某种维尼纶纤维的耐水性能，安排了一组试验，测得其甲醇浓度x及相应的"缩醛化度"y取值如下:

x	18	20	22	24	26	28	30
y	26.86	28.35	28.75	28.87	29.75	30.00	30.36

(1) 作散点图;

(2) 求样本相关系数;

(3) 建立一元线性回归方程;

(4) 对建立的回归方程作显著性检验（$\alpha = 0.01$）.

11. 考察温度对产量的影响，测得下列10组数据，如下所示:

温度 x/℃	20	25	30	35	40	45	50	55	60	65
产量 y/kg	13.2	15.1	16.4	17.1	17.9	18.7	19.6	21.2	22.5	24.3

(1) 试画出这10对观测值的散布图；

(2) 检验产量 y 与温度 x 之间是否存在显著的线性关系. 若存在，求 y 对 x 的线性回归方程.

12. 某种合金钢的抗拉强度 y 与钢种含碳量 x 有一定关系，记录它们的数据如下：

含碳量 x	0.05	0.07	0.08	0.09	0.10	0.11	0.12	0.13	0.14	0.16	0.18	0.20	0.21	0.23
抗拉强度 y/Pa	40.8	41.7	41.9	42.8	42.0	43.6	44.8	45.6	45.1	48.9	50.0	55.0	54.8	60.0

设给定的 x、y 是正态变量，方差为 σ^2.

(1) 画出散点图；

(2) 求 y 对 x 的线性回归方程，并对线性假设进行检验，取 $\alpha = 0.05$.

13. 某造纸厂记录了近 13 天中每天使用的某种材料 y（单位：g/L）和造纸机每天生产的纸重 x（单位：t/d）数据：

y/(g/L)	40	42	49	46	44	48	46	43	53	52	54	57	58
x/(t/d)	825	830	890	895	890	910	915	960	990	1010	1012	1030	1050

(1) 建立 y 和 x 的线性回归方程；

(2) 若回归效果显著，求回归方程斜率 95% 的置信区间；

(3) 求出 $x = 910$ t/d时相应的拟合值；

(4) 求 $x = 950$ t/d处的置信度为 0.95 的预测区间.

14. 在生产中积累了32组某种在不同腐蚀时间 x（单位：min）下腐蚀深度 y（单位：mm）的数据，求得回归方程为

$$\hat{y} = -0.4441 + 0.002263x$$

且误差方差的无偏估计为 $\hat{\sigma}^2 = 0.001452$，总偏差平方和为 0.1246.

(1) 对回归方程作显著性检验（$\alpha = 0.05$），列出方差分析表；

(2) 求样本相关系数；

(3) 若腐蚀时间 $x = 870$ min，试给出 y 的 0.95 近似预测区间.

15. 平炉炼钢过程中，由于矿石和炉气的氧化作用，铁水的总含碳量在不断降低，一炉钢在冶炼初期（融化期）中总的去碳量 y，与所加天然矿石量 x_1、烧结矿石量 x_2 及熔化时间 x_3 有关，经实测某号平炉49炉钢的数据见下表.

试验序号	y/t	x_1/槽	x_2/槽	x_3/min	试验序号	y/t	x_1/槽	x_2/槽	x_3/min
1	4.3302	1	18	50	26	2.7068	9	6	39
2	4.4830	5	14	46	27	5.6314	12	5	51
3	3.6485	7	9	40	28	5.8152	6	13	41
4	5.5468	12	3	42	29	5.1302	12	7	47
5	5.4970	1	20	64	30	5.3910	0	24	61
6	3.1125	3	12	40	31	4.4533	5	12	37
7	5.1182	3	17	64	32	4.6569	4	15	49
8	3.8759	6	5	39	33	4.5212	0	20	45
9	4.6700	7	8	37	34	4.8650	6	16	48
10	4.9536	0	23	55	35	5.3566	4	17	48
11	5.0060	3	16	60	36	4.6098	10	4	48
12	5.2701	0	18	40	37	2.30185	4	14	36
13	5.3772	8	4	50	38	3.8746	5	13	36
14	5.4849	6	14	51	39	4.5919	9	8	51
15	4.5960	0	21	51	40	5.1588	6	13	54
16	5.6645	3	14	51	41	5.4373	5	8	100
17	6.0795	7	12	56	42	3.9960	5	11	44
18	3.2194	16	0	48	43	4.3970	8	6	63
19	5.8076	6	16	45	44	4.0622	2	13	50
20	4.7306	0	15	52	45	2.2905	7	8	50
21	4.6805	9	0	40	46	4.7115	4	10	45
22	3.1272	4	6	32	47	4.5130	10	5	40
23	2.6104	0	17	47	48	5.3637	3	17	64
24	3.7174	9	0	44	49	6.0771	4	15	72
25	3.8946	2	16	39					

(1) 试求y对x_1、x_2、x_3的线性回归方程;

(2) 试对线性模型的假设进行检验，给定显著性水平$\alpha = 0.05$;

(3) 试对回归系数进行显著性检验，$\alpha = 0.05$.

16. 设对于给定的x和y为正态随机变量，现对x和y作了10次独立地观测，所得数据如下：

x	-2.0	0.6	1.4	1.3	0.1	-1.6	-1.7	0.7	-1.8	-1.1
y	-6.1	-0.5	7.2	6.9	-0.2	-2.1	-3.9	3.8	-7.5	-4.5

(1) 建立y对x的线性回归方程.

(2) 用F检验法检验回归方程的显著性.

(3) 当$x = 0.5$时，求y的预测值及置信度为0.95的预测区间.

17. 测得16名成年女子身高y与腿长x所得数据如下：

x	88	85	88	91	92	93	93	95	96	98	97	96	98	99	100	102
y	143	145	146	147	149	150	153	154	155	156	157	158	159	160	162	164

(1) 建立成年女子身高y与腿长x的回归方程;

(2) 取$\alpha = 0.05$，检验成年女子身高y与腿长x之间的线性相关关系是否显著.

18. 某科学基金会希望估计从事某研究的学者的年薪 y 与他们的研究成果（论文、著作等）的质量指标 x_1，从事研究工作的时间 x_2，能成功获得赞助的指标 x_3 之间的关系，为此按一定的试验设计方法调查了24位研究学者，得到如下数据：

序号	1	2	3	4	5	6	7	8	9	10	11	12
x_1	3.5	5.3	5.1	5.8	4.2	6.0	6.8	5.5	3.1	7.2	4.5	4.9
x_2	9	20	18	33	31	13	25	30	5	47	25	11
x_3	6.1	6.4	7.4	6.7	7.5	5.9	6.0	4.0	5.8	8.3	5.0	6.4
y	33.2	40.3	38.7	46.8	41.4	37.5	39.0	40.7	30.1	52.9	38.2	31.8
序号	13	14	15	16	17	18	19	20	21	22	23	24
x_1	8.0	6.5	6.6	3.7	6.2	7.0	4.0	4.5	5.9	5.6	4.8	3.9
x_2	23	35	39	21	7	40	35	23	33	27	34	15
x_3	7.6	7.0	5.0	4.4	5.5	7.0	6.0	3.5	4.9	4.3	8.0	5.8
y	43.3	44.1	42.5	33.6	34.2	48.0	38.0	35.9	40.4	36.8	45.2	35.1

(1) 试建立 y 与 x_1、x_2、x_3 之间关系的回归模型.

(2) 该回归模型是否是总体显著的? 哪几个解释变量对因变量有显著影响? 应如何解释?

19. 现考察某学校初三学生成绩情况，从该年级中抽查30名同学，记录下他们5门考试的成绩，如下表所示，试分析这几门课程之间的相关性.

序号	数学	英语	物理	化学	语文	序号	数学	英语	物理	化学	语文
1	65	59	68	33	70	16	67	53	70	59	66
2	89	35	96	21	58	17	68	52	76	39	67
3	93	28	90	28	59	18	65	55	70	66	68
4	53	69	55	46	78	19	83	37	89	56	58
5	47	71	50	61	74	20	95	25	95	87	52
6	65	56	68	60	68	21	56	66	60	64	73
7	42	79	43	67	80	22	54	77	55	64	78
8	33	83	35	69	81	23	53	65	54	61	73
9	24	92	30	61	86	24	75	48	80	46	64
10	25	90	21	63	88	25	86	35	92	43	55
11	76	44	28	61	61	26	72	49	75	33	66
12	83	37	89	63	60	27	68	55	72	39	69
13	92	38	98	50	59	28	69	61	73	37	72
14	18	90	50	65	85	29	67	55	70	50	73
15	98	22	90	53	35	30	65	59	68	80	75

20. 在其他条件不变的情况下，某种商品的需求量 y 与该商品的价格 x 有关，现对给定时期内的价格与需求量进行观察，得到如下表所示的一组数据.

价格 x/元	10	6	8	9	12	11	9	10	12	7
需求量 y/t	60	72	70	56	55	57	57	53	54	70

求： (1) 计算价格与需求量之间的简单相关系数；

(2) 拟合需求量对价格的回归直线；

(3) 确定当价格为15元时，需求量的估计值.

21. 某公司所属8个企业的产品销售资料如下表所示：

企业编号	产品销售额/万元	销售利润/万元
1	170	8.1
2	220	12.5
3	390	18.0
4	430	22.0
5	480	26.5
6	650	40.0
7	950	64.0
8	1000	69.0

求： (1) 计算产品销售额与利润额之间的相关系数；

(2) 确定利润额对产品销售额的线性回归方程；

(3) 确定产品销售额为1200万元时利润额的估计值.

22. 测量15名受试者的身体形态及健康情况指标，如下表所示. 试分析身体形态与健康情况之间的相关性.

年龄/岁	体重/kg	抽烟量/(支/d)	胸围/cm	脉搏/(次/min)	收缩压/mmHg	舒张压/mmHg
25	62.5	30	83.5	70	65	85
26	65.5	25	82.9	72	67.5	80
28	64	35	88.1	75	70	90
29	63	40	88.4	78	70	92
27	63	45	80.6	73	69	85
32	59	20	88.4	70	65	80
31	60	18	87.8	68	67.5	75
34	62	25	84.6	70	67.5	75
36	64	25	88	75	70	80
38	62	23	85.6	72	72.5	86
41	67.5	40	86.3	76	74	88
46	71.5	45	84.8	80	72.5	90
47	70.5	48	87.9	82	74	92
48	84.5	50	81.6	85	75	95
45	70	55	88	88	80	95

23. 某工厂生产的某种产品的产品与单位成本的数据如下：

年份	产量/千件	单位成本/(元/件)
2012	2	73
2013	3	72
2014	4	71
2015	3	73
2016	4	70
2017	5	68

试完成单变量相关分析，作出散点图，计算相关系数及完成相关性检验.

第10章　试验设计简介

试验设计是数理统计学的一个重要分支，是进行科学研究的重要工具. 在生产和科学研究中，为了革新生产工艺，开发新产品，寻求优质、高效、低耗的方法，经常要进行各种试验. 一个好的试验设计应包含两个重要的方面：一是试验方案的设计；二是科学地统计分析试验结果. 本章主要介绍几种常用的试验设计方法.

10.1 试验设计的基本概念

所谓"试验"，一般指用于发现新的现象、新的事物、新的规律，以肯定或否定先前的调查研究结论的有计划的活动. 它以数学、统计学等理论为基础，结合专业知识和实践经验，科学合理地设计试验方案，以较少的试验工作量和较低的成本获取足够、可靠的有用信息. 反之，如果试验设计存在缺点，势必事倍功半，造成不应有的浪费.

10.1.1 离散型设计

一个好的试验设计应包含以下两个方面的内容.

第一是试验方案的设计. 首先需要明确试验指标，即用来衡量试验效果的质量指标，也称为响应变量或输出变量；其次，确定影响试验指标的可能因子、因子取值的范围及因子之间存在的交互作用或者受到其他条件影响的约束限制；最后，根据实际问题选择适用的试验设计方法. 试验设计的方法有很多，例如正交设计、均匀设计及回归设计等. 每种方法都有不同的适用条件，选择合适的方法就可以事半功倍，选择不当或者根本没有进行有效的试验设计就会事倍功半.

第二是科学地统计分析试验结果. 这包括对数据的直观分析、对离散型因子的方差分析、对连续型因子的回归分析. 当通常的检验方法不能对某些试验或调查资料进行有效分析时，常使用非参数检验的方法对试验数据进行统计分析.

我们通过一个例子介绍试验设计中的基本术语.

例 10.1 为了提高某化工产品的转化率，选择3个有关的因子进行条件试验，即反应温度(A)，反应时间(B)，用碱量(C)，并确定了它们的试验范围是：

A：70 ℃ ~ 90 ℃　　B：90 min ~ 150 min　　C：5 % ~ 7 %

根据试验的条件分析试验目的，请通过本例给出试验设计中的基本术语及其解释.

解 试验的目的是通过有效的试验设计来确定反应温度、反应时间及用碱量的最优组合，使得该产品的转化率最高. 下面通过此例介绍离散型设计中的一些基本术语及概念.

1. 试验指标

在试验设计中将判断试验结果好坏所采用的标准称为试验指标，简称**指标**. 在例10.1中，试验的目的是为了判断某化工产品的转化效果，所以可用化工产品的转化率作为试验指标. 常见的试验指标有两类：**定量指标**与**定性指标**. 若试验的测量结果是在连续区间内的取值，这类指标则称为定量指标，例如电阻器的电阻、产品的强度、粮食的产量等；而用等级、类别等量表示的指标则称为定性指标，例如获奖的等级、物质的光谱度、布料的柔软度等.

在一个实际问题中如果仅考察一个指标，则称为**单指标问题**；若考虑两个或更多个指标，则称为**多指标问题**.

2. 因子（因素）

有可能影响试验结果的条件称为因素或因子. 本例中的反应温度、反应时间和用碱量都是可能影响化工产品转化率这一指标的条件. 因此，反应温度、反应时间和用碱量都可以作为分析试验的因子. 因子常用大写字母 $A, B, C, \cdots$ 来表示.

3. 水平

能影响试验指标的因子通常可以人为地加以控制或分组，所划分的组通常也叫作多因子的类别和等级，统计上称其为因子的水平. 例如，反应温度因子分为80℃、85℃、90℃3个等级，那么反应温度这一因子分为3个水平. 试验的目的是要搞清楚因子 A、B、C 对转化率有什么影响，哪些是主要因子，哪些是次要因子，从而确定最优生产条件，即温度、时间及用碱量各为多少，才能获得较高的转化率. 试指定试验方案，这里对因子 A、B、C 在试验范围内分别选择3个水平.

A： $A_1 = 80\ ℃$， $A_2 = 85\ ℃$， $A_3 = 90\ ℃$

B： $B_1 = 90\ \min$， $B_2 = 120\ \min$， $B_3 = 150\ \min$

C： $C_1 = 5\%$， $C_2 = 6\%$， $C_3 = 7\%$

4. 处理

试验中各因子的水平所形成的一种具体的组合方式，称为试验处理，它是在试验单位上的一种具体体现. 如本例中，我们只考虑因子 A 对转换率的影响，即单因子试验，试验因子的一个水平就是一个处理. 如果考虑多因子试验，由于因子和水平较多，可以形成若干个水平组合，每个水平组合就是一个处理.

5. 试验误差

在试验中存在两类误差：系统误差和随机误差. 系统误差来源于仪器误差、理论误差、操作误差和试剂误差等. 例如，本例中需要在85℃恒温下进行试验，而试验温度难以控制在一个定值，或者用碱量与规定的使用量有所偏差，又或者最终测量转化率的仪器存在一定偏差等，这些因子的综合作用称为系统误差. 此外，由于试验会受到一些不可控因子的影响，如本例中使用的碱中含有一些会影响转化率的化学杂质，反应容器受热不均匀，原材料成分不均匀等，这些因子的综合作用称为随机误差. 一般情况，我们假设随机误差服从正态分布 $N(0, \sigma^2)$.

6. 全面试验

在试验安排中，每个因子在研究的范围内选几个水平，就好比在试验范围内打上网格，如果网上的每个点都做试验，就是全面试验. 例如，本例中采用全面试验法，选取3因子3水平，则共有27个处理（水平组合），分别是：

$$A_1B_1C_1, \quad A_1B_1C_2, \quad A_1B_1C_3$$
$$A_1B_2C_1, \quad A_1B_2C_2, \quad A_1B_2C_3$$
$$A_1B_3C_1, \quad A_1B_3C_2, \quad A_1B_3C_3$$
$$A_2B_1C_1, \quad A_2B_1C_2, \quad A_2B_1C_3$$
$$A_2B_2C_1, \quad A_2B_2C_2, \quad A_2B_2C_3$$
$$A_2B_3C_1, \quad A_2B_3C_2, \quad A_2B_3C_3$$
$$A_3B_1C_1, \quad A_3B_1C_2, \quad A_3B_1C_3$$
$$A_3B_2C_1, \quad A_3B_2C_2, \quad A_3B_2C_3$$
$$A_3B_3C_1, \quad A_3B_3C_2, \quad A_3B_3C_3$$

处理的数目等于参加试验的各因子水平的乘积，所有的处理可以对应图10.1(a)中的所有网格交点.

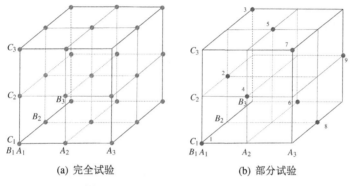

(a) 完全试验　　　　(b) 部分试验

图 10.1　3因子3水平试验处理示意图

7. 部分实施

全面比较法对各因子与试验指标之间的关系分析得比较清楚，但试验次数太多，费时费力. 所以可以考虑在所有的处理中选择一些"代表性"强的处理进行试验，如图10.1(b)中标记的点，这些点分布是均匀的，且每一个面都有3个点，每一条线都有1个点，这样一共需要进行9次试验即可.

8. 重复

在试验中，将一个处理实施两次或两次以上，称为处理有重复. 一个处理实施的试验次数称为处理的重复数. 重复的主要作用是减少试验误差的干扰，更精确地估计试验处理效应.

10.1.2　连续型设计

离散型设计是将因子划分为若干个水平，然后根据不同水平下的试验结果进行比较，从而选出最优者. 但在很多情形下，试验者不知道如何划分因子的水平，即各个因子应该划分为多少个水平，各个水平分别取什么值都难以确定. 这时就需要将各因子视为一个连续范围内的变量，使用回归模型或非参数回归模型等工具来进行统计分析.

在连续型设计中，我们考虑的问题与离散型设计的相同，都是为了确定一个因子的组合使得试验指标达到最优. 虽然两者本质相同，但由于建模的方式不同，其基本术语也有所区别. 我们仍然以一个实例来介绍一些基本的术语与概念. 为方便讨论，我们考虑例10.1中只含两个因子的情形.

例 10.2 选择反应温度(A)、反应时间(B)两个因子进行试验，且试验范围是：

A：70 ℃～90 ℃ B：90 min～150 min

通过试验所给的条件，分析试验的目的与试验的可行域，并给出试验设计基本术语及其解释.

解 为了使得该产品的转化率最高，可以通过有效地试验安排来确定温度与时间的最优取值. 本例中，如果考虑在整个试验区域 $A \times B = [70, 90] \times [90, 150]$ 上建模，所涉及的基本术语与离散型设计有所区别.

1. 变量

在离散型设计中，因子取若干水平或类别，一般指定性因子. 如果因子取值可以在某一区间内连续变化，则称其为定量因子，它是一个连续型变量，简称为变量，常用 $x_1, x_2, \cdots$ 来表示. 本例中，考虑两个变量分别为 x_1（反应温度）、x_2（反应时间），它们等同于例10.1中的因子 A、B. 变量的取值范围通常是一个连续的区间.

2. 响应

当变量取不同值时，试验指标往往不是一个固定的值. 为了揭示试验指标与各个变量之间的变化规律，一般认为试验指标与各变量之间存在某种近似的函数关系. 那么试验因子可视为函数的自变量，即变量；而试验指标则视为函数的因变量，称为**响应变量**，或简称响应，通常用 y 来表示. 在本例中，响应变量 y 是 (x_1, x_2) 取不同值时产品的转化率.

3. 试验域

变量取值的范围称为试验域. 对于单变量试验，试验域就是一个区间. 对于多变量试验，试验域是一个超立方体. 例如，本例中的试验域记为

$$\mathcal{X} = \{(x_1, x_2) : 70 \leqslant x_1 \leqslant 90, 90 \leqslant x_2 \leqslant 150\}$$

它是二维平面上的一个矩形.

对于任意的 $\boldsymbol{x} = (x_1, x_2)^\mathrm{T} \in \mathcal{X}$，称 $\boldsymbol{x}$ 是该试验域内的一个**试验点**，可以视作因子水平的一个组合，即试验的一个处理. 可见，离散型设计有有限个处理，这些处理的全集可以视为离散型设计的试验域，它是 n（n为因子的个数）维空间中的一些离散点组成的集合. 而连续型设计包含无限个处理，这些处理是 n 维空间中的一个闭集，每一个处理称为一个试验点.

在一些特殊情形下，由于变量受到其他约束的限制，使得试验域是 n 维空间中的一个不规则几何体. 对于一些特殊的试验（例如混料试验），其试验域是由某些不规则区域所构成的.

4. 响应函数

设 m 维的试验域为 $\mathcal{X}$，对于任意的 $\boldsymbol{x} = (x_1, x_2, \cdots, x_m)^\mathrm{T} \in \mathcal{X}$，如果响应变量 y 与各变量 $x_1, x_2, \cdots, x_m$ 之间存在某种近似的函数关系，那么可将这种关系表示为函数的形式

$$y = \varphi(\boldsymbol{x}) + \varepsilon$$

其中，$\varphi(\boldsymbol{x})$ 是关于试验点 $\boldsymbol{x}$ 的函数，称为响应函数；ε 表示随机误差，通常假设 $\varepsilon \sim N(0, \sigma^2)$.

假设响应函数可以表示为关于各变量函数的线性函数，即

$$\varphi(\boldsymbol{x}) = \sum_{j=1}^{p} \beta_j f_j(\boldsymbol{x}) \tag{10.1}$$

其中，$f_j(\boldsymbol{x})$，$j = 1, 2, \cdots, p$ 是关于试验点 $\boldsymbol{x}$ 的 p 个已知的函数；β_j，$j = 1, 2, \cdots, p$ 是未知的参

数. 模型(10.1)包含了常见的各种模型, 例如一阶多项式模型:

$$\varphi(\boldsymbol{x}) = \varphi(x_1, \cdots, x_m) = \beta_0 + \sum_{i=1}^{m} \beta_i x_i$$

二阶多项式模型:

$$\varphi(\boldsymbol{x}) = \varphi(x_1, \cdots, x_m) = \beta_0 + \sum_{i=1}^{m} \beta_i x_i + \sum_{i=1}^{m} \sum_{j=1}^{m} \beta_{ij} x_i x_j$$

一般来说, 之所以能用多项式来近似表示响应函数, 是因为在连续性的假设下（严格地说是导数存在）可用泰勒公式将响应函数$\varphi(\boldsymbol{x})$展开成幂级数, 而且可以用前面几项来近似表示响应函数. 当然, 如果能够确定响应函数的准确表达式则更好.

5. **设计空间**

在试验域$\mathcal{X}$中选出有代表性的n个互不相同的试验点$\boldsymbol{x}_1, \boldsymbol{x}_2, \cdots, \boldsymbol{x}_n$进行试验, 即试验域内的部分试验点, 在每个试验点处各重复$r_1, r_2, \cdots, r_n$次试验, 则试验域$\mathcal{X}$中的一个设计可以表示为

$$\begin{pmatrix} \boldsymbol{x}_1 & \boldsymbol{x}_2 & \cdots & \boldsymbol{x}_n \\ r_1 & r_2 & \cdots & r_n \end{pmatrix} \tag{10.2}$$

令$r = r_1 + r_2 + \cdots + r_n$为试验的总次数, 若将设计(10.2)表示为

$$\xi = \begin{pmatrix} \boldsymbol{x}_1 & \boldsymbol{x}_2 & \cdots & \boldsymbol{x}_n \\ w_1 & w_2 & \cdots & w_n \end{pmatrix} \tag{10.3}$$

其中, $w_i = \dfrac{r_i}{r}, i = 1, 2, \cdots, n$, 且$\sum_{i=1}^{n} w_i = 1$. 则称$\xi$是$\mathcal{X}$上的一个连续型设计, 简称设计, 并且$\xi$是$\mathcal{X}$上的一个概率分布. 将$\mathcal{X}$上的任意一个概率分布$\xi$视为一个设计, 则所有设计组成的集合称为设计空间, 记为Ξ. 这种表示方法是最优回归设计理论的基础, 相关概念可以参阅试验设计的相关文献.

如前所述, 离散型设计与连续型设计的基本术语有所区别, 表10.1中列出了这些基本术语的区别.

表 10.1 两类设计基本术语的区别

离散型设计	连续型设计
因子（定性）	变量（定量）
试验指标	响应变量
水平（有限个）	变量取值范围
处理	试验点
全面试验	试验域
部分实施	部分试验点

这些基本术语虽然不严格区分, 但需要了解它们的区别和联系.

10.1.3 统计试验的程序

通过以上两个实例及对试验设计中基本术语的介绍, 我们将试验设计的基本程序归纳为以下几点.

1. 定义试验目的

试验目的是试验设计首先需要考虑的问题. 试验目的的确定, 从根本上明确了通过试验能够解决一个怎样的问题, 该问题对试验会产生怎样的影响, 从而避免试验的盲目性.

2. 确定试验因子和水平（变量和试验域）

试验设计之前, 对试验目的进行仔细分析, 确定出可能对试验结果产生影响的因子. 如试验涉及因子较多, 一时难以取舍, 或对各因子最佳水平的可能范围难以估计, 则需要先做单因子的预备试验. 具体地, 先通过加大水平幅度, 多选几个水平点进行初步观察; 然后根据预备试验结果, 再对精选因子和水平进行正规试验, 从而确定出因子与水平. 对于因子与水平的确定不要贪大求全, 不要包罗万象, 但也不能过少而忽略了起重要作用的因子. 在因子与水平的确定过程中, 试验者的专业知识和经验是特别重要的.

在因子与水平的确定过程中, 应考虑如下几点:

（1）试验因子应具有典型性;

（2）对于定性因子, 如不同材料、催化剂种类等, 在选取时, 应根据实际情况有多少种就取多少个水平;

（3）对于定量因子, 如温度、时间、某种添加剂的量等, 在选取时, 应根据专业知识、各因子特点、历史经验及试验材料的反应等条件综合考虑.

3. 确定试验指标（响应变量）

试验效应是试验因子作用于试验对象的反应, 这种效应是通过试验指标显示出来的. 因此, 在确定试验指标时, 应选择对试验因子水平变化反应较为灵敏且又能较准确度量的指标; 试验指标的数目应当精准, 结合专业实践, 反复利用试验目标来衡量, 并根据测定目标的难易程度等从多方面综合考虑后确定.

在试验指标的确定过程中, 应考虑如下几点:

（1）选择指标应与试验目的有本质联系;

（2）考虑指标的灵敏性与准确性, 即试验结果要可靠;

（3）指标的数目要精准, 具有密切代表性.

4. 拟定试验计划

试验计划的确定在整个试验设计中是至关重要的. 首先, 应按统计学原理设计和确定完成试验任务的方法与步骤; 其次, 必须确定出不同试验间的最小差异度及风险度, 以便确定试验的重复数, 还需考虑收集数据的方式和怎样做随机排列.

在拟定试验计划时, 应考虑如下几点:

（1）试验结果要达到试验要求的精确度;

（2）兼顾差异与风险, 做到多、快、好、省.

5. 实施试验计划

试验计划的实施也就是获取试验数据的过程, 试验者必须有始有终地做好管理和监督工作, 科学地布置试验, 完成计划规定的观察记载任务.

在实施试验计划时, 应考虑如下几点:

（1）贯彻单一差异原则, 减少误差;

（2）准确执行各项试验技术, 力求避免人为差错, 特别注意试验条件的一致性.

6. 分析试验数据

首先应对试验数据加强整理，及时发现错误并设法更正，无法更正又无法证明确实错误的观察值应剔除; 其次对所有数据按统计学原理进行分析.

在分析试验数据时，应考虑如下几点:

（1）选择恰当的数据分析方法，如方差分析、回归分析等;

（2）试验结果数据，必须满足统计模型要求，对不满足的数据，必须采取相应措施，如数据转换等;

（3）对试验数据验证其可靠性.

7. 得出科学结论

应当从数据分析的结果中归纳出有关结论，并确定可靠程度，给予相应的科学性解释，分析和评价这些结论的实际可行性. 倘若一次试验不能得出明确的结论，则应进一步安排试验，继续探讨.

10.1.4 试验设计的基本原则

通过合理的试验设计既能获得试验处理效应与试验误差的无偏估计，也能控制和降低随机误差，提高试验的精确性. 在试验设计时必须遵循3个基本原则，即重复、随机化、局部控制.

1. 重复原则

重复是指在试验中每种处理至少实施两次以上. 重复试验是估计和减少随机误差的基本手段. 由于随机误差是客观存在且不可避免的，如果一个处理只实施一次，那么只能得到一个观测值，则无法估计出随机误差的大小. 只有在同一条件下重复试验，获得两个或两个以上的观测值时，才能估计出随机误差. 随机误差有大有小，时正时负，随着试验次数的增加，正负相互抵消，随机误差平均值趋于零. 因此，重复试验的平均值的随机误差比单次试验值的随机误差小.

如例10.1中，在图10.1上具有代表性的标记点（即一个处理）处重复若干次试验，得到在该点处的一组试验指标值 $y_1, y_2, \cdots, y_n$. 由于试验受到不确定因子误差的干扰，所以各次试验的指标值不完全相等（常假设 $y_1, y_2, \cdots, y_n$ 独立同分布，且有共同方差 σ^2），用均值 $\bar{y} = \frac{1}{n} \sum_{i=1}^{n} y_i$ 作为该点的试验指标，则 $D(\bar{y}) = \frac{\sigma^2}{n}$ 是单次试验方差的 $\frac{1}{n}$.

但是重复试验会成倍地增加试验次数，如果重复次数太少，会使得试验误差较大，试验指标不准确; 如果重复次数太多，则会成倍地增加试验费用，延长试验周期. 所以重复试验的次数需要根据实际情形而定.

2. 随机化原则

随机化原则指在试验中每一个组合处理及其每一个重复都有同等机会被安排在某一特定空间中，以消除某些组合处理或重复可能占有的"优势"或"劣势"，保证试验条件在空间和时间上的均匀性.

正如足球比赛中，下半场要求两支球队交换场地以消除场地对球队发挥的影响; 农业生产试验中，需要将一块土地划分为若干区域再种植不同的作物，以消除土质对农作物生长的影响; 医学实验中，将同一种试剂用于不同的患者（动物），以消除个体体质对药剂的影响. 如例10.1中，如果有若干个反应容器用于进行化学实验，那么同一个处理的重复试验应安排在不同容器中，这样就能消除反应容器对试验的影响.

随机化可使系统误差转化为随机误差，从而可正确、无偏地估计试验误差，并可保证试验数据的独立性和随机性，以满足统计分析的基本要求. 在试验中，遵循随机化原则是消除系统误差的有效手段.

3. 局部控制原则

在试验中，当试验环境或试验单元差异较大时，若仅根据重复和随机化两原则进行设计，不能将试验环境或试验单元差异所引起的变异从试验误差中分离出去，因而试验误差大，试验的精确性与检验的灵敏度较低. 为了解决这一问题，在试验环境或试验单元差异大的情况下，可将整个试验环境或试验单元分成若干个小环境或小组，使小环境或小组内非试验因子尽量一致，这就是局部控制原则. 每个相对一致的小环境或小组，称为**单位组（或区组）**.

10.2 区组设计

在很多情形下，试验结果常受到一些不可控的因子或者试验者不关心的因子的影响，这类因子称为噪声因子. 如果噪声因子是未知的且不可控，可以用随机化方法安排试验来降低其对试验的影响. 如果噪声因子是已知的，且可以控制，我们通常采用区组的方法来消除其影响. 区组化是一种十分重要的设计技术，已广泛地应用于工业试验.

10.2.1 随机完全区组设计

为了说明区组设计的基本思想，我们先看下面例子.

例 10.3 为了比较3种玉米的亩产量, 试验者将这3种玉米A_1、A_2、A_3分别播种在3块试验田上. 试验者认为决定玉米产量的因子只有一个，即玉米的品种. 如何安排种植能够客观体现玉米品种的产量差异？

解 如果种植不同玉米的试验田是随机选取的，则称这类试验为**随机完全试验**. 随机试验存在一个潜在的问题，如果3块试验田的土质及肥沃程度有所差别，则势必影响玉米的产量. 土壤的肥沃程度并不是试验者关心的因子，因此可以将该因子视为噪声因子. 由此可见，试验结果不仅反映了随机误差，还反映了试验田间的变异性. 为了消除不同试验田的变异影响，可采用区组设计的方法进行试验，具体为：首先把每块试验田作为一个**区组**，每个区组再划分为3部分，3个品种的玉米必须各占一块地. 至于区组内哪一个品种占哪一块地，则由随机的方式决定. 这种试验安排称为**随机完全区组设计**（randomized complete blocks design, RCBD）. 试验田内种植示意如图10.2所示.

一般地，假设有a个待比较的处理和b个区组，随机完全区组设计如表10.2所示. 在每个区组内，每个处理都有一个观测值，且进行试验时各种处理的次序是随机确定的，即在区组内处理的顺序具有随机性.

表 10.2　随机完全区组设计

处理	区组1	区组2	...	区组b
1	y_{11}	y_{12}	...	y_{1b}
2	y_{21}	y_{22}	...	y_{2b}
⋮	⋮	⋮		⋮
a	y_{a1}	y_{a2}	...	y_{ab}

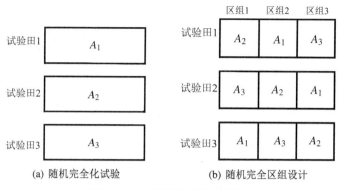

图 10.2 玉米种植试验示意图

10.2.2 拉丁方设计

拉丁方设计又称为平衡对抗设计. 拉丁方设计是指在试验中, 由于前一个试验处理往往会影响后一个试验处理的效果, 而该设计的作用就在于控制试验处理的顺序, 使试验条件均衡, 抵消由于试验处理先后顺序的影响而产生的误差, 因此也称之为抵消法设计. 拉丁方设计是指平衡对抗设计的结构模式, 例如4组试验分别采用 A、B、C、D 这4种处理, 其试验模式为

组1	A	B	C	D
组2	D	A	B	C
组3	C	D	A	B
组4	B	C	D	A

从上述模式表可以看出, 每种处理(表中的字母)在每一行和每一列都出现了, 而且仅出现了一次. 所以若要构成一个拉丁方, 两个区组的水平数应该等于试验处理的个数. p 阶拉丁方就是由 p 个字母构成的 p 阶方阵, 这 p 个字母在这 p 阶方阵的每一行、每一列都出现且只出现一次. 例如2阶、3阶、4阶、5阶拉丁方:

| A | B |
| B | A |

A	B	C
B	C	A
C	A	B

A	B	D	C
B	C	A	D
C	D	B	A
D	A	C	B

A	D	B	E	C
D	A	C	B	E
C	B	E	D	A
B	E	A	C	D
E	C	D	A	B

第一行或第一列的字母按自然顺序排列的拉丁方, 称为标准形拉丁方. 例如, 以上2阶、3阶方阵为标准形拉丁方. 而4阶方阵不是标准形拉丁方, 因为第一行不是按 A、B、C、D 顺序排列的. 若变换标准形的行或列, 可得到更多的拉丁方. 在进行拉丁方设计时, 可从上述多种拉丁方中随机选择一种, 或选择一种标准形, 随机改变其行、列顺序得到新的拉丁方.

例 10.4 比较5种药物给家兔注射后产生的皮肤疱疹大小. 现用5只家兔试验, 每只家兔有5个部位供注射, 考虑无交互作用的试验设计. 影响试验结果的3个因子分别是:

药物5种: A, B, C, D, E;

家兔5只: 1, 2, 3, 4, 5;

身体部位5个: Ⅰ(腿部), Ⅱ(颈部), Ⅲ(腰部), Ⅳ(尾部), Ⅴ(腹部).

请由以上条件使用拉丁方设计来安排试验.

解 试验者关心的是药物对家兔皮肤疱疹的影响程度,所以将"药物"作为因子,"家兔"和"身体部位"作为两个区组并各取5个水平,因子"药物"也取5个水平.在拉丁方设计中,将两个区组排列在一张表上,用不同行与不同列分别表示了两个区组的不同水平组合.

$$\text{"试验处理数"} = \text{"行区组水平数"} = \text{"列区组水平数"}$$

下面按照标准拉丁方来安排试验,拉丁方的行、列、字母分别表示家兔、身体部位和药物,试验方案如表10.3所示.

表 10.3 家兔试验问题的拉丁方设计

家兔编号	部位编号				
	I	II	III	IV	V
1	A	B	C	D	E
2	B	C	D	E	A
3	C	D	E	A	B
4	D	E	A	B	C
5	E	A	B	C	D

在表10.3中,1号家兔的身体部位 I 注射 A 药,2号家兔的身体部位I注射 B 药,……,5号家兔的身体部位V注射 D 药.拉丁方设计是一个因子与两个区组的组合,对试验结果进行统计分析时,可以使用3因子方差分析的方法.

10.2.3 正交拉丁方设计

以上讨论的拉丁方设计,相当于噪声因子中有两个因子是可控的,选择这两个可控的噪声因子作为区组,在不同的行、列区组的水平下使用拉丁方设计安排试验.有的时候影响试验结果的噪声因子可能有多个,其中有3个噪声因子是可控的,这种情形下,使用正交拉丁方设计来安排试验是非常有效的方法.

假设一个 $p \times p$ 拉丁方,在其上叠加第二个 $p \times p$ 拉丁方,叠加时所使用的各字母的组合都仅出现一次,则称两个拉丁方是正交的,以此构造的设计称为正交拉丁方设计.

例 10.5 考虑两个 4×4 拉丁方的叠加,第一个拉丁方用大写字母 A、B、C、D 排列;第二个拉丁方用小写字母 a、b、c、d 排列.请将两个拉丁方设计为一个正交拉丁方.

解 两个拉丁方分别为

A	B	C	D
B	A	D	C
C	D	A	B
D	C	B	A

a	b	c	d
d	c	b	a
b	a	d	c
c	d	a	b

将两个拉丁方叠加的结果整理在表10.4中.

表 10.4 4×4 正交拉丁方设计

行	列			
	1	2	3	4
1	Aa	Bb	Cc	Dd
2	Bd	Ac	Db	Ca
3	Cb	Da	Ad	Bc
4	Dc	Cd	Ba	Ab

例 10.6 构造 5×5，7×7 正交拉丁方.

解 从构造的结果中截取4个矩阵（每隔5行取一个），如下所示：

latin51
1	2	3	4	5
2	3	4	5	1
3	4	5	1	2
4	5	1	2	3
5	1	2	3	4

latin52
1	3	5	2	4
2	4	1	3	5
3	5	2	4	1
4	1	3	5	2
5	2	4	1	3

latin53
1	4	2	5	3
2	5	3	1	4
3	1	4	2	5
4	2	5	3	1
5	3	1	4	2

latin54
1	5	4	3	2
2	1	5	4	3
3	2	1	5	4
4	3	2	1	5
5	4	3	2	1

以上4个拉丁方可以由例10.8中的程序生成. 可以验证，这4个矩阵是两两正交的拉丁方阵. 例如，我们将latin51 与 latin52 叠加，latin52 与 latin53叠加，前者中数字1～5分别用大写字母 A、B、C、D、E代替，后者数字分别用小写字母 a、b、c、d、e代替，所得到的 5×5 正交拉丁方分别为

Aa	Bc	Ce	Db	Ed
Bb	Cd	Da	Ec	Ae
Cc	De	Eb	Ad	Ba
Dd	Ea	Ac	Be	Cb
Ee	Ab	Bd	Ca	Dc

Aa	Cd	Eb	Be	Dc
Bb	De	Ac	Ca	Ed
Cc	Ea	Bd	Db	Ae
Dd	Ab	Ce	Ec	Ba
Ee	Bc	Da	Ad	Cb

类似地，我们可以构造 7×7 正交拉丁方，将所得到的结果整理后，如下所示：

latin71
1	2	3	4	5	6	7
2	3	4	5	6	7	1
3	4	5	6	7	1	2
4	5	6	7	1	2	3
5	6	7	1	2	3	4
6	7	1	2	3	4	5
7	1	2	3	4	5	6

latin72
1	3	5	7	2	4	6
2	4	6	1	3	5	7
3	5	7	2	4	6	1
4	6	1	3	5	7	2
5	7	2	4	6	1	3
6	1	3	5	7	2	4
7	2	4	6	1	3	5

latin73
1	4	7	3	6	2	5
2	5	1	4	7	3	6
3	6	2	5	1	4	7
4	7	3	6	2	5	1
5	1	4	7	3	6	2
6	2	5	1	4	7	3
7	3	6	2	5	1	4

latin74
1	5	2	6	3	7	4
2	6	3	7	4	1	5
3	7	4	1	5	2	6
4	1	5	2	6	3	7
5	2	6	3	7	4	1
6	3	7	4	1	5	2
7	4	1	5	2	6	3

latin75
1	6	4	2	7	5	3
2	7	5	3	1	6	4
3	1	6	4	2	7	5
4	2	7	5	3	1	6
5	3	1	6	4	2	7
6	4	2	7	5	3	1
7	5	3	1	6	4	2

latin76
1	7	6	5	4	3	2
2	1	7	6	5	4	3
3	2	1	7	6	5	4
4	3	2	1	7	6	5
5	4	3	2	1	7	6
6	5	4	3	2	1	7
7	6	5	4	3	2	1

以上6个拉丁方是由例10.8中的程序生成. 例如，我们将latin75与latin76叠加可得 7×7 正交拉丁方为

Aa	Fg	Df	Be	Gd	Ec	Cb
Bb	Ga	Eg	Cf	Ae	Fd	Dc
Cc	Ab	Fa	Dg	Bf	Ge	Ed
Dd	Bc	Gb	Ea	Cg	Af	Fe
Ee	Cd	Ac	Fb	Da	Bg	Gf
Ff	De	Bd	Gc	Eb	Ca	Ag
Gg	Ef	Ce	Ad	Fc	Db	Ba

10.3 正交设计

正交设计是利用一套规格化的正交表（orthogonal array）安排试验，在试验因子的全部水平组合中，挑选部分有代表性的水平组合进行试验，通过对这部分试验结果的分析了解全面试验的情况，找出最优的水平组合. 对得到的试验结果再用数理统计方法进行处理，进而得出科学结论.

10.3.1 正交表

在多因子试验中，当因子及水平数目增加时，若进行全面的析因试验，试验处理个数及试验单元数都会急剧增加. 例如，一个10个3水平因子的试验，若采用全面试验的方法，则至少需要进行59049次试验，其工作量大得惊人，并且即使试验者考虑到了诸多影响试验结果的因子，使用划分区组的方法来减少噪声的影响，但是也难以保证同一区组内的试验条件相同. 有时，由于试验周期过长，试验条件变更等因子，还会使试验所得数据无效. 为了解决多因子全面试验中，试验次数过多且条件难以控制的问题，有必要从所有的处理中选择一部分"具有代表性"的处理来进行试验. 这些具有代表性的处理组合可以通过正交表来确定.

正交表是试验设计的基本工具，它是根据均衡分布的思想，运用组合数学理论构造的一种数学表格. 在数学上，对于两个向量 $\boldsymbol{a} = (a_1, a_2, \cdots, a_n)^{\mathrm{T}}$, $\boldsymbol{b} = (b_1, b_2, \cdots, b_n)^{\mathrm{T}}$，如果 $\boldsymbol{a}^{\mathrm{T}}\boldsymbol{b} = \sum_{i=1}^{n} a_i b_i = 0$，则称这两个向量是正交的，即它们在空间的夹角为 $\dfrac{\pi}{2}$. 正交设计就是从空间解析几何上正交的定义引申而得到的，正交表中也有类似的构造. 正交表是一种特制的表格，这里先介绍表的记号、特点及使用方法（关于正交设计的内容可以参阅相关文献）. 我们将正交表主要分为两类，分别是等水平正交表和混合水平正交表.

1. 等水平正交表 $L_n(q^m)$

我们以正交表 $L_9(3^4)$ 为例，如表10.5所示.

表 10.5 $L_9(4^4)$ 正交表

试验号	列号			
	1	2	3	4
1	1	1	1	1
2	1	2	2	2
3	1	3	3	3
4	2	1	2	3
5	2	2	3	1
6	2	3	1	2
7	3	1	3	2
8	3	2	1	3
9	3	3	2	1

$L_9(3^4)$ 正交表共有9行，即表示试验次数为9，试验有9个处理；括号内的指数，4表示有4列，即最多允许安排的因子数是4个；括号内的数字3表示此表的主要部分有3种数字（表10.5中用1、2、3分别代表3个水平）.

一个等水平正交表 $L_n(q^m)$ 共有 n 行、m 列，每列可以安排一个 q 水平的因子. 等水平正交表具有以下性质：

(1) 表中任意一列，不同的数字出现的次数相同；

(2) 表中任意两列，各种同行数字对（或称水平搭配）出现的次数相同.

以上两条性质合称为"正交性"，既使试验点在试验范围内排列整齐、规律，也使试验点在试验范围内散布均匀.

2. 混合水平正交表 $L_n(q_1^{m_1} \times q_2^{m_2} \times \cdots \times q_r^{m_r})$

混合水平正交表是各因子的水平数不完全相同的正交表. 一个正交表

$$L_n(q_1^{m_1} \times q_2^{m_2} \times \cdots \times q_r^{m_r}) \tag{10.4}$$

是一个 $n \times m$ 矩阵，其中 $m = m_1 + m_2 + \cdots + m_r$，$m_i$ 列有 $q_i(\geqslant 2)$ 个水平.

对任意的两列，所有可能的水平组合在设计矩阵中出现的次数相同. 对于形如式(10.4)的正交表，其中各参数的含义为

L：正交表；

n：试验次数；

q_i：因子的水平数，$i = 1, 2, \cdots, r$；

m_i：表中 q_i 水平因子的列数，表示最多能容纳 q_i 水平因子的个数；

r：表中不同水平数的数目.

例如，表10.6所示的 $L_8(4^1 \times 2^4)$ 正交表，它共有8行（8个处理），表示试验次数为8；共有5列，最多可以安排1个4水平因子和4个2水平因子的试验. 我们知道，一个 2^6 析因试验需要进行64次试验，而使用正交设计只需进行8次试验.

表 10.6 $L_8(4^1 \times 2^4)$ 正交表

试验号	列号				
	1	2	3	4	5
1	1	1	1	1	1
2	3	1	1	2	2
3	2	1	2	1	2
4	4	1	2	2	1
5	4	2	1	1	2
6	2	2	1	2	1
7	3	2	2	1	1
8	1	2	2	2	2

一个混合水平正交表具有以下性质：

(1) 表中任一列，不同数字出现次数相同；

(2) 表中任意两列，各种同行数字对出现的次数是相同的，但不同的两列间所组成的水平搭配种类及出现次数是不完全相同的.

正交试验能均匀地挑选出代表性强的少数试验方案. 由少数试验方案，可以推出较优的方案，并且可以得到试验结果之外的更多信息.

由正交表的构造可见，正交表具有整齐可比、均衡分散的特点.

一张正交表的任一列中诸水平出现的次数相等，且任两列中所有可能的水平组合出现的次数是相等的. 反之，满足这两个条件的表，就称为正交表. 正交表中的数字只是一个代号，也可以用字母，或以正负相间的整数来代替. 例如表10.5中，如果使用 -1（低水平）、0（中水平）

和1（高水平）分别代替其中的1、2、3，则$L_9(3^4)$的4列组成的设计矩阵为

$$X = \begin{bmatrix} -1 & -1 & -1 & -1 \\ -1 & 0 & 0 & 0 \\ -1 & 1 & 1 & 1 \\ 0 & -1 & 0 & 1 \\ 0 & 0 & 1 & -1 \\ 0 & 1 & -1 & 0 \\ 1 & -1 & 1 & 0 \\ 1 & 0 & -1 & 1 \\ 1 & 1 & 0 & -1 \end{bmatrix}$$

且有$X^T X = 6I_4$，即X的列相互正交。在回归模型中，如果设计矩阵定义为如X的形式，其信息矩阵的逆就能够方便地求得，并且这类模型具有很好的性质。下面我们介绍等价正交表与同构正交表的概念。

以正交表$L_9(3^4)$为例，如果使用该表安排4个3水平因子A、B、C和D，则试验次数是析因试验次数的$\frac{1}{9}$，我们称这一设计是3^4析因设计的$\frac{1}{9}$设计，也称为部分实施，记为3^{4-2}设计。如果使用该表安排3个3水平因子，则对应的是3^3析因设计的$\frac{1}{3}$设计，记为3^{3-1}设计。正交表就是从全面试验中提取部分实施的一类设计。如果将$L_9(3^4)$的9行做任意置换，其试验方案并无实质改变，只是试验序号做了适当调整。类似地，若将$L_9(3^4)$的4列做任意置换，其试验方案是将因子A、B、C和D改放在不同的列，对正交表的几何结构而言，并无本质改变。基于上述两点，正交表$L_9(3^4)$并不唯一，从一个$L_9(3^4)$表可以通过其行、列置换变出许许多多$L_9(3^4)$表，显然这些表是相互等价的。

(1) 正交表的任意两行之间可以相互置换，这使得试验的顺序可以自由选择；

(2) 正交表的任意两列之间可以相互置换，这使得因子可以自由安排在正交表的各列上。

基于前两点，我们称两个正交表为**等价**的，即通过对其中一张表进行适当的行置换和列置换可以得到另一张表。

(3) 正交表的每一列中的不同水平之间可以相互置换，这使得因子的水平可以自由安排。

如果将正交表的每一列的水平做适当的置换，变换后的表仍是同一类正交表，还可以引入同构的概念。我们称两个正交表为**同构**的，即通过对其中一张表进行适当的行置换、列置换及水平置换可以得到另一张表。对于两张等价的正交表，在使用时并无本质差别；而对于两张同构的正交表在使用时可能有不同的推断能力。

10.3.2 极差分析

我们以一个实例来说明使用正交表安排试验，并用极差分析法来筛选因子的过程。

例 10.7 姜黄素是姜黄中的主要活性成分，在优化其提取工艺时需要进行试验设计，确定正交试验考察的3个因子有3水平，如表10.7所示。请用$L_9(3^4)$正交表来安排试验，并分析表10.8中的试验结果。

表 10.7　姜黄素提取量试验设计因子及水平

水平	因子		
	乙醇浓度 $A/\%$	溶媒的量 B/n倍体积	渗透速度 $C/(\text{ml/min})$
1	50(1)	4(1)	2(1)
2	70(2)	6(2)	3(2)
3	90(3)	9(3)	4(3)

表 10.8　姜黄素提取量正交设计及试验结果

序号	A	B	C	提取量/(mg/kg)	中心化数据/(mg/kg)
1	50(1)	4(1)	2(1)	184.45	−156.05
2	50(1)	6(2)	4(3)	171.25	−169.25
3	50(1)	9(3)	3(2)	299.84	−40.66
4	70(2)	4(1)	4(3)	350.61	10.11
5	70(2)	6(2)	3(2)	434.33	93.83
6	70(2)	9(3)	2(1)	461.25	120.75
7	90(3)	4(1)	3(2)	394.25	53.75
8	90(3)	6(2)	2(1)	394.35	53.85
9	90(3)	9(3)	4(3)	373.97	33.47

解　本例中含有3个因子，每个因子都有3个水平，而 $L_9(3^4)$ 正交表可以安排4个3水平因子的试验，用于本例中还空一列.

对于无交互作用的正交设计，可以将各因子安排在表中的任意列. 本例中将3个因子置于2、3、4列上，第一列空白，然后用1、2、3代表不同的水平，共进行9次试验. 测得姜黄素的提取量（单位：mg/kg）如表10.8中所示，求出试验结果的均值为340.5 mg/kg，并用试验结果减去均值得到中心化的数据. 试验目的是为了分析各因子对姜黄素提取量的影响是否显著，并尝试找到提取量最大的处理组合.

以下主要介绍使用极差分析法来分析正交设计的试验数据.

试验结果的极差分析法是一种简便易行的方法. 在没有现代计算工具的情况下，极差分析法深受使用者欢迎. 即使在计算机普及的今天，极差分析法因为具有直观的优点，一些领域仍将其作为数据分析的主要方法之一. 一般的极差分析法要进行以下几个步骤：

1. 直接比较，明确实际优处理

从表10.8中的中心化数据一列找到最大值为120.75，它位于表中的第6次试验，对应的处理为 $A_2B_3C_1$ 是当前试验结果中最好的，并且结果较为可靠，所以可以进一步在小范围内试验.

2. 计算各水平均值，组合比较，提出最优水平组合

例如，我们可以将表10.8中的试验结果对应到各因子水平下，计算观测值的总和与均值，然后再进行比较，最后选出最优水平的组合，计算结果如表10.9所示.

表 10.9　姜黄素提取试验指标计算的结果

序号	A/(mg/kg)	B/(mg/kg)	C/(mg/kg)
K_1	−365.96	−92.19	18.55
K_2	224.69	−21.57	106.92
K_3	141.07	113.56	−125.67
$\bar{K}_1$	−121.99	−30.73	6.18
$\bar{K}_2$	74.90	−7.19	35.64
$\bar{K}_3$	47.02	37.85	−41.89
R	196.89	68.58	77.53

表10.9中的 K_1、K_2、K_3 分别表示在各因子各水平下姜黄素提取量的总和. 例如, 因子A列的K_1行表示因子A取水平1时试验结果的总和, 即有

$$K_{A_1} = -156.05 \text{ mg/kg} - 169.25 \text{ mg/kg} - 40.66 \text{ mg/kg} = -365.96 \text{ mg/kg}$$

类似地, 可以计算得

$$K_{A_2} = 224.69 \text{ mg/kg}$$
$$K_{A_3} = 141.07 \text{ mg/kg}$$

因为在试验中, 因子A的各个水平重复了3次, 所以可以计算得到A在各个水平下试验结果的均值, 即有

$$\bar{K}_{A_1} = -\frac{365.96}{3} \text{ mg/kg} \approx -121.99 \text{ mg/kg}$$

$$\bar{K}_{A_2} = \frac{224.69}{3} \text{ mg/kg} \approx 74.90 \text{ mg/kg}$$

$$\bar{K}_{A_3} = \frac{141.07}{3} \text{ mg/kg} \approx 47.02 \text{ mg/kg}$$

类似地, 我们可以计算得到因子B与C的各水平下试验结果的总和与均值.

$$K_{B_1} = -92.19 \text{ mg/kg}, \quad K_{B_2} = -21.57 \text{ mg/kg}, \quad K_{B_3} = 113.56 \text{ mg/kg}$$
$$\bar{K}_{B_1} = -30.73 \text{ mg/kg}, \quad \bar{K}_{B_2} = -7.19 \text{ mg/kg}, \quad \bar{K}_{B_3} = 37.85 \text{ mg/kg}$$
$$K_{C_1} = 18.55 \text{ mg/kg}, \quad K_{C_2} = 106.92 \text{ mg/kg}, \quad K_{C_3} = -125.67 \text{ mg/kg}$$
$$\bar{K}_{C_1} = 6.18 \text{ mg/kg}, \quad \bar{K}_{C_2} = 35.64 \text{ mg/kg}, \quad \bar{K}_{C_3} = -41.89 \text{ mg/kg}$$

从上述结果可以看出, 使得平均提取量最大的因子水平分别为A_2、B_3、C_2, 即找出各水平下均值的最大者: $\bar{K}_{A_2} = 74.90$ mg/kg, $\bar{K}_{B_3} = 37.85$ mg/kg, $\bar{K}_{C_2} = 35.64$ mg/kg.

为直观地显示因子各个水平下试验结果的差异, 可以绘制出因子水平均值, 如图10.3所示.

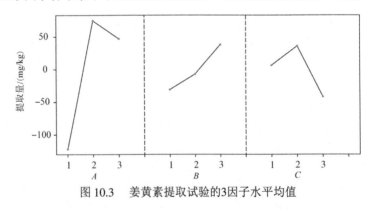

图 10.3　姜黄素提取试验的3因子水平均值

图10.3中绘出了3个因子的3个水平下姜黄素提取量的均值点, 并用折线连接. 从图10.3也可以得到以下结论:

①因子A（乙醇浓度）取到中等水平（70%）时提取量最高, 而取到低水平（50%）与高水平（90%）时效果不如中等水平的好, 所以在中期试验时可以将乙醇浓度控制在70%附近再次进行试验;

②因子B（溶媒的量）取高水平（9倍体积）时提取量最高, 并且从3个水平上的均值来看, 有递增趋势, 所以下一步试验可以考虑进一步提高溶媒的量;

③因子C（渗透速度）取到中等水平（3 ml/min）时提取量最高，进一步试验可以缩小范围，将渗透速度控制在中等水平附近再次进行试验.

综合而言，在处理$A_2B_3C_2$下的试验效果应为最好.

3. 极差分析确定因子主次

在一项试验中，各因子对响应的影响是有主次的. 如果一个因子对试验结果的影响大，则图10.3中均值散点的变化幅度就会大. 反之，如果因子对试验结果的影响不大，则该因子的均值散点变化幅度就会很小. 从图10.3可见，因子A的均值变化幅度最大，所以A是主要因子，其次B与C的变化幅度相近，要判断两者的主次，可以用均值的**极差**来判断.

根据表10.9的数据可计算各因子均值的极差值，一个因子的极差是该因子各水平下响应均值的最大值与最小值之差. 例如，计算因子A的极差

$$\begin{aligned} R_A &= \max\{\bar{K}_{A_1}, \bar{K}_{A_2}, \bar{K}_{A_3}\} - \min\{\bar{K}_{A_1}, \bar{K}_{A_2}, \bar{K}_{A_3}\} \\ &= 196.89 \text{ mg/kg} \end{aligned}$$

类似地，有

$$R_B = 68.58 \text{ mg/kg}$$
$$R_C = 77.53 \text{ mg/kg}$$

由于$R_A > R_C > R_B$，因此直观地认为因子A为主要的因子，其次是C，再次是B. 表示因子的主次顺序也可以使用箭头连接，如$A \to C \to B$.

10.4 混料设计

混料设计是试验设计的一个重要分支，它在工业、农业和科学试验中都得到了广泛的应用，如生产汽油混合物、混凝土、合金、陶瓷、混纺纤维及烧结矿等产品都会遇到混料设计问题. 混料试验的目的是要考察各因子在所有因子混料中所占比例对响应的影响，从而找到最优的配方比例. 本节主要介绍混料试验的常用设计方法，包括单纯形–中心设计、考克斯（Cox）设计及轴设计.

10.4.1 一般混料问题

在生产及生活中，我们经常看到这样一些现象，几种物品配合在一起使用所产生的效果比单独使用某种物品的效果要好. 为取得最好的效果，我们要进行几种物品混合在一起的混料试验. 很多产品是通过混合两种或多种成分制造出来的，一些例子如下：

（1）糕点，是将面粉、油、糖、发酵粉、水及某些香料混合在一起经烘烤而成；

（2）建筑楼房所用的混凝土，是将沙、碎石、水及一种或若干种型号的水泥混合在一起经搅拌而成；

（3）信号闪光剂，是将含镁、钠的硝酸盐与含锶的硝酸盐及黏合剂混合在一起制成的；

（4）烧结矿，是将矿粉、返矿粉、石灰、焦粉及水混合在一起经烧结而制成的.

在上述例子中，生产者或试验者对产品的一种或几种特性感兴趣，而这些特性都与各混合成分所占的比例有关. 例如：

(1) 的特性指标可以是糕点的柔软性，它与糕点配方中各种成分所占的比例有关；

(2) 的特性指标是混凝土黏合强度，它与沙、碎石、水及水泥所占的比例有关；

(3) 的特性指标是照度及闪光持续时间；

(4) 的特性指标是烧结矿的粒度及强度．

对于每种特性指标来说，如何确定各种成分在配方中所占的比例，使得某项或某几项特性指标在一定的意义下达到最优，这是生产及试验中的一个重要问题．通常我们假设产品的某个特性指标与产品的成分比例之间存在着近似函数的关系，当混料中各种成分的比例变化时，产品的特性指标也将变化．从试验的角度看来，有必要研究产品的特性指标或响应（例如，混凝土的黏合强度）与可控变量（在混凝土例子中是水泥相对于沙、碎石及水的比例）之间的函数关系，因为我们知道了这些函数系就可以确定出某种意义上的最优成分组合．然而，很多产品的特性指标与配方中各种成分比例之间的函数关系，在理论上还不清楚，无法得到其解析表达式．但是我们可以通过试验来得到因子及特性指标的一套数据，找到因子与指标间的近似表达式．

混料设计就是假定响应指标只与各成分在配方中所占比例有关而与总量无关的一类设计．下面我们介绍混料试验域及其几何解释．

在混料试验中，设 x_i，$i = 1, 2, \cdots, q$ 表示 q 分量混料系统中第 i 种成分所占的比例，η 表示响应的值，则混料响应可表示为

$$\eta = \varphi(x_1, x_2, \cdots, x_q) \tag{10.5}$$

有一些问题与上述由式(10.5)所确定的一般混料响应关系稍微有些差别．例如，考虑氮、磷、钾 3 种肥料混合使用对某农作物产量的影响．假定除肥料外其他条件都固定，这时不仅 3 种肥料在混合肥料中所占的百分比影响产量，而且单位面积所用混合肥料的总量也影响产量，这与上述的一般混料问题有差别．但是，如果我们将问题限定为单位面积所用混合肥料总量是固定的话，则将成为上述的一般混料问题．混料问题中的可控变量（即每种成分在混料总量中所占的百分比）是不能任意变化的，要受到某些约束的限制．这些百分比必须都是非负的，而且相加之和必须是 1．故 q 分量混料系统各种成分所占的百分比 x_i，$i = 1, 2, \cdots, q$ 必须服从约束条件

$$x_1 + x_2 + \cdots + x_q = 1, \quad x_i \geqslant 0, \quad i = 1, 2, \cdots, q \tag{10.6}$$

今后把满足约束条件式(10.6)的变量 x_i，$i = 1, 2, \cdots, q$ 称为混料变量或混料分量，称式(10.6)是混料问题的基本约束条件．满足基本约束条件的混料问题称为 q 分量混料系统．记 $\boldsymbol{x} = (x_1, x_2, \cdots, x_q)^{\mathrm{T}}$ 是由各个混料分量构成的 q 维向量，称向量 $\boldsymbol{x}$ 为一个 q 分量混料试验点．满足基本约束条件的所有的试验点组成的集合记为

$$S^{q-1} = \left\{ \boldsymbol{x} = (x_1, x_2, \cdots, x_q)^{\mathrm{T}} : \sum_{i=1}^{q} x_i = 1, x_i \geqslant 0, i = 1, 2, \cdots, q \right\} \tag{10.7}$$

称 S^{q-1} 是一个 $q-1$ 维的正规单纯形，也是 q 分量混料系统的试验域．

正规单纯形的顶点表示单一成分组成的混料，称为纯混料．纯混料主要作用是作为比较标准，与多种成分组成的混料相对照．一维棱上的点表示两种成分组成的混料，$\cdots\cdots$，k 维边界面的点表示由 k 种成分组成的混料；而 $q-1$ 维正规单纯形的内点表示由全部 q 种成分组成的混料．例如，3 分量混料系统，取空间直角坐标系 $O - x_1 x_2 x_3$，分别在 3 个坐标轴上取 $A(1, 0, 0)$，

$B(0,1,0), C(0,0,1)$ 3点，则3分量混料系统的试验域

$$S^{3-1} = \left\{ \boldsymbol{x} = (x_1, x_2, x_3)^{\mathrm{T}}: \sum_{i=1}^{3} x_i = 1, \ x_i \geqslant 0, \ i = 1, 2, 3 \right\}$$

是三维空间中的等边三角形$\triangle ABC$上的点集，如图10.4所示.

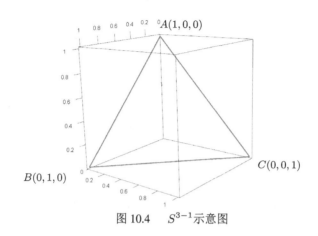

图 10.4 S^{3-1}示意图

由于受基本约束条件的限制，各分量x_i只能在$\triangle ABC$上取值. 也就是说，3分量混料系统的试验点只能取在二维正规单纯形-等边三角形上. 为使用方便，将不再画出3个坐标轴，只画出一个等边三角形就可以了. 进一步，我们引出正规单纯形坐标系，这种坐标系使用起来更为方便. 取高为1的等边三角形，则此等边三角形内任意一点F到三边距离之和是1，即$FA' + FB' + FC' = 1$.

这样在二维正规单纯形中，我们将FA'的长度看成是F点的x_1坐标值，把FB'与FC'的长度分别看成是F点的x_2坐标值与x_3坐标值，在等边三角形上建立起"二维正规单纯形坐标系"或"二维重心坐标系". 试验点$F(x_1, x_2, x_3)$的3个分量x_1、x_2及x_3分别看成是F点到3边的距离，如图10.5(a)所示. 同样地，我们也可以在三维（或多维）空间内取一个高为1的正规单纯形，则此正规单纯形内任何一点到各个边界面的距离之和是1，我们将该点到各个边界面的距离看成是该点的各个单纯形坐标，建立起三维（或多维）正规单纯形坐标系或重心坐标系. 例如，当分量$q = 4$时，单纯形坐标系如图10.5(b)所示. 试验点$F(x_1, x_2, \cdots, x_q)$的q个分量$x_1, x_2, \cdots, x_q$分别看成是点F到q个边界面的距离.

单纯形-格子设计是将试验点均匀地分布在整个单纯形因子空间中，并且针对给定的混料规范多项式模型，将试验点取在相应阶数的正规单纯形-格子点上.

对于$q-1$维正规单纯形（有q个顶点）m阶格子点集的定义为

$$\mathcal{L}\{q, m\} = \left\{ \left(\frac{\alpha_1}{m}, \frac{\alpha_2}{m}, \cdots, \frac{\alpha_q}{m} \right): \alpha_i \in \mathbb{Z}^+, \ i = 1, 2, \cdots, q, \ \sum_{i=1}^{q} \alpha_i = m \right\} \tag{10.8}$$

格子点集$\mathcal{L}\{q, m\}$总共有C_{q+m-1}^{m}个格子点.

例如，当$m = 1, q = 3$时，即3分量1阶格子点集是由3个试验点构成，即$\mathcal{L}\{3, 1\} = \{\boldsymbol{x}_1 \boldsymbol{x}_2, \boldsymbol{x}_3\}$，其中$\boldsymbol{x}_1 = (1, 0, 0)^{\mathrm{T}}, \boldsymbol{x}_2 = (0, 1, 0)^{\mathrm{T}}, \boldsymbol{x}_3 = (0, 0, 1)^{\mathrm{T}}$.

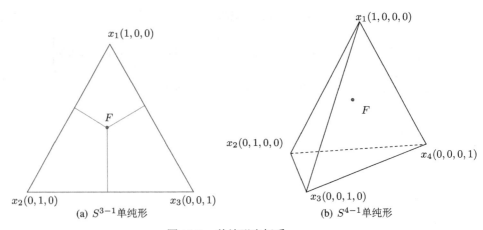

(a) S^{3-1} 单纯形   (b) S^{4-1} 单纯形

图 10.5 单纯形坐标系

当 $m=2$，$q=3$ 时，3 分量 2 阶格子点集是由 6 个试验点构成，这 6 个试验点分别是 S^{3-1} 的 3 个顶点 $\boldsymbol{x}_1=(1,0,0)^{\mathrm{T}}$，$\boldsymbol{x}_2=(0,1,0)^{\mathrm{T}}$，$\boldsymbol{x}_3=(0,0,1)^{\mathrm{T}}$ 和 3 边的中点 $\boldsymbol{x}_4=\left(\dfrac{1}{2},\dfrac{1}{2},0\right)^{\mathrm{T}}$，$\boldsymbol{x}_5=\left(\dfrac{1}{2},0,\dfrac{1}{2}\right)^{\mathrm{T}}$，$\boldsymbol{x}_6=\left(0,\dfrac{1}{2},\dfrac{1}{2}\right)^{\mathrm{T}}$.

3 分量 3 阶格子点集 $\mathcal{L}\{3,3\}$ 共包含了 10 个混料试验点，分别为

(1) 3 个顶点：$\boldsymbol{x}_1=(1,0,0)^{\mathrm{T}}, \boldsymbol{x}_2=(0,1,0)^{\mathrm{T}}, \boldsymbol{x}_3=(0,0,1)^{\mathrm{T}}$.

(2) 6 个棱上的三等分点：$\boldsymbol{x}_4=\left(\dfrac{1}{3},\dfrac{2}{3},0\right)^{\mathrm{T}}$，$\boldsymbol{x}_5=\left(\dfrac{2}{3},\dfrac{1}{3},0\right)^{\mathrm{T}}$，$\boldsymbol{x}_6=\left(0,\dfrac{1}{3},\dfrac{2}{3}\right)^{\mathrm{T}}$，$\boldsymbol{x}_7=\left(0,\dfrac{2}{3},\dfrac{1}{3}\right)^{\mathrm{T}}$，$\boldsymbol{x}_8=\left(\dfrac{1}{3},0,\dfrac{2}{3}\right)^{\mathrm{T}}$，$\boldsymbol{x}_9=\left(\dfrac{2}{3},0,\dfrac{1}{3}\right)^{\mathrm{T}}$.

(3) 1 个中心点：$\boldsymbol{x}_{10}=\left(\dfrac{1}{3},\dfrac{1}{3},\dfrac{1}{3}\right)^{\mathrm{T}}$. 3 分量 ($m=2,3,5$) 的格子点集如图 10.6 所示.

类似地，$\mathcal{L}\{4,2\}, \mathcal{L}\{4,3\}, \mathcal{L}\{4,5\}$ 这些格子点集中的格子点是 3 维正规单纯形坐标系中的散点，如图 10.7 所示.

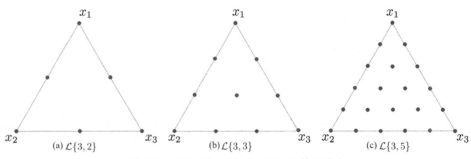

图 10.6 $\mathcal{L}\{3,2\}, \mathcal{L}\{3,3\}, \mathcal{L}\{3,5\}$ 格子点集

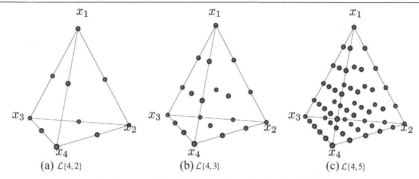

图 10.7 $\mathcal{L}\{4,2\}, \mathcal{L}\{4,3\}, \mathcal{L}\{4,5\}$ 格子点集

定义 10.1 对于任意的 $\boldsymbol{x} = (x_1, x_2, \cdots, x_q)^\mathrm{T} \in S^{q-1}$，设 $i_1, i_2, \cdots, i_q$ 是 $1, 2, \cdots, q$ 的一个置换排列，则称由 $\boldsymbol{x}$ 生成的置换点集为

$$\mathcal{H}(\boldsymbol{x}) = \{\boldsymbol{x}, \boldsymbol{x}_1, \boldsymbol{x}_2, \cdots, \boldsymbol{x}_p\}$$

其中，$\boldsymbol{x}_i = (x_{i_1}, x_{i_2}, \cdots, x_{i_q})^\mathrm{T}$，$i = 1, 2, \cdots, p$，它表示将经过下标置换后得到的所有互不相同的试验点构成的集合. 令 $H(\boldsymbol{x}) = [\boldsymbol{x}, \boldsymbol{x}_1, \boldsymbol{x}_2, \cdots, \boldsymbol{x}_p]^\mathrm{T}$ 表示将 $\mathcal{H}(\boldsymbol{x})$ 中的各点按行排列而成的矩阵，我们称之为置换点矩阵.

例如，令 $\boldsymbol{x}_1 = (1, 0, \cdots, 0)^\mathrm{T}$，$\boldsymbol{x}_2 = \left(\dfrac{1}{2}, \dfrac{1}{2}, 0, \cdots, 0\right)^\mathrm{T}$，则由这两个点生成的置换点集为

$$\mathcal{H}(\boldsymbol{x}_1) = \{e_q(1), e_q(2), \cdots, e_q(q)\}, \quad \mathcal{H}(\boldsymbol{x}_2) = \left\{\boldsymbol{x} = \dfrac{1}{2}e_q(i) + \dfrac{1}{2}e_q(j)\colon\ 1 \leqslant i < j \leqslant q\right\}$$

其中，$e_q(j)$ 表示第 j 个元素为 1、其余元素为 0 的 q 维列向量.

10.4.2 单纯形–中心设计

单纯形–格子设计的试验点能均匀地分布在整个单纯形上，并且格子点集 $\mathcal{L}\{q, m\}$ 的点数 C_{q+m-1}^m 恰好等于 m 阶混料正规多项式的参数个数. 然而 $\mathcal{L}\{q, m\}$ 有 C_{q+m-1}^m 个试验点，当使用高阶混料规范多项式模型时，所需的试验点个数仍然很多. 针对上述缺点，谢弗（Scheffé）之后又提出了单纯形–中心设计. 单纯形–格子设计已是饱和设计，要进一步减少试验点数，就要从简化模型着手. 同时，为了保证预测值的精度，又不能降低模型的阶数，我们可以删掉完全型多项式–混料规范多项式的某些项，而使保留的各项具有对称性. 这样，可采用特殊 q 阶多项式模型

$$\eta = \sum_{i=1}^{q} \beta_i x_i + \sum_{i<j} \beta_{ij} x_i x_j + \sum_{i<j<k} \beta_{ijk} x_i x_j x_k + \cdots + \beta_{12\cdots q} x_1 x_2 \cdots x_q \tag{10.9}$$

因为此多项式是与单纯形–中心设计联系在一起的，故我们把它称为 q 分量中心多项式. 对于 q 分量单纯形–中心多项式 (10.9)，试验点安排在单纯形所有各类中心上的设计称为单纯形–中心设计. 在 q 分量单纯形–中心设计中，我们记 $\mathcal{C}\{q\}$ 是 q 分量的中心点集，共有 $2^q - 1$ 个不同的试验点，它们是 q 个 $(1, 0, \cdots, 0)$ 的纯混料点，C_q^2 个 $\left(\dfrac{1}{2}, \dfrac{1}{2}, 0, \cdots, 0\right)$ 的 2 分量等比例混料，C_q^3 个 $\left(\dfrac{1}{3}, \dfrac{1}{3}, \dfrac{1}{3}, \cdots, 0\right)$ 的 3 分量等比例混料，$\cdots$，1 个单纯形总体中心 $\left(\dfrac{1}{q}, \dfrac{1}{q}, \cdots, \dfrac{1}{q}\right)$，即全部分量的等比例混料.

单纯形-中心设计的设计点由q分量的每一个非空子集组成，而且每个设计点的各个分量值或者是零，或者相等. 从几何上看，这些混料点都取在$q-1$维单纯形总体的中心及包含在$q-1$维单纯形内部的所有低维单纯形中心上，故称为单纯形-中心设计.

单纯形-中心设计要比q阶单纯形-格子设计所用试验点的个数少得多. 对于q分量系统来说，有的试验不需要高阶项，为了更进一步减少试验点数，可以将q分量中心多项式中m阶$(m<q-1)$以上的高阶项截去，使用q分量m阶中心多项式回归模型

$$\eta = \sum_{i=1}^{q}\beta_i x_i + \sum_{i<j}\beta_{ij}x_i x_j + \cdots + \sum_{i_1<i_2<\cdots<i_m}\beta_{i_1 i_2\cdots i_m}x_{i_1}x_{i_2}\cdots x_{i_m} \tag{10.10}$$

广义单纯形-中心设计针对的是单纯形试验域及m阶中心多项式(10.10)，其所考虑的试验设计的备选点是C_q^1个单纯形顶点，C_q^2个两顶点中心，$\cdots\cdots$，C_q^m个m顶点中心，这样的试验设计方案称为m阶广义单纯形-中心设计方案. 我们记$\mathcal{C}\{q,m\}$为m阶广义中心点集.

10.4.3 考克斯设计与轴设计

单纯形-格子设计及单纯形-中心设计的试验点多数位于单纯形因子空间的边界上（顶点、棱及边界面等）. 在实际试验中有时要进行完全混料试验，试验点取在单纯形内部，这可以采用考克斯设计或者轴设计来解决.

1. 考克斯设计

在一些试验中，试验者的兴趣在于单纯形内部某一点及以此点为中心的区域. 首先在某个混料点处进行试验，这个点成为混料参照点，简称参照点. 设参照点是$\boldsymbol{s} = (s_1, s_2, \cdots, s_q)^{\mathrm{T}}$，其响应观测值是$b_0$. 当我们要对参照点周围区域进行探讨时，可以采用考克斯设计. 当采用一阶考克斯数学模型

$$\hat{y} = b_0 + \sum_{i=1}^{q} b_i x_i \tag{10.11}$$

时（b_0是在$\boldsymbol{s}$点的响应观测值），q个混料点可分别取在$\boldsymbol{s}$点与q个顶点的连线上，这q个点为

$$\boldsymbol{x}^{(1)} = (s_1 + \Delta_1, s_2 u_1, s_3 u_1, \cdots, s_q u_1)^{\mathrm{T}}$$
$$\boldsymbol{x}^{(2)} = (s_1 u_2, s_2 + \Delta_2, s_3 u_2, \cdots, s_q u_2)^{\mathrm{T}}$$
$$\cdots\cdots$$
$$\boldsymbol{x}^{(q)} = (s_1 u_q, s_2 u_q, s_3 u_q, \cdots, s_q + \Delta_q)^{\mathrm{T}}$$

其中，$u_i = 1 - \dfrac{\Delta_i}{1 - s_i}$，$i = 1, 2, \cdots, q$，$0 \leqslant \Delta_i \leqslant 1 - s_i$. 可以验证$\boldsymbol{x}^{(i)}$的$q$个分量之和是1. 试验点$\boldsymbol{x}^{(i)}$的各分量之和为

$$\begin{aligned}
s_i + \Delta_i + u_i \sum_{j\neq i}^{q} s_j &= u_i \sum_{j=1}^{q} s_j - (u_i - 1)s_i + \Delta_i \\
&= 1 - \frac{\Delta_i}{1-s_i} + \frac{\Delta_i s_i}{1-s_i} + \Delta_i \\
&= 1
\end{aligned}$$

在一阶考克斯数学模型式(10.11)中，回归系数b_i，$i = 1, 2, \cdots, q$间不是互相独立的，要受约束条件$\sum_{i=1}^{q} b_i s_i = 0$的限制. 在考克斯设计中，试验点$\boldsymbol{x}^{(i)}$在参照点$\boldsymbol{s} = (s_1, s_2, \cdots, s_q)^{\mathrm{T}}$与单纯

形顶点 x_i（满足 $x_i = 1, x_j = 0, j \neq i, j = 1, 2, \cdots q$）的连线上，$q$ 个试验点 $x^{(1)}, x^{(2)}, \cdots, x^{(q)}$ 围成正规单纯形内部的一个 $q-1$ 维子单纯形，而参照混料点 s 被围在此子单纯形中.

设 $y(s)$ 为点 s 的响应观测值，$y(x^{(i)})$ 是 $x^{(i)}$ 点处的试响应观测值，可以证明模型式(10.11)的参数估计为

$$\hat{b}_i = \frac{1-s_i}{\Delta_i} \left[y(x^{(i)}) - y(s) \right], \quad i = 1, 2, \cdots, q$$

2. 轴设计

当参照点是单纯形的中心 $s = \left(\frac{1}{q}, \frac{1}{q}, \cdots, \frac{1}{q}\right)^T$，且 $\Delta_1 = \Delta_2 = \cdots = \Delta_q = \Delta$ 时，将考克斯设计称为轴设计. 此时，试验点取在正规单纯形的 q 个轴上，且距离总体中心 s 的距离相等，都是 Δ. 这 q 个试验点是

$$x^{(1)} = \left(\frac{1}{q} + \Delta, \frac{1-1/q-\Delta}{q-1}, \cdots, \frac{1-1/q-\Delta}{q-1}\right)^T$$

$$x^{(2)} = \left(\frac{1-1/q-\Delta}{q-1}, \frac{1}{q} + \Delta, \cdots, \frac{1-1/q-\Delta}{q-1}\right)^T$$

$$\cdots\cdots$$

$$x^{(q)} = \left(\frac{1-1/q-\Delta}{q-1}, \cdots, \frac{1-1/q-\Delta}{q-1}, \frac{1}{q} + \Delta\right)^T$$

且 Δ 的最大值是 $\frac{q-1}{q}$.

例如，生成一个3分量的考克斯设计，它的参照点为 $s_0 = \left(\frac{1}{3}, \frac{1}{2}, \frac{1}{6}\right)^T$，各顶点到参照点的距离的向量为 $\Delta = \left(\frac{1}{6}, \frac{1}{12}, \frac{1}{12}\right)^T$. 经过计算可得3个试验点分别为 $x_1 = (0.5, 0.375, 0.125)^T$，$x_2 = (0.278, 0.584, 0.138)^T$，$x_3 = (0.3, 0.45, 0.25)^T$.

如果要生成以中心点 $s_1 = \left(\frac{1}{3}, \frac{1}{3}, \frac{1}{3}\right)^T$ 为参照点，到中心点的距离 $\Delta = \frac{1}{3}$ 的轴设计，经过计算得3个试验点分别为 $x_1 = \left(\frac{2}{3}, \frac{1}{6}, \frac{1}{6}\right)^T$，$x_2 = \left(\frac{1}{6}, \frac{2}{3}, \frac{1}{6}\right)^T$，$x_3 = \left(\frac{1}{6}, \frac{1}{6}, \frac{2}{3}\right)^T$.

本章主要介绍试验设计的方法，关于更多的理论和试验设计的数据分析可以参阅相关文献.

10.5 正交拉丁方构造的R语言实现

在R语言中，我们可以使用函数des.MOLS()来找到部分正交拉丁方，使用之前需要加载AlgDesign、gtools和crossdes程序包. 其调用格式为

```
des.MOLS(trt,k=trt)
```

其中，trt为处理数；k 表示因子个数，其默认值为trt. 例如，des.MOLS(n,k)是生成一个 $n(n-1) \times k$ 矩阵，这个矩阵的1至 n 行，$n+1$ 至 $2n$ 行,$\cdots$,$(n-2)n+1$ 至 $n(n-1)$ 行构成的矩

阵两两构成正交拉丁方. 需要说明的是, 除了 $p = 2$ 和 $p = 6$ 两种特殊情况外, p 阶的正交拉丁方都存在, 但函数 des.MOLS() 不一定都能找到所有阶的正交拉丁方.

例 10.8 本例主要就例10.6, 请给出使用函数 des.MOLS() 构造正交拉丁方的R语言实现过程.

解 首先加载程序包.

```
> library(AlgDesign)
> library(gtools)
> library(crossdes)
```

其次再使用函数 des.MOLS() 生成一个 20×5 的矩阵.

```
> d5=des.MOLS(5)
```

最后从结果中截取4个矩阵, 每个5行取一个, 即可得到 5×5 的4个正交的拉丁方阵.

```
> latin51=d5[1:5,]
> latin52=d5[6:10,]
> latin53=d5[11:15,]
> latin54=d5[16:20,]
```

类似地, 运行下列程序可以得到 7×7 的6个正交的拉丁方阵.

```
> d7=des.MOLS(7)
> latin71=d7[1:7,];latin72=d7[8:14,]
> latin73=d7[15:21,];latin74=d7[22:28,]
> latin75=d7[29:35,];latin76=d7[36:42,]
```

习题 10

1. 什么是试验设计, 介绍试验设计的几种类型.

2. 试验设计有什么作用? 应遵循哪些基本原则?

3. 一个好的统计试验应包括哪些方面的内容, 具体应该如何实施?

4. 许多球类运动比赛, 上下半场都要求两支球队交换场地, 这是什么原因?

5. 班级化学实验课安排了一次试验, 为了分析催化剂所占比例与温度对试验结果的影响, 考虑在不同的催化剂所占比例与温度条件下进行试验. 已知催化剂所占比例控制在 5% $\sim$ 15%, 温度范围在 350 ℃ $\sim$ 400 ℃. 班上的4个小组提出了不同的试验方案.

    A组同学为了快速完成试验, 将试验药品分为两份, 在(5%, 350 ℃)(取催化剂5%, 温度350 ℃)与(15%, 400 ℃)两个条件下各重复进行两次试验;

B组同学将试验药品分为4份,在(5%, 350 ℃)、(5%, 400 ℃)、(15%, 350 ℃)、(15%, 450 ℃) 4个条件下各进行一次试验;

C组同学通过计算机,在5~15之间产生4个随机数,分别是5.5、6.7、8.9、12.8,在350~400之间产生4个随机数,分别是367、375、389、397. 然后将这两组随机数两两组合,在每个组合下进行一次试验,共进行16次试验;

D组同学在催化剂浓度分别为5%、10%及15%的条件下,温度取定350 ℃、370 ℃ 及400 ℃ 的条件下各进行一次试验,共完成9次试验.

根据4个小组的试验设计,判断哪个组的设计最好,哪个组的设计不好,理由是什么?

6. 产品开发工程师考虑一种能使新的合成纤维的抗拉强度增大的方案,从以往的经验知道,抗拉强度受棉花在纤维中所占的比例的影响. 工程师决定在两种工艺条件下,检验棉花比例在10%、15%、20%、25%和35%时纤维的抗压强度. 试验共进行了20次,即分别在两种工艺条件下各进行10次试验,每种不同的棉花占比情形下重复做两次试验. 在该试验中,试验指标是什么?有几个因子,分别是什么?这些因子取的水平是什么?一套完整的试验包含了多少个处理?分别是什么?

7. 为了分析学校英语等级考试的通过情况,初步认为影响英语等级考试成绩的因子有: 高考英语成绩、平时学习英语的时间、英语词汇量. 除了这些因子外,你认为还有哪些影响英语等级考试成绩的因子,为了分析这一问题,应该如何安排试验、搜集数据.

8. 在一块近似矩形的区域内采集土壤样本,已知这一区域长约5 km,宽约3 km,试验者在该区域安排了5个采集点,这5个采集点分别分布于矩形区域的4个顶点及中心位置.

   (1)表示该试验的试验域;

   (2)若在5个采集点分别收集10个土壤样本,将这一试验设计表示为式(10.3)的形式;

   (3)分析这一试验的设计空间是什么?试提出一种在该区域内安置9个采集点的设计.

9. 有3种不同的英语读写教材,校长为了了解这3种教材对学生英语读写能力的提高有无显著帮助,拟在初二年级9个班进行试验教学,全年级共有4名英语教师,若采用随机完全区组设计应如何安排教学?

10. 有6个处理需要考察其之间的差异,若采用随机完全区组设计,选5个区组,如何将6个处理随机地安排到30个试验单元中去?

11. 为考察小白鼠对药物过敏的程度,以小白鼠为试验单元,应如何安排区组设计?

12. 市场上流行的智能手机电池容量都在2000 ~ 4500 mA之间,为了比较5个品牌的智能手机的待机时间及通话时间,现采用随机区组设计来安排试验,试问: 应该如何选择区组,如何安排区组设计?

13. 利用R语言找到所有符合下面条件的正交表ID.

    (1)安排5个因子,其中有2个4水平的因子和3个2水平因子;

    (2)试验次数介于20到25之间的正交表;

(3)安排5个因子,总试验次数为32,其中有3个因子都取2水平,1个因子取4水平,1个因子取8水平.

14. 在R语言中生成以下非随机排列的正交表.
$$L_9(3^4),\ L_8(2^7),\ L_{16}(4^5),\ L_8(4^1\times 2^4),\ L_{16}(2^3\times 4^4),$$
$$L_{25}(5^6),\ L_{27}(3^{13}),\ L_{20}(2^{19}),\ L_{25}(5^6),\ L_{32}(2^{21}\times 4^1\times 8^1).$$

15. 2^{k-p}设计是什么含义?生成一个2^{5-1}设计.

16. 若在每一水平组合下进行一次试验,给出正交表$L_{27}(3^{13})$,$L_{16}(4^5)$,$L_{25}(5^6)$各列平方和的计算公式.

17. 为了提高钢材的强度,对热处理工艺条件进行试验,确定正交试验考察了3个因子有3个水平,如下表所示.

水平	因子		
	A 淬火温度/℃	B 回火温度/℃	C 回火时间/min
1	840(1)	410(1)	40(1)
2	850(2)	430(2)	60(2)
3	860(3)	450(3)	80(3)

采用$L_9(3^4)$(在R语言中用程序 oa.design(ID=L9.3.4,randomize=FALSE) 生成)正交表安排试验,空第2列. 9次试验结果强度分别为190、200、175、165、183、212、196、178、187. 通过试验确定因子主次关系,并进行方差分析和回归分析.

18. 某试验问题中A为2水平,B、C、D均为4水平(使用函数oa.design()生成非随机置换的正交表).

(1)用$L_{16}(2^{15})$如何安排试验?如何求各因子的偏差平方和?

(2)用$L_{16}(4^5)$如何安排试验?如何求各因子的偏差平方和?

19. 在研究矾钛合金重轨钢成分对性能影响的试验中考察4个3水平因子V、T、C、S及1个2水平因子Mn. 用非随机排列的正交表$L_{16}(2^{15})$安排试验,试验结果依次为

51 63 65 73 59 67 59 65.5 66 74 75 71 70 67 74 78

对以上结果进行极差分析,找出使试验结果为最小的处理.

20. 5分量三阶格子点集$\mathcal{L}\{5,3\}$共包含多少个试验点,并将$\mathcal{L}\{5,3\}$表示为置换点集之并的形式;中心设计点集$\mathcal{C}\{5\}$共包含多少个试验点,分别是什么?

21. 在R语言中实现以下问题:

(1)生成正规单纯形上的6分量中心点集$\mathcal{C}\{6\}$;

(2)生成三阶广义中心设计点集$\mathcal{C}\{6,3\}$,并比较$\mathcal{C}\{6\}$和$\mathcal{C}\{6,3\}$两种点集的异同;

22. 将以下混料点在单纯形坐标图中标出：

$x_1 = (0.2, 0.5, 0.3)^\mathrm{T}$, $x_2 = (0.5, 0.5, 0)^\mathrm{T}$, $x_3 = (0.6, 0.2, 0.2)^\mathrm{T}$, $x_4 = (0.1, 0.1, 0.8)^\mathrm{T}$, $x_5 = (0.5, 0, 0.5)^\mathrm{T}$, $x_6 = (0.2, 0.7, 0.1)^\mathrm{T}$.

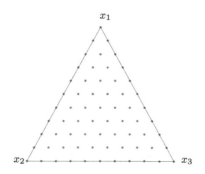

23. 将3种燃料混合后测试骑车行驶的里程，设 x_1、x_2、x_3 分别是3种燃料所占的比例，单位体积的混合燃料能使汽车行驶的里程数为 y。假设通过多次试验，使用二阶多项式模型拟合的回归模型为

$$y = 107.22 - 30.2x_1^2 - 20.35x_2^2 - 17.63x_3^2 + 18.2x_1 + 12.98x_2 + 13.6x_3 + 0.85x_1x_2 - 0.78x_2x_3,$$

如何确定最优的混合比例，使得汽车行驶里程数达到最大，根据该模型推断，汽车行驶里程数最大是多少？

24. 给出 $\mathcal{L}\{3, 2\}$ 单纯形–格子点集，在每个试验点处重复3次试验，得到如下试验结果，采用二阶规范多项式模型

$$y = \sum_{i=1}^{3} \beta_i x_i + \sum_{i<j} \beta_{ij} x_i x_j$$

拟合以下试验结果，试求出参数的估计值.

试验号	x_1	x_2	x_3	重复1	重复2	重复3
1	1	0	0	y_{11}	y_{12}	y_{13}
2	0	1	0	y_{21}	y_{22}	y_{23}
3	0	0	1	y_{31}	y_{32}	y_{33}
4	$\frac{1}{2}$	$\frac{1}{2}$	0	y_{41}	y_{42}	y_{43}
5	$\frac{1}{2}$	0	$\frac{1}{2}$	y_{51}	y_{52}	y_{53}
6	0	$\frac{1}{2}$	$\frac{1}{2}$	y_{61}	y_{62}	y_{63}

附录A　R语言功能简介

R语言最早（1995年）是由奥克兰大学统计系的罗伯特·金特尔曼（Robert Gentleman）和罗斯·伊哈卡（Ross Ihaka）共同开发的，目前由R核心开发小组维护. 我们可以通过R语言的网站了解有关R的最新信息和使用说明，得到最新版本的R软件和基于R的应用统计程序包. 目前R网站中的程序包涵盖了基础统计学、社会学、经济学、生态学、空间分析、生物信息学等诸多方面. R是一套完整的数据处理、计算和制图软件系统.

1. R语言的下载与安装

R是开源软件，用户要安装时可进入R网站下载"Download and Install R"栏中的软件，点击"Windows"进入base，下载点击Windows下载（非Windows系统类似操作），按照提示要求安装即可.

在操作中一般我们不直接在命令框窗口（R console）输入或运行程序，因为这样不利于随时修正. 而是在"文件"菜单中选择"新建程序脚本，打开"R编辑器"，每编好一组程序都可以依次单击"运行"按钮 以便查看代码是否有误.

若需要加载程序包，在联网的状态下可以点击左上角的"程序包"，选择"安装程序包"，这时会弹出选择镜像的对话框，一般选择国内的镜像，例如"China Beijing1". 如果已经下载好程序包，需要将已下载好的程序包名填入函数library()括号中，运行即可加载.

查询帮助文档，可以在函数名前输入"??"运行即可弹出帮助文档网页. 例如，查询回归函数，在程序对话框中运行??lm即可. 帮助文档的网页中介绍了函数的使用方法、各参数的意义及实际例子等. 保存编写好的代码时，所有的运算结果（赋值的变量及函数等）保存在一个文件（名字为.RData）中，下次开机时还会重新载入. 如果不需要则删去该文件即可. 事实上，所用的代码可以以程序脚本形式（××.R，注意： 一定要自己敲入".R"）保存. 还可以参阅其他文献了解R语言的更多功能.

2. R语言中的向量与函数

1) 向量的生成

向量是R语言中最基本的数据类型，它是构成其他数据结构的基础. R语言在处理数据向量时，是将整个数据向量作为单一对象来进行处理. 创建向量的方式有多种，多数函数都是以返回的向量作为输出，下面介绍3种常用的创建向量的方法.

① 使用函数c()，可以将相同类型的元素通过逗号隔开，创建简单的向量. 而使用c(:)函数可以生成任意给定初始数值和结束数值且间隔为1的数值序列.

```
> c(10,15,0.5)   # 生成由10,15,0.5三个数组成的向量
[1] 10.0 15.0  0.5
> c(10:15)   # 生成自10到15, 间隔为1的向量
[1] 10 11 12 13 14 15
```

② 使用函数seq(), 可以生成任意给定初始数值和结束数值的序列, 序列间隔可通过指定间隔长度或者通过参数length指定生成向量的长度, 当间距省略时默认值为1.

```
> seq(10,12,0.5) #生成10到12之间的数, 步长为0.5
[1] 10.0 10.5 11.0 11.5 12.0
> seq(10,15,length=5) #生成10到15之间的数, 等距生成5个数
[1] 10.00 11.25 12.50 13.75 15.00
```

③ 使用函数rep(), 可以产生有规律的重复数列, 该函数的前两个参数分别为待重复的数据和需要重复的次数.

```
> rep(1:3,3) #生成将1,2,3重复3次后的向量序列
[1] 1 2 3 1 2 3 1 2 3
```

2) 向量的运算

R语言中常用的运算有加(+)、减(−)、乘(*)、除(/)、乘方(^)、开方(sqrt)等, 常用的函数有log()、log10()、exp()、sin()、cos()、tan()、asin()、acos() 等. 也可以使用Help>Html 或 help>packages 方式查询所需的函数. 在命令提示符后键入一个表达式并计算此表达式的计算结果, 例如利用R语言计算

$$\frac{1}{2} + 5e^3 + \sin\left(\frac{5\pi}{6}\right)$$

```
> 1/2+5*exp(3)+sin(pi*5/6)
[1] 101.4277
```

比较运算有大于(>)、小于(<)、大于等于(>=)、小于等于(<=)、恒等于(==)、不等于(!=), 运算后给出判别结果为TRUE或FALSE. 另外还有逻辑运算非、与、或等, 所对应的记号为!、&、|, 可自行验证.

在R语言中, 对向量进行的数学运算, 其含义是将向量中每一个元素进行运算. 需要注意的是, 若对两个长度相等的向量进行运算, 其含义是将对应的每个元素进行运算. 而对两个长度不同的向量在进行加、减、乘、除和乘方等运算时, 长度短的将循环使用, 而长度长的应为短的整数倍. 例如:

```
> x=c(1,2,3);    #向量赋值为(1, 2, 3)
> y1=x^2+2^x; y1 #计算向量y1
[1] 3 8 17
```

两个长度相等的向量进行运算, 其含义是将对应的每个元素进行运算. 例如:

```
> x1=c(1,2,3); x2=c(2,4,6)
> x2/x1
[1] 2 2 2
```

两个长度不同的向量在进行加、减、乘、除和乘方等运算时, 长度短的将循环使用, 而长度长的应为短的整数倍. 例如:

```
> x1=c(1,2,3);x2=c(1,2,3,4,5,6,7,8,9)
> x1+x2
[1]  2  4  6  5  7  9  8 10 12
```

对于函数sqrt()、log()、exp()、sin()、cos()、tan()等都可以用向量作为自变量，结果是对向量的每一个元素取相对应的函数值. 例如：

```
> sin(x1)
[1] 0.8414710 0.9092974 0.1411200
> log(x2)
[1] 0.0000000 0.6931472 1.0986123 1.3862944 1.6094379 1.7917595
[7] 1.9459101 2.0794415 2.1972246
```

3) R中的自定义函数

R语言中的函数体是一个复合表达式，各表达式之间要换行或用分号隔开，在命令行输入函数不方便修改，一般都是在程序脚本框中进行编辑，然后在命令框中运行，并且常用的已经编辑好的函数可以储存程序脚本，以方便下次调用.

函数定义的一般格式为

```
函数名=function(x1,x2,…){
        表达式1
        表达式2
        …
        输出变量}
```

其中，x1,x2,…是函数中的变量或参数；"{}"中列出函数的表达式，最后是函数输出变量的值. 定义函数后就可以方便地直接调用. 例如，求解函数 $f(x) = \frac{1}{5}\exp(-\frac{1}{5}x^2)$ 在(0,5)上的定积分. 首先定义函数f03()，在R语言控制台中输入以下命令：

```
> f03=function(x){(1/5)*exp(-(1/5)*x^2)}
```

计算所求区间(0,5)上函数f03()的定积分，输入并运行命令，结果如下：

```
> integrate(f03,lower=0,upper=5)   #对f03在(0,5)上求定积分
0.3957123 with absolute error < 4.6e-15
```

3. 多维数组和矩阵

在R语言中可以用函数matrix()来创建一个矩阵. 其调用格式为

```
matrix (data,nrow,ncol,byrow=FALSE,dimnames=NULL)
```

其中，data项为必要的矩阵元素；nrow为行数；ncol为列数；byrow项控制排列元素时是否按行进行；dimnames给定行和列的名称. 例如，以1,2,…,12排成3行4列的矩阵：

```
> matrix(1:12,nrow=3,ncol=4)
     [,1] [,2] [,3] [,4]
[1,]    1    4    7   10
[2,]    2    5    8   11
[3,]    3    6    9   12
```

1)矩阵的加减

在R语言中对同行同列矩阵相加减,可用符号"+""-".

2)数与矩阵相乘

A为$m\times n$矩阵,c为常数,在R语言中求cA可用符号"*".例如,

```
>c=2;c*A#A是已知矩阵
```

3)矩阵相乘

A为$m\times n$矩阵,B为$n\times k$矩阵,在R语言中求AB可用符号"%*%"计算.例如,

```
> A=matrix(c(1,2,4,3,8,7,6,5,0,9,8,7),nrow=3)
> B=matrix(1:12,4)
> A%*%B
     [,1] [,2] [,3]
[1,]   61  137  213
[2,]   65  157  249
[3,]   46  118  190
```

若A为$n\times m$矩阵,要得到$A^{\mathrm{T}}B$,可用函数crossprod(),该函数计算结果与t(A)%*%B相同,但是效率更高.

4)矩阵阿达玛积(Hadamard product)

若$A=(a_{ij})_{m\times n}$,$B=(b_{ij})_{m\times n}$,则矩阵的阿达玛积定义为

$$A\odot B=(a_{ij}b_{ij})_{m\times n}$$

R语言中阿达玛积可以直接运用运算符"*".

在R中,矩阵运算的功能非常强大,可查阅相关文献了解更多R语言中矩阵的计算规则.

4. R语言中读取Excel文件

在很多情况下,我们搜集到的数据是在Excel中,若逐行输入则需要耗费很多的时间,所以本节介绍几种常用的R语言中读取Excel文件中的数据的方法. 假定电脑中有一个Excel文件,原始的文件路径是D:\ data,以下例为例:测得6名同学的身高和体重如下表所示,文件保存路径为"D:\\data1".需要注意,在R语言中输入路径的方式并不是用"\",而是"\\".

姓名	性别	身高/cm	体重/kg
张敏	女	160	49
李和	男	172	54
王云	女	159	47
赵君	女	161	51
贾琪	女	163	53
钱超	男	174	66

函数 read.table(), read.csv(), read.delim() 可以直接读取Excel文件. 下面以函数 read.csv() 为例.

```
> data1=read.csv("D:\\data1.csv",header=T)
```

其中, header=TURE 是默认的状态. 在默认状态下, 输出的矩阵 data1 是一个 6×4 的矩阵, 第一行作为了 data1 的表头, 如果 header=F(FALSE), 则是没有表头的矩阵.

另外一种方法也比较方便, 打开Excel, 全选里面的内容, 点击复制, 然后在R语言中运行以下命令:

```
> data <- read.table("clipboard",header=T,sep='\t')
```

则可以将表格中的内容读取到R中.

关于导入数据的更多内容可以在 help 中查找. 在R语言中也可以将已有的数据导出到Excel中, 例如运行下列程序.

```
> b=matrix(c(1:50),10)
> setwd("F:\\")#需要导出到的盘
> write.table(b,"data1.csv",sep=",")
```

这样就可以把b中的数据导出到F盘中, 文件名为 "data1.csv".

5. R语言中的概率分布

R中包含了常见分布的分布函数, 读者在计算时可以直接调用. 表A.1中列出了常见分布的R函数表示.

表A.1 常见分布的R函数表示

分布名称	R名称	参数
贝塔分布	beta	shape1,shaple2
二项分布	binom	size,prob
柯西分布	cauchy	location=0,scale=1
卡方分布	chisq	df,ncp
指数分布	exp	rate
F分布	f	df1,df2,ncp
伽马分布	gamma	shape,scale=1
几何分布	geom	prob
超几何分布	hyper	m,n,k
对数正态分布	lnorm	meanlog=0,sdlog=1
逻辑斯蒂分布	logis	location=0,scale=1
多项分布	multinom	size,prob
正态分布	norm	mean=0,sd=1
负二项分布	nbinom	size,prob
泊松分布	pois	lambda
t分布	t	df
均匀分布	unif	min=0,max=1
韦布尔分布	weibull	shape,scale=1
威尔科克森分布	wilcox	m,n

R提供了4类有关概率分布的函数, 分别是: 密度函数、累积分布函数、分位数函数、随机数函数. 对于所给的分布, 加前缀 "d" 表示密度函数, 加前缀 "p" 得到分布函数, 加前

缀"q"得到分位数函数, 加前缀"r"得到该分布所产生的随机数. 若设R中分布函数名为"fun", 这4类函数的第一个参数是有规律的, 具体可表示为以下形式:

(1) 概率密度函数: dfun(x,p1,p2,…), x为数值向量, 用于计算密度函数在该点处取值;
(2) 累积分布函数: pfun(y,p1,p2,…), y为数值向量, 用于计算分布函数在该点处取值;
(3) 分位数函数: qfun(p,p1,p2,…), p为概率值构成向量, 用于计算分布函数在概率p值处的分位数;
(4) 随机数函数: rfun(n,p1,p2,…), n为生成该分布的随机数个数.

p1,p2,…是分布的参数值, 一般参数有具体数值的分布, 若参数空缺则默认取值为给定的数值.

6. 绘图函数

在R语言中使用频率很高的函数就是plot(), 其一般用法为

$$plot(x,y,...)$$

plot还可以绘制函数、数据框等对象. plot()中的通用参数type决定了图形样式类型, 有几种可能的取值, 分别代表不同的样式, "p"是点; "l"是线; "b"是点连线; "o"也是点连线, 但点在线上; "h"是垂直线; "s"是阶梯式, 垂直线顶端显示数据; "S"也是阶梯式, 但垂直线底端显示数据; "n"表示不画任何点或曲线, 是一幅空图, 没有任何内容, 但坐标轴、标题等其他元素都照样显示 (除非用别的设置特意隐藏了).

R语言中包含了丰富的作图程序, 为方便查阅相关绘图函数, 这里我们将常用的绘图函数及功能整理如下, 其中具体参数的设计可以参考帮助文件.

- plot(x): 以x的元素值为纵坐标、以序号为横坐标绘图.

- plot(x,y): x (在x轴上) 与y (在y轴上) 的二元作图.

- sunflowerplot(x,y): 同上, 但是以相似坐标的点作为花朵, 其花瓣数为点的个数.

- pie(x): 饼图.

- boxplot(x): 箱图 ("box-and-whiskers").

- stripchart(x): 把x的值画在一条线段上, 样本量较小时可作为箱图的替代.

- coplot(x~y/z): 关于z的每个数值 (或数值区间) 绘制x与y的二元图.

- interaction.plot(f1,f2,y): 如果f1和f2是因子, 做y的均值图, 以f1的不同值作为x轴, 而f2的不同值对应不同曲线; 可以用选项fun指定y的其他统计量.

- matplot(x,y): 二元图, 其中x的第一列对应y的第一列, x的第二列对应y的第二列, 照此类推.

- dotchart(x): 如果x是数据框, 作克利夫兰 (Cleveland) 点图 (逐行逐列累加图).

- fourfoldplot(x): 用4个$\frac{1}{4}$圆显示2×2列联表情况 (x必须是dim=c(2,2,k)的数组, 或者是dim=c(2,2)的矩阵, 如果k=1).

- mosaicplot(x)： 列联表的对数线性回归列差的马赛克图.

- pairs(x)： 如果x是矩阵或是数据框，作x的各列之间的二元图.

- hist(x)： x的频率直方图.

- barplot(x)： x的值的条形图.

- qqnorm(x)： 正态分位数–分位数图.

- qqplot(x,y)： y对x的分位数–分位数图.

- contour(x,y,z)： 等高线图（画曲线时用内插补充当空白的值），x和y必须为向量，z必须为矩阵，使得dim(z)=c(length(x),length(y)) （x和y可以省略）.

- filled.contour(x,y,z)： 同上，等高线之间的区域是彩色的，并且绘制彩色对应的值的图例.

- image(x,y,z)： 同上，但是实际数据大小用不同色彩表示.

- persp(x,y,z)： 同上，但为透视图.

- stars(x)： 如果x是矩阵或者数据框，用星形和线段画出.

- termplot(mod.obj)： 回归模型(mod.obj)（偏）影响图.

7. 程序控制结构

R语言中的程序控制结构主要分为两类：分支结构和循环结构. 其中分支结构中常用到if结构，以及循环结构中的for循环和while循环.

1) if结构

分支结构包括if结构：if(条件)表达式1 else 表达式2. 例如：

```
> f=function(x){if(x>0)sqrt(x) else 0}
> f(-2)
[1] 0
> f(2)
[1] 1.414214
```

或者

```
> f=function(x){ifelse(x>0,sqrt(x),0)}
```

需要注意的是，上述程序中如果将f(x)中变量定义为向量，程序会运行出错，因为if判断条件是标量的真值或假值，而不能判断向量. 另外，有多个if语句时，else与最近的一个if匹配. 可使用if...else if...else if...else 的多重判断结构表示多分支，多分支也可以使用函数swith(). 例如：

```
> f=function(x){ if(x< -5) 0 else if(x < 5) 1 else if (x<8) 2 else 3}
> f(9)
[1] 3
> f(7)
[1] 2
> f(-8)
[1] 0
```

2) for循环

for循环是对一个向量和列表逐次处理，格式为

```
for(name in value){
    表达式1
    表达式2}
```

但要注意在运行之前总要赋予表达式中的变量一个初值，若已知循环次数，常利用函数numeric()将初值定为**0**的向量形式.

例如，定义t的初值是一个由15个0元素构成的向量，取变量i从1至15之间的整数，输出相邻两项之积. 运行下列程序：

```
> t=numeric(15)
> for(i in 1:15){ t[i]=(i-1)*i}
> t
 [1]   0   2   6  12  20  30  42  56  72  90 110 132 156 182 210
```

另外，for循环也可用于构造矩阵，只是需要for循环嵌套. 在矩阵给定的初值用`array(0,c(n,n))`形式定义，函数`array()`的完全使用为

`array(x,dim=length(x),dimnames=NULL)`,

其中，x是第一自变量，应该是一个向量，表示数组的元素值组成的向量. dim参数可省，省略时作为一维数组（但不同于向量）. 在for循环中类似于一维情形下函数numeric()的作用.
例如：

```
> n=4;x=array(0,c(n,n))
> for(i in 1:n){
for(j in 1:n){
x[i,j]=i*j}}
> x
     [,1] [,2] [,3] [,4]
[1,]    1    2    3    4
[2,]    2    4    6    8
[3,]    3    6    9   12
[4,]    4    8   12   16
```

生成一个4阶矩阵 $\boldsymbol{X}$，其中 $X_{ij} = ij, i,j = 1,2,3,4$.

3) while循环

while循环是在开始处判断条件的当型循环，它与for循环的不同之处在于：若知道终止条件（循环次数）就用for循环，若无法知道运行次数，则用while循环或repeat循环. while循环的格式为

while(条件){表达式1,表达式2,...}

我们以一个简单的例子来说明while循环的工作原理. 生成一个首项是5，公差为3，且末项前一项不超过30的等差数列.

```
> f=5;i=1
> while(f[i]<30){
 f[i+1]=f[i]+3
 i=i+1}
> f
 [1]  5  8 11 14 17 20 23 26 29 32
```

这里的while循环中，首先定义f初值为5，i=1为循环变量首项，条件是f[i]<30，每次循环都要运行{}中的两个表达式，在循环到第9次时，f[9]=29仍然满足条件，代入下一步循环，这时f[10]=32>30，不满足条件即停止循环.

例如，用while循环编写一个计算1000以内的斐波那契（Fibonacci）数列.

```
> f=1;f[2]=1;i=1
> while (f[i]+f[i+1]<1000) {
 f[i+2]=f[i]+f[i+1]
 i=i+1}
> f
 [1]  1  1  2  3  5  8 13 21 34 55 89 144 233 377 610 987
```

通过上面两段程序可以发现，while循环只知道终止的条件，却不知道循环的次数(或者并不会刻意地去计算它)，在这种情况下，使用while循环是有效的.

4) repeat循环

repeat循环的作用与while循环类似，表达式为

```
repeat {表达式1
        表达式2
        ...
        if (条件) break}
```

例如，用repeat循环编写一个程序计算1000以内的斐波那契数列.

```
> z=1;z[2]=1;i=1
> repeat {
```

```
z[i+2]<-z[i]+z[i+1]
 i<-i+1
if (z[i]+z[i+1]>=1000) break}
> z
 [1]   1   1   2   3   5   8  13  21  34  55  89 144 233 377 610 987
```

结果与之前while循环一致.

例如，通过repeat循环来计算$1^3+2^3+3^3+\cdots+100^3$.

```
> n<-1
> s<-0
> repeat{
+ if (n>100) break
+ s<-s+n^3
+ n<-n+1
+ }
> s
[1] 25502500
```

附录B 常用分布表

表B.1 标准正态分布表

$$\Phi(x) = \int_{-\infty}^{x} \frac{1}{\sqrt{2\pi}} e^{-\frac{t^2}{2}} dt$$

0.00	0.00	0.01	0.02	0.03	0.04	0.05	0.06	0.07	0.08	0.09
0.00	0.5000	0.5040	0.5080	0.5120	0.5160	0.5199	0.5239	0.5279	0.5319	0.5359
0.10	0.5398	0.5438	0.5478	0.5517	0.5557	0.5596	0.5636	0.5675	0.5714	0.5753
0.20	0.5793	0.5832	0.5871	0.5910	0.5948	0.5987	0.6026	0.6064	0.6103	0.6141
0.30	0.6179	0.6217	0.6255	0.6293	0.6331	0.6368	0.6406	0.6443	0.6480	0.6517
0.40	0.6554	0.6591	0.6628	0.6664	0.6700	0.6736	0.6772	0.6808	0.6844	0.6879
0.50	0.6915	0.6950	0.6985	0.7019	0.7054	0.7088	0.7123	0.7157	0.7190	0.7224
0.60	0.7257	0.7291	0.7324	0.7357	0.7389	0.7422	0.7454	0.7486	0.7517	0.7549
0.70	0.7580	0.7611	0.7642	0.7673	0.7704	0.7734	0.7764	0.7794	0.7823	0.7852
0.80	0.7881	0.7910	0.7939	0.7967	0.7995	0.8023	0.8051	0.8078	0.8106	0.8133
0.90	0.8159	0.8186	0.8212	0.8238	0.8264	0.8289	0.8315	0.8340	0.8365	0.8389
1.00	0.8413	0.8438	0.8461	0.8485	0.8508	0.8531	0.8554	0.8577	0.8599	0.8621
1.10	0.8643	0.8665	0.8686	0.8708	0.8729	0.8749	0.8770	0.8790	0.8810	0.8830
1.20	0.8849	0.8869	0.8888	0.8907	0.8925	0.8944	0.8962	0.8980	0.8997	0.9015
1.30	0.9032	0.9049	0.9066	0.9082	0.9099	0.9115	0.9131	0.9147	0.9162	0.9177
1.40	0.9192	0.9207	0.9222	0.9236	0.9251	0.9265	0.9279	0.9292	0.9306	0.9319
1.50	0.9332	0.9345	0.9357	0.9370	0.9382	0.9394	0.9406	0.9418	0.9429	0.9441
1.60	0.9452	0.9463	0.9474	0.9484	0.9495	0.9505	0.9515	0.9525	0.9535	0.9545
1.70	0.9554	0.9564	0.9573	0.9582	0.9591	0.9599	0.9608	0.9616	0.9625	0.9633
1.80	0.9641	0.9649	0.9656	0.9664	0.9671	0.9678	0.9686	0.9693	0.9699	0.9706
1.90	0.9713	0.9719	0.9726	0.9732	0.9738	0.9744	0.9750	0.9756	0.9761	0.9767
2.00	0.9772	0.9778	0.9783	0.9788	0.9793	0.9798	0.9803	0.9808	0.9812	0.9817
2.10	0.9821	0.9826	0.9830	0.9834	0.9838	0.9842	0.9846	0.9850	0.9854	0.9857
2.20	0.9861	0.9864	0.9868	0.9871	0.9875	0.9878	0.9881	0.9884	0.9887	0.9890
2.30	0.9893	0.9896	0.9898	0.9901	0.9904	0.9906	0.9909	0.9911	0.9913	0.9916
2.40	0.9918	0.9920	0.9922	0.9925	0.9927	0.9929	0.9931	0.9932	0.9934	0.9936
2.50	0.9938	0.9940	0.9941	0.9943	0.9945	0.9946	0.9948	0.9949	0.9951	0.9952
2.60	0.9953	0.9955	0.9956	0.9957	0.9959	0.9960	0.9961	0.9962	0.9963	0.9964
2.70	0.9965	0.9966	0.9967	0.9968	0.9969	0.9970	0.9971	0.9972	0.9973	0.9974
2.80	0.9974	0.9975	0.9976	0.9977	0.9977	0.9978	0.9979	0.9979	0.9980	0.9981
2.90	0.9981	0.9982	0.9982	0.9983	0.9984	0.9984	0.9985	0.9985	0.9986	0.9986
3.00	0.9987	0.9987	0.9987	0.9988	0.9988	0.9989	0.9989	0.9989	0.9990	0.9990
3.10	0.9990	0.9991	0.9991	0.9991	0.9992	0.9992	0.9992	0.9992	0.9993	0.9993
3.20	0.9993	0.9993	0.9994	0.9994	0.9994	0.9994	0.9994	0.9995	0.9995	0.9995
3.30	0.9995	0.9995	0.9995	0.9996	0.9996	0.9996	0.9996	0.9996	0.9996	0.9997
3.40	0.9997	0.9997	0.9997	0.9997	0.9997	0.9997	0.9997	0.9997	0.9997	0.9998
3.50	0.9998	0.9998	0.9998	0.9998	0.9998	0.9998	0.9998	0.9998	0.9998	0.9998

表B.2 χ^2分布表

$$P\left(\chi^2(n) > \chi_\alpha^2(n)\right) = \alpha$$

n	α										
	0.99	0.975	0.95	0.9	0.75	0.5	0.25	0.1	0.05	0.025	0.01
1	—	0.001	0.004	0.016	0.102	0.455	1.323	2.706	3.841	5.024	6.635
2	0.020	0.051	0.103	0.211	0.575	1.386	2.773	4.605	5.991	7.378	9.210
3	0.115	0.216	0.352	0.584	1.213	2.366	4.108	6.251	7.815	9.348	11.345
4	0.297	0.484	0.711	1.064	1.923	3.357	5.385	7.779	9.488	11.143	13.277
5	0.554	0.831	1.145	1.610	2.675	4.351	6.626	9.236	11.070	12.833	15.086
6	0.872	1.237	1.635	2.204	3.455	5.348	7.841	10.645	12.592	14.449	16.812
7	1.239	1.690	2.167	2.833	4.255	6.346	9.037	12.017	14.067	16.013	18.475
8	1.646	2.180	2.733	3.490	5.071	7.344	10.219	13.362	15.507	17.535	20.090
9	2.088	2.700	3.325	4.168	5.899	8.343	11.389	14.684	16.919	19.023	21.666
10	2.558	3.247	3.940	4.865	6.737	9.342	12.549	15.987	18.307	20.483	23.209
11	3.053	3.816	4.575	5.578	7.584	10.341	13.701	17.275	19.675	21.920	24.725
12	3.571	4.404	5.226	6.304	8.438	11.340	14.845	18.549	21.026	23.337	26.217
13	4.107	5.009	5.892	7.042	9.299	12.340	15.984	19.812	22.362	24.736	27.688
14	4.660	5.629	6.571	7.790	10.165	13.339	17.117	21.064	23.685	26.119	29.141
15	5.229	6.262	7.261	8.547	11.037	14.339	18.245	22.307	24.996	27.488	30.578
16	5.812	6.908	7.962	9.312	11.912	15.338	19.369	23.542	26.296	28.845	32.000
17	6.408	7.564	8.672	10.085	12.792	16.338	20.489	24.769	27.587	30.191	33.409
18	7.015	8.231	9.390	10.865	13.675	17.338	21.605	25.989	28.869	31.526	34.805
19	7.633	8.907	10.117	11.651	14.562	18.338	22.718	27.204	30.144	32.852	36.191
20	8.260	9.591	10.851	12.443	15.452	19.337	23.828	28.412	31.410	34.170	37.566
21	8.897	10.283	11.591	13.240	16.344	20.337	24.935	29.615	32.671	35.479	38.932
22	9.542	10.982	12.338	14.041	17.240	21.337	26.039	30.813	33.924	36.781	40.289
23	10.196	11.689	13.091	14.848	18.137	22.337	27.141	32.007	35.172	38.076	41.638
24	10.856	12.401	13.848	15.659	19.037	23.337	28.241	33.196	36.415	39.364	42.980
25	11.524	13.120	14.611	16.473	19.939	24.337	29.339	34.382	37.652	40.646	44.314
26	12.198	13.844	15.379	17.292	20.843	25.336	30.435	35.563	38.885	41.923	45.642
27	12.879	14.573	16.151	18.114	21.749	26.336	31.528	36.741	40.113	43.195	46.963
28	13.565	15.308	16.928	18.939	22.657	27.336	32.620	37.916	41.337	44.461	48.278
29	14.256	16.047	17.708	19.768	23.567	28.336	33.711	39.087	42.557	45.722	49.588
30	14.953	16.791	18.493	20.599	24.478	29.336	34.800	40.256	43.773	46.979	50.892
31	15.655	17.539	19.281	21.434	25.390	30.336	35.887	41.422	44.985	48.232	52.191
32	16.362	18.291	20.072	22.271	26.304	31.336	36.973	42.585	46.194	49.480	53.486
33	17.074	19.047	20.867	23.110	27.219	32.336	38.058	43.745	47.400	50.725	54.776
34	17.789	19.806	21.664	23.952	28.136	33.336	39.141	44.903	48.602	51.966	56.061
35	18.509	20.569	22.465	24.797	29.054	34.336	40.223	46.059	49.802	53.203	57.342
36	19.233	21.336	23.269	25.643	29.973	35.336	41.304	47.212	50.998	54.437	58.619
37	19.960	22.106	24.075	26.492	30.893	36.336	42.383	48.363	52.192	55.668	59.893
38	20.691	22.878	24.884	27.343	31.815	37.335	43.462	49.513	53.384	56.896	61.162
39	21.426	23.654	25.695	28.196	32.737	38.335	44.539	50.660	54.572	58.120	62.428
40	22.164	24.433	26.509	29.051	33.660	39.335	45.616	51.805	55.758	59.342	63.691

表B.3 t分布表

$$P(t(n) > t_\alpha(n)) = \alpha$$

n	α					
	0.25	0.1	0.05	0.025	0.01	0.005
1	1.0000	3.0777	6.3138	12.7062	31.8205	63.6567
2	0.8165	1.8856	2.9200	4.3027	6.9646	9.9248
3	0.7649	1.6377	2.3534	3.1824	4.5407	5.8409
4	0.7407	1.5332	2.1318	2.7764	3.7469	4.6041
5	0.7267	1.4759	2.0150	2.5706	3.3649	4.0321
6	0.7176	1.4398	1.9432	2.4469	3.1427	3.7074
7	0.7111	1.4149	1.8946	2.3646	2.9980	3.4995
8	0.7064	1.3968	1.8595	2.3060	2.8965	3.3554
9	0.7027	1.3830	1.8331	2.2622	2.8214	3.2498
10	0.6998	1.3722	1.8125	2.2281	2.7638	3.1693
11	0.6974	1.3634	1.7959	2.2010	2.7181	3.1058
12	0.6955	1.3562	1.7823	2.1788	2.6810	3.0545
13	0.6938	1.3502	1.7709	2.1604	2.6503	3.0123
14	0.6924	1.3450	1.7613	2.1448	2.6245	2.9768
15	0.6912	1.3406	1.7531	2.1314	2.6025	2.9467
16	0.6901	1.3368	1.7459	2.1199	2.5835	2.9208
17	0.6892	1.3334	1.7396	2.1098	2.5669	2.8982
18	0.6884	1.3304	1.7341	2.1009	2.5524	2.8784
19	0.6876	1.3277	1.7291	2.0930	2.5395	2.8609
20	0.6870	1.3253	1.7247	2.0860	2.5280	2.8453
21	0.6864	1.3232	1.7207	2.0796	2.5176	2.8314
22	0.6858	1.3212	1.7171	2.0739	2.5083	2.8188
23	0.6853	1.3195	1.7139	2.0687	2.4999	2.8073
24	0.6848	1.3178	1.7109	2.0639	2.4922	2.7969
25	0.6844	1.3163	1.7081	2.0595	2.4851	2.7874
26	0.6840	1.3150	1.7056	2.0555	2.4786	2.7787
27	0.6837	1.3137	1.7033	2.0518	2.4727	2.7707
28	0.6834	1.3125	1.7011	2.0484	2.4671	2.7633
29	0.6830	1.3114	1.6991	2.0452	2.4620	2.7564
30	0.6828	1.3104	1.6973	2.0423	2.4573	2.7500

表B.4 F分布表

$$P(F(m,n) > F_\alpha(m,n)) = \alpha, \quad \alpha = 0.005$$

m \ n	1	2	3	4	5	6	7	8	9	10	20	30	40	50	100	120
1	16210.72	198.50	55.55	31.33	22.79	18.64	16.24	14.69	13.61	12.83	9.94	9.18	8.83	8.63	8.24	8.18
2	19999.50	199.00	49.80	26.28	18.31	14.54	12.40	11.04	10.11	9.43	6.99	6.36	6.07	5.90	5.59	5.54
3	21614.74	199.17	47.47	24.26	16.53	12.92	10.88	9.60	8.72	8.08	5.82	5.24	4.98	4.83	4.54	4.50
4	22499.58	199.25	46.20	23.16	15.56	12.03	10.05	8.81	7.96	7.34	5.17	4.62	4.37	4.23	3.96	3.92
5	23055.80	199.30	45.39	22.46	14.94	11.46	9.52	8.30	7.47	6.87	4.76	4.23	3.99	3.85	3.59	3.55
6	23437.11	199.33	44.84	21.98	14.51	11.07	9.16	7.95	7.13	6.55	4.47	3.95	3.71	3.58	3.33	3.29
7	23714.57	199.36	44.43	21.62	14.20	10.79	8.89	7.69	6.89	6.30	4.26	3.74	3.51	3.38	3.13	3.09
8	23925.41	199.38	44.13	21.35	13.96	10.57	8.68	7.50	6.69	6.12	4.09	3.58	3.35	3.22	2.97	2.93
9	24091.00	199.39	43.88	21.14	13.77	10.39	8.51	7.34	6.54	5.97	3.96	3.45	3.22	3.09	2.85	2.81
10	24224.49	199.40	43.69	20.97	13.62	10.25	8.38	7.21	6.42	5.85	3.85	3.34	3.12	2.99	2.74	2.71
20	24835.97	199.45	42.78	20.17	12.90	9.59	7.75	6.61	5.83	5.27	3.32	2.82	2.60	2.47	2.23	2.19
30	25043.63	199.47	42.47	19.89	12.66	9.36	7.53	6.40	5.63	5.07	3.12	2.63	2.40	2.27	2.02	1.98
40	25148.15	199.48	42.31	19.75	12.53	9.24	7.42	6.29	5.52	4.97	3.02	2.52	2.30	2.16	1.91	1.87
50	25211.09	199.48	42.21	19.67	12.45	9.17	7.35	6.22	5.45	4.90	2.96	2.46	2.23	2.10	1.84	1.80
60	25253.14	199.49	42.15	19.61	12.40	9.12	7.31	6.18	5.41	4.86	2.92	2.42	2.18	2.05	1.79	1.75
70	25283.22	199.49	42.10	19.57	12.37	9.09	7.28	6.15	5.38	4.83	2.89	2.38	2.15	2.02	1.75	1.71
80	25305.80	199.49	42.07	19.54	12.34	9.06	7.25	6.12	5.36	4.81	2.86	2.36	2.13	1.99	1.72	1.68
90	25323.38	199.49	42.04	19.52	12.32	9.04	7.23	6.10	5.34	4.79	2.84	2.34	2.11	1.97	1.70	1.66
100	25337.45	199.49	42.02	19.50	12.30	9.03	7.22	6.09	5.32	4.77	2.83	2.32	2.09	1.95	1.68	1.64
110	25348.97	199.49	42.00	19.48	12.29	9.01	7.20	6.08	5.31	4.76	2.82	2.31	2.08	1.94	1.67	1.62
120	25358.57	199.49	41.99	19.47	12.27	9.00	7.19	6.07	5.30	4.75	2.81	2.30	2.06	1.93	1.65	1.61

$P(F(m,n) > F_\alpha(m,n)) = \alpha$, $\alpha = 0.01$

m\n	1	2	3	4	5	6	7	8	9	10	20	30	40	50	100	120
1	4052.18	98.50	34.12	21.20	16.26	13.75	12.25	11.26	10.56	10.04	8.10	7.56	7.31	7.17	6.90	6.85
2	4999.50	99.00	30.82	18.00	13.27	10.92	9.55	8.65	8.02	7.56	5.85	5.39	5.18	5.06	4.82	4.79
3	5403.35	99.17	29.46	16.69	12.06	9.78	8.45	7.59	6.99	6.55	4.94	4.51	4.31	4.20	3.98	3.95
4	5624.58	99.25	28.71	15.98	11.39	9.15	7.85	7.01	6.42	5.99	4.43	4.02	3.83	3.72	3.51	3.48
5	5763.65	99.30	28.24	15.52	10.97	8.75	7.46	6.63	6.06	5.64	4.10	3.70	3.51	3.41	3.21	3.17
6	5858.99	99.33	27.91	15.21	10.67	8.47	7.19	6.37	5.80	5.39	3.87	3.47	3.29	3.19	2.99	2.96
7	5928.36	99.36	27.67	14.98	10.46	8.26	6.99	6.18	5.61	5.20	3.70	3.30	3.12	3.02	2.82	2.79
8	5981.07	99.37	27.49	14.80	10.29	8.10	6.84	6.03	5.47	5.06	3.56	3.17	2.99	2.89	2.69	2.66
9	6022.47	99.39	27.35	14.66	10.16	7.98	6.72	5.91	5.35	4.94	3.46	3.07	2.89	2.78	2.59	2.56
10	6055.85	99.40	27.23	14.55	10.05	7.87	6.62	5.81	5.26	4.85	3.37	2.98	2.80	2.70	2.50	2.47
20	6208.73	99.45	26.69	14.02	9.55	7.40	6.16	5.36	4.81	4.41	2.94	2.55	2.37	2.27	2.07	2.03
30	6260.65	99.47	26.50	13.84	9.38	7.23	5.99	5.20	4.65	4.25	2.78	2.39	2.20	2.10	1.89	1.86
40	6286.78	99.47	26.41	13.75	9.29	7.14	5.91	5.12	4.57	4.17	2.69	2.30	2.11	2.01	1.80	1.76
50	6302.52	99.48	26.35	13.69	9.24	7.09	5.86	5.07	4.52	4.12	2.64	2.25	2.06	1.95	1.74	1.70
60	6313.03	99.48	26.32	13.65	9.20	7.06	5.82	5.03	4.48	4.08	2.61	2.21	2.02	1.91	1.69	1.66
70	6320.55	99.48	26.29	13.63	9.18	7.03	5.80	5.01	4.46	4.06	2.58	2.18	1.99	1.88	1.66	1.62
80	6326.20	99.49	26.27	13.61	9.16	7.01	5.78	4.99	4.44	4.04	2.56	2.16	1.97	1.86	1.63	1.60
90	6330.59	99.49	26.25	13.59	9.14	7.00	5.77	4.97	4.43	4.03	2.55	2.14	1.95	1.84	1.61	1.58
100	6334.11	99.49	26.24	13.58	9.13	6.99	5.75	4.96	4.41	4.01	2.54	2.13	1.94	1.82	1.60	1.56
110	6336.99	99.49	26.23	13.57	9.12	6.98	5.75	4.95	4.41	4.00	2.53	2.12	1.93	1.81	1.58	1.55
120	6339.39	99.49	26.22	13.56	9.11	6.97	5.74	4.95	4.40	4.00	2.52	2.11	1.92	1.80	1.57	1.53

$$P(F(m,n) > F_\alpha(m,n)) = \alpha, \ \alpha = 0.025$$

m\n	1	2	3	4	5	6	7	8	9	10	20	30	40	50	100	120
1	647.79	38.51	17.44	12.22	10.01	8.81	8.07	7.57	7.21	6.94	5.87	5.57	5.42	5.34	5.18	5.15
2	799.50	39.00	16.04	10.65	8.43	7.26	6.54	6.06	5.71	5.46	4.46	4.18	4.05	3.97	3.83	3.80
3	864.16	39.17	15.44	9.98	7.76	6.60	5.89	5.42	5.08	4.83	3.86	3.59	3.46	3.39	3.25	3.23
4	899.58	39.25	15.10	9.60	7.39	6.23	5.52	5.05	4.72	4.47	3.51	3.25	3.13	3.05	2.92	2.89
5	921.85	39.30	14.88	9.36	7.15	5.99	5.29	4.82	4.48	4.24	3.29	3.03	2.90	2.83	2.70	2.67
6	937.11	39.33	14.73	9.20	6.98	5.82	5.12	4.65	4.32	4.07	3.13	2.87	2.74	2.67	2.54	2.52
7	948.22	39.36	14.62	9.07	6.85	5.70	4.99	4.53	4.20	3.95	3.01	2.75	2.62	2.55	2.42	2.39
8	956.66	39.37	14.54	8.98	6.76	5.60	4.90	4.43	4.10	3.85	2.91	2.65	2.53	2.46	2.32	2.30
9	963.28	39.39	14.47	8.90	6.68	5.52	4.82	4.36	4.03	3.78	2.84	2.57	2.45	2.38	2.24	2.22
10	968.63	39.40	14.42	8.84	6.62	5.46	4.76	4.30	3.96	3.72	2.77	2.51	2.39	2.32	2.18	2.16
20	993.10	39.45	14.17	8.56	6.33	5.17	4.47	4.00	3.67	3.42	2.46	2.20	2.07	1.99	1.85	1.82
30	1001.41	39.46	14.08	8.46	6.23	5.07	4.36	3.89	3.56	3.31	2.35	2.07	1.94	1.87	1.71	1.69
40	1005.60	39.47	14.04	8.41	6.18	5.01	4.31	3.84	3.51	3.26	2.29	2.01	1.88	1.80	1.64	1.61
50	1008.12	39.48	14.01	8.38	6.14	4.98	4.28	3.81	3.47	3.22	2.25	1.97	1.83	1.75	1.59	1.56
60	1009.80	39.48	13.99	8.36	6.12	4.96	4.25	3.78	3.45	3.20	2.22	1.94	1.80	1.72	1.56	1.53
70	1011.00	39.48	13.98	8.35	6.11	4.94	4.24	3.77	3.43	3.18	2.20	1.92	1.78	1.70	1.53	1.50
80	1011.91	39.49	13.97	8.33	6.10	4.93	4.23	3.76	3.42	3.17	2.19	1.90	1.76	1.68	1.51	1.48
90	1012.61	39.49	13.96	8.33	6.09	4.92	4.22	3.75	3.41	3.16	2.18	1.89	1.75	1.67	1.50	1.47
100	1013.17	39.49	13.96	8.32	6.08	4.92	4.21	3.74	3.40	3.15	2.17	1.88	1.74	1.66	1.48	1.45
110	1013.64	39.49	13.95	8.31	6.07	4.91	4.20	3.73	3.40	3.15	2.16	1.87	1.73	1.65	1.47	1.44
120	1014.02	39.49	13.95	8.31	6.07	4.90	4.20	3.73	3.39	3.14	2.16	1.87	1.72	1.64	1.46	1.43

$$P(F(m,n) > F_\alpha(m,n)) = \alpha, \quad \alpha = 0.05$$

m \ n	1	2	3	4	5	6	7	8	9	10	20	30	40	50	100	120
1	161.45	18.51	10.13	7.71	6.61	5.99	5.59	5.32	5.12	4.96	4.35	4.17	4.08	4.03	3.94	3.92
2	199.50	19.00	9.55	6.94	5.79	5.14	4.74	4.46	4.26	4.10	3.49	3.32	3.23	3.18	3.09	3.07
3	215.71	19.16	9.28	6.59	5.41	4.76	4.35	4.07	3.86	3.71	3.10	2.92	2.84	2.79	2.70	2.68
4	224.58	19.25	9.12	6.39	5.19	4.53	4.12	3.84	3.63	3.48	2.87	2.69	2.61	2.56	2.46	2.45
5	230.16	19.30	9.01	6.26	5.05	4.39	3.97	3.69	3.48	3.33	2.71	2.53	2.45	2.40	2.31	2.29
6	233.99	19.33	8.94	6.16	4.95	4.28	3.87	3.58	3.37	3.22	2.60	2.42	2.34	2.29	2.19	2.18
7	236.77	19.35	8.89	6.09	4.88	4.21	3.79	3.50	3.29	3.14	2.51	2.33	2.25	2.20	2.10	2.09
8	238.88	19.37	8.85	6.04	4.82	4.15	3.73	3.44	3.23	3.07	2.45	2.27	2.18	2.13	2.03	2.02
9	240.54	19.38	8.81	6.00	4.77	4.10	3.68	3.39	3.18	3.02	2.39	2.21	2.12	2.07	1.97	1.96
10	241.88	19.40	8.79	5.96	4.74	4.06	3.64	3.35	3.14	2.98	2.35	2.16	2.08	2.03	1.93	1.91
20	248.01	19.45	8.66	5.80	4.56	3.87	3.44	3.15	2.94	2.77	2.12	1.93	1.84	1.78	1.68	1.66
30	250.10	19.46	8.62	5.75	4.50	3.81	3.38	3.08	2.86	2.70	2.04	1.84	1.74	1.69	1.57	1.55
40	251.14	19.47	8.59	5.72	4.46	3.77	3.34	3.04	2.83	2.66	1.99	1.79	1.69	1.63	1.52	1.50
50	251.77	19.48	8.58	5.70	4.44	3.75	3.32	3.02	2.80	2.64	1.97	1.76	1.66	1.60	1.48	1.46
60	252.20	19.48	8.57	5.69	4.43	3.74	3.30	3.01	2.79	2.62	1.95	1.74	1.64	1.58	1.45	1.43
70	252.50	19.48	8.57	5.68	4.42	3.73	3.29	2.99	2.78	2.61	1.93	1.72	1.62	1.56	1.43	1.41
80	252.72	19.48	8.56	5.67	4.41	3.72	3.29	2.99	2.77	2.60	1.92	1.71	1.61	1.54	1.41	1.39
90	252.90	19.48	8.56	5.67	4.41	3.72	3.28	2.98	2.76	2.59	1.91	1.70	1.60	1.53	1.40	1.38
100	253.04	19.49	8.55	5.66	4.41	3.71	3.27	2.97	2.76	2.59	1.91	1.70	1.59	1.52	1.39	1.37
110	253.16	19.49	8.55	5.66	4.40	3.71	3.27	2.97	2.75	2.58	1.90	1.69	1.58	1.52	1.38	1.36
120	253.25	19.49	8.55	5.66	4.40	3.70	3.27	2.97	2.75	2.58	1.90	1.68	1.58	1.51	1.38	1.35

$$P(F(m,n) > F_\alpha(m,n)) = \alpha, \quad \alpha = 0.1$$

m \ n	1	2	3	4	5	6	7	8	9	10	20	30	40	50	100	120
1	39.86	8.53	5.54	4.54	4.06	3.78	3.59	3.46	3.36	3.29	2.97	2.88	2.84	2.81	2.76	2.75
2	49.50	9.00	5.46	4.32	3.78	3.46	3.26	3.11	3.01	2.92	2.59	2.49	2.44	2.41	2.36	2.35
3	53.59	9.16	5.39	4.19	3.62	3.29	3.07	2.92	2.81	2.73	2.38	2.28	2.23	2.20	2.14	2.13
4	55.83	9.24	5.34	4.11	3.52	3.18	2.96	2.81	2.69	2.61	2.25	2.14	2.09	2.06	2.00	1.99
5	57.24	9.29	5.31	4.05	3.45	3.11	2.88	2.73	2.61	2.52	2.16	2.05	2.00	1.97	1.91	1.90
6	58.20	9.33	5.28	4.01	3.40	3.05	2.83	2.67	2.55	2.46	2.09	1.98	1.93	1.90	1.83	1.82
7	58.91	9.35	5.27	3.98	3.37	3.01	2.78	2.62	2.51	2.41	2.04	1.93	1.87	1.84	1.78	1.77
8	59.44	9.37	5.25	3.95	3.34	2.98	2.75	2.59	2.47	2.38	2.00	1.88	1.83	1.80	1.73	1.72
9	59.86	9.38	5.24	3.94	3.32	2.96	2.72	2.56	2.44	2.35	1.96	1.85	1.79	1.76	1.69	1.68
10	60.19	9.39	5.23	3.92	3.30	2.94	2.70	2.54	2.42	2.32	1.94	1.82	1.76	1.73	1.66	1.65
20	61.74	9.44	5.18	3.84	3.21	2.84	2.59	2.42	2.30	2.20	1.79	1.67	1.61	1.57	1.49	1.48
30	62.26	9.46	5.17	3.82	3.17	2.80	2.56	2.38	2.25	2.16	1.74	1.61	1.54	1.50	1.42	1.41
40	62.53	9.47	5.16	3.80	3.16	2.78	2.54	2.36	2.23	2.13	1.71	1.57	1.51	1.46	1.38	1.37
50	62.69	9.47	5.15	3.80	3.15	2.77	2.52	2.35	2.22	2.12	1.69	1.55	1.48	1.44	1.35	1.34
60	62.79	9.47	5.15	3.79	3.14	2.76	2.51	2.34	2.21	2.11	1.68	1.54	1.47	1.42	1.34	1.32
70	62.87	9.48	5.15	3.79	3.14	2.76	2.51	2.33	2.20	2.10	1.67	1.53	1.46	1.41	1.32	1.31
80	62.93	9.48	5.15	3.78	3.13	2.75	2.50	2.33	2.20	2.09	1.66	1.52	1.45	1.40	1.31	1.29
90	62.97	9.48	5.15	3.78	3.13	2.75	2.50	2.32	2.19	2.09	1.65	1.51	1.44	1.39	1.30	1.28
100	63.01	9.48	5.14	3.78	3.13	2.75	2.50	2.32	2.19	2.09	1.65	1.51	1.43	1.39	1.29	1.28
110	63.04	9.48	5.14	3.78	3.12	2.74	2.49	2.32	2.19	2.08	1.65	1.50	1.43	1.38	1.29	1.27
120	63.06	9.48	5.14	3.78	3.12	2.74	2.49	2.32	2.18	2.08	1.64	1.50	1.42	1.38	1.28	1.26

参 考 文 献

[1] SCHEFFÉ H. The simplex-centroid design for experiments with mixtures[J]. Journal of the royal statistical society, 1963, 25(2):235-263.

[2] 陈希孺. 数理统计学简史[M]. 长沙：湖南教育出版社, 2002.

[3] 方开泰, 马长兴. 正交与均匀试验设计. 北京：科学出版社, 2001.

[4] 方开泰, 许建伦. 统计分布[M].北京： 高等教育出版社. 2016.

[5] 冯士雍, 倪加勋, 邹国华.抽样调查理论与方法[M]. 2版. 北京：中国统计出版社, 2012.

[6] 李光辉, 叶绪国. Chebyshev型不等式的失效情形及其改进[J]. 统计与决策, 2014, (23):17-20.

[7] 茆诗松,程依明,濮晓龙.概率论与数理统计教程[M]. 北京：高等教育出版社, 2011.

[8] 梅长林, 王宁. 近代回归分析方法[M]. 北京：科学出版社, 2012.

[9] 庞善起. 正交表的构造方法及其应用[D].西安：西安电子科技大学, 2003.

[10] 王静龙,梁小筠.非参数统计分析[M].北京：高等教育出版社, 2006.

[11] 吴喜之,赵博娟.非参数统计[M].4版. 北京：中国统计出版社, 2013.

[12] 谢兴武, 李宏伟. 概率统计释难解疑[M]. 北京：科学出版社, 2008.

[13] 张崇岐,李光辉.统计方法与实验[M].北京：高等教育出版社, 2015.

[14] 张崇岐,李光辉.试验设计与分析：基于R[M].北京：高等教育出版社, 2021.